计 算 机 系 列 教 材

Visual FoxPro数据库程序设计

主 编 冀莉莉 彭玉华 陈 宇
副主编 陶 锋 唐芳萍 张天平 杜丽芳

WUHAN UNIVERSITY PRESS
武汉大学出版社

图书在版编目(CIP)数据

Visual FoxPro 数据库程序设计/冀莉莉,彭玉华,陈宇主编.—武汉:武汉大学出版社,2012.11
计算机系列教材
ISBN 978-7-307-10257-6

Ⅰ.V…　Ⅱ.①冀…　②彭…　③陈…　Ⅲ.关系数据库系统—数据库管理系统—程序设计—高等学校—教材　Ⅳ.TP311.138

中国版本图书馆 CIP 数据核字(2012)第 261172 号

责任编辑:林　莉　　　责任校对:刘　欣　　　版式设计:支　笛

出版发行:**武汉大学出版社**　(430072　武昌　珞珈山)
(电子邮件:cbs22@whu.edu.cn 网址:www.wdp.com.cn)
印刷:黄冈市新华印刷有限责任公司
开本:787×1092　1/16　印张:20.5　字数:518 千字
版次:2012 年 11 月第 1 版　　2012 年 11 月第 1 次印刷
ISBN 978-7-307-10257-6/TP · 453　　定价:35.00 元

前　言

Visual FoxPro 6.0 是 Microsoft 公司 1998 年推出的小型数据库系统软件，具有用户界面友好、操作方便、功能强大、开发工具丰富及简单易学等特点，是目前广泛使用的小型数据库管理系统。它不仅支持传统的结构化程序设计，而且引入了面向对象可视化编程技术，并拥有功能强大的可视化程序设计工具。目前，Visual FoxPro 6.0 是用户收集信息、查询数据、创建集成数据库系统、进行实用系统开发较为理想的工具软件。用它来开发数据库，既简单又方便。

本书在编写中结合了计算机等级考试二级考试大纲，以深入浅出、理论联系实际为编写原则，在内容安排上力求结构合理、通俗易懂、简捷实用、重点突出，便于讲解和自学。本书从 Visual FoxPro 系统概述入手，介绍了 Visual FoxPro 语言基础、数据库与表的基本操作、查询与视图、程序设计基础、菜单与工具栏设计、表单设计、表单控件设计、报表设计，文字表述通俗易懂，充分体现了 Visual FoxPro 6.0 简单易学的特点。同时，书中针对各章知识精选了大量的习题，方便学生练习巩固所学知识，促进理论与实践相结合，提高学生综合利用所学知识解决实际问题的能力和开发应用的能力。

本书由冀莉莉、彭玉华、陈宇担任主编，陶锋、唐芳萍、张天平、杜丽芳担任副主编。全书共分 10 章，第 1 章由唐芳萍、张天平共同编写；第 2 章、第 3 章由陈宇编写；第 4 章、第 5 章由冀莉莉编写；第 6 章、第 9 章由陶锋编写；第 7 章、第 8 章由彭玉华编写；第 10 章由冀莉莉、陶锋共同编写。另外，杜丽芳对教材全部章节进行了文字审校。

限于时间和编者的水平，书中不当之处在所难免，恳请广大读者批评指正！

作　者

2012 年 10 月

目 录

第 1 章　Visual FoxPro 系统概述

【学习目的与要求】Visual FoxPro 6.0（以下简称 VFP 6.0）是 Microsoft 公司 1998 年推出的产品。VFP 是一个运行在 Windows 操作系统环境下的小型数据库系统软件，具有用户界面友好、操作方便、开发工具丰富、开发过程简洁等特点。同时，VFP 引入了可视化编程技术，使得程序设计更为直观。

由于 Visual FoxPro 简单易学，它已经成为初学计算机应用技术的学生了解数据库知识、熟悉可视化技术、掌握程序设计基本方法的最合适语言，成为非计算机专业学生提高计算机应用能力、强化 IT 文化素质的最好教材。

本章主要讲述数据库系统的基本概念、Visual FoxPro 的功能、特点、发展概况以及可视化集成开发环境，重点介绍可视化集成开发环境、界面组成与系统工具。

1.1　数据库系统概述

1.1.1　数据库的基本概念

1. 数据

描述事物的符号记录，可以是数字，也可以是文字、图形、图像、声音、语言等，数据有多种形式，它们都可以经过数字化后存入计算机。数据的含义称为数据的语义，数据与语义是不可分的。

2. 数据库（DataBase，DB）

数据库是以一定的组织方式将相关的数据组织在一起，放在计算机外存储器上形成的，能为多个用户共享的，与应用程序彼此独立的一组相关数据的集合。数据库是在 20 世纪 60 年代末兴起的一种数据管理技术，随着信息技术和市场的发展，特别是 20 世纪 90 年代以后，数据管理不再仅仅是存储和管理数据，而转变成用户所需要的各种数据管理的方式。数据库有很多种类型，从最简单的存储有各种数据的表格到能够进行海量数据存储的大型数据库系统都在各个方面得到了广泛的应用。

数据库是数据库系统的核心和管理对象。

1.1.2　数据库处理技术的发展

数据管理指的是对数据的组织、编目、存储、检索和维护等。它是数据处理的中心问题。随着计算机技术的发展，数据管理也经历了由低级向高级的发展过程。大体上，可以分为三个阶段：人工管理、文件系统和数据库系统三个阶段。

1. 人工管理阶段(20 世纪 50 年代初期)

早期的数据管理是人工处理，如图 1-1 所示。通过人工对数据组织、编目、存储、检索和维护等操作，需要人对处理数据物理结构了解清楚，是将数据存放在由程序定义的内存变量中。这个阶段耗时费力，工作量非常大。

人工管理阶段的计算机硬件是磁带、卡片、纸带，软件方面还没有操作系统出现。

人工管理阶段的特点：

① 数据不能保存。

② 数据不能独立于程序，即没有专门的数据管理软件，应用程序依赖于数据、数据的逻辑结构、数据的存储形式。

③ 数据不能共享，即数据与程序之间存在一一对应关系。

④ 数据冗余度大。

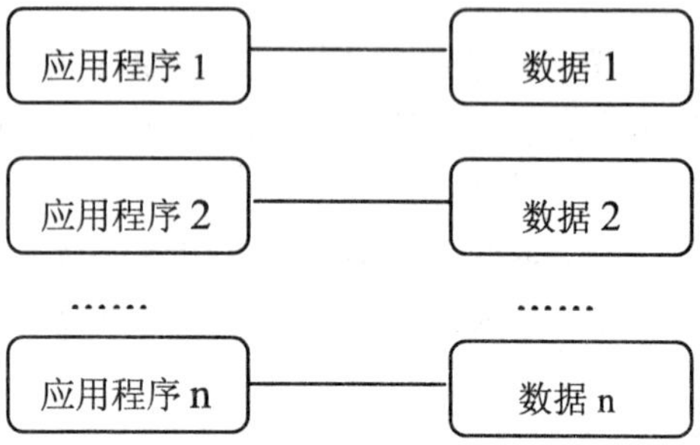

图 1-1　人工管理阶段

2. 文件系统阶段（20 世纪 50 年代末期）

文件系统阶段是将数据存放在数据文件中，数据文件可独立于应用程序，如图 1-2 所示。用户在程序中用文件操作语句对数据文件进行存取操作。数据可保存、可共享，但对数据文件处理需编写程序才能实现，且数据的安全性、一致性、完整性得不到保证。

文件系统阶段的计算机硬件是磁盘、磁鼓，计算机软件出现了操作系统和文件管理系统。

文件系统阶段的特点：

① 数据以文件的形式长期保存。

② 数据文件仍高度依赖于其对应的程序。

③ 数据文件之间彼此独立，共享性较差。

④ 冗余度大。

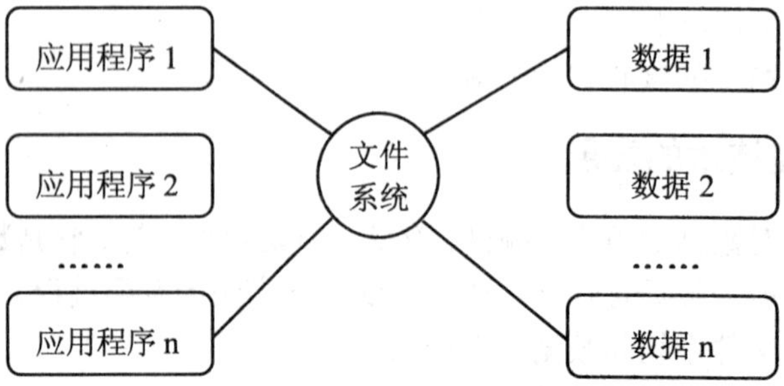

图 1-2　文件系统阶段

3.数据库系统阶段(20 世纪 60 年代末期)

数据库系统阶段用专门软件对数据文件进行操作，不用编程就可实现对数据文件的处理，使操作更方便、更安全，并能保证数据的完整性、一致性，且能控制对数据文件的并发操作，如图 1-3 所示。

数据库系统阶段的硬件是大容量和快速存取的磁盘，软件是数据库管理系统（DBMS)。

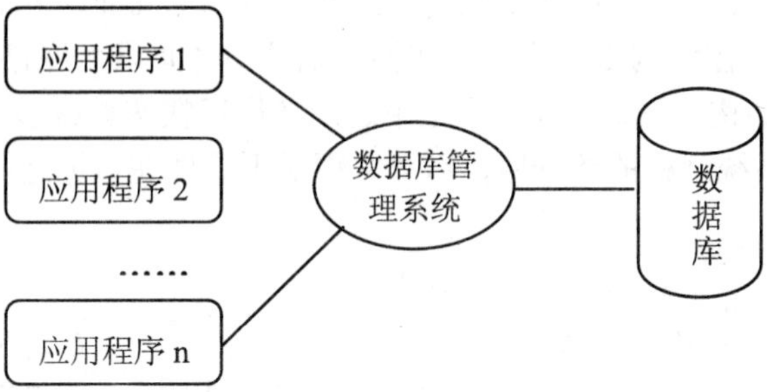

图 1-3　数据库系统阶段

数据库系统阶段的特点：

① 数据与应用程序之间完全独立，程序的编制质量和效率提高。

② 数据文件间可以建立关联关系，具有最低的冗余度。

③ 数据共享性增强。

④ 具有数据控制功能：安全性、完整性、数据恢复等。

1.1.3　数据库系统的特点

与人工管理和文件系统相比，数据库系统有下述特点。

1. 数据的结构化

在文件系统中，各个文件不存在相互联系。从单个文件来看，数据一般是有结构的；但是从整个系统来说，数据在整体上又是没有结构的。数据库系统则不同，在同一数据库中的数据文件是有联系的，且在整体上服从一定的结构形式。

2. 数据的共享性高

共享是数据库系统的目的，也是它的重要特点。一个库中的数据不仅可为同一企业或机构之内的各个部门所共享，也可为不同单位、地域甚至不同国家的用户所共享。而在文件系统中，数据一般是由特定的用户专用的。

3. 数据的独立性高

在文件系统中，数据结构和应用程序相互依赖，一方的改变总是要影响另一方的改变。数据库系统则力求减小这种相互依赖，实现数据的独立性。虽然目前还未能完全做到这一点，但较之文件系统已大有改善。

4. 对数据实行集中控制、可控冗余度高

数据专用时，每个用户拥有并使用自己的数据，难免有许多数据相互重复，这就是冗余。实现共享后，不必要的重复将全部消除，但为了提高查询效率，有时也保留少量重复数据，其冗余度可由设计人员控制。

1.1.4 数据库系统的分代

数据库系统可分为三代。

（1）非关系型数据库系统

是第一代数据库系统的总称，包括层次型数据库系统和网状型数据库系统。其主要特点是：采用“记录”作为基本数据结构，在不同“记录型”之间，允许存在相互联系，一次查询只能访问数据库中的一个记录。图 1-4 显示了因联系方式不同而区分的两类数据模型。图（a）为“层次模型”，其总体结构为“树型”，在不同记录型之间只允许存在单线联系；图（b）为“网状模型”，其总体结构呈网形，在两个记录之间允许存在两种或多于两种的联系。前者适用于管理具有家族形系统结构的数据库，后者则更适于管理在数据之间具有复杂联系的数据库。

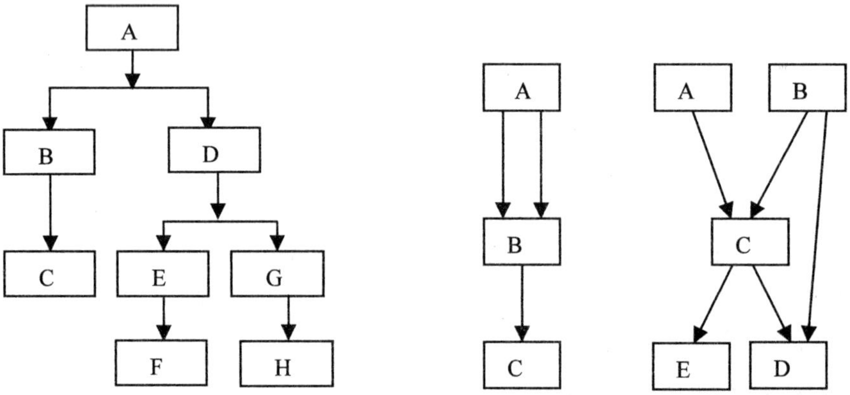

(a) 层次模型　　(b) 网状模型

图 1-4

所谓数据模型就是描述数据库中数据与数据之间联系的结构形式，通常用图解的方法来表示数据库中数据的结构形式。

① 层次模型（Hierarchical Model）。用树形结构表示数据及其联系的数据模型。支持层次数据模型的数据库管理系统称为层次数据库管理系统，在此系统中建立的数据库是层次数据库。

② 网状模型（Network Model）。是层次模型的扩展，用网络结构表示数据及其联系的数据模型。网状模型的结点间可以任意发生联系，能够表示各种复杂的联系。支持网状模型的数据库管理系统称为网状数据库管理系统，在此系统中建立的数据库是网状数据库。

（2）关系型数据库系统（Relational DataBase System，RDBS）

1970 年科德（E. F. Codd）在一篇名为 *A Relational Model of Data For Large Shared Databanks*（《大型共享数据库数据的关系模型》）文章提出了“关系模型”的概念。70 年代中期，商业化的 RDBS 问世，数据库系统进入第二代，目前 PC 机上使用的数据库系统主要是第二代数据库系统。其主要特点是：采用“表格”作为基本数据结构，通过公共的关键字段来实现不同二维表之间（或“关系”之间）的数据联系，如表 3-2 所示。关系模型呈二维表形式，简单明了，使用和学习都很方便。

所谓关系模型（Relational Model）就是由行与列构成的二维表，在数据库理论中称为关系，用关系表示的数据模型称为关系模型。

与层次模型和网状模型相比，具有以下特点：

① 数据结构单一。

② 理论严密。

③ 使用方便、易学易用。

支持关系模型的数据库管理系统称为关系数据库管理系统，其中 Visual FoxPro 是一种典型的关系型数据库管理系统。

说明：

① 二维表的每一行对应表中一个记录。

② 二维表的每一列对应表中一个字段，每个字段都有字段名，同一字段可以有多个不同的字段值。

（3）对象—关系模型数据系统（Object Relational Database System，ORDBS）

将数据库技术与面向对象技术相结合，以实现对多媒体数据和其他复杂对象数据的处理，这就产生了第三代数据库系统。其主要特点是：包含第二代数据库系统的功能，支持正文、图形、图像、声音等新的数据类型，支持类、继承、方法等对象机制，提供高度集成的、可支持客户/服务器应用的用户接口。

1.2 数据库管理系统和数据库应用系统

1. 数据库管理系统

数据库管理系统(DataBase Management System，DBMS)是一种操纵和管理数据库的大型软件，用于建立、使用和维护数据库。它对数据库进行统一的管理和控制，以保证数据库的安全性和完整性。用户通过 DBMS 访问数据库中的数据，数据库管理员也通过 DBMS 进行数据库的维护工作。它可使多个应用程序和用户用不同的方法在相同或不同时刻去建立，修改和询问数据库。一般来说，数据库管理系统具有下列功能：

（1） 数据定义功能

DBMS 向用户提供“数据定义语言”(DDL)，用于描述数据库的结构，在关系数据库中其标准语言是 SQL（Structured Query Language），它提供了 DDL 语句。

（2）数据操作功能

对数据库进行检索和查询，是数据库的主要应用。为此 DBMS 向用户提供“数据操纵语言”(DML)，用于对数据库中的数据进行查询，同样 SQL 也提供了 DML 语句。

（3）控制和管理功能

除了 DDL 和 DML 两类语句外，DBMS 还具有必要的控制和管理功能。

在讨论可视化的数据库管理系统（如 VFP、Access）时，从组成结构上看，DBMS 的特点和功能可以分为三个子系统：设计工具子系统、运行子系统和 DBMS 引擎。

2. 数据库应用系统

数据库应用系统（DataBase Application System，DBAS）是在数据库管理系统支持下建立的计算机应用系统。数据库应用系统是由数据库系统、应用程序系统、用户组成的，具体包括：数据库、数据库管理系统、数据库管理员、硬件平台、软件平台、应用软件、应用界面。数据库应用系统的 7 个部分以一定的逻辑层次结构方式组成一个有机的整体，它们的结构关系是：数据库、数据库应用系统、数据库管理系统、操作系统、硬件，如图 1-5 所示。例如，以数据库为基础的财务管理系统、人事管理系统、图书管理系统等，无论是面向内部业务和管理的管理信息系统，还是面向外部，提供信息服务的开放式信息系统，从实现技术角度而言，都是以数据库为基础和核心的计算机应用系统。

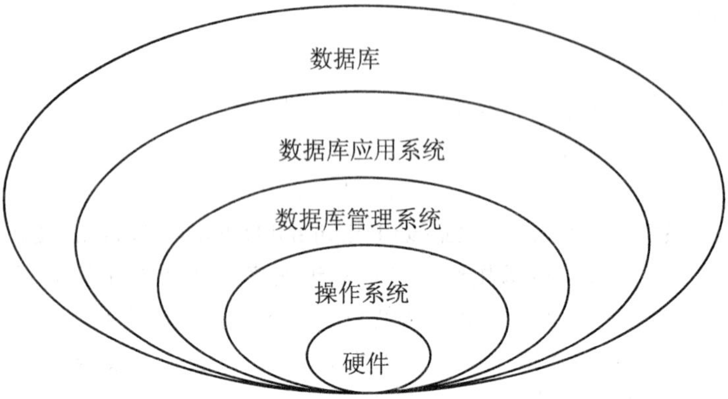

图 1-5 数据库系统与计算机关系

1.3 Visual Foxpro 数据库的产生

1.3.1 Visual FoxPro 数据库系统的发展

Visual FoxPro 6.0 是在 xBASE（dBASE，Clipper，FoxBASE，FoxPro）的基础上发展而来的 32 位数据库管理系统。Visual FoxPro 的发展历程如下：

1975 年，美国工程师 Ratliff 开发了一个在个人计算机上运行的交互式的数据库管理系统。

1980 年，Ratliff 和 3 个销售精英成立了 Aston-Tate 公司，直接将软件命名为 dBASE Ⅱ 而不是 dBASE Ⅰ。后来这套软件经过维护和优化，升级为 dBASE Ⅲ。

1986 年，Fox Software 公司在 dBASE Ⅲ的基础上开发出了 FoxBASE 数据库管理系统。后来 Fox Software 公司又开发了 FoxBASE+、FoxPro 2.0 等版本。这些版本通常被称为 xBase 系列产品。

1992 年，微软公司在收购 Fox Software 公司后，推出 FoxPro 2.5 版本，有 MS-DOS 和 Windows 两个版本。使程序可以直接在基于图形的 Windows 操作系统上稳定运行。

1995 年，推出了 Visual FoxPro 3.0 数据库管理系统。它使数据库系统的程序设计从面向过程发展成面向对象，是数据库设计理论的一个里程碑。

1996 年，微软公司推出了 Visual FoxPro 5.0 版本，Visual FoxPro 是面向对象的数据库开发系统，同时也引进了 Internet 和 Active 技术。

1998 年，在推出 Windows 98 操作系统的同时推出了 Visual FoxPro 6.0。

近年来，Visual FoxPro 7.0、Visual FoxPro 8.0 和 Visual FoxPro 9.0 也相继推出，这些版本都增强了软件的网络功能和兼容性。同时，微软公司推出了 Visual FoxPro 的中文版本。

今天人们目光被 VB、VC、Delphi、Java 等优秀开发工具所吸引，Visual FoxPro 这株出身名门的小草仍然顽强地活了下来，并且将在不久的将来推出最新的 9.0 版。即使 VB、Delphi 等众多大腕也不得不承认，在有限设备条件下的数据处理能力，Visual FoxPro 是最好的。

1.3.2 Visual FoxPro 6.0 的功能

Visual FoxPro 6.0 除了具有数据库管理系统的必备功能外，还具有应用程序开发功能。用户利用 Visual FoxPro 6.0 不仅可以方便地建立自己的数据库、管理数据库中的数据，而且还可以开发数据库应用系统程序。Visual FoxPro 6.0 主要功能体现在下述几方面。

1. 数据定义功能

通过 Visual FoxPro 6.0 中数据库设计器，用户可以方便地定义自己的数据库，可以在数据库中添加、移去、修改数据表，建立数据表之间的联系。通过 Visual FoxPro 中表设计器或表向导，用户可以方便地定义自己的数据表结构、定义数据表的完整性约束。

2. 数据操纵功能

利用 Visual FoxPro 6.0 提供的命令和菜单等，用户可以方便地操纵数据表中的数据，如添加、删除、修改、查询、统计等。

3. 数据控制功能

Visual FoxPro 6.0 能够自动检查数据表的完整性，以保证数据的正确性、有效性和相容性，同时还能控制多用户的并发操作。

4. 程序编辑、运行与调试功能

通过 Visual FoxPro 6.0 提供的命令，用户可以方便地建立和运行自己的程序，如果程序中有错误，系统还提供了调试功能，帮助用户排除程序中的错误。

5. 界面设计功能

利用 Visual FoxPro 6.0 的表单设计器，用户可以快速、方便地建立漂亮实用的用户界面，大大提高开发速度。

1.3.3 Visual FoxPro 6.0 的特点

Visual FoxPro 6.0 之所以能够得到广泛使用，与其具有的强大功能是分不开的，Visual FoxPro 6.0 与其前期的版本相比，有更高的性能指标和鲜明的特点，主要体现在下述几个方面。

1. 强大的查询和管理功能

Visual FoxPro 6.0 拥有近 500 条命令，200 余个函数，使得其功能空前强大。同时 Visual FoxPro 6.0 采用了新的查询技术，极大地提高了查询效率。

2. 全新的数据库表概念

Visual FoxPro 6.0 除了把数据库和表的概念严格区分之外，还引入了视图等概念。同时，触发器的使用和数据表的关联也增强了对数据库中数据的完整性约束能力。

3. 扩大了对 SQL(Structured Query Language)语言的支持

SQL 语言是关系数据库的标准语言，其查询语句不仅功能强大，而且使用灵活。早在

FoxPro 的后期版本中就得到了部分支持，而在 Visual FoxPro 6.0 版本进行了进一步的扩充，所支持的 SQL 语句已经有 8 种。

4. 大量使用可视化的界面操作工具

Visual FoxPro 6.0 提供了向导（wizard）、设计器（designer）、生成器（builder）等可视化辅助工具，大大方便了用户的使用。

5. 支持面向对象的程序设计

Visual FoxPro 6.0 除了继续支持传统的结构化程序设计外，还支持面向对象程序设计，加快软件开发的过程，提高软件开发的质量。

6. 支持网络应用

Visual FoxPro 6.0 既可以开发单机环境的数据库应用系统，又可以开发网络环境的数据库应用系统，并且支持网络环境下的 B/S（浏览器/服务器）工作模式以及三层结构的 C/S（客户机/服务器）模式。

1.3.4 Visual FoxPro 6.0 的安装与启动

Visual FoxPro 6.0 的功能强大，但是它对系统的要求并不高，个人计算机的软硬件基本配置要求如下：

处理器：带有 486DX/66 MHZ 处理器，推荐使用 Pentium 或更高档处理器的 PC 兼容机。

内存储器：16MB 以上的内存，推荐使用 24MB 以上内存。

硬盘空间：典型安装需要 100MB 的硬盘空间；最大安装需要 240MB 硬盘空间。需要一个鼠标、一个光盘驱动器，推荐使用 VGA 或更高分辨率的监视器。

操作系统：由于 Visual FoxPro 是 32 位产品，需要在 Windows 95/98（中文版），或者 Windows NT 4.0（中文版）以及更高版本的操作系统上运行。建议 Visual FoxPro 在 Windows XP 操作系统环境下运行。

Visual FoxPro 可以从 CD-ROM 或网络上安装，方式和其他 Windows 软件的安装方法一样。

Visual FoxPro 6.0 启动后，有四种方法可以退出 Visual FoxPro 6.0 返回到 Windows。

① 用鼠标左键单击 Visual FoxPro 6.0 标题栏右上角的关闭窗口按钮。

② 从“文件”下拉菜单中选择“退出”选项。

③ 在命令窗口中键入 QUIT 命令，然后按下 Enter（回车）键。

④ 单击主窗口左上方的狐狸图标，从窗口下拉菜单中选择“关闭”，或者按 Alt+F4 键。

1.4 Visual FoxPro 6.0 的集成开发环境

启动了 Visual FoxPro 后，就进入了 Visual FoxPro 的集成开发操作环境。所谓集成开发环境，就是指可以将多种开发操作集中在一个界面内完成的开发环境。Visual FoxPro 的集成开发操作环境以主窗口及其包含在主窗口内的一个或者多个子窗口的形式体现出来，用户在这些窗口，可以操作完成程序设计与开发的一系列工作：诸如执行操作命令、生成程序、编辑程序、调试运行程序以及制作程序界面等。

在 Visual FoxPro 的集成开发环境中，VFP 有三种工作方式：利用菜单系统或工具栏按钮执行操作的菜单工作方式；在命令窗口中输入命令进行交互式操作的工作方式；利用各种生成器自动生成或者编写 FoxPro 命令文件程序的自动工作方式。菜单工作方式为最终用户提供了更加便利的操作手段。因此，初学者通常首先从菜单工作方式入手。

1.4.1 Visual FoxPro 的主窗口

Visual FoxPro 系统启动后，主界面由标题栏、菜单栏、工具栏、主窗口、命令窗口和状态栏组成。

进入了 Visual FoxPro 集成开发环境后，呈现在用户面前的界面是主窗口以及“命令”子窗口，如图 1-6 所示。Visual FoxPro 的主窗口包括两个部分：功能菜单区、窗口工作区，以下逐一简单介绍各部分功能。

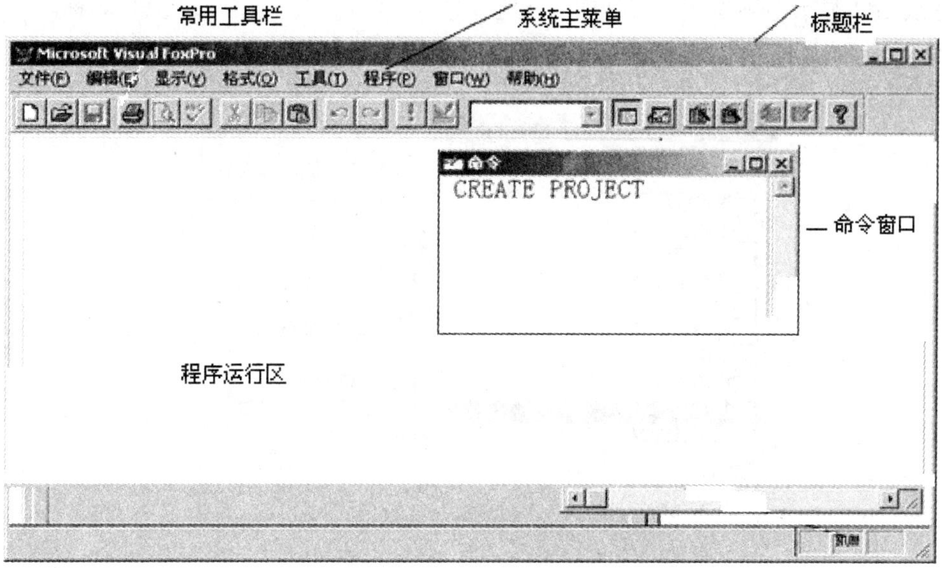

图 1-6 Visual FoxPro 6.0 的主界面

1. 功能菜单区

（1）标题栏

左边显示 Microsoft Visual FoxPro，表明软件身份；右边是窗口控制按钮：最小化、最大化、关闭。

（2）菜单栏

菜单栏是用户与 VFP 交互操作的重要途径之一，它列出了 VFP 系统的基本功能。某菜单项是否显示和某菜单项是否可用都与系统当前状态有关。菜单栏的操作方法与 Windows 菜单操作方法相同。

通过设置 Windows 桌面，也可以调整菜单上文字大小。

方法：右击 Windows 桌面，弹出快捷菜单→“属性”→“外观”选项卡→从“项目”下拉框中选择“菜单”项，并调整其“字体”和“大小”。

（3）工具栏

工具栏是将一些常用的功能图形化表示，鼠标单击图标将执行相关的功能。对于经常使用的功能，使用工具栏比调用菜单更加方便。将鼠标指针移动到某个图标上，将出现其功能提示信息。

● 设置文字大小

通过 Windows 桌面可以调整工具栏上文字大小。

方法：右击 Windows 桌面，弹出快捷菜单→“属性”→“外观”选项卡→从“项目”下拉框中选择“工具提示”项，并调整其“字体”和“大小”。

● 显示或隐藏工具栏

鼠标单击工具栏上某个图标，即可完成相关菜单项功能。系统提供“常用”、“表单设计器”、“数据库设计器”等 11 个工具栏，工具栏对话框如图 1-7 所示。系统默认情况下，仅显示“常用”工具栏，使其他工具栏显示或隐藏的方法有：

方法 1：“显示”菜单→“工具栏”→选择(×)或取消(去×)相关工具栏名称。

方法 2：右击工具栏的空白处，选择(√)或取消(去√)相关工具栏名称。

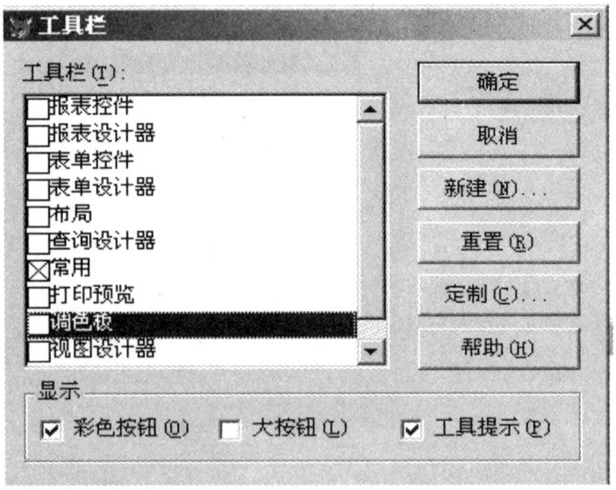

图 1-7 “工具栏”对话框

● 定制工具栏

除了上述系统提供的工具栏之外，为方便操作，用户还可以创建自己的工具栏，或者修改现有的工具栏，统称为定制栏。例如，要创建“计算机学院管理”工具栏，创建工具栏的具体操作如下：

① 单击“显示”菜单，从下拉菜单中选择“工具栏”，弹出“工具栏”对话框。

② 单击“新建”按钮，弹出“新工具栏”对话框，如图 1-8 所示。

③ 键入工具栏名称，如“计算机学院管理”，单击“确定”按钮。弹出“定制工具栏”对话框，如图 1-9 所示，在主窗口上同时出现一个空的“职工管理”工具栏。

④ 单击选择“定制工具栏”左侧 “分类”列表框中的一类，其右侧便显示该类所有按钮。

⑤ 根据需要，选择其中的按钮，并将它拖动到“计算机学院管理”工具栏上即可，所创建工具栏的效果如图 1-10 所示。

⑥ 最后，单击“定制工具栏”对话框上的“关闭”按钮。

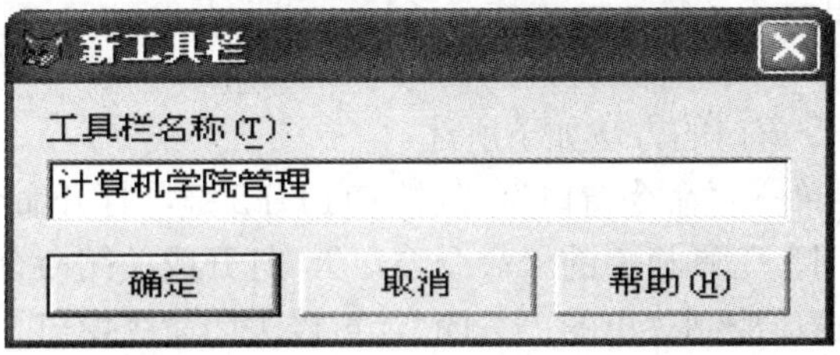

图 1-8　“新工具栏”对话框

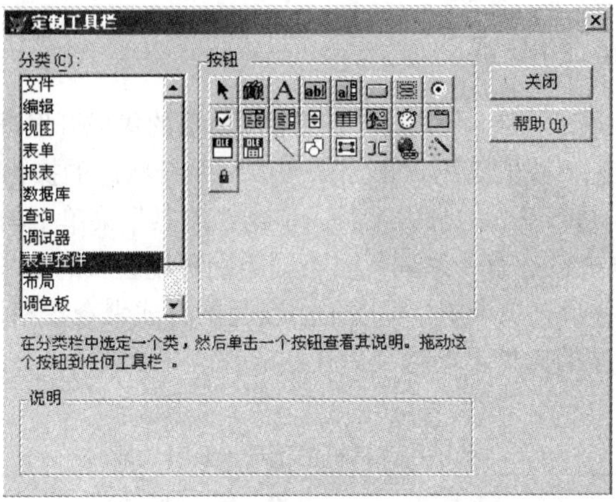

图 1-9　“定制工具栏”对话框

图 1-10　“计算机学院管理”工具栏

2. 窗口工作区

（1）程序运行区

显示程序开发、调试、运行的结果。

（2）命令窗口

显示用户从键盘上输入的命令、显示界面操作所对应的命令。

命令窗口是用户与 VFP 交互操作的一个重要途径。在此窗口中直接输入 VFP 命令，而命令的执行结果显示在主窗口中。在命令窗口中，以回车结束一条命令；将光标移动（用↑、↓键或鼠标单击）到输入过的命令上，可以对其进行修改，使之成为一条新命令，或仅按回车键将重新执行该命令；从命令窗口的右击快捷菜单下执行“清除”命令，可以擦除命令窗口中的全部信息。

● 设置命令窗口

拖动命令窗口的标题栏，可以改变其在主窗口中的位置；拖动其边框，可以改变该窗口大小。此外，也可以通过下列方法调整命令窗口中字体和字号：

方法："格式"菜单→"字体"→选择"字体"和"大小"。

● 关闭命令窗口

用于关闭或打开命令窗口的方法如下所述。

方法 1："窗口"菜单→"命令窗口"，或按 Ctrl+F2 键，打开命令窗口。

方法 2：单击"常用"工具栏中的"命令窗口"，打开或关闭命令窗口。

方法 3：单击命令窗口控制菜单的"关闭"，可以关闭命令窗口。

方法 4：单击命令窗口的"关闭"按钮，可以关闭命令窗口。

方法 5：将光标置于命令窗口中，按 Ctrl+F4 键，将关闭命令窗口。

1.4.2 Visual FoxPro 的配置

启动 Visual FoxPro 进入主界面后，呈现在用户面前的集成开发环境是系统的默认状态，用户可以改变系统的状态。我们把用户根据需要改变系统状态的操作称为"系统配置"。"选项"对话框是配置 Visual FoxPro 的有力工具，单击"工具"菜单下的"选项"，打开"选项"对话框。"选项"对话框中包括有一系列代表不同类别环境选项的选项卡。表 1-1 列出了各个选项卡的设置功能。在各个选项卡中，可以采用交互的方式来查看和设置系统环境，在这里，我们不具体介绍配置环境的操作，希望今后在实验课程中练习。

表 1-1 "选项"对话框的选项卡及其功能

选项卡	设 置 功 能
显示	显示界面选项，例如是否显示状态栏、时钟、命令结果或系统信息
常规	数据输入与编程选项，如设置警告声音，是否记录编译错误或自动填充新记录，使用的定位键，调色板使用的颜色，改写文件之前是否警告等
数据	字符串比较设定、表选项，如是否使用 Rushmore 优化，是否使用索引强制唯一性备注块大小，查找的记录计数器间以及使用什么锁定选项
远程数据	远程数据访问选项，如连接超时限定值，一次拾取记录数目以及如何使用 SQL 更新
文件位置	Visual FoxPro 默认目录位置，帮助文件以及辅助文件存储在何处
表单	表单设计器选项，如网格面积，所用的刻度单位，最大设计区域以及使用何种模板类
项目	项目管理器选项，如是否提示使用向导，双击时运行或修改文件以及源代码管理选项
控件	"表单控件"工具栏中的"查看类"按钮所提供的可视类库和 ActiveX 控件
区域	日期、时间、货币及数字的格式
调试	调试器显示及跟踪选项，例如使用什么字体与颜色
语法着色	区分程序元素所用的字体及颜色，如注释与关键字
字段映象	从数据环境设计器、数据库设计器或项目管理器向表单拖放表或字段时创建何种控件

对 Visual FoxPro 配置所做的更改，既可以是临时性的，也可以是永久性的。临时设置保存在内存中，并在退出 Visual FoxPro 时释放。永久设置将保存在 Windows 注册表中，作为以后再启动 Visual FoxPro 时的默认设置值。也就是说，可以把在"选项"对话框中所做设置通过单击"确定"按钮保存为在本次系统运行期间有效，或者单击"设置为默认值"按钮保存为 Visual FoxPro 默认设置，即永久设置。

1.5　项目管理器

在管理数据库或开发一个数据库应用系统时，往往包括多种类型的文件，如.prg 命令文件、.dbf 表文件、.cdx 索引文件以及菜单、表单、报表、视图、查询等文件，这些文件存在着各种各样的联系，如果用户需要对这些文件进行方便有效的管理，必须要有一种优秀的管理工具，Visual FoxPro 为用户提供了一个很好的工具“项目管理器”。项目管理器是 Visual FoxPro 的控制中心，通过可视化的方法来组织和处理各种文件，如图 1-11 所示，它使文件更加清晰，具有强大的可视化功能，对开发工作和以后的系统维护带来很大的方便。

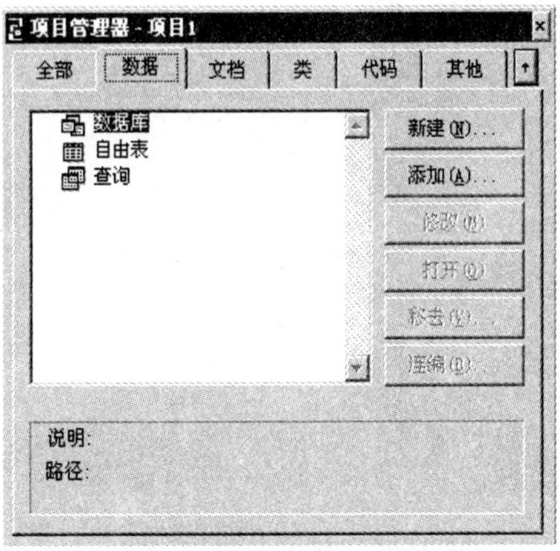

图 1-11　项目管理器

在 Visual FoxPro 6.0 中，项目管理器通过项目文件对项目中的数据和对象进行集中管理，借助界面友好的集成环境，使用户能够方便地访问 Visual FoxPro 6.0 提供的工具栏，快捷菜单和各种辅助设计工具。

项目管理器只记录各类文件的文件名、文件类型、路径以及操作这些文件的方法，并不保存各种文件的具体内容。通过项目管理器，用户可以方便地完成文件的各项操作，比方说：建立、修改、运行浏览，还可以把不在其管理范围的文件添加到其中。能完成应用程序的连编，使应用系统生成可脱离系统运行的.exe 可执行文件。

1.5.1　创建项目

项目管理器将一个应用程序的所有文件构成一个有机的整体，称为项目文件。当建立项目文件后，会在磁盘上产生两个必要的文件：项目文件，扩展名为.pjx，用于存储应用系统所包含各类文件的相关信息；项目说明文件，扩展名为.pjt，用于存储项目文件的备注数据。

1. 创建项目

创建一个新项目有两个途径，一是仅仅创建一个项目文件，用来分类管理其他文件；二是使用应用程序向导生成了一个项目和一个 Visual FoxPro 应用程序框架。

可以用“文件”菜单中的“新建”命令创建新项目，具体操作如下：

① 执行菜单命令“文件—新建”，或者单击“常用”工具栏上的“新建”按钮，打开“新

建”对话框，如图 1-12 所示。

② 在“文件类型”区域选择“项目”单选项，然后单击“新建文件”图标按钮，系统打开“创建”对话框，如图 1-13 所示。

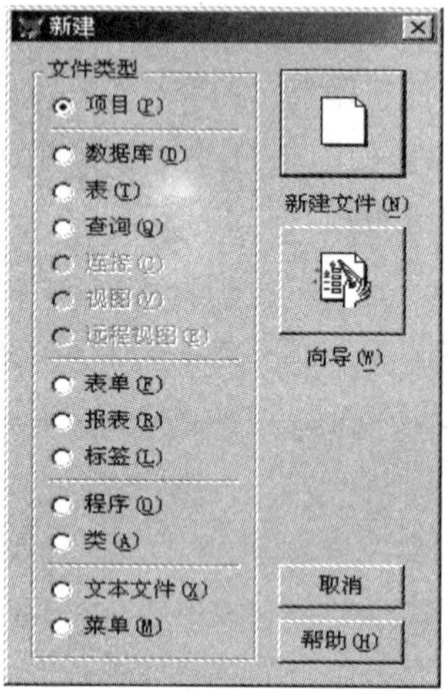

图 1-12 新建项目

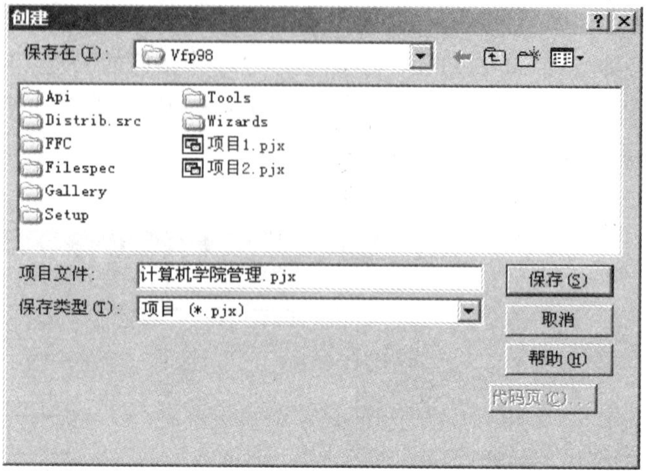

图 1-13 创建项目对话框

③ 在“创建”对话框的“项目文件”文本框中输入项目名称，如“计算机学院管理”，然后在“保存在”组合框中选择保存该项目的文件夹。

④ 单击“保存”按钮，Visual FoxPro 就在指定目录位置建立了一个“计算机学院管理.pjx”的项目文件。当激活“项目管理器”窗口时，在菜单栏中将显示“项目”菜单。对于已经创建的项目文件，以后再打开时同时会自动打开项目管理器。

2. 打开和关闭项目

在 Visual FoxPro 中可以随时打开一个已有的项目，也可以关闭一个打开的项目。未包含任何文件的项目称为空项目。当关闭一个空项目文件时，Visual FoxPro 在屏幕上显示提示框，如图 1-14 所示。若单击提示框中的“删除”按钮，系统将从磁盘上删除该空项目文件；若单击提示框中的“保持”按钮，系统将保存该项目文件。

图 1-14 删除项目提示

3. “项目管理器”窗口的各类文件选项卡

“项目管理器”窗口是 Visual FoxPro 开发人员的工作平台，共有六个选项卡，其中“数据”、“文档”、“类”、“代码”、“其他”五个选项卡用于分类显示各种文件，“全部”选项卡用于集中显示该项目中的所有文件。若要处理项目中某一特定类型的文件或对象可选择相应的选项卡。初学者常用的是“数据”和“文档”两个选项卡，对于应用系统开发者而言，将要用到所有选项卡。

① “数据”选项卡：包含了一个项目中的所有数据项—数据库、自由表、查询等。选项卡为数据提供了一个组织良好的分层结构视图，如果某类型数据项有一个或多个子数据项，则在其标志前有一个加号。单击标志的加号可展开并查看此项的列表，单击减号可折叠列表。例如，可以从数据库展开数据库表中的单个字段，从而查看所需的不同层次的细节。

② “文档”选项卡：包含了处理数据时所用的三类文件：输入和查看数据所用的表单、打印表和查询结果所用的报表及标签。

③ “类”选项卡：包含了与类相关的建立、修改、添加和移去等功能。使用 Visual FoxPro 的基类就可以创建一个可靠的面向对象的事件驱动程序。如果自己创建了实现特殊功能的类，可以在项目管理器中修改。只需选择要修改的类，然后单击“修改”按钮，将打开“类设计器”。

④ “代码”选项卡：主要用于管理程序文件，包括三大类程序，扩展名为.prg 的程序文件、函数库和应用程序.app 文件。

⑤ “其他”选项卡：包括文本文件、菜单文件和其他文件，如位图文件.bmp 、图标文件.ico 等。

⑥ “全部”选项卡：以上各类文件的集中显示窗口。

1.5.2 使用项目管理器

用户使用项目管理器，可以通过可视化的直观操作在项目中创建、添加、修改、移去和运行指定的文件。在项目管理器中操作最方便的方法是使用相应的命令按钮。项目管理器的右侧同时可以显示六个按钮，根据所选定文件的不同，将出现不同的按钮组。

1. 创建文件

要在项目管理器中创建文件，首先要确定新文件的类型。例如，若要创建一个数据库文件，必须在项目管理器中首先选择“数据库”选项，如图 1-15 所示。只有当选定了文件类型以后，“新建”按钮才可用。单击“新建”按钮或者从“项目”菜单中选择“新建文件”命令，即可打开相应的设计器以创建一个新文件。图 1-15 是创建一个项目的窗口。需要注意，在项目管理器中新建的文件自动包含于该项目，而利用“文件”菜单中的“新建”命令创建的文件不属于任何项目文件。

2. 添加文件

利用项目管理器可以把一个已经存在的文件添加到项目文件中，具体操作步骤如下：

① 选择要添加的文件类型。例如，要添加一个数据库到项目文件中，则应在项目管理器的“数据”选项卡中选择“数据库”选项。

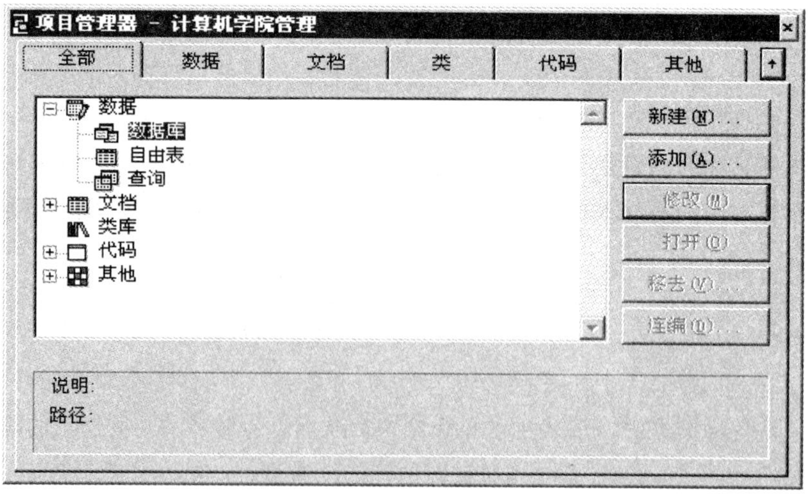

图 1-15 创建一个新的数据库文件

② 单击“添加”按钮或从“项目”菜单中选择“添加文件”命令，系统弹出“打开”对话框。在“打开”对话框中选择要添加的文件。

③ 单击“确定”按钮，系统便将选择的文件添加到项目文件中。

注意：在 Visual FoxPro 中，新建或添加一个文件到项目中并不意味着该文件已成为项目的一部分。事实上，每一个文件都以独立文件的形式存在于磁盘。我们说某个项目包含某个文件只是表示该文件与项目建立了一种关联。这样做有两大优点：一是一个文件可以包含于多个项目中，项目仅仅需要知道包含的文件在哪里；二是如果一个文件同时被多个项目所包含，那么在修改该文件时，修改的结果将同时体现在相应的项目中，这样就避免了在多个项目中分别修改文件而导致发生修改不一致的后果。

3. 修改文件

利用项目管理器可以随时修改项目中的指定文件，具体操作步骤如下：

① 选择要修改的文件。例如，选择数据库中的一个表。

② 单击“修改”按钮或从“项目”菜单中选择“修改文件”命令，系统将根据要修改的文件类型打开相应的设计器。在此例中，系统将打开表设计器。在设计器中修改选择的文件。如果被修改的文件同时包含在多个项目中，修改的结果对于其他项目也有效。

4. 移去文件

一般来说，项目中所包含的文件是为某一个应用程序服务的。如果某个文件不需要了，可以从项目中移去。

具体操作步骤如下：

① 选择要移去的文件。单击“移去”按钮或从“项目”菜单中选择“移去文件”命令。系统将显示如图 1-16 所示的提示框。

② 若单击提示框的“移去”按钮，系统仅仅从项目中移去所选择的文件，被移去的文件仍存在原目录中；若单击“删除”按钮，系统不仅从项目中移去文件，还将从磁盘中删除，文件将不复存在。

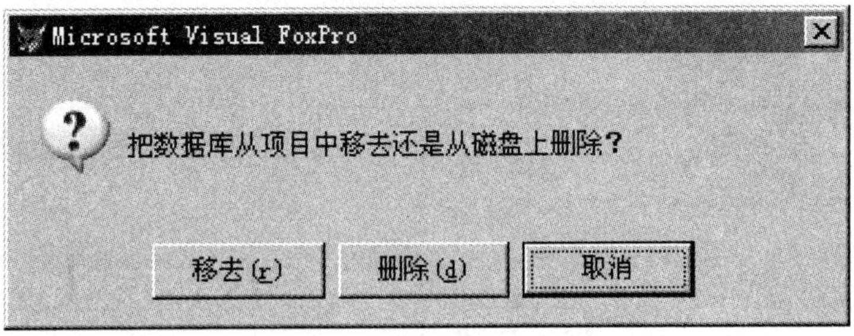

图 1-16　移去文件提示框

5. 其他按钮

在项目管理器中，除了上面介绍的“新建”、“添加”、“修改”、“移去”按钮之外，随着所选择的文件类型不同，按钮所显示的名称将随之改变。其他按钮的功能如下：

① “浏览”按钮：在“浏览”窗口中打开一个表。此按钮与“项目”菜单的“浏览文件”命令作用相同，且仅当选定一个表时可用。

② “关闭”和“打开”按钮：打开或关闭一个数据库。此按钮与“项目”菜单的“关闭文件”、“打开文件”命令作用相同。如果选定的数据库已关闭，“关闭”按钮变为“打开”；如果选定的数据库已打开，此按钮变成“关闭”。

③ “预览”按钮：执行选定的查询、表单或程序。当选定项目管理器中的一个查询、表单或程序时才可使用。此按钮与“项目”菜单的“运行文件”命令作用相同。

④ “运行”按钮：执行选定的查询、表单或程序时才可使用。此按钮与“项目”菜单的“运行文件”命令作用相同。

⑤ “连编”按钮：用于访问连编的选项，可以连编一个项目或应用程序，使用“连编”按钮，可以生成.app 文件或生成可执行的.exe 文件。也可以在命令窗口使用 BUILDAPP 或 BUILDEXE 命令来连编一个应用程序。

1.6　Visual FoxPro 向导、设计器、生成器简介

向导、设计器和生成器是 Visual FoxPro 提供的三类支持可视化设计的工具，这些工具极大地减轻了用户程序设计的工作量，能够让用户简便、快速、灵活地进行应用程序开发。

1.6.1　Visual FoxPro 的向导

Visual FoxPro 的向导是一种交互式的程序，它通过一组对话框依次与用户进行对话，用户在向导的引导下快速完成各种设计工作，如创建表单、设置报表格式和建立查询等。向导工具的最大特点是快、操作简单，但能完成的任务也有限，一般用向导创建一个大的框架，然后再用相应的设计器做进一步的修改。表 1-2 给出了 Visual FoxPro 6.0 中部分向导的主要功能，使用这些向导可以快速完成一般性任务。

表 1-2　　Visual FoxPro 6.0 中部分向导

向导名称	功　能
表向导	创建基于典型表结构的表，并允许从一个样表列表中选择一个适合用户需要的表
查询向导	创建一个查询
本地视图向导	利用本地数据创建视图
远程视图向导	利用 ODBC 数据源来创建视图
交叉表向导	创建一个基于已存在的表的交叉表查询，用来汇总数据
文档向导	格式化项目和程序文件中的代码并从中生成文本文件
图表向导	创建一个图表
报表向导	创建一个基于自由表、数据库表或视图的数据报表
分组、总计报表向导	创建具有分组和总计功能的报表
一对多报表向导	创建一个一对多报表
数据透视表向导	创建数据透视表
邮件合并向导	创建一个邮件合并文件
安装向导	引导用户从文件中创建一整套安装磁盘
SQL 升迁向导	创建一个 SQL Server 数据库，使之尽可能多地重复 Visual FoxPro 6.0 的数据库功能
导入向导	从其他文件格式导入或追加数据到 Visual FoxPro 表文件（.dbf）中
应用程序向导	创建一个项目和一个 Visual FoxPro 增加的应用程序框架，然后打开应用程序生成器，可以添加已经创建的数据库、表、表单或报表到此项目中
数据库向导	使用预定义的模板来创建包含适当表的数据库

用项目管理器或“文件”菜单创建某种新的文件时，可以利用向导来完成这项工作。启动向导有以下四种途径：

① 在项目管理器中选定要创建文件的类型，然后选择“新建”。系统弹出如图 1-17 所示的“新建查询”对话框，然后单击“向导”按钮。

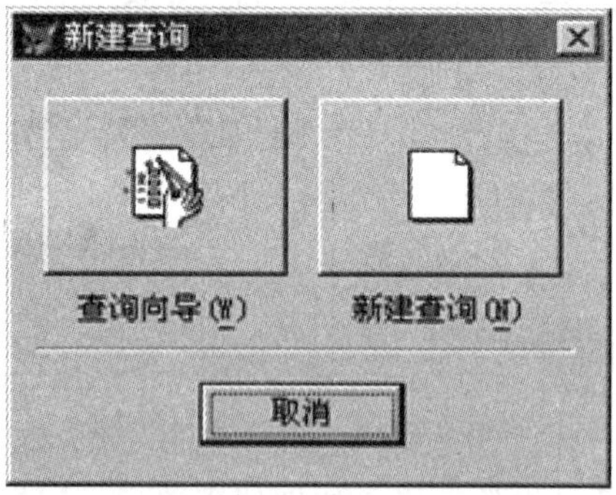

图 1-17　新建查询”对话框

② 从“文件”菜单中选择“新建”，或者单击工具上的“新建”按钮，打开“新建”对话框，选择待创建文件的类型。然后单击相应的向导按钮就可以启动向导，如图 1-18 所示。

③ 在“工具”菜单中选择“向导”子菜单，也可以直接访问大多数的向导，如图 1-19

所示。

④ 单击工具栏上的“向导”图标按钮可以直接启动相应的向导，如图 1-20 所示。

如果在使用向导时，有来自数据库表中的数据，可以利用存储在数据库中的样式及字段映射，并将其反映到表单、表、标签、查询和报表中。

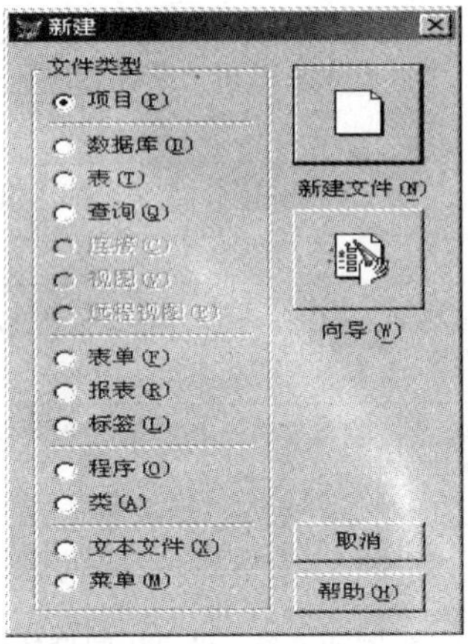

图 1-18　“新建”对话框

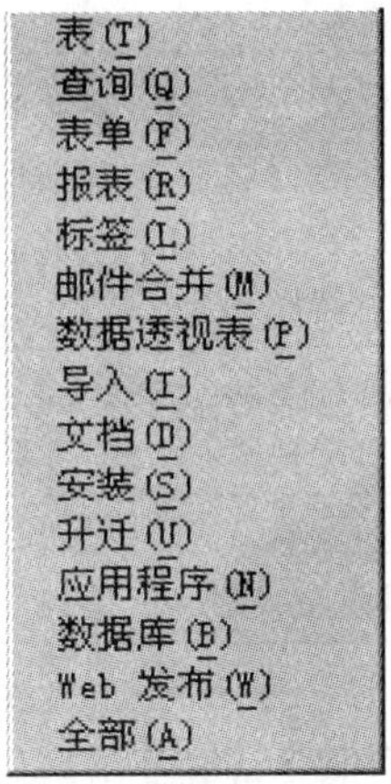

图 1-19　“向导”子菜单

图 1-20　“向导”图标按钮

1. 使用向导

虽然 Visual FoxPro 提供的向导有很多种，但这并不表示必须费尽心力一一学习，由于它们的使用方式大同小异，因此只需了解一些共同法则，相信用起来必能得心应手。

向导的使用法则如下：

① 在正确回答问题之后，单击“下一步”按钮，以便进入下一个步骤。

② 如果发现前一个步骤有错误需要修改时，单击“上一步”按钮，回到前一个步骤。

③ 要放弃向导的使用操作，单击“取消”按钮。

④ 到达最后一个步骤时，建议先单击“预览”按钮预演结果，若结果正确无误，再单击“完成”按钮，并保存由向导产生的文件。

⑤ 可打开相应的设计器，修改由向导生成的文件，但是向导本身无法再去修改自己制作的文件。

⑥ 在使用向导的过程中，可随时按下 F1 键，以便取得此向导的联机帮助信息。

2. 修改用向导创建的项

使用向导创建好表、表单、查询或报表之后，可以用相应的设计工具将其打开，并做进一步的修改。但是，不能用向导打开一个用向导建立的文件并且修改它。

1.6.2　Visual FoxPro 的设计器

1. 设计器的种类

Visual FoxPro 设计器是一些图形化的设计工具，利用这些工具可以快速完成数据库、表单以及数据环境设置等设计操作。表 1-3 给出了 Visual FoxPro 6.0 中各类设计器的主要功能。

表 1-3　　Visual FoxPro 的各种设计器

设计器名称	功　能
表设计器	创建并修改数据库表、自由表、字段和索引，可以实现诸如有效性检查和默认值设置等高级功能
数据库设计器	管理数据库中包含的全部表、视图和关系。该窗口活动时，显示“数据库”菜单和“数据库设计器”工具栏
报表设计器	创建和修改数据报表，该设计器窗口活动时，显示“报表”菜单和“报表控件”工具栏
查询设计器	创建和修改在本地表中运行的查询。当该设计器窗口活动时，显示 “查询”菜单和“查询设计器”工具栏
视图设计器	在远程数据源上运行查询，创建可更新的查询，即视图。当该设计器窗口活动时，显示“视图设计器”工具栏
表单设计器	创建并修改表单和表单集，当该窗口活动时，显示“表单”菜单、“表单控件”工具栏、“表单设计器”工具栏和“属性”窗口
菜单设计器	创建菜单栏或弹出式子菜单
数据环境设计器	数据环境定义了表单或报表使用的数据源，包括表、视图和关系，可以用数据环境设计器来修改
连接设计器	为远程视图创建并修改命名连接，因为连接是作为数据库的一部分存储的，所以仅在有打开的数据库时才能使用“连接设计器”

2. 设计器的启动

我们该如何启动所需要的设计器呢？实际上在下列两种状况下，特定的设计工具会自动被启动。从“文件”菜单中单击“新建”命令，或单击常用工具栏中的“新建”按钮，或是在项目管理器中单击“新建”按钮，都可以打开“新建”对话框；确定了所要建立的文件类型后，单击“新建文件”按钮，相应的设计器便会被启动。从“文件”菜单中单击“打开”命令，或单击常用工具栏中的“打开”按钮，在弹出的对话框中选定要编辑的文件后，相应的设计器便会被启动，同时也打开了所要编辑的文件。

1.6.3　Visual FoxPro 的生成器

Visual FoxPro 所提供的各种设计器虽然大大简化了设计操作，但是毕竟有许多操作仍然需要人工一步一步地设置。为了提高设计的效率，简化操作，Visual FoxPro 在某些设计器中加入了生成器（Builder）。只要对生成器进行交互操作，它就会自动完成表达式、程序过程的创建。只需告诉生成器要什么，而不需告知它如何去做。由此可知，生成器一般不能独立运行，而需在设计器中搭配使用。大部分的生成器是存在于表单设计器中的，它能够帮助用户快速地生成表单及其控件，而存在于数据库设计器中的生成器，则能帮助用户定义数据表之间的参照完整性。表 1-4 列出了 Visual FoxPro 所提供的各种生成器及它们的用途。

表 1-4 Visual FoxPro 的各种生成器

生成器名称	功　能
表单生成器	方便向表单中添加字段，也可以选择表单的样式
表格生成器	方便为表格控件设置属性。表格控件允许在表单或页面中显示和操作数据的行与列。在该生成器对话框中选项可以设置表格属性
编辑框生成器	方便为编辑框控件设置属性。编辑框一般用来显示长的字符型字段或者备注型字段，并允许用户编辑文本，也可以显示一个文本文件或剪贴板中的文本。可以在该生成器对话框中选择选项来设置控件的属性
列表框生成器	方便为列表框控件设置属性。列表框给用户提供一个可滚动的列表，包含多项信息或选项。可在该生成器对话框格式中选择选项设置属性
文本框生成器	方便为文本框控件设置属性。文本框是一个基本的控件，允许用户添加或编辑数据，存储在表中“字符型”、“数据型”或“日期”型的字段里。可在该生成器对话框格式中选择选项来设置属性
组合框生成器	方便为组合框控件设置属性，在该生成器对话框中，可以选择选项来设置属性
命令按钮组生成器	方便为命令按钮组控件设置属性，可在该生成器对话框中选择选项设置属性
选项按钮组生成器	方便为选项按钮组控件设置属性。选项按钮允许用户在彼此之间独立的几个选项中选择一个。可在该生成器对话框格式中选择来设置属性
自动格式生成器	对选中的相同类型的控件应用一组样式，例如，选择表单上的两个或多个文本框控件，并使用该生成器，赋予它们相同的样式；或指定是否将样式用于所有控件的边框、颜色、字体、布局或三维效果，或者用于其中的一部分
参照完整性生成器	帮助设置触发器，用来控制相关表中插入、更新或者删除记录，确保参照完整性
应用程序生成器	如果选择创建一个完整的应用程序，可在应用程序中包含已经创建了数据库和表单或报表，也可使用数据库模板从零开始创建新的应用程序

习　题

一、选择题

1. 数据库 DB、数据库系统 DBS、数据库管理系统 DBMS 之间的关系是（　　）。
   A. DB 包含 DBS 和 DBMS　　B. DBMS 包含 DB 和 DBS
   C. DBS 包含 DB 和 DBMS　　D. 没有任何关系
2. 下列关于数据库系统，说法正确的是（　　）。
   A. 数据库中只存在数据项之间的联系
   B. 数据库中只存在记录之间的联系
   C. 数据库中数据项之间和记录之间都存在联系
   D. 数据库中数据项之间和记录之间都不存在联系
3. Visual FoxPro 6.0 中的“项目管理器”能够可视化地来组织和处理表、数据库、表单、（　　）、查询和其他一切文件。
   A. 视图　　B. 文档　　C. 报表　　D. 表格

4. 表设计器可以创建并修改数据库表、自由表、字段和（　　）。

A. 索引　　B. 目录　　C. 记录　　D. 标识符

5. 数据库设计器能够管理数据库中包含的全部表、（　　）和关系。

A. 字段　　B. 视图　　C. 索引　　D. 映射

6. 项目管理器用图形化分类的方法来管理属于同一个项目的文件，项目是文件、数据、文档和对象的集合，项目文件以扩展名（　　）及（　　）保存。

A. .pjx　　B. .pjt　　C. .doc　　D. .jpg

二、简答题

1. 与文件管理系统相比，数据库系统有哪些优点？

2. 简述 “层次”、“网状”、和“关系” 三种常用的数据模型。

3. 简述下列各工具的作用。

（1）向导　　（2）设计器　　（3）生成器

第2章 Visual FoxPro 语言基础

【学习目的与要求】本章我们主要介绍 Visual FoxPro 中定义的字段类型、数据的存储方式、表达式及函数。在进行数据运算时要严格明确常量、变量、函数及表达式的使用规则。重点掌握 Visual FoxPro 的各种类型常量的书写格式变量的种类和类型，内存变量常用命令、数值、字符与日期时间表达式、关系表达式、逻辑表达式。难点在于常用函数如字符处理函数、数值计算函数、日期时间函数、数据类型转换函数和测试函数的使用。

2.1 数据类型

数据是反映客观事物属性的记录，而数据类型是数据的基本属性，它确定了数据的存储方式和使用方式。在数据操作中，必须遵循数据类型一致的基本原则，例如，两个整型的数据可以进行乘法和除法运算，但是一个整型和一个字符型就不能进行乘除法运算，会出现语法错误。

在 Visual FoxPro 中，一共定义了 13 种字段类型。Visual FoxPro 中的字段名用来标识字段，它可以以字母或汉字开头，由长度不超过 10 个字节的字母、汉字、数字或下画线组成。

13 种字段类型是：字符型，数值型，浮点型，双精度型，整型，货币型，日期型，日期时间型，逻辑型，备注型，通用型，二进制字符型和二进制备注型，表 2-1 列出了字段的数据类型、宽度及取值范围。字段类型为表文件所特有，是定义表中字段的数据而使用。

表 2-1　字段类型表

字段类型	代码	字段宽度	取值范围	数据说明
字符型	C	最多 254 字节	任意字符	存放从键盘输入的可显示或打印的汉字和字符
货币型	Y	8 字节	−922337203685477.5808~922337203685477.5807	货币量，保留 4 位小数
数值型	N	最多 20 字节	−.9999999999 E +19~.9999999999E+20	整数或小数
浮点型	F	同数值型	−.9999999999 E +19~.9999999999E+20	同数值型
日期型	D	8 字节	{^0001-01-01}~{^9999-12-31}	年、月、日表示的日期
日期时间型	T	8 字节	{^0001-01-01 00:00:00 am}~{^9999-12-31 11:59:59 pm}	年、月、日、时间表示的日期和时间

续表

字段类型	代码	字段宽度	取值范围	数据说明
双精度	B	8 字节	+/-4.94065645841247E-324~ +/-8.9884656743115E307	双精度浮点数
整型	I	4 字节	-2147483647~2147483647	整数值
逻辑型	L	1 字节	T(真)、F(假)	布尔值
备注型	M	4 字节	受可存储空间限制	用来存放字符型数据
通用型	G	4 字节	受可存储空间限制	用来存放 OLE 对象引用，如图形、电子表格、声音等多媒体数据

注：备注型与通用型数据存放在.fpt 文件中，在表中占的 4 个字节用于表示数据在.fpt 文件中的存储地址。以下是其中常用字段类型的具体说明。

另外还有字符型（二进制）和备注型（二进制）：前者同“字符型”相同，但是当代码页更改时字符值不变；后者同“备注型”相同，但是当代码页更改时备注不变。

2.1.1 字符型

字符型（Character）字段用于存放字符型数据。“学生表”中的“学号”和“姓名”字段就属于字符型字段，而其中存储的学号和姓名就属于字符型数据。

字符型字段的宽度为 1～254 字节，可由汉字、ASCII 字符集中可打印字符、空格及其他专用字符组成。

2.1.2 数值型

1. 数值型

数值型（Numeric）字段按每位数 1 个字节存放数值型数据。最大宽度为 20 字节。

2. 浮点型

浮点型（Float）字段存放浮点型数据。浮点型是数值型的一种，与数值型完全等价，只是在存储形式上采取浮点格式且数据的精度比数值型高。最大宽度也为 20 字节。

3. 整型

整型（Integer）字段存放整数，它是不包含小数点部分的数值型。用该类型字段存放较大的整数可节省存储容量，因为它只占 4 个字节。

整形数据以二进制形式存储，它只用于数据表中的字段类型的定义。

4. 双精度型

双精度型字段常用于科学计算，可得 15 位精度，但只占 8 个字节。

5. 货币型

货币型（Money）字段用于存放货币型数据，它是数值型数据的一种特殊格式。货币型数据小数位最大长度为 4 个字符，全部只占 8 个字节。

注：在数值型、浮点型与双精度型字段中会包含小数位数，需要指出的是，小数点及正负号都应该占有一个字节的字段宽度。例如，若一个数值型含 6 个整数位及 2 个小数位时，必须设定该字段宽度为 9 字节。若不使用小数位，最好设置小数位为 0。

2.1.3　日期型

日期型（Date）字段用于存放表示日期的数据类型，长度为 8 个字节。

常用格式为：mm/dd/yy，mm，dd，yy 分别代表月、日、年，中间用分隔符隔开。在“学生表”中，“出生日期”字段就是日期型字段。

2.1.4　日期时间型

日期时间型（DateTime）字段存放日期时间型数据，长度为 8 个字节。

常用格式为：mm/dd/yy 小时:分:秒 am 或 pm，例如 05/12/10 12:00:00am 表示 2010 年 5 月 12 日上午 12 点钟。

2.1.5　逻辑型

逻辑型（Logic）字段用于存放逻辑型数据。逻辑型数据只有两个值，即“真”和“假”，常用于描述只有两种状态的数据。

逻辑型数据长度为 1 个字节。

2.1.6　备注型

备注型（Memo）字段用于存放字符型信息，如文本、源代码等，使其得到了广泛应用。它常用于记录信息可有可无、可长可短的情况。例如，如果要在“学生表”中增加一个“简历”字段，定义成备注型最合适，因为有些人的简历可能长些，有些人的简历可能短些。此外，备注型字段还可用于提供运行时的帮助信息。

备注型字段在表中长度显示为 4 字节，而实际存储长度取决于可用磁盘空间。

说明：

① 记录在备注型字段中的信息，实际上并不存放在表文件中，数据保存在与表名同样文件名，扩展名为.FPT 的备注文件中。当创建表文件时，如果定义了备注型字段，则相应的备注文件会自动生成，会随表文件的打开而自动打开，若该文件损坏或丢失则表打不开。

② 备注型字段数据的输入方法：当光标停在“备注型”字段中的 Memo 区时，若不想输入数据，可按回车键跳过；若要输入数据，双击“memo”或按 Ctrl+PgDn 键就能打开当前记录的“备注型”字段编辑窗口，这时可直接向“备注型”字段编辑窗口输入或修改备注信息。“备注型”字段的文本可使用“编辑”菜单进行剪切、复制和粘贴操作，也可使用“格式”菜单设置字体、字体样式及字号大小。当某条记录的“备注型”字段非空时，其首字母将大写显示，即显示为“Memo”，如图 2-1 所示。

图 2-1　备注型字段输入

2.1.7 通用型

通用型（General）字段可用于存放照片、电子表格、声音、图表及字符型数据等。通用型数据使 Visual FoxPro 成为全方位的数据库。通用型字段中的数据也存入.fpt 文件中。

通用型字段在表中长度显示为 4 字节，实际存储长度也取决于可用磁盘空间。

说明：

① 通用型字段用于存储 OLE 对象的实际内容、类型和数据量取决于链接或嵌入 OLE 对象的操作方式。实际操作有两种方式，分别为链接和嵌入。若采用链接方式，则数据表中只包含对 OLE 对象的引用说明及对创建该 OLE 对象的应用程序的引用说明；若采用嵌入方式，则数据表中除包含对创建该 OLE 对象的应用程序的引用说明外，还包含该 OLE 对象中的实际数据。

② 通用型字段数据的输入方法：当光标停在"通用型"字段中的 gen 区时，若不想输入数据，可按回车键跳过；若要输入数据，双击"gen"或按 Ctrl+PgDn 键可打开当前记录的"通用型"字段编辑窗口，当某条记录的"通用型"字段非空时，其首字母将大写显示，即显示为"Gen"。下面通过例子来具体说明通用型字段的输入方法。

例 2-1 在"学生表"中输入第一条记录的学生照片。

操作步骤如下：

① 打开"学生表"中第一条记录的通用型字段窗口：点击"文件"菜单的"打开"，在打开的对话框中选定表"学生表.DBF"，选择"确定"按钮，选择"显示"菜单的"浏览"，双击第一条记录中"照片"字段的 gen 区，可出现通用型字段编辑窗口。如图 2-2 所示。

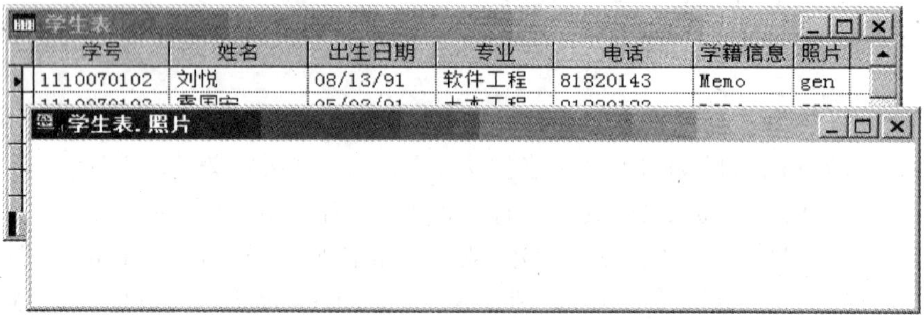

图 2-2 通用型编辑窗口

② 向通用型编辑窗口插入图片：选择"编辑"菜单的"插入对象"命令，在对话框中选择"由文件创建"选项，然后通过输入或浏览文件路径找到你所需要插入的图片，如图 2-3 所示，插入效果见图 2-4。

说明：

① 通用型字段可以用命令打开，在已打开学生表的前提下，输入如下命令：

modify general 照片

② 在通用型字段中 BMP 格式的图片可以直接插入并显示出来，如图 2-4 所示，而 JPG 格式的图片只能显示为图标链接，必须双击后才能打开。插入声音的方式与图片一样，而声音插入后也显示为图标链接，双击后可以发出声音。

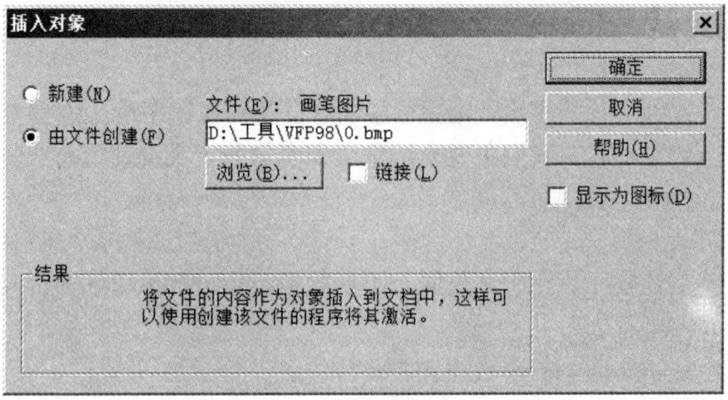

图 2-3　由文件创建插入对象

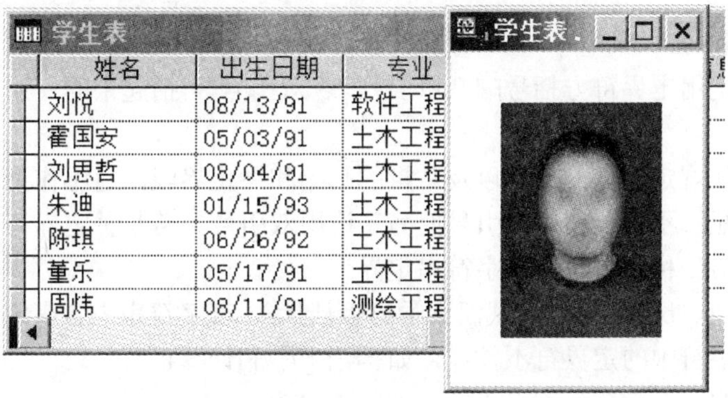

图 2-4　插入图片效果

③ 在图 2-3 中，当选定了“链接”复选框时，就意味着在插入对象时选择了链接方式；而不选定 “链接”复选框，则代表选择了“嵌入”方式。与嵌入方式相比，链接方式节省了表所占的存储空间。

④ 如果在插入对象中选择“由文件创建”选项，是指插入已经有的文件对象；若选择“新建”按钮，则可以重新创建新文件添加入通用字段中，文件类型如图 2-5 所示，这时候可以在弹出的编辑框中编辑所选择的文件对象。

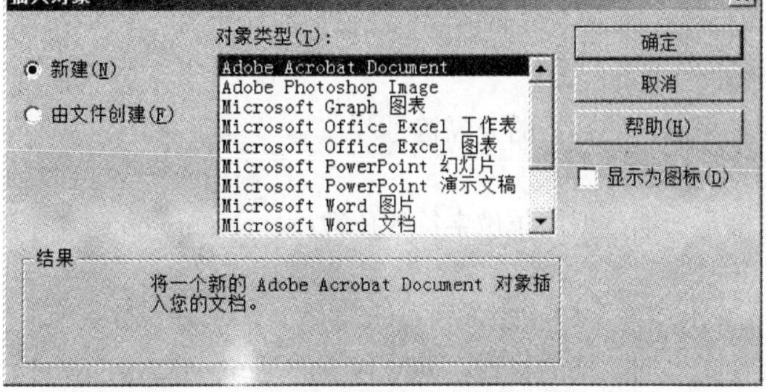

图 2-5　新建插入对象

2.2 常量与变量

Visual FoxPro 作为一种程序设计语言，与 C 语言及其他程序设计语言一样，会用到常量、变量、表达式和函数等。本节我们主要介绍常量和变量的定义及使用方法。

2.2.1 常量

所谓的常量就是在程序执行中其值固定不变的量，Visual FoxPro 中有六种类型的常量。

1. 数值型常量

数值型常量由数字（0~9）、小数点和正负号组成。

数值型常量的表示方法有两种，一种是日常表示法，如 12、+56、−64.8 等。另一种是科学表示法，如 1.6E12 表示 1.6×10^{12}；1.6E−12 表示 1.6×10^{-12}；−1.6E12 表示 -1.6×10^{12}；−1.6E−12 表示 -1.6×10^{-12}。

2. 字符型常量

字符型常量是用定界符方括号[ ]、单引号' '、双引号" "括起来的一系列的有效字符，也称为字符串。

注：定界符只规定常量的类型以及常量的起始和终止界限，它不作为常量本身的内容。且必须要成对匹配，不能一边用单引号而另一边用双引号。若某种定界符本身也是字符串的内容，则需要用另一种定界符为该字符串定界。

例如："中国"、"bc"、'123'、[武汉大学出版社]等。若字符串中含有定界符，那么外面的定界符一定要与字符中的定界符不一样，如"学生[爱好]计算机"。

3. 逻辑型常量

逻辑型常量代表了逻辑判断的结果，由“真”与“假”组成，真用.T.、.t.、.Y.、.y.表示，假用.F.、.f.、.N.、.n.表示。

4. 货币型常量

货币型常量用$、数字和小数点组成。货币数据采用 4 位小数。若一个货币型常量多于 4 位小数，那么系统会自动将多余的小数位四舍五入。例如：$122.456 789 显示为$122.4568。

5. 日期型常量

在 Visual FoxPro 中，默认使用的是严格的日期形式，格式为{^yyyy-mm-dd}，或者{^yyyy/mm/dd}。例如：{^2011-12-22}或{^2011/12/22}，而通常的日期格式可写作{12-22-2011}或{12/22/11}。

通常我们使用 set 命令来确定日期型常量的格式：

（1）set mark to <日期分隔符>

这个命令主要是确定日期数据的分隔符号

（2）set century on|off

这个命令主要确定日期数据的年份字符的位数：set century on 是 4 个字符，set century off 是 2 个字符。

（3）set date to mdy|ymd

这个命令主要设置日期数据的格式，mdy 代表的是 mm/dd/yy，ymd 代表的是 yy/m/dd。

（4）set strictdate to 0|1

这个命令主要设置是否采用严格的日期格式，如执行 set strictdate to 0 代表可使用通常的日期格式；执行 set strictdate to 1 则代表使用严格的日期格式。

例 2-2 设置不同的日期格式。

```
set century on              &&设置 4 位数字年份
set mark to "@"             &&使用@符号作为日期分隔符
set mark to                 &&恢复系统默认的斜杠日期分隔符
set date to ymd             &&设置年月日格式
set strictdate to 0         &&使用通常的日期格式
```

6. 日期时间型常量

形式为{^yyyy-mm-dd [hh[:mm][:ss] [am|pm]]}，其中 hh 代表小时，mm 代表分钟，ss 代表秒，例如：{^2005-12-22 12:21:33 am}。

2.2.2 变量

变量就是指在命令操作或程序的运行过程中它的值允许改变的量。在 Visual FoxPro 中的变量有内存变量、字段变量和系统内存变量三种。

1. 内存变量

内存变量有 N 数值型、C 字符型、F 浮点型、D 日期型、T 日期时间型、L 逻辑型六种类型。定义一个内存变量必须先给它取名并赋初值，在给内存变量取名时，需遵循下列规则：以字母（可以是汉字）或下画线开头，由字母、数字、下画线组成，最长不能超过 128 个字节，且不可与系统保留字重名。所谓系统保留字是指 Visual FoxPro 语言使用的字，比如 list、use 等。

内存变量定义以后，将保存在系统内存中，当退出 Visual FoxPro 时，内存变量的值将一并从内存清除。Visual FoxPro 规定内存变量的类型可以改变，即在使用过程中，同一变量可以赋予不同的值。需要说明的是当内存变量与字段变量重名时，在访问内存变量时，Visual FoxPro 规定在内存变量名前加 M->或加 M.，否则系统默认是访问字段变量。

（1）内存变量的赋值命令

格式 1：<变量>=<表达式>

格式 2：store <表达式> to <变量表>

功能：格式 1 将表达式的值赋给变量，格式 2 将表达式的值赋给变量表中的所有变量。

例 2-3 定义内存变量。

```
s="Hello World"             &&将字符串 Hello World 赋值给变量 s
                            &&则 s 成为字符型变量，值为 Hello World
store 1+3 to k1,k2          &&将 1+3 计算所得结果赋值给 k1，k2
                            &&则 k1 和 k2 均为数值型变量，值为 4
```

（2）内存变量的输出

格式：?|?? <输出项目表>

功能：显示输出项目表中的各输出项。使用单问号?表示在下一行输出，双问号??则表示在当前行直接输出。

例 2-4 内存变量的应用，命令的输入如图 2-6 所示。

```
a=1
b=.t.
c={^2005-10-12}
d='A'
e={^2005-10-12 12:30:28 am}
store 10 to f, g
h=$123.23
?a, b, c, d, e, f, g
a=[中国]
b="哈尔滨"
c=123
?a, b
?? "c=", c
?a, b
```

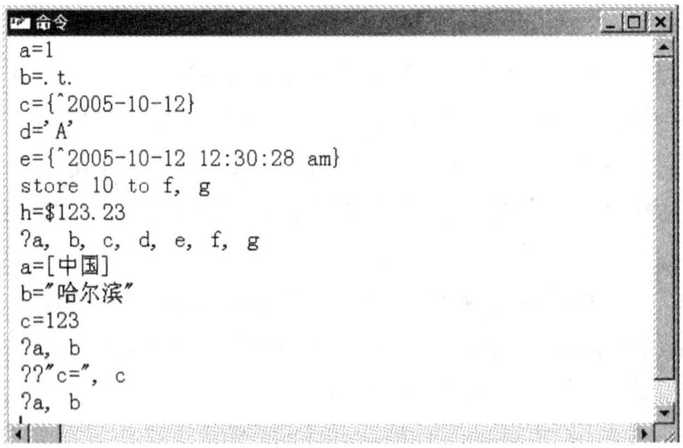

图 2-6　命令的输入

运行结果如图 2-7 所示。

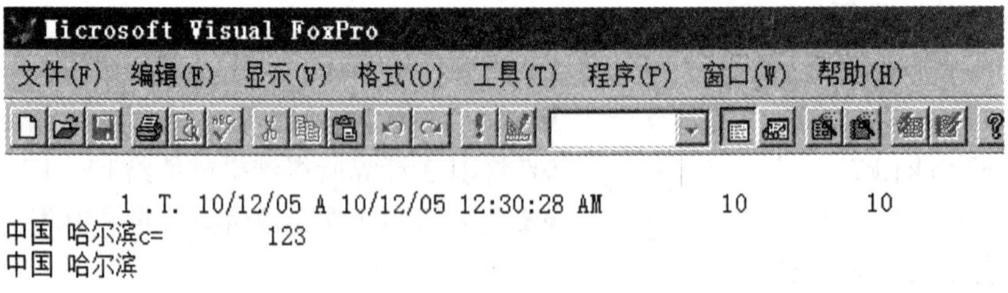

图 2-7　例 2-4 运行结果

（3）内存变量的显示命令

格式：list|display memory [like <通配符>] [to printer |to file <文件名>]

功能：显示当前已经定义的内存变量名、作用范围、类型及其值。

like子句代表选出的内存变量将与通配符相匹配，通配符有?和*两种，?代表一个字符，*代表一个或多个字符；to printer子句是将显示内存变量的信息同时从打印机输出；to file <文件名>子句是将显示内存变量的信息同时存入由文件名指定的文件中；使用list时，不管显示的信息有多少，都一次显示完；display显示命令中，当信息多于一屏时，将分屏显示，每显示一屏就暂停下来，待用户按任意键后继续显示。

例2-4执行完后，输入list memory like * 将显示出全部内存变量，如图2-8所示。

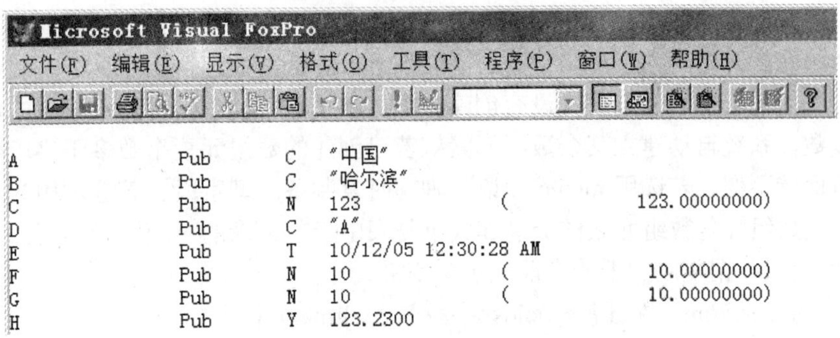

图2-8 显示全部内存变量

（4）内存变量的清除命令

格式1：clear memory

格式2：release <内存变量表>

格式3：release all [extended]

格式4：release all [like <通配符>|except <通配符>]

功能：格式1释放所有内存变量；格式2释放由内存变量表指定的内存变量；格式3释放所有内存变量，无任何选项释放所有内存变量，在程序中要选extended，否则不能释放公共变量；格式4当选like <通配符>时，释放与<通配符>相匹配的内存变量；当选except <通配符>时，释放与<通配符>不相匹配的内存变量。

例2-5 清除内存变量。

```
release c,d                 &&清除内存变量c和d
release all like b*         &&清除所有首字母为b的内存变量
release all except ?a*      &&清除除了第二个字符为a外的所有内存变量
release all                 &&清除所有内存变量
```

2. 数组变量

数组是内存中连续的一片存储区域，它由一系列元素组成，每个数组元素可通过数组名及相应的下标来访问。每个数组元素相当于一个简单变量，可以给各元素分别赋值。在Visual FoxPro中，一个数组中各元素的数据类型可以不同。

（1）创建数组的命令格式

dimension|declare <数组名>（<下标上限1>[,<下标上限2>]）[,……]

功能：定义一维数组或二维数组，及其下标的上界。

注：数组大小由下标值的上下限来决定，下限规定为 1。数组创建后，系统自动给每个数组元素赋以逻辑假.f.。在赋值和输入语句中使用数组名时，表示将同一个值同时赋给该数组的全部数组元素。在同一个运行环境下，数组名不能与简单变量名重复。在赋值语句中的表达式位置不能出现数组名。可以用一维数组的形式访问二维数组，如：数组 y 中的各元素用一维数组形式可依次表示为：y (1)，y (2)，y (3)，y (4)，y (5)和 y (6)，其中 y (4)与 y (2,1)是同一变量。

（2）将表的当前记录复制到数组命令格式

格式：scatter[fields<字段名表>][memo] to <数组名>[blank]

功能：将表的当前记录从指定字段表中的第一个字段内容开始，依次复制到数组名中的从第一个数组元素开始的内存变量中。若不使用 fields 短语指定字段，则复制除备注型 m 和通用型 g 之外的全部字段。若事先没有创建数组，系统将自动创建；若已创建的数组元素个数少于字段数，系统自动建立其余数组元素；若已创建的数组元素个数多于字段数，其余数组元素的值保持不变。若选用 memo 短语，则同时复制备注型字段。若选项用 blank 短语，则产生一个空数组，各数组元素的类型和大小与表中当前记录的对应字段相同。

（3）将数组数据复制到表的当前记录命令格式

格式 1：gather from <数组名>[fields<字段名表>][memo]

功能：将数组中的数据作为一个记录复制到表的当前记录中。从第一个数组元素开始，依次向字段名表指定的字段填写数据。若缺省 FIELDS 选项，则依次向各个字段复制，若数组元素个数多于记录中字段的个数，则多余部分被忽略。若选用 MEMO 短语，则依次向备注型字段复制数据。

例 2-6 一维数组的应用。

```
dimension a(5), b(5)
a=10
a(5)=23
b(1)=2*a(1)
b(3)= "中国"
b(4)={^2005-10-6}
b(5)=$123.2
?a(1), a(2), a(3), a(4), a(5)
?b(1), b(2), b(3), b(4), b(5)
```

运行结果如图 2-9 所示。

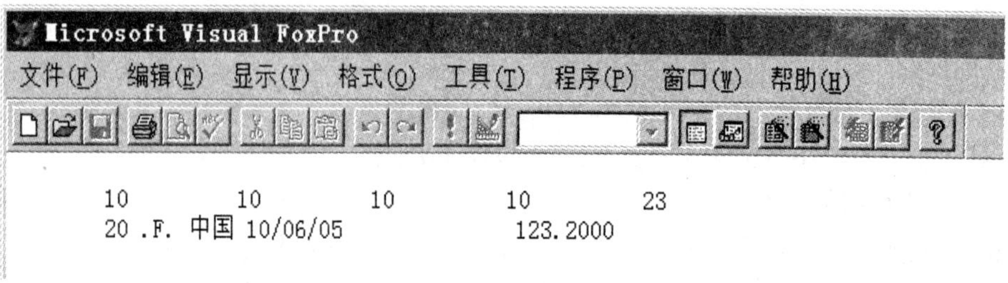

图 2-9 例 2-6 运行结果

3. 字段变量

字段变量是数据库管理系统中一个重要概念，在 Visual FoxPro 中，表的每一行称为一个记录，而每一列叫做一个字段。表的每一个字段都是一个字段变量。例如，学生表中的学号、姓名等都是字段变量。字段之所以被称为变量，是因为一个数据表中，同一个字段下有若干数据项，每个数据项的值是不一样的。

字段变量在建立表结构时定义，其数据类型与该字段定义时的数据类型一致，字段变量的类型有数值型、浮点型、货币型、整型、双精度型、字符型、逻辑型、日期型、日期时间型、备注型和通用型。而修改表结构时可以重新定义或删除字段变量。在使用中，内存变量常称为变量，字段变量常称为字段。

2.3 运算符及表达式

Visual FoxPro 中的表达式一般由常量、变量、函数和运算符组合而成。在 Visual FoxPro 中，主要提供了六种运算符：算术运算符、字符串运算符、关系运算符、逻辑运算符、日期与日期时间运算符以及宏替换运算符。

在包含用字符运算符、日期和日期时间运算符、宏替换表达式、算术运算符、关系运算符和逻辑运算符的混合表达式中，前四者的优先级高于关系运算符，而关系运算符优先级高于逻辑运算符。

2.3.1 算术运算符与表达式

算术表达式由算术运算符与操作数连接，算术运算符中的操作数必须为数值，其运算结果也为数值。算术表达式及运算优先级如表 2-2 所示，若有圆括号则先运算圆括号，然后按照先乘方，再乘除及取模，后加减的顺序处理。

表 2-2 **算术运算符与表达式**

优先级	运算符	意 义	表达式举例	结果
1	( )	圆括号	(2+3)*3	15
2	^或**	乘方	3^2	9
3	*	乘	3*2	6
	/	除	14/2	7
	%	取余	10%3	1
4	+或-	加或减	2+3	5

例 2-7 算术运算符及表达式的应用。

```
x=2
y=3
?(x+2)*y%6-x
```

运行结果：-2

2.3.2 字符运算符与表达式

字符串运算符的操作数是字符串，主要用于多个字符串相连接。由字符串运算符连接起来的式子为字符串表达式。字符串运算符与表达式如表 2-3 所示。

表 2-3 **字符串运算符与表达式**

运算符	含　义	表达式举例	结果
+	连接两个字符串组成一个新字符串。	"信息□"+"科学□"	"信息□科学□"
–	连接两个字符串组成一个新字符串。若第一个字符串尾有空格，就将此空格移到新串的尾部	"中国□"–"上海□"	"中国上海□□"

注：此处□代表键入一个英文空格。

例 2-8 字符串运算符表达式的应用。

a="中国□"

b="湖北□"

c="武汉□"

? a+b+c, a-b-c

运行结果如图 2-10 所示。

中国 湖北 武汉　中国湖北武汉

图 2-10 例 2-8 运行结果

2.3.3 日期时间运算符与表达式

日期、日期时间运算符可以对操作对象进行加、减运算。用这种运算符连接起来的式子为日期、日期时间表达式。运算符与表达式如表 2-4 所示。

表 2-4 **日期时间运算符与表达式**

运算符	含　义	表达式举例	结　果
+	日期天数相加形成新的日期	{^2009-10-2}+10	{^2009-10-12}
		20+{^2011-11-01}	{^2011-11-21}
–	日期天数相减形成新的日期	{^2009-10-20}-10	{^2009-10-10}
	日期与日期相减得两个日期相差的天数	{^2011-10-20}- ^2011-10-10}	10
+	日期时间与秒相加形成新的日期时间	{^2009-10-20 10:20:30 am}+10	{^2009-10-20 10:20:40 am}
–	日期时间与秒数相减形成新的日期时间	{^2009-10-20 10:20:30 am}-10	{^2009-10-20 10:20:20 am}
	日期时间与日期时间相减得秒	{^2011-10-20 10:20:30 am} -{^2011-10-20 10:20:20 am}	10

例 2-9 日期、日期时间运算符及表达式的应用。

a={^2009-11-20}

```
b=10
?a+b,b+a,{^2009-12-20}+10,a-10         &&a+b 结果为：11/30/09
                                       &&b+a 结果为：11/30/09
                                       &&{^2009-12-20}+10 结果为：12/30/09
                                       &&a-10 结果为：11/10/09
c={^2009-11-20 10:30:30 am}
d={^2009-11-20 10:20:10 am}
?c+10,10+d,c–10,c–d                    &&c+10 结果为：11/20/09 10:30:40 AM
                                       &&10+d 结果为：11/20/09 10:20:20 AM
                                       &&c-10 结果为：11/20/09 10:30:20 AM
                                       &&c-d 结果为：620
```

2.3.4 关系运算符与表达式

关系运算符就是用于关系之间进行关系比较，两个操作数的类型必须一致，比较的结果是逻辑值：若关系成立结果为真.T.，否则为假.F.。由关系运算符连接起来的式子为关系表达式。数值型数据按数值大小进行比较；日期型数据按年、月、日的先后进行比较；字符型数据按照相应位置上两个字母的 ASCII 码值的大小进行比较。关系运算符与表达式如表 2-5 所示。

表 2-5　　关系运算符与表达式

运算符	含　义	表达式举例	结果
>	大于	3>4	.F.
>=	大于等于	10>=6	.T.
		"abc">="123"	.T.
<	小于	2<4	.T.
<=	小于等于	3<=6	.T.
=	等于：串比较时串首相同得真	"ABC"="AB"	.T.
==	完全相等：串比较时两串完全相同得真	"ABC"=="ABC"	.T.
<>或#或!=	不等于	2!=3	.T.
$	包含	"ab"$"abcdef"	.T.

例 2-10　关系运算符与表达式的应用。

```
x=2
y=3
?x+3>=2, x!=y, x<y, x=y                &&结果为：.T.   .T.   .T.   .F.
x="abcde"
y="ab"
z="cd"
```

```
?x=y, x= =y, z$x, x!=y                   &&结果为：.T.   .F.   .T.   .F.
```

2.3.5 逻辑运算符与表达式

逻辑运算符用于对操作进行逻辑运算。由逻辑运算符连接起来的式子为逻辑表达式。当逻辑表达式成立时，结果为.T.，否则为假.F.。逻辑运算符与表达式如表 2-6 所示。

表 2-6 **逻辑运算符与表达式**

优先级	运算符	含　义	表达式举例	结果
1	NOT 或！	非：操作对象的逻辑值的反	NOT 4>3	.F.
2	AND	与：AND 两边操作对象全为真，结果才为真	10>2 AND 5>3	.T.
3	OR	或：or 两边操作有一个为真，结果就为真	10>2 OR 3>10	.T.

例 2-11 逻辑表达式的应用。

```
a="中国武汉"
b="武汉"
c=3
d=-1
?b$a and c>d                                        &&结果为：.T.
?12>2 and "人"> "人民" or .t.<.f.                    &&结果为：.F.
?2=2+12 or 5>6 and "AB"> "abc"                      &&结果为：.F.
?((10%3=1)AND(15%2=0)) OR "电脑"!= "计算机"          &&结果为：.T.
```

2.3.6 宏替换运算符与表达式

宏替换运算符的操作为字符型变量。用此运算符连接起来的式子为宏替换表达式。作用是替换出字符型变量的内容。宏替换运算符与表达式如表 2-7 所示。

表 2-7 **宏替换运算符与表达式**

运算符	含　义	表达式举例	结果
&与•	替换字符型变量的内容，形式为： &<字符型变量> [•<字符型表达式>]	a="abc" x="a" b=&x+"de"	b 的值为 abcde
		x="^" y="5&x•2"	y 的值为 5^2

例 2-12 宏替换运算符的应用。

```
a=[中国]
b=[?a]
?&b                                 &&结果为："中国"
x=100
```

y=[200+]

?&y.x　　　　　　　　　　&&结果为：300

2.4 函数

Visual FoxPro 用函数实现一种特定的功能。Visual FoxPro 中的函数从用户角度分为系统函数和用户自定义函数。Visual FoxPro 中的系统函数有 400 多个，使用这些函数可以增强 Visual FoxPro 的功能，能够让用户使用起来更简单方便。本节主要介绍 Visual FoxPro 常用的系统函数，其他系统函数可根据需要查询 Visual FoxPro 函数大全。用户定义函数将在第 5 章中介绍。

函数的格式为：函数名([形参表])。根据函数的功能，可以将函数分为如下几类：数值型函数、字符处理型函数、日期时间型函数、数据转换函数、测试函数和其他函数。

2.4.1 数值函数

常用数值型函数如表 2-8 所示。

表 2-8　　**数值型函数**

函　　数	功　　能
abs(<数值表达式>)	求<数值表达式>绝对值函数
sqrt(<数值表达式>)	求<数值表达式>平方根函数
exp(<数值表达式>)	求 e 的<数值表达式>次方
int(<数值表达式>)	取<数值表达式>整数部分，只取整数位舍去小数位
rand(<数值表达式>)	返回伪随机数
round(<数值表达式 1>,<数值表达式 2>)	四舍五入函数，返回<数值表达式 1>四舍五入后保留<数值表达式 2>位小数的结果
mod(<数值表达式 1>,<数值表达式 2>)	取模，即<数值表达式 1>除以<数值表达式 2>所得余数
max(<数值表达式 1>,<数值表达式 2>)	计算各参数中的值，返回最大值
min(<数值表达式 1>,<数值表达式 2>)	计算各参数中的值，返回最小值

例 2-13　常用数值型函数举例。

（1）求-5 的绝对值，命令如下：

?abs(-5)　　　　　　　　　　&&结果为：5

（2）求 4 的平方根，命令如下：

?sqrt(4)　　　　　　　　　　&&结果为：2.00

（3）求 e 的 2 次方，命令如下：

?exp(2)　　　　　　　　　　&&结果为：7.39

（4）已知 x=7.6，求 x 的整数部分，命令如下：

x=7.6

?int(7.6)　　　　　　　　　　&&返回 7.6 的整数部分，结果为：7

（5）返回随机数，命令如下：

```
?rand()                                &&返回随机数，如：0.85
```

（6）已知 x=345.345，将 x 四舍五入分别保留 2 位小数、1 位小数和 0 位小数。命令如下：

```
x=345.345
?round(x,2),round(x,1),round(x,0)      &&四舍五入，结果为：345.35   345.3   345
```

（7）已知 x=11，y=3，求 x 除 y 的余数。命令如下：

```
x=11
y=3
?mod(x,y)                              &&结果为：2
```

（8）求字符串"2"，"12"，"05"三者的最大值，及字符串"汽车"，"飞机"，"轮船"的最小值。

```
?max("2","12","05")                    &&返回各参数的最大值，各表达式类型相同
                                       &&结果为："2"
?min("汽车","飞机","轮船")             &&返回各参数的最小值，各表达式类型相同
                                       &&结果为："飞机"
```

2.4.2 字符处理函数

常见的字符处理函数如表 2-9 所示。

表 2-9　　**字符处理函数**

函　数	功　能
alltrim(<字符表达式>)	返回指定字符表达式去掉尾部、首部、首尾部空格形成的字符串
ltrim(<字符表达式>)	返回指定字符表达式值去掉前导空格后形成的字符串
trim(<字符表达式>)	返回指定字符表达式值去掉尾部空格后形成的字符串
len(<字符表达式>)	返回指定字符表达式值的长度，以字节为单位，一个西文字符或空格占一个字符，一个中文字符占两个字符函数值为数值型
lower(<字符表达式>)	将指定的字符表达式转换成小写字母，其他字符不变
upper(<字符表达式>)	将指定的字符表达式转换成大写字母，其他字符不变
space(<字符表达式>)	返回由指定数目的空格组成的字符串
left(<字符表达式>,<数值表达式>)	从<字符表达式>值的左端取一个<数值表达式>长度的字符串
right(<字符表达式>,<数值表达式>)	从<字符表达式>值的右端取一个<数值表达式>长度的字符串
substr(<字符表达式>,<数值表达式 1>[,<数值表达式 2>])	返回<字符表达式>中从第<数值表达式 1>位起，长度为<数值表达式 2>的字符串
at(<字符表达式 1>,<字符表达式 2>[,<数值表达式>])	返回<字符表达式 1>在<字符表达式 2>中第<数值表达式>次出现的位置，函数值为数值型
stuff(<字符表达式>)	从前字符串指定位置开始指定长度的字符用后字符串替换
like(<字符表达式>)	比较前后两个字符串对应位置上的字符，若所有对应字符都相匹配，函数返回值为逻辑真，否则为逻辑假，前字符串可包含通配符

常用字符处理函数举例如下：

例 2-14 trim( )函数举例。

```
?alltrim("   ABCD   ")                 &&删除函数参数前后空格，结果为："ABCD"
a="   中国"
b="湖北   "
c="   武汉   "
?a, b, c                               &&结果为："   中国湖北      武汉   "
?trim(a)+ltrim(b)+alltrim(c)           &&结果为："中国湖北   武汉"
```

例 2-15 len( )函数举例。

```
x="中国哈尔滨"
y="china"
?len(x), len(y)                        &&结果为：10      5
```

例 2-16 lower( )，upper( )函数举例。

```
x="123stUdy harD"
?lower(x), upper(x)                    &&结果为："123study hard" "123STUDY HARD"
```

例 2-17 space( )函数举例。

```
x="We"
y="are"
z="student"
?x+space(2)+y+space(2)+z                    &&结果为："We   are   students"
```

例 2-18 left( )，rignt( )，substr( )的应用。

```
x="中国湖北武汉"
?left(x, 4), ringht(x, 4), substr(x, 5, 4)          &&结果为："中国" "武汉" "湖北"
```

例 2-19 at( )的应用。

```
x="This is a computer.   The computer is our friend. "
?at("is", x ), at ("is", x, 3), at("The", x)        &&结果为：3     35     22
```

2.4.3 日期时间函数

常见的日期时间型函数如表 2-10 所示。

表 2-10 **日期时间型函数**

函　数	功　能
date ()	返回当前系统日期，函数值为日期型
time ()	以 24 小时制，hh:mm:ss 格式返回当前系统时间，函数值为字符型
datetime ()	返回当前系统日期时间，函数值为日期时间型
year(<日期表达式>|<日期时间表达式>)	从指定的日期或日期时间表达式中返回年份
month(<日期表达式>|<日期时间表达式>)	从指定的日期或日期时间表达式中返回月份

续表

函　　数	功　　能
day(<日期表达式>|<日期时间表达式>)	从指定的日期或日期时间表达式中返回天数
hour(<日期时间表达式>)	从指定的日期时间表达式中返回小时
minute(<日期时间表达式>)	从指定的日期时间表达式中返回分钟
sec(<日期时间表达式>)	从指定的日期时间表达式中返回秒数

例 2-20　常用日期时间型函数举例。

```
?date(), time(), datetime(), day(datetime())
x={^2008-10-2 07:30:28 am}
?year(x), month(x), hour(x), minute(x), sec(x)
```

运行结果如图 2-11 所示。

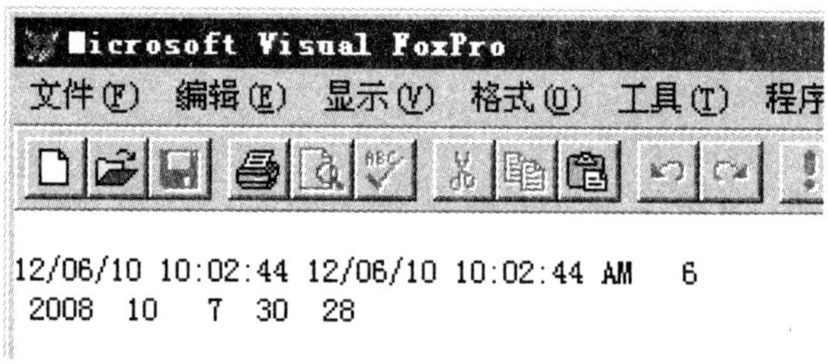

图 2-11　例 2-20 运行结果

2.4.4　数据转换函数

常见的数据转换函数如表 2-11 所示。

表 2-11　**数据转换函数**

函　　数	功　　能
str(<数值表达式 1> [,<数值表达式 2> [,<数值表达式 3>]])	将<数值表达式 1>转换成长度为<数值表达式 2>，小数位数为<数值表达式 3>的字符串
val(<字符表达式>)	将<字符表达式>转换成数值
ctod(<字符表达式>)	将<字符表达式>转换成日期型数据
dtoc(<日期表达式> | <日期时间表达式>[, 1])	将<日期表达式>或者<日期时间表达式>转换成字符型数据，若选 1 则字符格式 YYYYMMDD 共 8 个字符

例 2-21　常用数据转换函数举例。

```
a=-1.278
?str(a, 8, 2), str(a, 2)                &&结果为：-1.28        -1
```

```
x="-12.45"
y="b2.6"
?val(x), val(y)                    &&结果为：-12.45    0.00
?ctod("10-02-2008")                &&结果为：10/02/08
?dtoc(date())                      &&结果为：12/06/10
```

2.4.5 测试函数

常见的测试函数如表 2-12 所示。

表 2-12　　**测 试 函 数**

<table>
<tr><th>函　　数</th><th>功　　能</th></tr>
<tr><td>between(<表达式 1>,<表达式 2>,<表达式 3>)</td><td>判断<表达式 1>的值是否介于<表达式 2>和<表达式 3>的值之间</td></tr>
<tr><td>isnull(<表达式>)</td><td>判断<表达式>的值是否为空值</td></tr>
<tr><td>empty(<表达式>)</td><td>判断<表达式>的运算结果是否为空值</td></tr>
<tr><td>bof([<工作区号> | <表别名>])</td><td>测试指定的表文件中的记录指针是否处于文件首</td></tr>
<tr><td>eof([<工作区号> | <表别名>])</td><td>测试指定的表文件中的记录指针是否处于文件尾</td></tr>
<tr><td>recno([<工作区号> | <表别名>])</td><td>测试指定的表文件中的当前记录的记录号</td></tr>
<tr><td>reccount([<工作区号> | <表别名>])</td><td>测试指定的表文件中的记录个数</td></tr>
<tr><td>iif(<逻辑表达式>, <表达式 1>, <表达式 2>)</td><td>测试逻辑表达式的值，若为逻辑真，函数返回<表达式 1>的值，否则返回<表达式 2>的值</td></tr>
<tr><td>deleted([<工作区号> | <表别名>])</td><td>测试指定的表文件中的当前记录是否有删除标记</td></tr>
<tr><td>found([<工作区>|<表别名>])</td><td>判断在指定工作区中的表，或表别名指定的表在查找时是否成功，若成功返回.T.，否则返回.F.</td></tr>
</table>

常用测试函数举例如下：

例 2-22　between( )的应用。

```
x=100
?between(x,10,200), between(x,1,20), between(x,null,3)
                                   &&结果为：.T.   .F.   .F.
```

例 2-23　isnull( )的应用。

```
x=null
y=3
?isnull(x), isnull(y)              &&结果为：.T.   .F.
```

例 2-24　vartype( )应用。

```
a="abc"
b=2
c=null
?vartype(a), vartype(b), vartype(c)     &&结果为： c  n  x
```

例 2-25 iif( )应用。

```
x=123
?iif(x>0,x+10,x-10)                    &&结果为：133
```

2.4.6 其他函数

常见的其他函数如表 2-13 所示。

表 2-13 **其他常用函数**

函　数	功　能
messagebox(<信息内容>[, <对话框类型>[, <对话框标题>]])	用来显示用户自定义对话框
fcount()	返回表中的字段数
field(<数值表达式>)	返回表中第<数值表达式>个字段的内容

messagebox()对话框函数具体用法说明：

① 信息内容为提示对话框显示的内容，一般为字符串，需使用定界符括起来。

② 对话框类型由三个部分组成，分别确定对话框的出现按钮、图标类型和默认按钮。

其中，出现按钮的取值含义为：0 为仅一个“确定”按钮；1 为“确定”及“取消”两个按钮；2 为“终止”、“重试”及“忽略”按钮；3 为“是”、“否”及“取消”按钮；4 为“是”、“否”两个按钮。

图标类型指对话框中使用图标的样式，它的取值含义为：16 停止图标；32 问号图标；48 感叹号图标；64 信息图标。

默认按钮指弹出对话框中按钮的默认位置，也就是此时直接按下“回车”键所代表的按钮，它的取值含义为：0 第一个按钮；256 第二个按钮；512 第三个按钮。

③ 在对话框中按了不同的键，该函数将返回不同的值，键值对应的意义是：1 为确定按钮；2 为取消按钮；3 为终止按钮；4 为重试按钮；5 为忽略按钮；6 为是按钮；7 为否按钮。当用户点击了相应按钮，就可以根据不同的返回值作不同的处理。

例 2-26 对话框函数的应用。

```
x=messagebox("密码不正确，请重新输入密码！", 3+48+0, "密码检查")
?x
```

运行结果如图 2-12 所示。

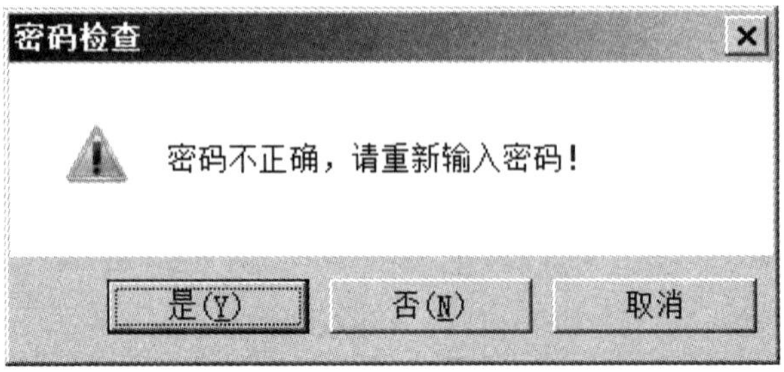

图 2-12　例 2-26 运行结果

习　　题

一、选择题

1．假设当前打开的表文件中有字段 xh，系统中有一内存变量的名称也是 xh，执行命令 ? xh，其结果是（　　）。

A．内存变量 xh 的值　　B．字段变量 xh 的值
C．错误信息　　D．与系统设置有关

2．在下列表达式中，运算结果为数值型数据的是（　　）。

A．[5555]+[444]　　B．len("1234567")+1
C．date()+10　　D．800+200=1000

3．下列数据中是变量的是（　　）。

A．"姓名"　　B．f　　C．.t.　　D．25

4．下列语句中，能够给内存变量 m 赋逻辑真值的命令是（　　）。

A．m=".T. "　　B．STORE　"T"　TO　m
C．m=TRUE　　D．STORE　.T.　TO　m

5．当前表中有 10 条记录，当执行命令？eof()的值为.T.时，执行？recno()的返回值应该是（　　）。

A．10　　B．11　　C．9　　D．1

6．Visual FoxPro 中能存放音频、视频数据的字段类型是（　　）。

A．字符型　　B．逻辑型　　C．通用型　　D．备注型

7．表达式"100"-"50"的值是（　　）。

A．"50"　　B．10050　　C．50　　D．"10050"

8．Visual FoxPro 中规定，数值型数据最大长度为（　　）。

A．8　　B．20　　C．255　　D．128

9．下列表达式中不能正确表示 5 不等于 6 的是（　　）。

A．5><6　　B．5<>6　　C．5!=6　　D．5#6

10．下列表达式中结果为真值的是（　　）。

A．"EF"$"DEFG"　　B．"DEFG"$"EF"
C．"DEFG"$"ef"　　D．"EF"$"DefG"

11．某数值型数据的宽度定义为 6，小数位数为 2，则该字段能存放的最小数据为（　　）。

A．0　　B．-999.9　　C．-99.99　　D．-9999.99

12．Visual FoxPro 中备注文件的扩展名是（　　）。

A．DBF　　B．DBT　　C．FPT　　D．FMT

13．在 Visual FoxPro 中，执行以下命令序列（□表示空格）

s1="计算机□□□□"
s2="二级等级考试□□□"
?s1-s2

最后一条命令的显示结果是（　　）。

A．语法错误　　　　　　　　　　B．计算机□□□□二级等级考试□□□

C．计算机二级等级考试□□□□　　D．计算机二级等级考试□□□□□□□

二、填空题

1．Visual FoxPro 将变量分为三大类，分别是________、________和________。

2． Visual FoxPro 的常量有________、________、________、________、________和________六种类型。

3．在 Visual FoxPro 中说明数组的命令是________和________。

4．函数 substr("student",3,4）的结果为________。

5．函数 at("ud","student")的结果为________。

6．假设变量 a=36.736789，则?round(a,2)的结果为________。

7．执行?min(10,-100,1,30)的显示结果为________。

8．执行?mod(10,-3)的显示结果为________。

9．假设 a="中华人民共和国"，则?len(a)的返回值为________。

10．eof() 是测试函数，当正使用的表文件的记录指针已达到文件尾部时，返回值为________。

三、简答题

1．简述内存变量的含义及变量名命名规则。

2．写出下列命令运行后的结果。

（1）

```
store "456"  to a
store "123"+a to b
store trim(b-"789") to c
?c
```

（2）

```
x1=2*3
x2="abc"
xx=.t.
xy={^1997/08/13}
xxx=32.5
list memory like x?
release x1,x2,xx
list memory like x?
```

第 3 章　数据库与表的基本操作

【学习目的与要求】数据表是 Visual FoxPro 的基本内容，所有的数据都存放在每个表中，对数据库的管理最终实现对表的管理。表对数据进行有效的加工、管理，使数据更能显示出它的价值，由于表可以独立于程序，因而表使得数据得以共享，同时使数据得到充分的利用。Visual FoxPro 中的表可分为自由表、数据库表两种。本章前三节先介绍自由表的操作，数据库表将在 3.4 节中介绍。本章主要介绍表的建立、表的基本操作。

通过本章的学习，重点掌握表结构的建立和修改，掌握表内容的输入和修改方法，掌握记录的浏览、添加和修改命令，掌握查询命令，熟练掌握表的各种基本操作。难点在于设置表的索引，建立自由表之间的关联，以及数据库的数据完整性规则。

3.1　自由表的建立与修改

Visual FoxPro 中表文件的扩展名为.dbf，在新建表的时候，如果没有打开数据库文件，则建立的是自由表，即不属于任何数据库的表；如果有数据库文件打开，则此时建立的表自动作为当前所打开数据库的数据库表。自由表和数据库表的某些操作是不同的，如果将自由表添加到数据库中就成为数据库表，数据库表的属性要强于自由表，自由表的操作是数据库表操作的基础。

自由表或者数据库及数据库表建立后，若不特殊指定，将保存在 Visual FoxPro 的默认目录下，下面是默认目录的设置方法：

单击“工具”菜单→选定“选项”命令，打开选项对话框，如图 3-1 所示，选择“文件位置”选项卡→选“默认目录”，点击“修改”按钮，打开“更改文件位置”对话框→使用“默认目录”复选框→在定位默认目录文本框中输入路径，如 D:\ →点击“确定”，关闭更改位置对话框→返回图 3-1 后点击“确定”按钮，关闭选项对话框，此时完成文件的默认路径的建立。若此时选择了“设置为默认值”，则以后每次打开 Visual FoxPro 都将使用该目录为默认目录。

除了用上述方法建立默认路径外，还可以通过命令窗口建立。如设置 D 盘为默认目录，可直接输入命令：set default to D:\

3.1.1　建立表结构

建立表首先要根据需要，确立表的结构，然后使用界面或用命令开始建表，也就是定义表的结构，最后一步是输入表的内容。

表结构可以通过表设计器来建立，也可以使用表向导来建立表结构并输入数据。

1. 使用表设计器建立表

下面我们通过一个例子来介绍如何使用表设计器来建立表。

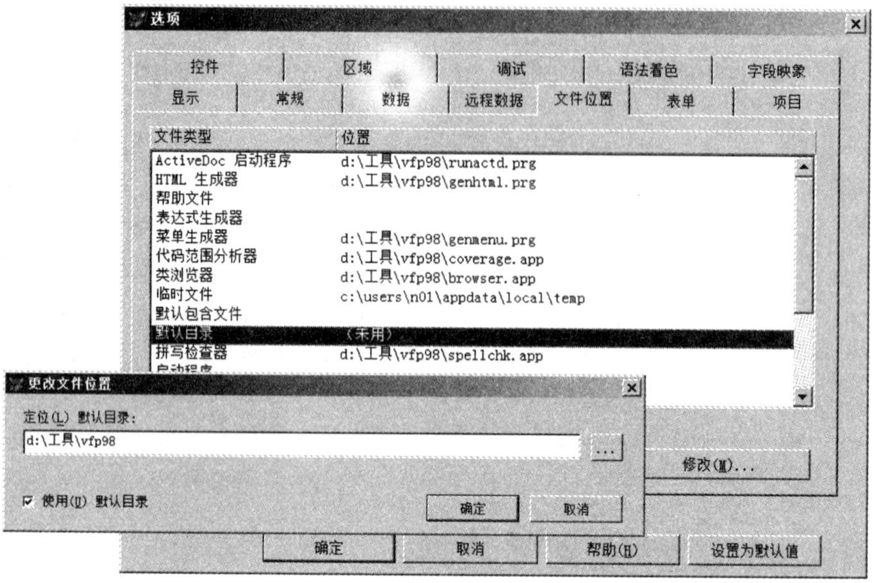

图 3-1　选项对话框

例 3-1　使用表设计器建立第 2 章中图 2-4 的“学生表”，表结构定义如表 3-1 所示。

表 3-1　**学生表结构定义**

字段序号	字段名	类　型	字段宽度
1	学号	字符型 C	10
2	姓名	字符型 C	6
3	性别	逻辑型 L	1
4	出生日期	日期型 D	8
5	专业	字符型 C	10
6	电话	字符型 C	8
7	学籍信息	备注型 M	4
8	照片	通用型 G	4

操作步骤如下：

① 选定“文件”菜单→选择“新建”命令，出现如图 3-2 所示的对话框→选择“表”后点击“新建文件”按钮，出现如图 3-3 所示的对话框。

② 在“输入表名”对话框后输入表的名字“学生表”，点击“保存”，即出现如图 3-4 所

示的表设计器。

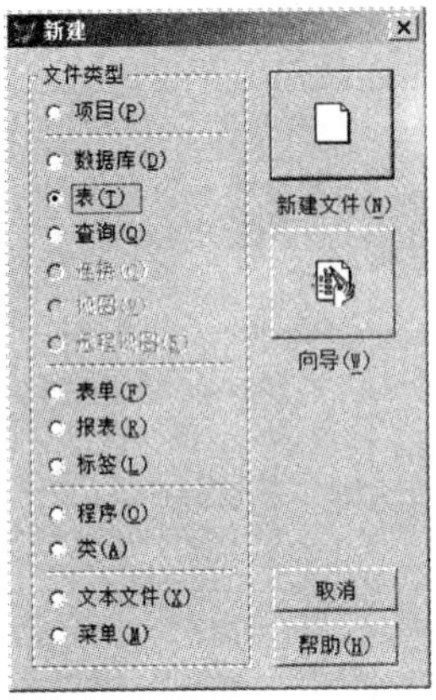

图 3-2　新建对话框

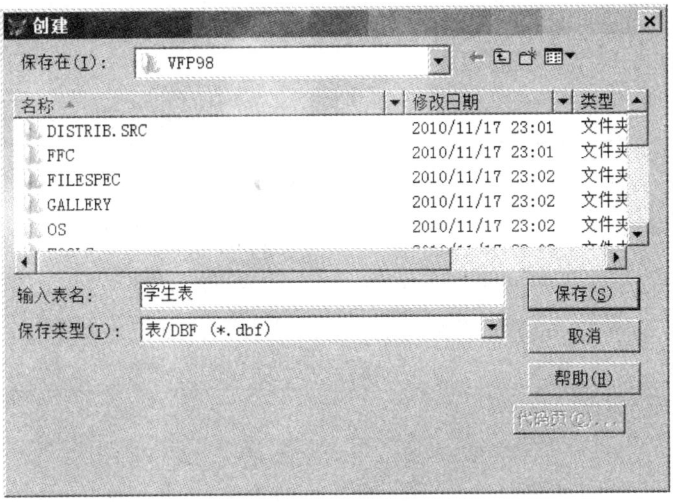

图 3-3　创建学生表

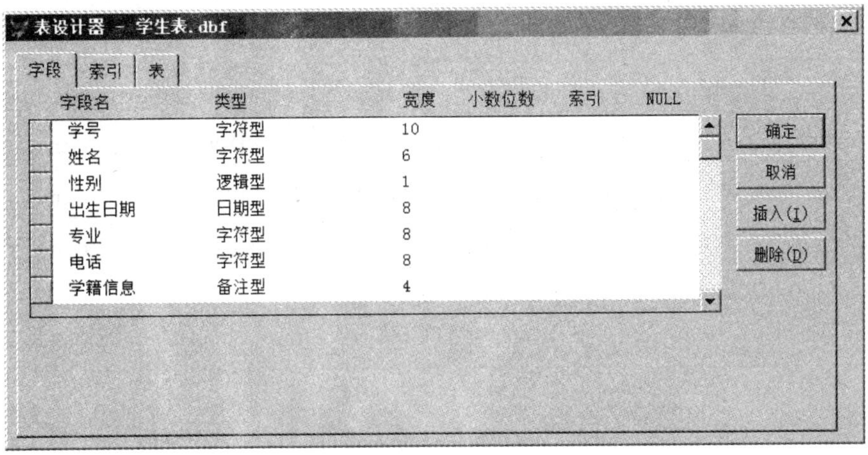

图 3-4　表设计器“字段”选项卡

③ 在字段选项卡中参考表 3-1 的结构定义设置表中各字段的属性值。注意本表中还有一个字段为照片，可以通过表设计器中右边的滚动条显示出该字段。当字段属性设置完成后，点击“确定”按钮，出现对话框，如图 3-5 所示，提示：“现在输入数据记录吗？”

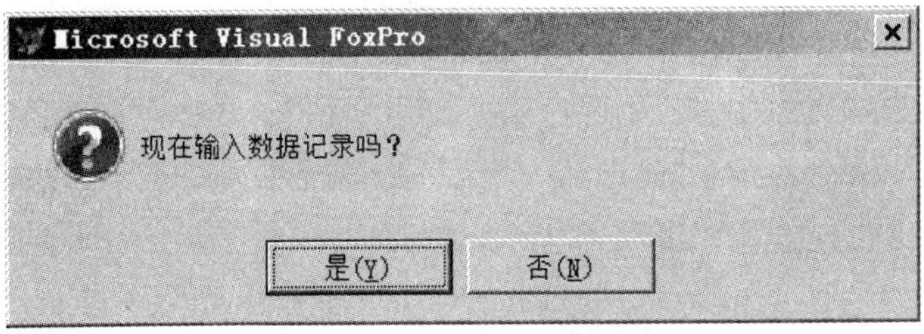

图 3-5　输入记录询问对话框

若选择“是”则转入表的编辑窗口，可向学生表输入数据；若选择“否”，则关闭表设计器，但学生表已被保存在默认目录中。

学生表中数据如表 3-2 所示。

表 3-2 学生表

学号	姓名	性别	出生日期	专 业	电话	学籍信息	照片
1110070102	刘悦	T	08/13/91	软件工程	81820143	meno	gen
1110070103	霍国安	T	05/03/91	土木工程	81820123	meno	gen
1110070230	陈琪	F	06/26/92	土木工程	81820154	meno	gen
1110070231	董乐	F	05/17/91	土木工程	81820173	meno	gen
1210070101	周炜	T	08/11/91	测绘工程	81820578	meno	gen
1210070103	任楠	F	11/12/91	测绘工程	81820798	meno	gen
2310070137	贾超	T	04/25/93	软件工程	81820467	meno	gen
2310070118	穆乐	F	10/04/92	软件工程	81820799	meno	gen
2320080119	刘波	F	08/25/91	信息安全	81820673	meno	gen
2320080122	刘宇航	T	02/09/93	信息安全	81820165	meno	gen
4300080130	李威	T	06/11/91	经贸英语	81820765	meno	gen
4300080132	杨林	T	09/05/91	经贸英语	81820269	meno	gen
5300080204	程龙	T	05/20/93	艺术设计	81820135	meno	gen
5300080224	陈铭	F	02/09/93	艺术设计	81820235	meno	gen
3700080125	张维维	F	07/21/92	会计学	81820579	meno	gen

表中学籍信息（备注型）与照片（通用型）字段的输入参考 2.1 节。

2. 使用表向导建立表

操作步骤如下：

① 选定“文件”菜单→选择“新建”命令，出现如图 3-2 所示的对话框→选择“表”后点击“向导”，出现如图 3-6 所示的对话框。

在“样表”所列的表中选择样表，若无合适的表可用“加入…”按钮将需要的表加到样表列表框中→从“可用字段”中将需要的字段添加到“选定字段”后点击“下一步”，进入如图 3-7 所示的步骤 1a-选择数据库。

若选择“创建独立的自由表”则可直接进入下一步；若选择“将表添加到下列数据库”则需要点击“…”按钮，在弹出的对话框中选择已有数据库添加进去。在本例题中我们选择“创建独立的自由表”后单击“下一步”。

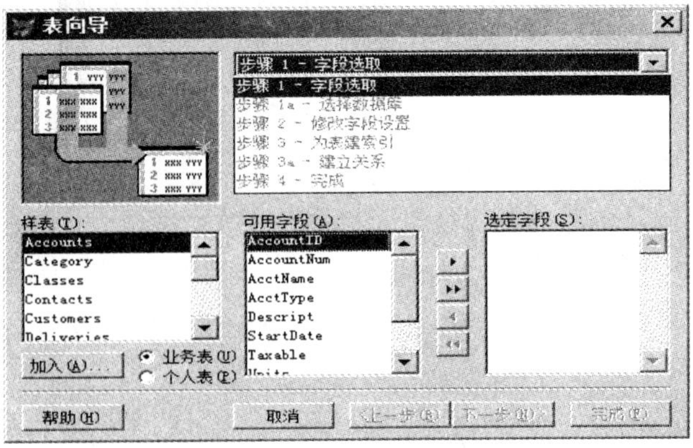

图 3-6　步骤 1 字段选取对话框

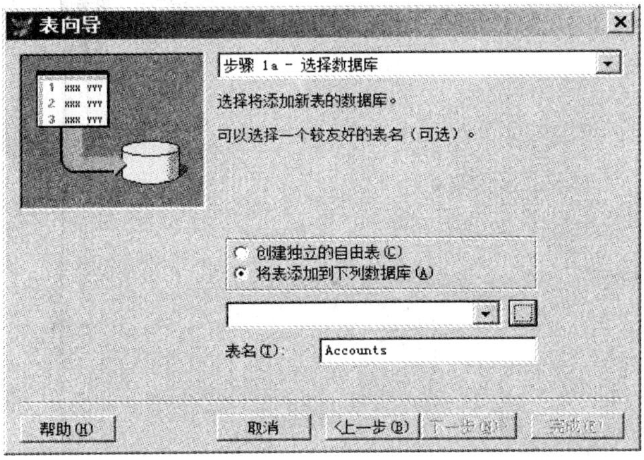

图 3-7　步骤 1a-选择数据库

② 修改字段设置如图 3-8 所示，此时可以逐个对所创建的表字段重新进行修改，包括对字段名、字段类型、字段长度、编码格式等的修改。

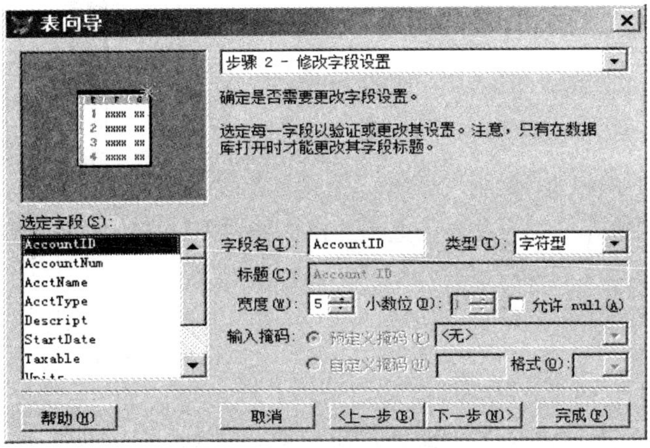

图 3-8　步骤 2-修改字段设置

③ 为表建立索引，如图 3-9 所示，为表选出关键字和索引字段后点击“下一步”，进入步骤 4-完成，如图 3-10 所示。

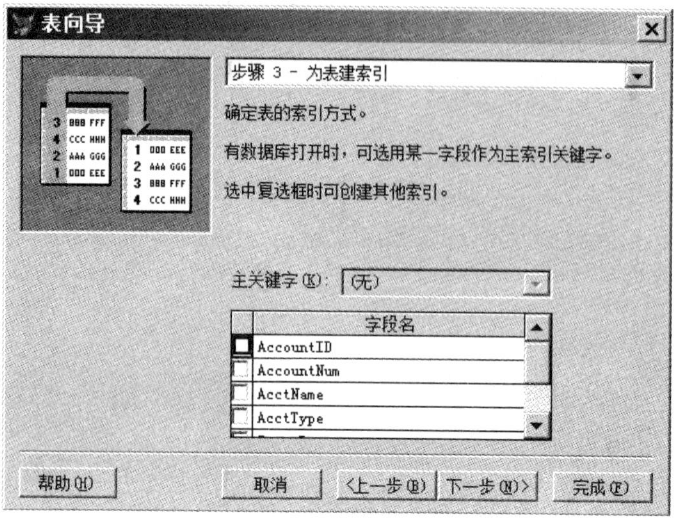

图 3-9　步骤 3-为表建索引

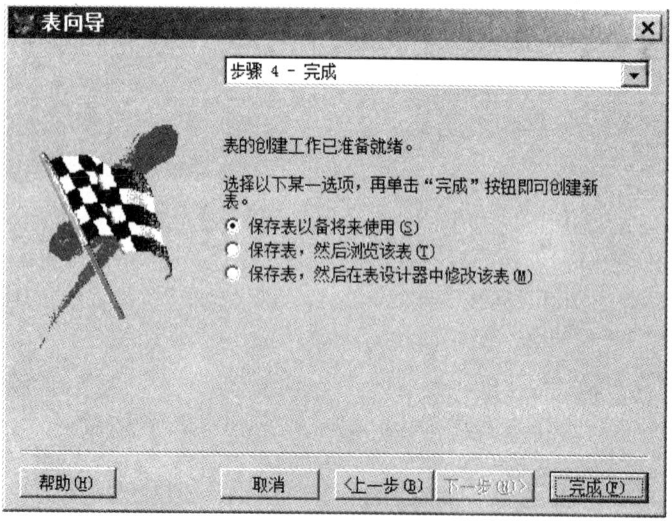

图 3-10　步骤 4-完成

④ 从图 3-10 中选择一种保存表的选项→点击“完成”，这时弹出“另存为”对话框，输入一个表名，此时完成了用向导创建表的过程。

3. 用命令创建表

格式：create table|dbf <表名>(<字段 1> 类型(<宽度>) [,<字段 2> <类型>(<宽度>) ……])

功能：创建表。

说明：宽度对于数值型要包括小数。如成绩 5 位，小数占 2 位，可写 N(5, 2)。

例 3-2　用命令方式创建课程表及成绩表，表结构定义如表 3-3 与表 3-4 所示。

表 3-3　**课程表结构定义**

字段序号	字段名	类　型	字段宽度
1	课程号	字符型 C	3
2	课程名	字符型 C	20
3	学分	数值型 N	1

表 3-4　**成绩表结构定义**

字段序号	字段名	类　型	字段宽度
1	学号	字符型 C	10
2	课程号	字符型 C	3
3	成绩	数值型 N	3

创建课程表命令如下：create table 课程表(课程号 C(3),课程名 C(20),学分 N(1))
创建成绩表命令如下：create table 成绩表(学号 C(10),课程号 C(3),成绩 N(3))
课程表和成绩表数据分别如表 3-5 和表 3-6 所示。

表 3-5　**课程表**

课程号	课程名	学分
001	软件工程	3
002	C语言	2
003	计算机网络	3
004	大学英语	4
005	高等数学	4
006	会计学	3

表 3-6　**成绩表**

学号	课程号	成绩
1110070102	001	100
1110070102	002	75
1110070103	001	95
1110070103	004	86
1210070101	002	93
1210070101	004	80
2310070137	001	76
2310070137	002	76
2310070137	004	82

续表

学号	课程号	成绩
4300080130	004	88
4300080130	003	68
5300080204	002	86
5300080204	004	78
3700080125	003	90
3700080125	005	75
3700080125	006	86

3.1.2 表数据的输入与修改

1. 表数据的输入

在 Visual FoxPro 中，建立好表结构，即可开始输入数据。此时从菜单“显示”中，单击“浏览”或“编辑”命令，便会出现输入数据的编辑框如图 3-11 和图 3-12 所示。

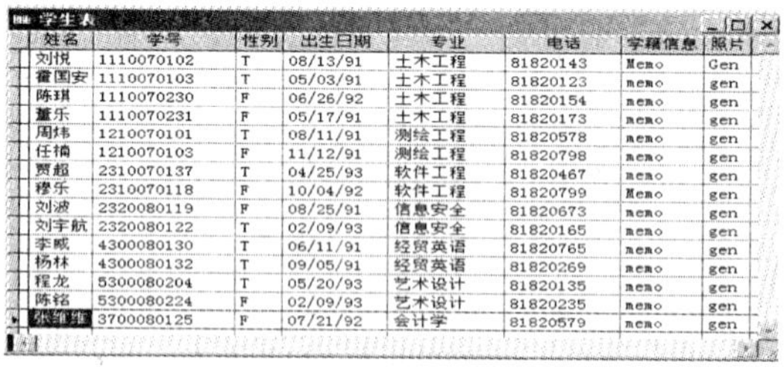

图 3-11 “浏览”窗口

图 3-12 “编辑”窗口

也可拖动窗口分割器（上图窗口中左下角的小黑块），打开一窗两区的方式，如图 3-13 所示。

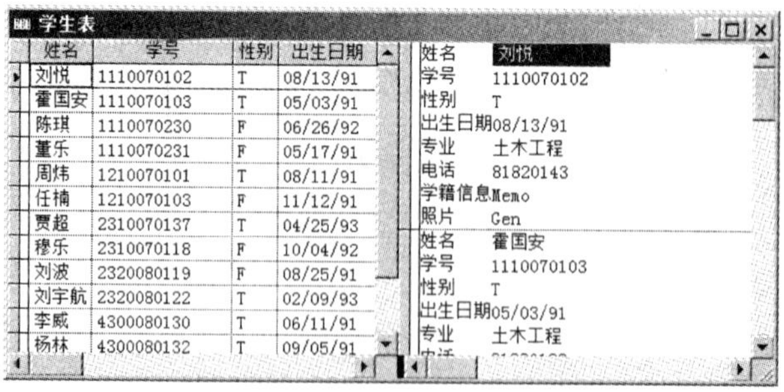

图 3-13 具有两个分区的窗口

再从菜单“显示”中，单击“追加方式”命令，可以输入学生数据。

注：在输入数据时，字段的数据类型要与输入的数据类型相匹配；输入的内容满一字段

时，光标会自动跳到下一字段，内容不够一字段但已完成该数据的输入时，可用 Tab 键或回车键将光标移到下一字段，还可以用鼠标单击选择其中的任一字段。不同类型的表数据的输入格式可参考 2.1 节数据类型。

2. 表数据的修改

在表打开的前提下，点击菜单“显示”→点击“浏览”后打开浏览窗口就可以对各条记录进行修改。

3. 利用命令浏览和修改表中的数据

格式：browse [fields <字段列表>] [lock <数据型表达式>] [last] [for <逻辑型表达式>]

功能：在屏幕上打开一个浏览窗口，在窗口中显示表的记录。fields<字段列表>：指定在浏览窗口中显示的表的字段。lock <数据型表达式>：将浏览窗口一分为二，指定在左窗口中显示的字段数。last：按最后一次关闭浏览窗口的方式打开浏览窗口。for <逻辑型表达式>：指定在浏览窗口中显示的记录所要求满足的条件。

注：browse 命令可以带有很多任选项，在这里只介绍了 browse 命令的最基本的任选项；在<字段列表>中，除了可以使用表所定义的字段以外，还可以使用计算字段（就是由表中的字段组合成的合法的表达式），计算字段的名称不能与当前表中的字段名同名，长度不能超过 10 个字符，而且计算字段是只读的，它的值随着组成计算字段的表中的字段值的变化而变化，计算字段的格式为：<计算字段名>=<表达式>。

例 3-3　显示命令举例。

（1）显示姓名与出生日期，中间用冒号隔开。

browse fields name_birth=姓名+":"+dtoc(出生日期)+ "出生"

显示结果如图 3-14 所示。

（2）在计算字段后面使用:h 参数，窗口中显示中文字段名。

browse fields name_birth=姓名+":"+dtoc(出生日期)+ "出生":h="姓名和出生日期",电话

显示结果如图 3-15 所示。

学生表

Name_birth
刘悦　:08/13/91出生
霍国安:05/03/91出生
陈琪　:06/26/92出生
董乐　:05/17/91出生
周炜　:08/11/91出生
任楠　:11/12/91出生
贾超　:04/25/93出生
穆乐　:10/04/92出生
刘波　:08/25/91出生
刘宇航:02/09/93出生
李威　:06/11/91出生
杨林　:09/05/91出生
程龙　:05/20/93出生
陈铭　:02/09/93出生
张维维:07/21/92出生

图 3-14　命令行（1）显示结果

学生表

姓名和出生日期	电话
刘悦　:08/13/91出生	81820143
霍国安:05/03/91出生	81820123
陈琪　:06/26/92出生	81820154
董乐　:05/17/91出生	81820173
周炜　:08/11/91出生	81820578
任楠　:11/12/91出生	81820798
贾超　:04/25/93出生	81820467
穆乐　:10/04/92出生	81820799
刘波　:08/25/91出生	81820673
刘宇航:02/09/93出生	81820165
李威　:06/11/91出生	81820765
杨林　:09/05/91出生	81820269
程龙　:05/20/93出生	81820135
陈铭　:02/09/93出生	81820235
张维维:07/21/92出生	81820579

图 3-15　命令行（2）显示结果

4. 表数据的删除操作

删除表中一条或多条记录的操作共有两步，第一步是进行逻辑删除，这种删除只是将记录加了删除标记。如图 3-16 所示，点击记录左边的小方框，让方框变黑即为添加删除标记。这时若将表内数据在背景窗口显示时，打上删除标记的记录前将出现“*”符号。

学号	姓名	性别	出生日期	专业	电话	学籍信息	照片
1110070102	刘悦	T	08/13/91	土木工程	81820143	Memo	Gen
1110070103	霍国安	T	05/03/91	土木工程	81820123	memo	gen
1110070230	陈琪	F	06/26/92	土木工程	81820154	memo	gen
1110070231	董乐	F	05/17/91	土木工程	81820173	memo	gen
1210070101	周炜	T	08/11/91	测绘工程	81820578	memo	gen
1210070103	任楠	F	11/12/91	测绘工程	81820798	memo	gen
2310070137	贾超	T	04/25/93	软件工程	81820467	memo	gen
2310070118	穆乐	F	10/04/92	软件工程	81820799	Memo	gen
2320080119	刘波	F	08/25/91	信息安全	81820673	memo	gen
2320080122	刘宇航	T	02/09/93	信息安全	81820165	memo	gen
4300080130	李威	T	06/11/91	经贸英语	81820765	memo	gen
4300080132	杨林	T	09/05/91	经贸英语	81820269	memo	gen
5300080204	程龙	T	05/20/93	艺术设计	81820135	memo	gen
5300080224	陈铭	F	02/09/93	艺术设计	81820235	memo	gen
3700080125	张维维	F	07/21/92	会计学	81820579	memo	gen

图 3-16　添加删除标记

第二步是将加删除标记的记录进行物理删除，这时才是把要删除的记录真正从表中删除。如图 3-17 所示，点击菜单“表”，选择“彻底删除”命令后在弹出询问对话框（见图 3-18）中选“是”按钮即可完成物理删除的操作。

图 3-17　彻底删除

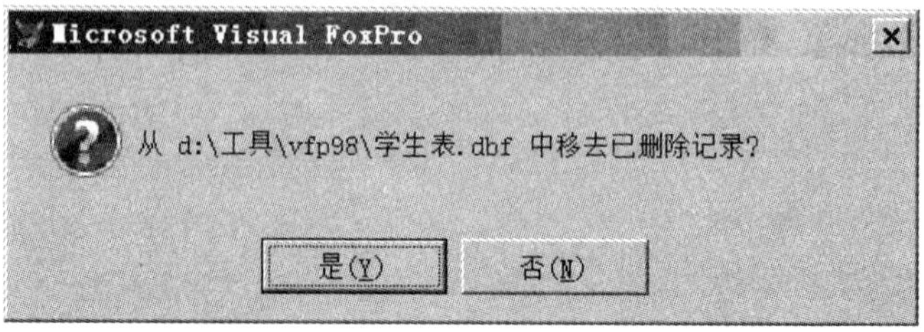

图 3-18　是否移除已删除记录询问对话框

注：记录被打上删除标记时，它们仍然存在于磁盘上，这时可以撤销删除标记，恢复原来的状态。单击记录前面的逻辑删除标记，使其恢复原来的状态，即撤销删除标记。也可以单击“表”菜单中的“恢复记录”命令还原记录。

3.1.3 修改表结构

1. 显示表的结构

我们可以点击“显示”菜单，选择“表设计器”，用界面操作的方法显示表结构，也可以使用命令来显示表结构，命令格式为：list|display structure，功能是显示前一打开的表的结构。

例如，显示学生表的结构，在命令窗口输入：list structure，按回车后可以看到如图3-19所示的结果。

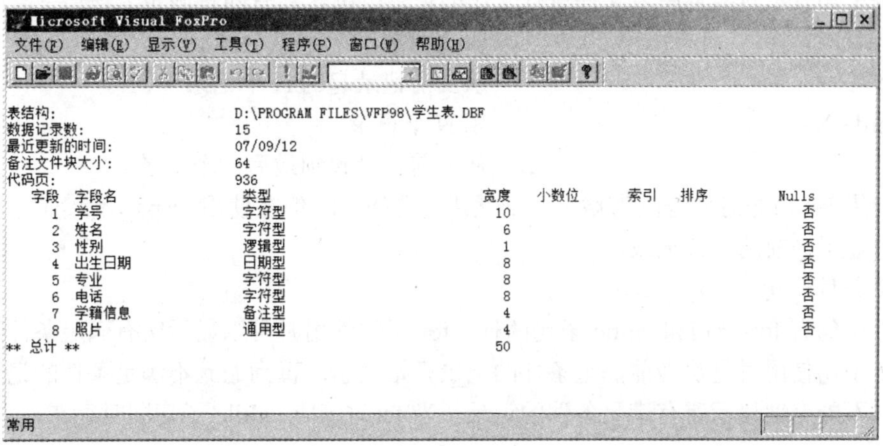

图3-19 学生表结构

2. 修改表的结构

一个表在建立以后，有时由于实际需要发生了变化或其他原因需要对表的结构进行修改。Visual FoxPro提供了界面与命令两种方式，在这里只介绍用界面方式修改表的结构，命令方式修改表结构将在第3.2.4节具体介绍。

点击“显示”菜单→选择“表设计器”，弹出表设计器即可对字段进行修改，参考3.1.1节图3-3所示。

我们也可以使用命令打开表设计器修改结构，命令格式：modify structure，这时也弹出表设计器对话框。

3.2 表的维护命令

Visual FoxPro的命令通常含有多个子句，每个子句代表不同的功能，其中可以包含函数或表达式。本节先介绍命令的一般格式、书写规范及常用命令，再具体介绍用命令的方式维护表数据。

3.2.1 表的常用命令

Visual FoxPro 中常用的命令的一般包含<范围>，<条件>和<字段列表>等常用子句，下面我们使用 list|display 命令动词为例介绍这几种常用子句的写法。

1. 命令的语法格式

格式：list|display [<范围>] [for<条件>] [while<条件>] fields[<字段列表>] [off] [to file<文件名>|to printer]

功能：在表中按照指定的范围与条件筛选出记录并显示，或送到某个指定目的地。

注：在这里 list|display 可以由其他的命令动词替换，命令动词代表了这个命令所要完成的操作；命令中，若加上 off，则不显示记录号。下面我们对范围子句、条件子句及字段选取表达式进行具体讲解。

（1）范围子句

范围子句表示对数据库表文件进行操作的记录范围，它有四种限定方法：

all	所有记录
next <N>	从当前记录起的 N 个记录
record <N>	第 N 个记录
rest	从当前记录起到最后一个记录

在使用 list 命令时若范围省略不写则默认为选择 all，但在使用 display 命令时，若省略范围则默认显示当前的一条记录。

（2）条件子句

条件子句有 for 子句和 while 子句两种，for 子句使用时可以显示所有满足条件的记录，而 while 子句使用时是从当前满足条件的记录开始显示，直到遇到不满足条件的记录就停止操作，并不能全部显示所有满足条件的记录。当 for 子句与 while 子句同时存在，while 子句优先。

（3）字段选取子句

fields 子句将选取需要操作的字段，其中 fields 这个保留字可以省略。在<字段列表>中列出需要的字段，每个字段间用英文的逗号隔开，或者可以使用较复杂的表达式选取需要的内容。当 fields 子句省略时显示除备注型、通用型字段以外的所有字段。

2. 命令的书写规则

① 任何一条命令必须以命令动词开头。后面的多个短语通常与顺序无关，但是必须符合命令格式的规定。一行只能写一条命令，以回车表示结束。

② 用空格来分隔每条命令中的各个短语，如果两个短语之间有其他分界符，则空格可以省略。

③ 一条命令的最大长度是 254 个字符。一行写不下时。用续行符“;”在行末进行分行，并在下行连续书写。

④ 命令中的英文字母大小写可以混合使用。

⑤ 命令动词和子句中的短语可以用其前四个字母缩写表示。

例 3-4 按要求显示学生表中有关信息。

① 列出前三个记录；

② 列出“经贸英语”专业学生的学号、姓名、电话；

③ 列出 1991 年出生的学生的学号、姓名及出生日期，且不显示记录号。

```
use 学生表
list next 3
list 学号,姓名,电话 for 专业="经贸英语"
list 学号,姓名,出生日期 for year(出生日期)=1991 off
```

显示结果如图 3-20 所示。

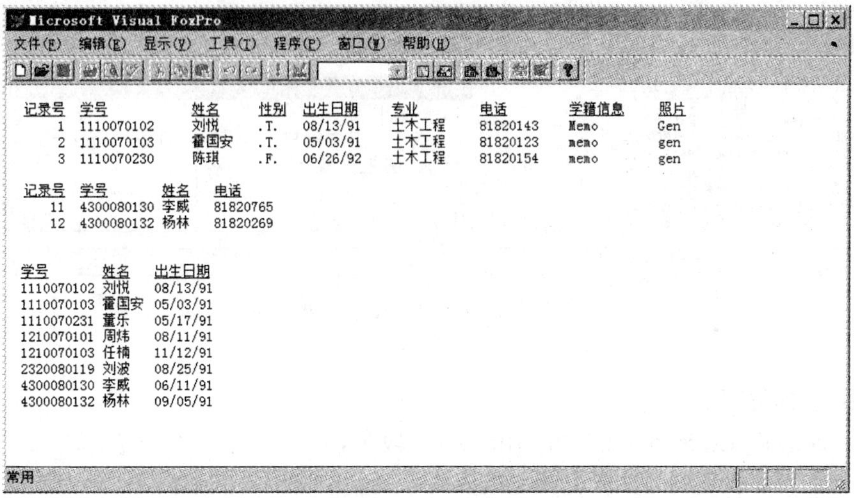

图 3-20　例 3-4 结果

3.2.2　表的复制命令

在数据库的维护中，我们通常对已有的表或数据库进行备份以保护数据不会丢失或损坏。其中，表的复制命令有以下几种：

1. 表文件的复制命令

格式：copy to <文件名> [<范围>] [for <条件>] [while <条件>] [fields <字段名表>] |fields like <通配字段名>| fields except <通配字段名>] [[type] [sdf |xls |delimited[with <定界符>|with blank |with tab]]]

功能：将当前表复制成一个由文件名指定的新表或其他类型的文件。

说明：

① 在表的复制命令中，fields <字段名表>子句表示用字段名表中的字段形成新文件；fields like <通配符>表示用符合通配符的字段形成新文件；fields except <通配符>表示用除符合通配符的字段形成新文件。

② type 子句的用法是改变新文件的类型，使用 xls 代表 Excel 表文件。使用 sdf 或 delimited 代表文本文件：sdf 表示文本文件中数据之间无定界符和分隔符；delimited with<定界符>表示使用逗号作为分隔符，<定界符>作为定界符，delimited with blank 空格作为分隔符，无定界符；delimited with tab 表示制表符作为分隔符，双引号为定界符。

例 3-5　将学生表中性别为男的复制为文本文件“男生资料.txt”。

use 学生表

copy to 男生资料.txt for 性别 type sdf

type 男生资料.txt

注：在这里 type 男生资料.txt 命令行功能是将“男生资料.txt”这个文本文件的内容显示到 Visual FoxPro 窗口中，显示结果如图 3-21 所示。

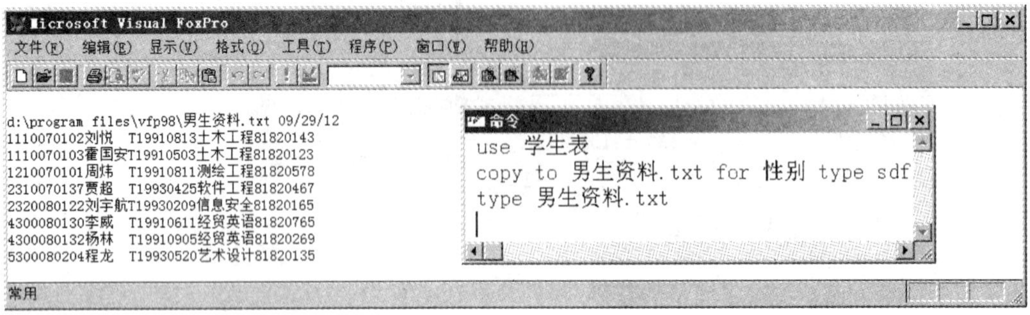

图 3-21　例 3-5 显示结果

2. 表结构的复制

格式：copy structure to <文件名> [fields <字段名表>]

功能：将当前表复制为文件名指定的表且只复制结构不复制数据。

例 3-6　将学生表的结构复制成学生表 1。

use 学生表

copy structure to 学生表 1

use 学生表 1

list structure

显示结果如图 3-22 所示。

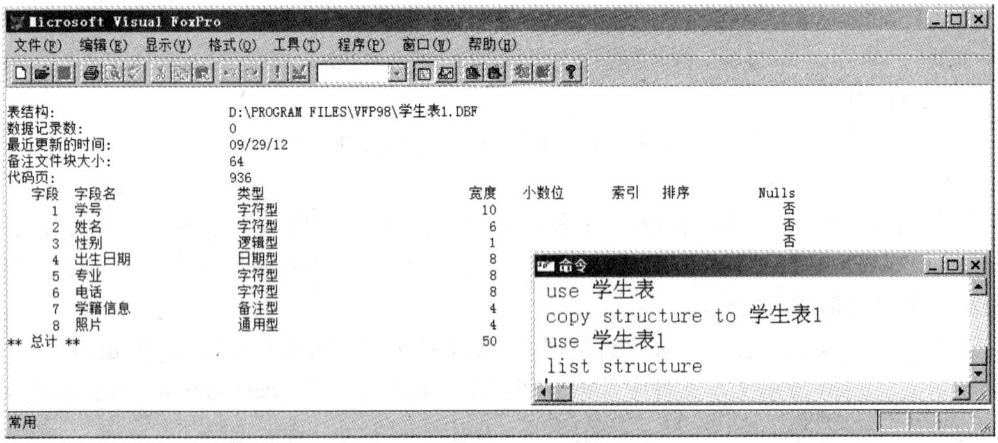

图 3-22　例 3-6 显示结果

3. 文件的复制命令

格式：copy files <文件 1> to <文件 2>

功能：将文件 1 复制为文件 2，在使用命令前文件 1 必须关闭。该命令可复制任何文件。其中<文件 1>和<文件 2>可使用通配符。

例 3-7 将学生表.dbf 复制成学生表 2.dbf。

```
copy  files 学生表.dbf  to  学生表 2.dbf
```

3.2.3 表数据的替换命令

1. 成批替换数据

格式：replace [<范围>] <字段名 1> with <表达式 1> [,<字段名 2> with <表达式 2>…] [for <条件>] [while <条件 2>]

功能：在指定范围内将符合条件的记录中的相关字段用相关表达式来替换。若省略范围，默认仅对当前记录进行替换。

例 3-8 将成绩表（例 3-2 中创建）中课程号为 001，且成绩高于 80 分（含 80 分）的学生成绩加 5 分。

```
replace all 成绩 with 成绩+5 for 课程号="001" and 成绩>=80
```

2. 单条记录与内存变量的数据传递

（1）将当前单个记录数据传送给内存变量

格式：scatter [fields <字段列表>|fields like <通配字段名>|fields except <通配字段名>][memo] to <数组名>[blank]|memvar[blank]

功能：将当前表中当前记录的字段数据依次传送给内存变量。

注：to <数组名>子句是字段数据传给由数组名指定的数组，若数组元素个数不够，系统自动为其扩充元素个数，若此数组没定义，系统将自动创建数组，若后面选 blank，系统将自动创建一个与字段类型、大小相同的空值数组。使用 memvar 子句时将字段数据送给同名简单内存变量，这些简单变量由系统自动创建，若后面有 blank，系统自动创建与字段同名的空值变量。若省略 fields 子句，则指传送出备注型字段外的所有字段值，若要传送备注型字段，需要使用 memo 选项。

例 3-9 表与变量数据的传送应用。

```
clear
use 学生表
go 3
scatter memvar
?m.学号, m.姓名, m.性别, m.出生日期, m.专业, m.电话
dimension a(6)
go 5
scatter to a
?a(1), a(2), a(3), a(4), a(5), a(6)
```

显示结果如图 3-23 所示。

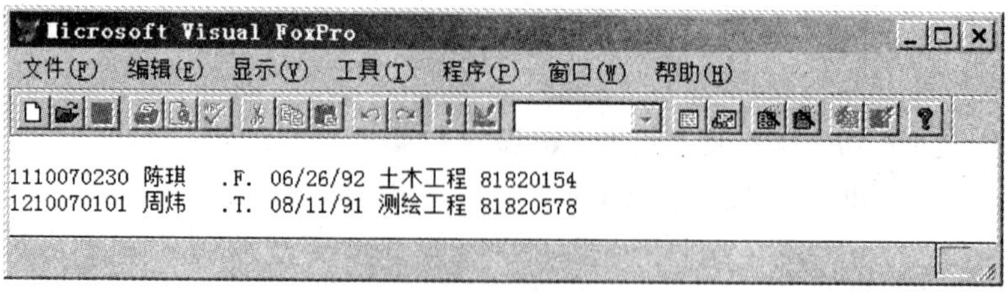

图 3-23　例 3-9 显示结果

（2）将内存变量数据传给当前表的当前记录

格式：gather from <数组名>|memvar[fields <字段名表>|fields like <通配字段名>|fields except <通配字段名>][memo]

功能：将内存变量数据依次传送给当前表中的当前记录。

注：当数组元素个数多于字段个数，多出的元素不传送。当元素个数少于字段个数，多出的字段值不改变。简单内存变量数据必须传送给同名字段，否则不传送。若用 fields<字段名表>子句，只有列在字段名表中的字段，内存变量数据才传送。省略 memo 子句时不对备注字段传送，即使有 memo 子句也不对通用字段传送。

例 3-10　内存变量与表之间数据传送的应用。

```
use 学生表
append blank
dimension a(8)
a(1)= "4100030106"
a(2)= "王小丽"
a(3)= .F.
a(4)={^1992-10-2}
a(5)= "双语翻译"
a(6)= "81820100"
gather from a                    &&插入新的空白记录后传送数组 a 中的内容
```

3. 多条记录与数组传送

（1）将多条记录数据传送给数组

格式：copy to array <数组名>[fields <字段名表>] [<范围>] [for<条件>] [while<条件>]

功能：将当前表中符合条件的记录的字段数据传给由数组名指定的数组中，但不复制 M、G 字段。

注：若数组没定义，系统会自动创建数组。可将单条记录字段数据传给一维数组。将多个记录字段数据传给二维数组，一个记录传送给二维数组的一行，若二维数组的列数少于字段个数，多于字段数据不传送，若二维数组列数多于字段个数，多余列元素值不变。若二维数组行数少于记录数，多余记录不传，若二维数组行数多于记录个数，多余行的元素值不变。

例 3-11　多余记录数据传送给数组。

use 学生表

dimension b(2,8)

copy to array b

?b(1,1), b(1,2), b(1,3), b(1,4), b(1,5), b(1,6), b(1,7), b(1,8), b(2,1), b(2,2), b(2,3), b(2,4), b(2,5), b(2,6), b(2,7), b(2,8)

（2）将数组数据追加到表中

格式：append from array <数组名>[for<条件>][fields<字段名表>]

功能：将符合条件的数组行数据追加到当前表尾。M 字段不被追加。

注：一维数组追加一条记录，二维数组每行追加一条记录，多行追加多条记录。数组列数多于字段个数，多余列上元素忽略。数组列数少于字段个数，多余字段为空值。

例 3-12　将例 3-11 中数组 b 的数据追加给学生表。

use 学生表

append from array b

list

3.2.4　逻辑表的设置命令

在表中我们对其中的记录或者字段进行操作是很平常的事情，前面讲到的使用 browse 命令和 list 命令都能做到，但是使用命令子句来实现数据的选择时，一次操作只能实现一次选择。在这一节中，我们利用设置逻辑表的方法来操作的好处是，一旦为某个表设置了逻辑表，则可对该逻辑表一直执行任何操作，直到撤销逻辑表为止。

1. 设置记录过滤器

这个过滤器的功能是从表中选择某些满足条件的记录，而将不满足条件的记录隐藏起来，让它们在逻辑上消失。当取消逻辑表的设置时则可恢复这些记录。

格式 1：set filter to <条件>

功能：把满足条件的记录过滤出来进行操作，也称为设置过滤器。

格式 2：set filter to

功能：取消过滤器，查看所有记录。

例 3-13　为学生表设置逻辑表，只显示出生年份在 1992 年和 1993 年的学生信息，然后关闭过滤器。

use 学生表

set filter to year(出生日期)=1992 or year(出生日期)=1993

list

set filter to

2. 设置字段过滤

格式 1：set fields to 字段 1,字段 2,…

功能：表中只看到指定的字段，也称为设置字段过滤。

格式 2：set fields off

功能：关闭字段过滤，这时表中能看到全部字段。

例 3-14　为学生表设置字段过滤，只显示学号、姓名和出生日期，然后关闭字段过滤。

```
use 学生表
set fields to 学号,姓名,出生日期
list
set fields off
```

3.2.5 表结构的修改命令

在 3.1.1 节我们介绍了创建表结构的命令，这里主要介绍表结构的修改命令。

格式：alter table <表名> add|alter [column] <字段名> <字符类型> [(<字段宽度>[, <小数位数>] drop [column] <字段名 1> rename <字段名 2> to <字段名 3>

功能：修改表的结构

注：add [column]子句用于增加新的字段。alter [column]子句用于修改原有字段。 drop [column]子句用于删除字段。rename [column]子句用于将字段 2 指定的字段名改为字段 3 指定的字段名。

例 3-15 （1）对学生表增加“兴趣爱好”字段 M(4)；（2）将“兴趣爱好”字段修改为“爱好”字段 C(30)；（3）删除“爱好”字段。

（1）对学生表增加“兴趣爱好”字段 M(4)

alter table 学生表 add column 兴趣爱好 M(4)

（2）将“兴趣爱好”字段修改为“爱好”字段 C(30)

① 先修改字段名

alter table 学生表 rename 兴趣爱好 to 爱好

② 修改字段属性

alter table 学生表 alter column 爱好 C(30)

（3）删除“爱好”字段

alter table 学生表 drop 爱好

3.3 记录的维护命令

本节主要介绍对表内记录进行维护的命令，包括记录的定位、移位、插入、追加、删除与恢复等。

3.3.1 记录的定位与移位

记录的定位就是将记录指针移到指定的记录上，记录指针指向的记录称为当前记录。Visual FoxPro 提供了绝对定位和相对定位两类命令。

1. 记录指针的绝对定位

格式 1：goto [record <数值表达式>]|top|bottom

格式 2：go [record <数值表达式>]|top|bottom

功能：将记录指针直接定位到指定的记录上。若直接使用<数值表达式>，表示指定一个物理记录号，记录指针移至该记录上。使用 top 表示将记录指针定位在表的第一个记录上。bottom 表示将记录指针定位在表的最后一个记录上。

注：record 可省略；<数值表达式>的值必须大于 0，且小于或等于当前表文件的记录个数。

2. 记录指针的相对定位

相对定位与当前记录有关，它是把记录指针从当前位置作相对移动。

格式：skip [<数值表达式>]

功能：将记录指针向前或向后作相对若干条记录的移动。

注：<数值表达式>指定记录指针作相对移动的记录数据；移动的记录数等于<数值表达式>的值，其值为正数时，记录指针向下移动，当<数值表达式>是负数时，记录指针向上移动。省略选择项<数值表达式>，约定为向下移动一条记录，即 skip 等价于 skip 1。

例 3-16 记录定位方法举例。

```
use 学生表                          &&打开表
?recno()                            &&显示“1”
go bottom
?recno()                            &&显示“13”
go 4
skip -1
?recno()                            &&显示“3”
skip 2
?recno()                            &&显示“5”
use                                 &&关闭表
```

3.3.2 记录的插入与追加

1. 插入记录

格式：insert [before] [blank]

功能：插入一条记录，若无 before 子句时，在当前记录后插入一条新记录；当有 before 子句时，在当前记录之前插入一条新记录。当有 blank 子句时插入一条空白记录，当时不能编辑，可用 replace 等命令进行编辑（edit | change）。

2. 追加记录

格式 1：append [blank]

功能：向当前表中追加记录。若选 blank 是追加一条空白记录，此空白记录当时不可以编辑，用 replace 等命令可对其进行编辑。

格式 2：append from <文件名> [fields <字段名表>[for <条件>]]

功能：从文件名指定的表文件中将符合条件的记录追加到当前表的尾部。

例 3-17 （1）在学生表 2 中追加一条空记录；（2）将学生表中性别为.T.的学生记录追加到学生表 2 中。

（1）在学生表 2 中追加一条空记录

```
use 学生表 2
append
```

（2）将学生表中性别为.T.的学生记录追加到学生 2 表中

append from 学生表 for 性别

list

格式 3：insert into <表名> [(<字段名 1>[,<字段名 2>,…])] values (表达式 1[,表达式 2,…])

功能：在表尾追加一个新记录，并直接输入记录数据。

例 3-18 往成绩表中插入数据。

insert into 成绩表 values("1100070102","006",90)

若不知道成绩，可写成

insert into 成绩表(学号,课程号) values("1100070102","006")

3.3.3 记录的删除与恢复

在 3.1.2 节我们讲到 Visual FoxPro 中删除记录是分为两步来进行的，第一步是将要删除的记录做上删除标记，第二步才是将记录真正从表上彻底删除。在这里，我们介绍用命令的方式来完成这两步。

1. 逻辑删除（为记录做上删除标记）

格式：delete [<范围>] [for <条件>] [while <条件>]

功能：对当前表文件中指定的记录做删除标记。

例 3-19 逻辑删除举例。

go 2

delete

go 6

delete next 3

list

2. 物理删除（清除带有删除标记的记录）

格式：pack [dbf] [memo]

功能：省略选择项表示将从当前表中删除所有带删除标记的记录；选择 dbf 表示仅清除逻辑删除的记录而不压缩备注文件；选择 memo 表示仅压缩备注文件中无用的空间而不清除被逻辑删除的记录。不带任何选择项时，pack 命令既清除逻辑删除的记录，又能够压缩备注文件。

注：用 pack 命令删除的记录是不可被恢复的。所以在使用 pack 命令前一定要检查删除标记是否加得正确。

3. 恢复带删除标记的记录

格式：recall [<范围>] [for <条件>] [while <条件>]

功能：恢复当前表中带删除标记的记录，即去掉删除标记“*”号。当省略所有的选项时，仅恢复当前记录。

4. 物理删除表中所有记录

格式：zap

功能：从当前表中清除全部记录，仅保留表的结构。

注：zap 命令与 delete all 和 pack 两条命令执行的结果相同，区别在于 zap 执行的速度更快，当表中的记录很多时尤为明显。

3.3.4 记录的排序

排序（sort）是将关键字段值相同的记录按顺序存放在一起，生成一个新的表文件。

格式：sort to <表文件名> on <字段名 1> [/a|/d] [/c] [,<字段名 2> [/a|/d] [/c] ...] [ascending |descending] [<范围>] [for <逻辑表达式>] [while <逻辑表达式>] [fields <字段名列表>|fields like <框架> | fields except <框架>]

功能：对当前选定的表排序，并将排序后的记录输出到新表中。

说明：

- <表文件名>：指定经过排序后所生成的新表的表文件名。
- on <字段名 1>：在当前选定的、要排序的表中指定关键字段，字段的内容和数据类型决定了记录在新表中的顺序。
- [/a|/d][/c]：指定排序顺序（升序或降序）。/a 指定为按升序排序，/d 指定为按降序排序。如果在字符型字段名后面包含/c，则忽略大小写。可以把/c 选项与/a 或/d 选项组合起来。
- [ascending]：将所有不带/d 的字段指定为升序排列。
- [descending]：将所有不带/a 的字段指定为降序排列。如果省略 ascending 和 descending 参数，则排序默认为升序。
- [<范围>]：指定需要排序记录的范围。默认范围为 all。
- [for <逻辑表达式>] ：在当前表中指定排序中只包含逻辑条件为“真”的记录。
- [while <逻辑表达式>]：指定一个条件，在当前表中只要<逻辑表达式>的计算值为“真”，则依据此条件，排序中包含这条记录。
- [fields <字段名列表>]：指定用 sort 命令排序时所创建的新表中要包含的原表中的字段。如果省略 fields 子句，新表中将包含原表中的所有字段。
- [fields like <框架>]：在新表中包含那些与字段梗概框架相匹配的原表字段。
- [fields except <框架>]：在新表中包含那些不与字段梗概框架相匹配的原表字段。

例 3-20　排序命令的应用。

```
use 学生表
sort to 学生表 1 on 学号/d
use 学生表 1
list                        &&排序结果记录按学号降序排列
sort to 学生表 2 on 性别,学号 descending
use 学生表 2
list                        &&性别降序排序，性别相同的记录内，再按学号降序排序
sort to 学生表 3 on 学号 for 性别
use 学生表 3
list                        &&选取男生的记录并按学号升序排列
```

3.3.5 索引

索引文件有两种，单索引文件和复合索引文件，而复合索引文件又可分为结构复合索引文件和非结构复合索引文件两种。

Visual FoxPro 对结构复合索引文件提供了四种类型：主索引、候选索引、唯一索引和普

通索引，如表 3-7 所示。主索引是指关键字段或索引表达式中不允许出现重复值的索引，主要用于主表或被引用的表，用来在一个永久关系中建立参照完整性。对一个表而言，只能创建一个主索引。候选索引是可以作主关键字的索引，因为它不包含 null 值或重复值。在数据表和自由表中均可以为每个表建立多个候选索引。唯一索引不允许两个索引具有相同的索引值，这种要求与主索引相同。为了保持与早期版本的兼容性，可以建立一个唯一索引，以指定字段的首次出现值为基础，选定一组记录，并对记录进行排序。普通索引可以用来对记录排序和搜索记录，它不强迫记录中的数据具有唯一性，在一个表中可以有多个普通索引。

表 3-7　Visual FoxPro 的索引方式

索引类型	关键字是否重复	说　明	索引个数
普通索引	可重复	可作为 1：n 永久关系的 n 方	可有多个
唯一索引	可重复	为旧版本兼容	可有多个
候选索引	不可重复	可作为主关键字，可用于在永久关系中建立参照完整性	可有多个
主索引	不可重复	可作为主关键字，可用于在永久关系中建立参照完整性，只有数据库表才能建立索引	一个

选择合适的索引类型可以以下列准则作为依据：

① 如果需要排序记录，以便显示、查询或打印，可以使用普通索引、候选索引或主索引。

② 如果要在字段中控制重复值的输入并对记录排序，则对数据表可以使用主索引或候选索引，对自由表可以使用候选索引。

③ 如果准备设置关系，则可以依据表在关系中所起的作用来分别使用普通索引、主索引或候选索引。

1. 建立索引

（1）用界面建立单字段索引

打开表，点击“显示”→“表设计器”→“字段”选项卡→在字段名列中选中一个字段作为索引字段→索引下拉列表框中选升或降序，此时建立了一个普通索引，索引名与字段名相同，索引表达式就是对应的字段。如果想建立其他类型的索引，可继续单击“索引”选项卡→单击类型下拉列表框，此时出现三种方式类型，即普通索引、候选索引和唯一索引。注意没有主索引类型，因为主索引只有在数据库表中才能建立。可根据需要选一种索引类型然后点击“确定”即可建立索引。

（2）用界面建立复合字段索引

打开表，点击“显示”→“表设计器”→“索引”选项卡→插入（此时在界面出现一新行）→在索引名下输入索引名→在类型下拉列表框中选索引类型→单击表达式右边的“…”按钮，打开表达式生成器，如图 3-24 所示，在表达式中输入索引表达式，然后点击“确定”。

以上用界面通过表设计其建立的索引都属于结构化复合索引。

（3）用命令建立单索引文件

格式：index on <索引关键表达式> to <索引文件名> [unique] for <条件>[additive]

功能：对当前表中满足条件的记录，按<索引表达式>的值建立一个索引文件，并打开此索引文件，其缺省的文件扩展名为.idx。单索引文件总是按升序的顺序排列。对于一个表文件，允许建立多个索引文件。

参数说明：

- <索引关键表达式>：用以指定记录重新排序的字段或表达式。
- <索引关键表达式>可以是字段名，也可以是含有当前表中字段的合法表达式。表达式值的数据类型可以是字符型、数值型、日期型、逻辑型。若在表达式中包含有几种类型的字段名，常常需要使用类型转换函数将其转换为相同类型的数据。

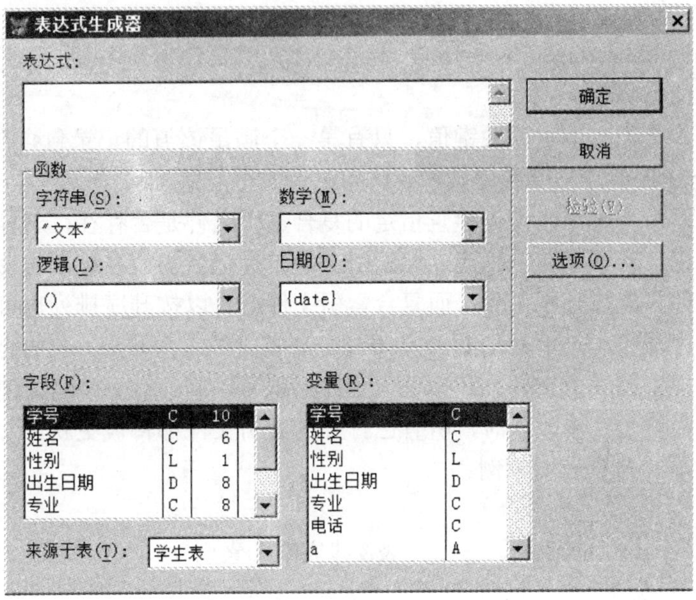

图 3-24　表达式生成器

- [unique]：指定 unique 子句时，若有多条记录的<索引关键表达式>的值相同时，则只把第一次遇到的记录进行排序加入到索引文件中；省略该子句时，则把所有遇到的记录值都加入到索引文件中。
- [additive]：若省略 additive 子句，当为一个表建立新的索引文件时，除结构复合索引文件外，所有其他打开的索引文件都将会被关闭；若选择此选择项，则已打开的索引文件仍然保持打开状态。
- for <条件>：指定一个条件，只显示和访问满足这个条件的表达式<条件>的记录，索引文件只为那些满足条件的表达式的记录创建索引关键字。

排序与索引的区别：排序时要生成一个新的表文件，记录的物理顺序发生了改变；排序生成的表可以单独使用。索引并不生成新的表文件，仅仅是表中记录的逻辑顺序发生了变化，但索引也要生成一个新的文件，即索引文件。索引文件不能单独使用，它必须同表一起配合使用。

（4）用命令建立复合索引文件

复合索引文件是由索引标记组成的，每个复合索引文件可包含多个索引标记，每个索引标记都有标记名，一个索引标记相当于一个单索引文件。

格式：index on <索引关键表达式> tag <标记名> [of <复合索引文件名>][for <条件>] [ascending | descending] [unique] [additive]

功能：建立和修改复合索引文件，并打开此索引文件，其缺省的文件扩展名为.cdx。

参数说明：

① <索引关键表达式>、[for <条件>]、[additive]：与上相同。

② tag <标记名> [of <复合索引文件名>]：创建一个复合索引文件。在 tag <标记名>参数中不包含可选的[of <复合索引文件名>]子句时，便可以创建结构复合索引文件。

③ 如果在 tag <标记名>参数后包含可选项[of <复合索引文件名>]子句，则可以创建非结构复合索引文件。

④ [ascending|descending]：ascending 指定复合索引文件为升序，这是默认值。descending 指定复合索引文件为降序。

⑤ [unique]：对于一个索引关键值，只有第一个满足该值的记录包含在.idx 文件或.cdx 标识中。利用 unique 子句可以避免显示或访问记录的重复值。

注：执行上述命令时，系统先检查指定的复合索引文件是否存在，若存在，在此文件中增加一个索引标记，若不存在，则建立此索引文件。标记名的命名规则与变量名的命名规则相同。单索引文件只能按升序排列，而复合索引文件既可以按升序排列也可以按降序排列，选择 descending 为降序，选择 ascending 为升序，缺省时约定为升序。表的显示和访问顺序只由一个索引文件（主控索引文件）和标识（主控标识）控制。有一些命令使用主控索引文件和标识搜索记录，但是在修改表时，所有已打开的索引文件都将被更新。

例 3-21 索引的建立应用举例。

```
use 学生表
index on 学号 to x1 unique                &&建立唯一索引
list
index on 姓名+dtoc(出生日期) to x2        &&建立单索引
list
index on 出生日期 tag s1 desc             &&建立结构化复合索引
list
index on 姓名 tag s2 candidate            &&建立结构化复合索引，候选索引
index on 姓名 tag s3 of x3                &&建立非结构化复合索引
list
```

2. 使用索引文件

格式 1：set index to [<索引文件表>] [additive]

功能：打开当前表索引。

注：在<索引文件表>中第一个为主控索引文件。当无任何选项时，关闭当前工作区中除结构化复合索引文件外的所有索引，取消主控索引。省略 additive 子句关闭当前工作区除结构化复合索引以外的所有索引文件。

格式 2：use <文件名> index <索引文件名表>

功能：打开表与相应的索引文件。

3. 设置主控索引

如果在打开索引文件时未指定主控索引，打开索引文件之后需要指定主控索引，或者希望改变主控索引，可使用下面的命令。

格式：set order to [<数值表达式> | <单索引文件名> | [tag] <索引标识> [of<复合索引文件名>] [ascending | descending]]

功能：设置主控索引文件

注：无任何选项或 set order to 为取消主控索引。ascending、descending 用于重新设置主控索引文件升序或降序。

参数说明：

① <数值表达式>是指定主控索引文件或索引标识编号。先按 use 或 index 出现顺序打开的单索引文件，然后按创建顺序指定结构化复合索引表示的编号，最后按创建顺序指定非结构化复合索引的编号。

② <单索引文件名>是指定此索引文件为主控索引。

③ [tag]<索引标识> [of <复合索引文件名>]指定结构化、非结构化复合索引文件中的索引标识为主控索引。[of <复合索引文件名>]适用于打开非结构化复合索引文件。

例 3-22 set order to 应用举例。

```
use 学生表
set index to x1.idx, x2.idx, x3.cdx
list
set order to s1
list
set order to s3 of x3.cdx
list
set order to
use
```

4. 索引的更新

在表的记录发生变化时，打开的索引文件会随着表的变化而更新。但未打开的索引文件是不会自动根据表的变化而更新的。要想将这些未打开的索引文件更新，首先打开这些文件，然后再用下列更新索引命令。

格式：reindex [compact]

功能：重建当前打开的索引文件。compact 子句可将已打开的*.idx 索引文件转为压缩单索引文件。

5. 索引的删除

格式：delete tag all | <索引标识 1>[, <索引标识 2>…]

功能：删除打开的复合索引文件的索引标识。

例 3-23 删除索引应用。

```
use 学生表
index on 学号 to x4
index on 性别 tag x5
```

```
delete tag all
use
```

3.4 查询与统计

在数据库的应用中，最常见的就是查询与统计，本节讨论顺序查询和索引查询两种传统查询命令与统计命令及函数，而另一种重要的 SQL-SELECT 查询我们将在第 4 章介绍。

3.4.1 查询命令

1. 顺序查询命令

locate for <条件> [<范围>]

功能：从整个表中（或指定范围内）找出符合条件的第一个记录。

注：省略<范围>表示查找全部。查找到记录后，只是将记录指针指向所找到的记录，并不会自动显示出所找到记录的内容，若需要显示记录，则应使用 display 命令，而若要查找表中符合条件的下一个记录，必须使用 continue 命令。在这里可以使用函数 found()来查看有没有满足条件的记录，有为真，否则为假。若找不到任何符合条件的记录时，记录指针指向表尾。

2. 索引查询命令

索引查询即根据一个索引的索引项值进行查找。索引查询依赖的查询算法是二分法，在 1000 条记录中查询一个满足条件的记录，不需要超过 10 次比较就能够查询完毕，而使用顺序查询则最多需要 1000 次。索引查询速度很快的一个原因是其算法要求表的记录是有序的，这就需要先对表进行索引或排序。Visual FoxPro 中有两个索引查询命令：find 与 seek，这里主要介绍 seek 命令。

格式：seek <表达式>

功能：在索引关键字中查找与表达式相匹配的第一条记录。当查找与之匹配的下一条记录可用 skip 命令。当表达式为字符串时要求用定界符。表达式可为关键字所能取的任何一种类型。

例 3-24 seek 的应用：查询男生资料和 1991 年 8 月 11 日出生的学生资料。

```
use 学生表
index on 性别 to x6
seek .T.
?found()
display
index on 出生日期 tag s3
seek {^1991-8-11}
?found()
display
use
```

3.4.2　统计命令

统计命令是数据库常见应用之一，本节主要介绍 Visual FoxPro 提供的 5 种统计命令。包括计数命令、求和命令、求平均值命令、计算命令和分类汇总命令。

1. 计数命令

格式：count [<范围>] [for <条件>] [while <条件>] [to <内存变量>]

功能：计算当前表中指定范围内满足条件的记录个数，且存于<内存变量>中。

例 3-25　count 应用：统计学生表的所有记录数及女生记录数。

```
use 学生表
count to x1
count for !性别  to x2
?x1, x2
use
```

2. 求和命令

格式：sum [<数值表达式表>] [<范围>] [for<条件>] [while <条件>] [to <内存变量>]| array <数组名>]

功能：在当前表中，在指定范围内对符合条件的数值表达式表中的各表达式求和，且将结果依次存入内存变量表中的变量或数组中。

注：数值表达式表中的表达式可为数值型字段或由数值型字段组成的表达式。

例 3-26　建立"学生成绩表"如表 3-8 所示，并统计各科成绩总分。

表 3-8　　**学生成绩表**

学号 C(10)	数学 N(3)	计算机 N(3)	英语 N(3)
1100010101	92	80	100
1100010102	60	90	90
1100010103	100	98	99
1100010104	65	70	60
1100010105	92	82	93
1100010201	100	100	100
1100010202	70	65	80
1100010203	80	72	83
1100020101	93	91	86
1105020102	100	100	100

```
create 学生成绩表
index on  学号  tag a1
sum  数学,计算机,英语 to x1, x2, x3
```

```
?x1, x2, x3
use
```

3. 求平均值命令

格式：average [<数值表达式表>] [<范围>] [for<条件>] [while <条件>] to <内存变量>| array <数组名>

功能：在当前表指定范围内对符合条件的数值表达式表中的各表达式求平均值，且将结果依次存入内存变量表中的变量或数组中。

例 3-27 对学生成绩表中各科成绩求平均值。

```
clear
use 学生成绩表
average 数学,计算机,英语 to y1, y2, y3
?y1, y2, y3
average 数学,计算机,英语 to array b
?b(1), b(2), b(3)
use
```

4. 计算命令

格式：calculate <表达式> [<范围>] [for <条件>] [while <条件>] to <内存变量> | array <数组名>

功能：在当前表指定范围内对符合条件的表达式表中的各表达式进行计算。

说明：表达式必须包含 avg(<数值表达式>)，cnt()，max(<数值表达式>)，min(<数值表达式>)，sum(<数值表达式>)，npv(<数值表达式>)，std(<数值表达式>)和 var(<数值表达式>)这 8 个函数中的一个（前五个函数可参考第 4 章 SQL 查询中的介绍，后三个函数可参考系统帮助，本节不做介绍）。

例 3-28 求学生成绩表中数学、计算机的单科总分，计算机的最高与最低分。

```
clear
use 学生成绩表
calculate sum(数学), sum(计算机) to z1, z2
?z1, z2
calculate min(计算机), max(计算机) to array a
?a(1), a(2)
use
```

5. 分类汇总命令

格式：total to <文件名> on<关键字> [fields <数值型字段表>] [<范围>] [for <条件 1>] [while <条件 2>]

功能：在已排序或已索引过的表中，对指定范围内符合条件的记录，按指定关键字相同的那些记录进行分组并对数值字段列向求和，对于非数值字段取组内第一个记录中的字段的值，每组形成一个新纪录，将这些记录按原来的顺序形成由文件名指定的新表。

注：选用 fields <数值型字段表>子句时，指出要汇总的字段。

例 3-29　建一个学生成绩表 1，内容在表 3-6 基础上增加性别字段，该字段内容按照表 3-2 建立。将学生成绩表 1 按性别索引分类汇总。

```
create 学生成绩 1
index on 性别 to x9
total on 性别 to 学生成绩 2
use 学生成绩 2
list
use
```

3.5　表的关联

在多个表之间查询时，通常要用到表的关联和连接两种方法，本节介绍表的关联，而表的连接（join）将在第 4 章说明。

3.5.1　预备知识

1. 工作区与多表使用

（1）表的打开

表可以通过菜单方式打开，也可以通过命令方式打开，还可以在项目管理器中打开。

（2）表的关闭

关闭一个表有许多种方式，若在工作区中打开一个表，原先在此工作区中打开的表就自动关闭，也可以使用命令 use。如果需要关闭所有工作区打开的表并选择工作区 1，可以使用命令 close all。

（3）工作区

每次打开一个表，Visual FoxPro 就把这个表从磁盘上调用到内存的某一个工作区，以便为数据操作提供足够的内存操作空间。

在实际应用过程中，数据操作往往要涉及多个表，每一个打开的表在内存中分配一个存储区域用于存储表的相关信息，这个存储区域被称为工作区。因此若想同时打开多个表，必须先选择工作区。在 Visual FoxPro 中规定工作区编号是 1~32767，其中，前十个工作区有固定的名称，对应的字符分别是 A~J，后面的工作区用数字表示。在这里我们使用 select 命令来选取工作区：

格式：select <工作区号>|<别名>

功能：选定某个工作区，以便打开表。

注：Visual FoxPro 中默认 1 号工作区为当前工作区，可以使用函数 select()返回当前工作区号；同时打开多个表时，为了避免工作区使用混乱，建议每次都在未被占用的最小号工作区中打开表，选用最小号工作区的方法是 select 0。

多工作区操作的特点：

① 每个工作区同一时刻只能打开一个表。

② 不论使用多少个工作区，只有一个当前工作区，在当前工作区中打开的表是当前表。Visual FoxPro 启动后，默认 1 号工作区为当前工作区。

③ 每个工作区为打开的表设置一个记录指针，各个工作区表的记录指针在一般情况下各自独立移动，互不干扰。

例 3-30 select 应用。

```
select 1
use 学生表
index on 学号 to xs1
list
select 0
use 成绩表
list
index on 课程号 tag xs2
select 3
use 课程表
list
close all
```

2. 关联的概念

关联是指在不同工作区表的记录指针临时建立一种联动关系，使一个表的记录指针移动时，另一个表的记录指针根据前一个表的移动也随之移动。

建立关联的两个表中，一个叫父表，一个叫子表。父表的记录指针移动时，子表的记录指针根据父表的要求（也称关联条件或称关联表达式）指向子表的相应记录上。

父表和子表之间的关系有下列四种：

（1）一对一关系

在关联条件下，父表只有一条记录与子表只有一条记录相对应。

（2）一对多关系

在关联条件下，父表只有一条记录与子表多条记录相对应。

（3）多对一关系

在关联条件下，父表有多个记录与子表只有一条记录相对应。

（4）多对多关系

在关联条件下，父表有 M 条记录与子表有 N 条记录相对应。

Visual FoxPro 不处理表之间的多对多关系，遇到多对多的关系时，常将其中的一个表分解，然后形成一对多或多对一关系来处理。

3. 数据工作期

为了方便配置当前的数据环境，建立表之间的关系、设置工作区属性，Visual FoxPro 提供了数据工作期窗口，如图 3-25 所示。我们可以在这个窗口为自由表设置一个临时的数据工作环境，保存为一个视图文件（.vue 文件），当以后需要再次用到这个环境时，只需重新打开这个视图文件就能够使用，避免反复设置。

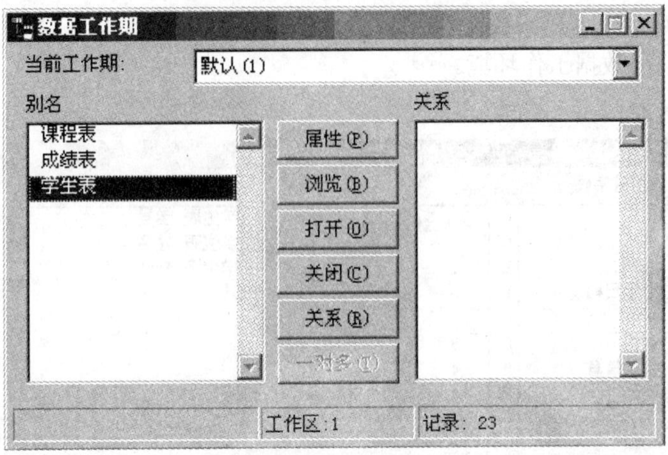

图 3-25　数据工作期

在数据工作期中，我们可以对工作区进行浏览、关闭、添加关系、设置工作区的属性（如图 3-26 所示）等操作。

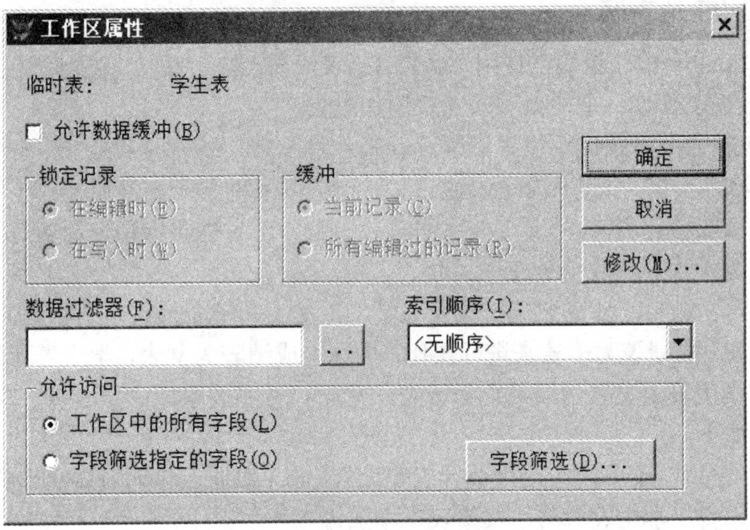

图 3-26　工作区属性

还可以通过工作区打开的表的字段进行过滤，如图 3-27 所示。

数据工作期的打开、关闭、恢复与保存命令：

格式 1：set view on

功能：打开数据工作期窗口。

格式 2：set view off

功能：关闭数据工作期窗口。

格式 3：set view to <视图名>

功能：恢复名为<视图名>的数据工作环境。

格式 4：create view <视图名>

功能：保存当前数据工作环境。

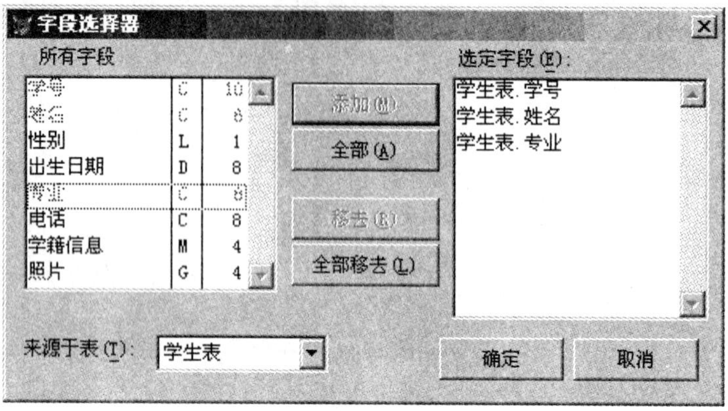

图 3-27　设置字段过滤

3.5.2　用窗口建立关联

在 Visual FoxPro 中，我们常使用“数据工作期”来建立关联。步骤如下：

① 打开数据工作期，把需要关联的表添加进去。

② 为子表按照关联关键字设置索引。

③ 选定父表，与一个或多个子表建立关联，关联条件与子表索引一致。

④ 说明关联关系，若为一对多关系需单独指定，若省略此步则表示多对一关系。

例 3-31　为学生表和成绩表建立关联。

分析：对这个题目，首先要选择父表与子表，父表和子表的设定是相对的。我们将先设定学生表为父表，成绩表为子表来进行操作，再选定成绩表为父表，学生表为子表进行操作。

（1）设定学生表为父表，成绩表为子表，建立一对多关系。

操作步骤如下：

① 点击“窗口”菜单，选定“数据工作期”，打开数据工作期窗口（见图 3-25）。单击“打开”按钮，将“学生表”与“成绩表”添加进工作区。

② 选定子表“成绩表”点击“属性”，打开工作区属性对话框，点击“修改”，打开“成绩表”的表设计器对话框，选择“学号”字段在索引下选“升序”后点击“确定”，在工作区属性对话框中的索引顺序中选“成绩表.学号”，如图 3-28 所示，点击“确定”后回到数据工作期窗口。

③ 在“别名”框中选择父表“学生表”，点击“关系”，这时在“关系”窗口出现一条关系线，如图 3-29 所示，在“别名”框中选“成绩表”，这时出现需输入父表建立关联条件的表达式生成器，如图 3-30 所示，关联条件为“学号”，与子表设置的索引一致，因此不需更改，点击“确定”回到数据工作期窗口。

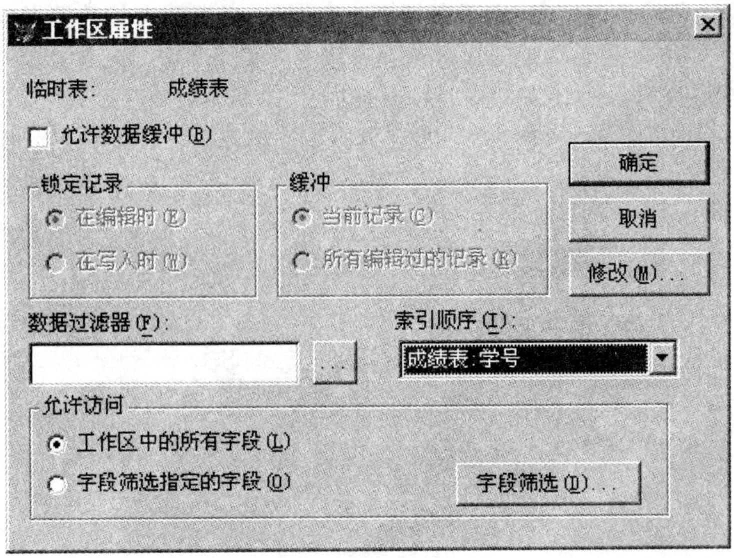

图 3-28　成绩表的索引选择

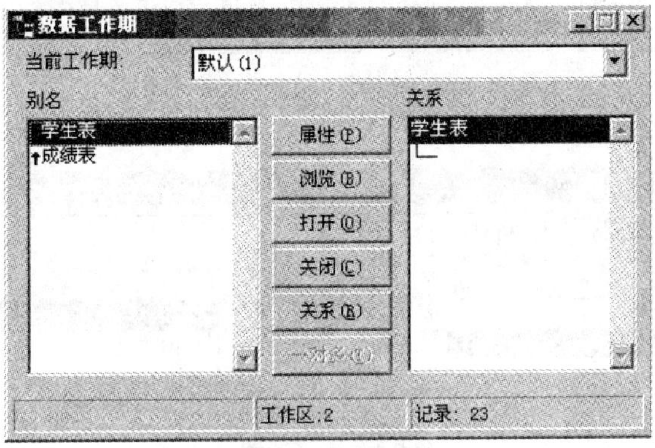

图 3-29　选择父表后点击“关系”

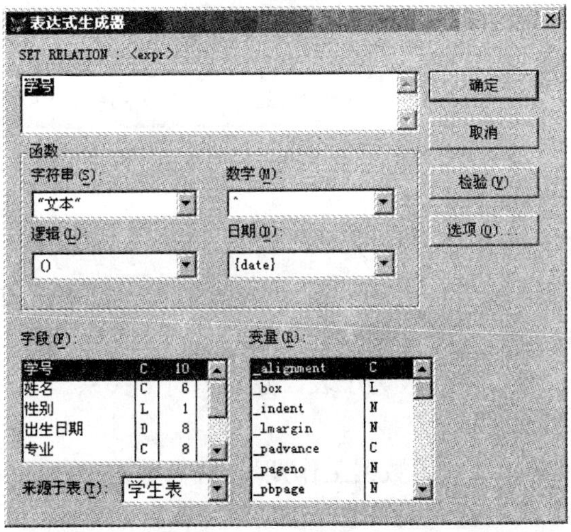

图 3-30　设置父表关联条件的表达式生成器

④ 这里的父表是“学生表”，子表是“成绩表”，根据两表的数据对应关系来看，应该是一对多关系，所以需要指定一对多关系：选定“关系”窗口刚建立的关联，点击“一对多”按钮，出现创建一对多关系对话框，如图 3-31 所示，将子表别名窗口的“成绩表”移动到选定别名窗口，点击“确定”，回到数据工作期窗口，表的关联就建立完成，如图 3-32 所示。

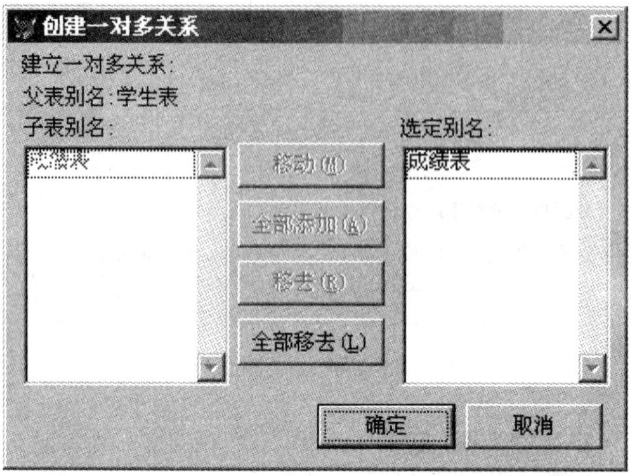

图 3-31　创建一对多关系对话框

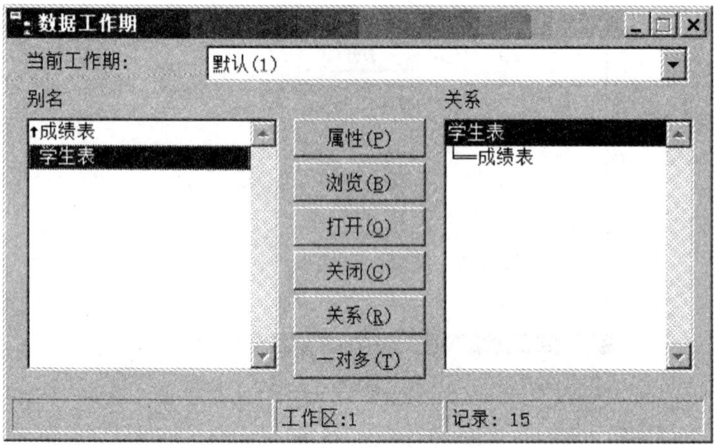

图 3-32　建立一对多关系后的数据工作期窗口

⑤ 显示结果，向命令窗口输入命令：

browse fields 学生表.学号,学生表.姓名,成绩表.课程号, 成绩表.成绩

运行结果如图 3-33 所示。

（2）设定成绩表为父表，学生表为子表，建立多对一关系。

操作步骤如下：

① 点击“窗口”菜单，选定“数据工作期”，打开数据工作期窗口（见图 3-25）。单击“打开”按钮，将“学生表”与“成绩表”添加进工作区。

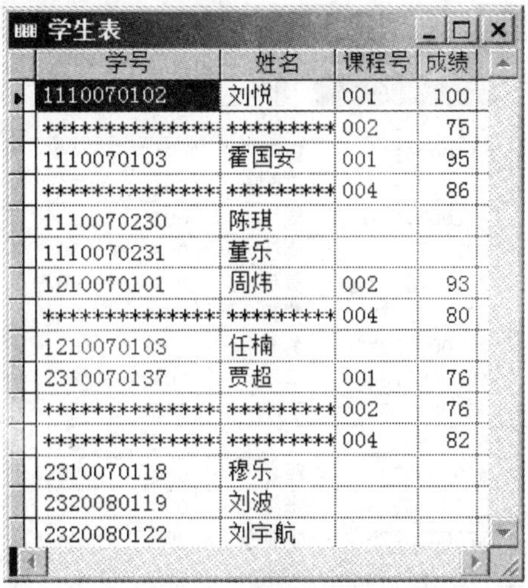

学号	姓名	课程号	成绩
1110070102	刘悦	001	100
**************	*********	002	75
1110070103	霍国安	001	95
**************	*********	004	86
1110070230	陈琪		
1110070231	董乐		
1210070101	周炜	002	93
**************	*********	004	80
1210070103	任楠		
2310070137	贾超	001	76
**************	*********	002	76
**************	*********	004	82
2310070118	穆乐		
2320080119	刘波		
2320080122	刘宇航		

图 3-33　一对多关系显示结果

② 选定子表“学生表”点击“属性”，打开工作区属性对话框，点击“修改”，打开“学生表”的表设计器对话框，选择“学号”字段在索引下选“升序”后点击“确定”，在工作区属性对话框中的索引顺序中选“学生表.学号”，点击“确定”后回到数据工作期窗口。

③ 在“别名”框中选择父表“成绩表”，点击“关系”，这时在“关系”窗口出现一条关系线，在“别名”框中选“学生表”，这时出现需输入父表建立关联条件的表达式生成器，关联条件也为“学号”，与子表设置的索引一致，因此不需更改，点击“确定”回到数据工作期窗口。

④ 这里的父表是“学生表”，子表是“成绩表”，根据两表的数据对应关系来看，应该是多对一关系，不需指定。表的关联建立完成，如图 3-34 所示。

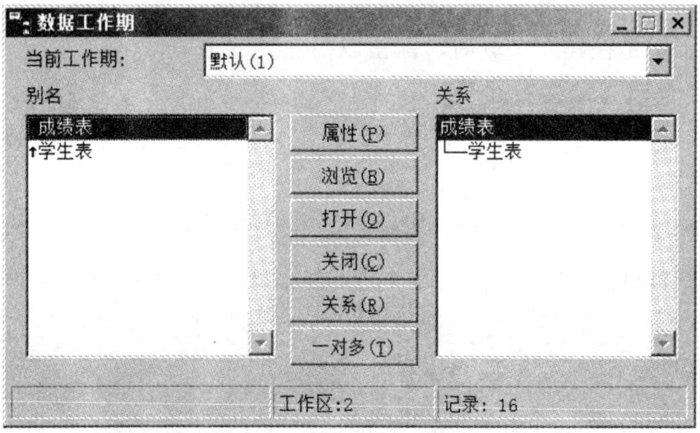

图 3-34　建立多对一关系后的数据工作期窗口

⑤ 显示结果，向命令窗口输入命令：

browse fields 学生表.学号,学生表.姓名,成绩表.课程号,成绩表.成绩

运行结果如图 3-35 所示。

成绩表

学号	姓名	课程号	成绩
1110070102	刘悦	001	100
1110070102	刘悦	002	75
1110070103	霍国安	001	95
1110070103	霍国安	004	86
1210070101	周炜	002	93
1210070101	周炜	004	80
2310070137	贾超	001	76
2310070137	贾超	002	76
2310070137	贾超	004	82
4300080130	李威	004	88
4300080130	李威	003	68
5300080204	程龙	002	86
5300080204	程龙	004	78
3700080125	张维维	003	90
3700080125	张维维	005	75
3700080125	张维维	006	86

图 3-35　多对一关系显示结果

3.5.3　用命令建立关联

1. 建立多对一关系

格式：set relation to [<关联表达式 1>] into <别名 1>, …<关联表达式 n> into <别名 n> [additive]

功能：以当前表为父表<关联表达式 1>为关联条件与别名 1 表为子表建立关联，以<关联表达式 2>为关联条件与别名 n 为子表建立关联。

说明：

① 若无任何选项，将已建立的关联删除。

② [additive]子句是在建立关联时，保留以前建立的关联。

例 3-32　用命令建立例 3-31 的多对一关联。

```
clear
select 1
use 学生表.dbf
index on 学号 tag t1
select 2
use 成绩表.dbf
set relation to 学号 into 学生表 additive
browse fields 学生表.学号,学生表.姓名,成绩表.课程号,成绩表.成绩
```

2. 一对多关联的建立

格式：set skip to [<别名 1> [, <别名 2>]…]

功能：以当前表为父表，以别名 1，别名 2，…为子表建立一对多关系。若无任何选项，

取消一对多关系，而由 set relation 建立的多对一关系仍存在。

例 3-33　用命令建立一对多关系的应用。

```
clear
select 1
use 成绩表.dbf
index on  学号  tag t2
select 2
use  学生表.dbf
set relation to  学号  into  成绩表  additive
set skip to  成绩表
browse fields  学生表.学号,学生表.姓名,成绩表.课程号,成绩表.成绩
```

3.6　数据库表及其数据完整性

在前面对表的基本操作的掌握过程中我们发现自由表使用起来非常简单，而且功能也很丰富，但是当进一步思考时我们会发现，对于一些简单的系统来说，只需要建立一个自由表就够了，但是对于稍微大型的数据库管理系统，就需要建立多个数据表，让它们之间建立联系。而且在向表中录入内容的时候，有时需要对字段级的内容加以限制，如学生成绩表中的成绩只能够大于等于 0 小于等于 100，而这些实际的应用在 Visual FoxPro 中怎样来解决呢？在实践的过程中我们发现，单凭自由表本身的操作是不能对记录进行限制的。还有在表与表建立关联时，如何能做到学生资料表中删除某个学生，那么成绩表中他的相关记录也随之删除呢？而自由表对这个问题也是无能为力的。那么我们需要寻求一个更好的解决方案，本节引入 Visual FoxPro 数据库表，刚刚所提到的问题数据库表本身就都可以简单方便的解决。当一个自由表转换为数据库表的时候，它的功能就得到扩充与增强。这是由数据库的数据字典带来的，数据字典为数据库中的表提供了各种功能。本节将具体介绍数据库的创建、修改、添加或删除表以及表的参照完整性。

3.6.1　创建数据库

1. 界面方式创建数据库

从“文件”菜单中选择“新建”，选择数据库，点击“新建文件”按钮，打开“创建”对话框，如图 3-36 所示，输入数据库名“学生选课”，点击“保存”，这样就把新建数据库“学生选课.dbc”数据库文件保存在默认目录中了，同时也打开了数据库设计窗口，如图 3-37 所示。数据库在建立时同时产生*.dbc，*.dct，*.dcx 三个文件。

2. 用命令的方式创建数据库

格式：create database [<数据库名> | ?]

功能：创建由数据库名指定的数据库，若选？或不带任何参数，执行此命令时打开创建对话框，然后输入数据库名。

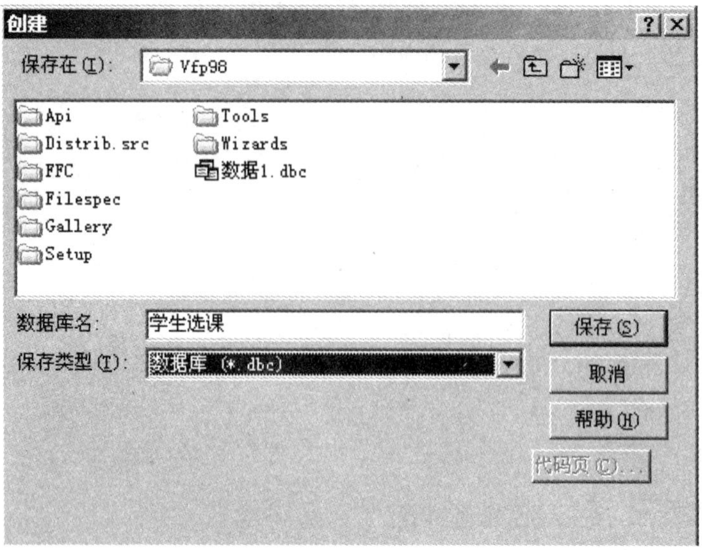

图 3-36　创建对话框

3.6.2　打开数据库

1. 用界面方式打开数据库

点击“文件”菜单→选择“打开”命令，从弹出的“打开”对话框中的文件类型选择“数据库”，选定需要的数据库后点击“确定”。

2. 用命令方式打开数据库

格式：open database [<数据库名> |?] [exclusive | shared] [noupdate] [validate]

功能：打开由数据库名指定的数据库。

参数说明：

① exclusive 以独占方式打开数据库，与选打开对话框中复选框独占是等效的，所谓独占方式是指在同一时刻不允许其他用户使用数据库。

② shared 以共享方式打开与打开对话框中不选独占复选框是等效的，共享方式是指同一时刻允许其他用户使用数据库。

③ noupdate 以只读方式打开，与打开对话框中的选只读复选框等效。选此子句不能对数据库作任何修改，但不影响对此表的存取，若让数据库表也为只读，在用 use 打开表时加 noupdate 参数。

④ validate 是检验数据库中的引用对象是否有效，如检查数据库表和索引是否可用。被引用的字段和索引表时是否存于表和索引中。

3. 关闭数据库

格式：close database [all]

功能：关闭当前数据库，及所有表。若选 all 子句，关闭所有打开的数据库和表。

4. 删除数据库

格式：delete database <数据库名>|?[delete tables][recycle]

功能：删除有数据库名指定的数据库，从磁盘上删除数据库，要求数据库必须是关闭状态。

参数说明：

① [delete tables]子句是在删除数据库的同时也从磁盘上将数据库表删除。

② [recycle]子句是将删除的数据库与表放入 Windows 回收站中。

3.6.3 向数据库添加表

1. 在数据库中建表

在打开数据库的前提下，在数据库设计中选择“新建表”命令，如图 3-37 所示。

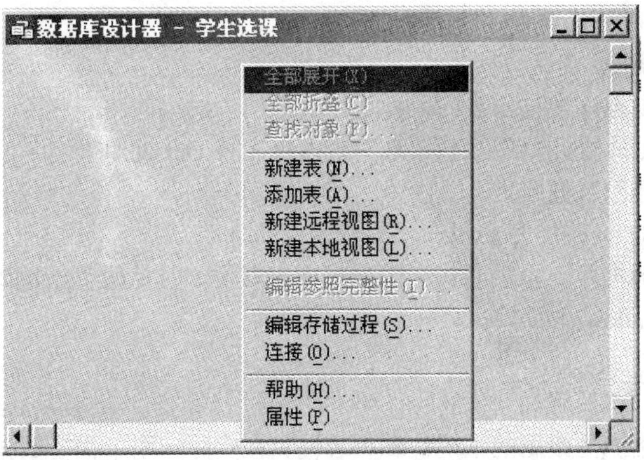

图 3-37 数据库设计器

或者在打开数据库的前提下，使用命令：create 语句建表即可。

2. 将自由表添加到数据库中

在打开数据库的前提下，在数据库设计窗口单击数据库菜单，选择“添加表”，打开“打开”对话框，在打开对话框中选定一个表，点击“确定”，或按右键打开如图 3-36 所示的快捷菜单。也可以用数据库设计器工具栏：单击工具栏的添加表按钮，打开“打开”对话框，在打开对话框中选定一个表，点击“确定”。

用命令方式添加：

格式：add table <表名> | <?>

功能：向当前数据库添加一个由表名指定的自由表。

注：?的用法是显示打开对话框，选定一个自由表。

3. 数据库表的移出

选定要移出的表，单击“数据库”菜单，选择“移去”，此时打开确认对话框（见图 3-38），若选移去，数据库表转为自由表，若选删除，此表从磁盘删除。

用命令方式将表移出数据库：

格式：remove table [<索引> |?] [delete] [recycle]

功能：从当前数据库中移去由表名指定的表，若选 delete 子句在将表移出的同时从磁盘上删除，若选 recycle 子句，将表放入 Windows 回收站。

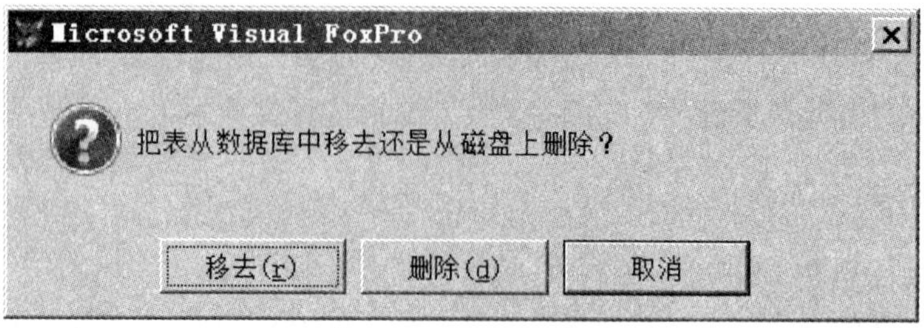

图 3-38　移去确认对话框

4. 数据库表的删除

在前面介绍从数据库中移出表时，都可以在移出表的同时将表删除。删除表还有一个简单的方法就是在数据库设计器中，直接选中数据库表按 Del 键即可。

用命令的方式删除数据库表

格式：drop table <表名> [recycle]

功能：在当前数据库中由表名指定的数据库表移出，且从磁盘上删除。若选 recycle 子句将删除表放入 Windows 回收站。

3.6.4　表的数据完整性

数据完整性，指的是数据的正确性和相容性。在实际应用中很多数据库是基于多表的操作，在这些操作中难免发生差错，如果对数据库的操作缺乏管理、检验与约束，就难以保证数据的有效性。在第 3.5 节中通过关联建立的关系为临时关系，当建立关系的相关表关闭，关系就取消。若表在打开时，表之间再需要原来的关系就重新建立。而在数据库环境中对表建立的关系是永久性的关系，在建立这个关系的时候就已存入数据库的数据字典中，它不随数据库设计器的关闭而消逝。关系一旦建立，数据库设计器每次打开关系都存在。

1. 准备关系

在第 3.5 节已经介绍了多表之间记录的对应关系的基本概念，而在建立数据库表的关系时，需要做以下准备：

① 确定哪一个表为父表，哪一个表为子表。

② 要确定是建立一对一关系，还是一对多关系。

③ 不管是一对一关系还是一对多关系，父表要对关键字段建立主索引。对于一对一关系，子表要对相关字段作候选索引或主索引，对于一对多关系，子表要对相关字段作普通索引或唯一索引。

2. 建立、编辑、删除关系

例 3-34　建立学生选课数据库，确定父表、子表，对父表建立主索引，对子表的相关联字段建立普通索引，准备一对多关系。

操作步骤如下：

① 单击“文件”菜单→选择“打开”，选“学生选课”数据库，打开学生选课数据库设

计器（见图3-39）。分别选这些表并按右键→修改→打开表设计器建立相应的索引。

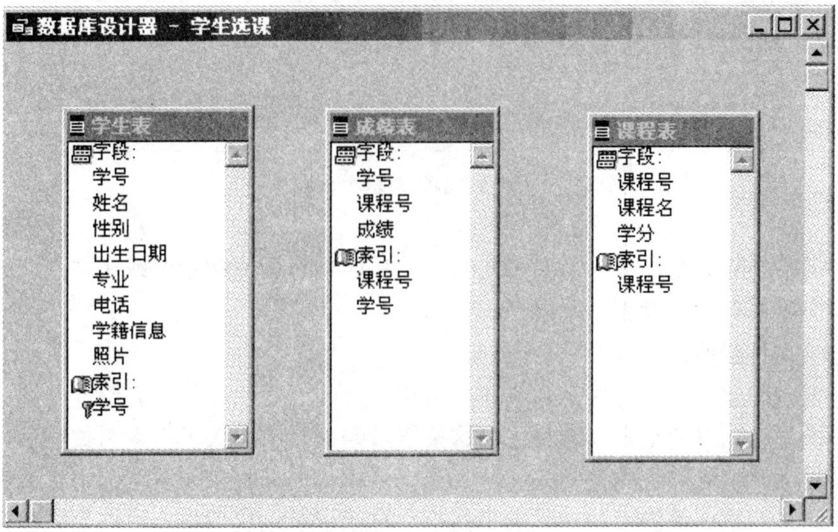

图3-39　学生选课数据库设计器

② 在学生表与成绩表之间建立一对多永久关系。在数据库设计中将鼠标指向学生表中索引下带钥匙标记的学号上，按住左键拖到成绩表中索引下的学号上，然后释放鼠标，在两表之间产生一条关系连线，此时永久关系建立完成。用同样的方法可在课程表与成绩表之间建立永久关系（见图3-40）。

③ 选关系连线（见图3-40），此时的关系线变粗→双击关系线，打开编辑关系对话框（见图3-41），在编辑框中选择表、相关表的索引名编辑。

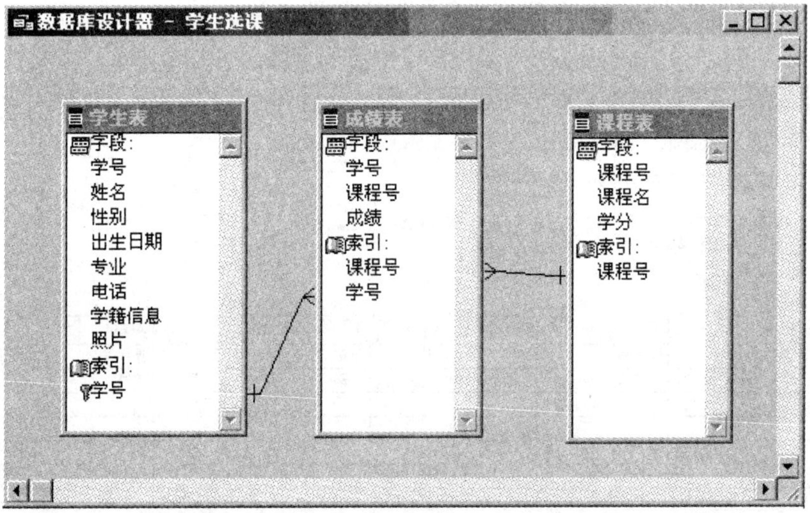

图3-40　建立表间永久关系

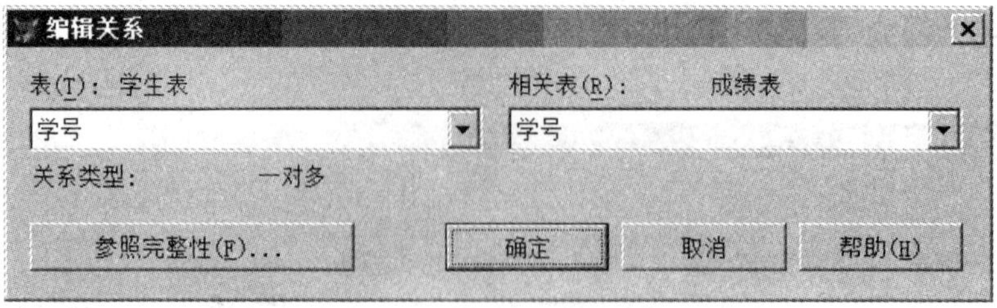

图 3-41　编辑关系对话框

注：若需要删除关系，可单击两表之间的关系连线然后按删除键或在关系连线上单击右键打开关系快捷菜单，选择删除关系。

3. 参照完整性操作

在两个表之间建立永久性关系后，存在着相互之间一致性、相互完整性问题。如父表的一条记录与子表有相对应记录。若将父表这条记录删除，或修改了主索引关键字，子表就找不到与父表对应的记录。一致性与完整性就遭到破坏。另外，当子表增加记录或修改一个与父表对应的记录的索引关键字，在父表中找不到对应记录这也使得一致性、完整性被破坏。为了解决这类问题，Visual FoxPro 提供了参照完整性机制，从而保证了在两表建立关系后保证表之间的关系不被破坏。

RI（Reference Integrity）生成器是设置参照完整性的一种工具，打开 RI 生成器的方法如下：

① 打开“数据库”菜单，选择“编辑参照完整性”命令。

② 在数据库设计器中，单击鼠标右键，在弹出的快捷菜单，单击“编辑参照完整性”命令。

③ 在图 3-41 编辑关系对话框中，单击“参照完整性”按钮。

打开图 3-42 参照完整性对话框，该对话框有更新规则、删除规则、插入规则三个选项卡，Visual FoxPro 通过这三个选项卡的设置实现参照完整性机制。

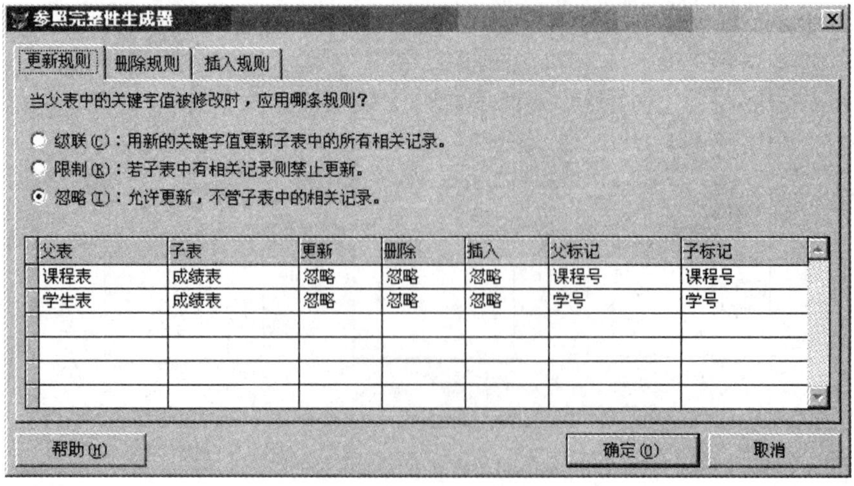

图 3-42　参照完整性生成器

（1）更新规则

更新规则用来指定修改父表关键字值时使用的规则。更新规则的处理方式有三种“级联”、“限制”和“忽略”。级联是指当修改父表记录中关键字时，子表中与此记录相关的记录也随之改变。限制是指当修改父表记录中的关键字时，若子表中与此记录有相关的记录禁止修改父表此相应记录操作。忽略是指允许父表进行更新，与子表相关记录无关。例如，在数据库“学生选课.dbc”中，如果父表学生表.dbf 中的“学号”字段值被修改，要求子表成绩表.dbf 中的学号字段值也随之修改，则将学生表.dbf 和成绩表.dbf 的更新规则设置为“级联”，如图 3-43 所示。

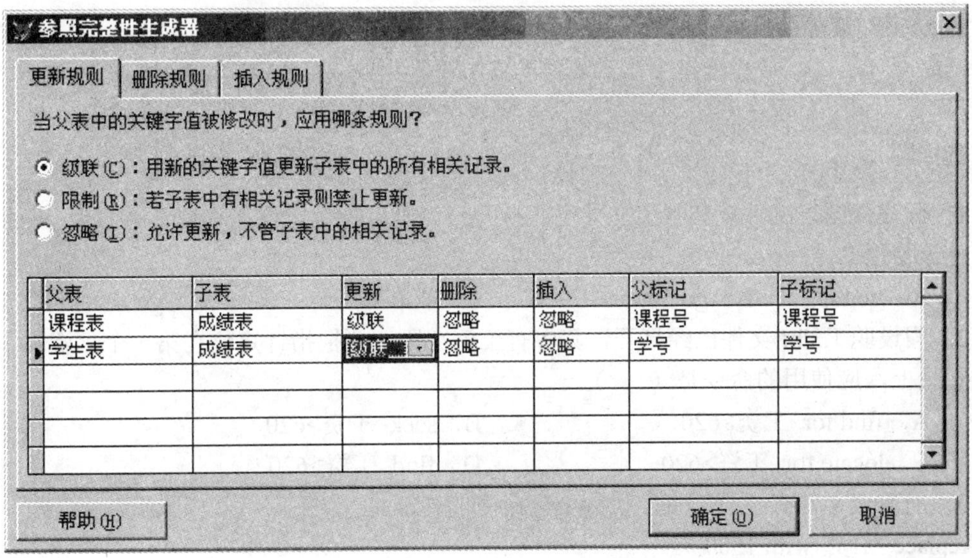

图 3-43　参照完整性对话框更新规则选项卡

（2）删除规则

删除规则用于指定删除父表记录时所用的规则。删除规则的处理方式有“级联”、“限制”和“忽略”。级联是指当删除父表中的记录时，子表中如果有与其相关的记录则自动删除。限制是指在删除父表记录时，子表中如果有与其相关的记录，则禁止父表执行删除操作，使删除失败。忽略是指当父表的记录删除时，与子表中与其相关的记录无关。例如，在数据库“学生选课.dbc”中，如果在子表成绩表.dbf 中有相应的“学号”字段值的记录，则父表学生表.dbf 中对应的“学号”字段值的记录不能被删除，那么应将学生表.dbf 和成绩表.dbf 的删除规则设置为“限制”。

（3）插入规则

插入规则用于指定在子表中插入记录时所用的规则。若父表中不存在匹配的关键字值，则子表中禁止插入。例如，在数据库“学生选课.dbc”中，如果在子表成绩表.dbf 插入一个记录，在父表学生表.dbf 必须有与之匹配的关键字“学号”字段值，这样才能控制输入关键字的正确性。因此，应将学生表.dbf 和成绩表.dbf 的插入规则设置为“限制”。

当所有的规则设置完毕。单击“确定”按钮，弹出系统信息提示框，如图 3-44 所示。单击“是”按钮，系统提示将旧的存储过程代码进行存储，同时生成参照完整性代码。如果在实际操作中违反了上述规则，就会出现触发器失败的提示信息。

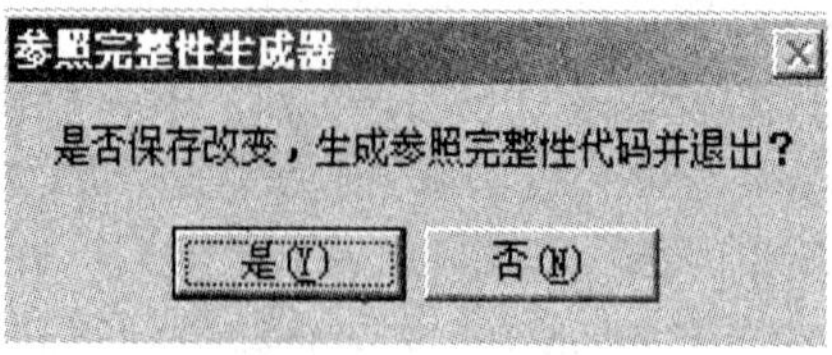

图 3-44　参照完整性生成器信息提示框

习　　题

一、选择题

1. 假设数据表文件及其索引文件已经打开，为确保指针定位在物理记录号为 1 的记录上，应该使用命令（　　）。

A. go top　　B. go bottom　　C. skip 1　　D. go 1

2. 假设职工.dbf 文件已经打开，其中有工资字段，要把指针定位在第一个工资大于 620 元的记录上，应使用的命令是（　　）。

A. find for 工资>620　　B. seek 工资>620

C. locate for 工资>620　　D. find 工资>620

3. 当前表文件有字段工资，执行下列命令的功能是（　　）。

replace 工资 with 1500

A. 当前表中所有记录的工资字段值都改为 1500

B. 表中当前记录的工资字段值改为 1500

C. 由于条件没指定，结果不确定

D. 将表中工资字段值为空的记录值改为 1500

4. Visual FoxPro 中关闭当前工作区的表文件的命令是（　　）。

A. close　　B. clear　　C. use　　D. close all

5. 在打开的表中共有 10 条记录，下列记录指针能指向第 6 条记录的是（　　）。

A. go -6　　B. skip 6　　C. locate for recno()=6　　D. go <6>

6. 下列能物理删除一条记录的是（　　）。

A. 先执行 delete，再用 zap　　B. 先执行 dele，再用 pack

C. 直接 zap　　D. 直接用 pack

7. 若能正常执行 replace mf with dtoc(date()) all 命令，说明字段 mf 的类型是（　　）。

A. 数值型　　B. 字符型　　C. 日期型　　D. 逻辑型

8. 使用 locate for 命令检索数据时，下列叙述正确的是（　　）。

A. 检索成功时记录指针指向找到的最后一条记录

B. 检索成功时指向找到的第一条记录

C. 检索失败时 found()返回值为真

D．检索失败时 eof()返回值为假

9．下列叙述正确的是（　　）。

A．结构索引文件不和表同时打开

B．结构索引文件是独立索引文件

C．结构索引文件的主文件名与表名相同

D．系统不能自动维护结构索引中的索引

10．下列叙述正确的是（　　）。

A．索引改变记录的逻辑顺序　　B．索引改变记录的物理顺序

C．一个数据表可以有多个主索引　　D．唯一索引不允许关键字有重复值

11．数据表打开时，记录指针一般指向（　　）。

A．第一条记录　　B．最后一条记录

C．文件头处　　D．文件尾处

二、填空题

1．若要在浏览窗口中显示“学生”表中的某两个字段，则应打开“浏览”窗口，选择“表”菜单下的“属性”，在“工作区属性”窗口中设置________。

2．用于唯一确定储存在表中的每一条记录的标识称为表的________。

3．永久关系是数据库表间的关系，它们存储在________中。

4．将多对多关系分解成两个一对多关系，方法是将两个表之间创建第三个表，这个表被称为________。

5．想要删除表中的所有记录，只留下表的结构，可在命令窗口输入命令________。

6．创建表可以使用命令________用于创建一个新表。

7．在浏览方式或编辑方式下查看表记录时，选择显示菜单中的________命令，即可输入记录。

8．关闭一个表文件，则在命令窗口中输入________命令即可。

9．在为表建立索引时，________字段不能作为索引排序字段。

10．在数据库表间建立关系时，父表的索引一定是________。

11．如果子表的索引是主索引或候选索引，则建立的关系是________关系。

12．不允许记录中出现重复索引值的索引是________和________。

13．可以链接或嵌入 OLE 对象的字段是________。

14．参照完整性规则不包括________,包括________，________和________。

15．为当前“成绩表”的所有成绩增加 2 分的命令可写作：________。

16．清除主窗口屏幕的命令是________。

17．在 Visual FoxPro 中的一个工作区中可以打开________个表。

18．在 Visual FoxPro 中，删除记录有________和________两种。

19．定位记录时，可以用________命令向前或向后移动若干条记录位置。

20．在 Visual FoxPro 中，独立于任何数据库的表称为________。

三、简答题

1．请描述逻辑删除和物理删除的使用方法及区别。

2．什么叫自由表？它与数据库表有什么区别？

四、写出下列命令序列运行结果

1．use 成绩表
   go 5
   skip-2
   ?recno()
2．use 学生表
   list for left(学号,1)= “1”
   list for “张” $ 姓名

以下题目基于下列表：

部门表（部门号 C(2)，部门名称 C(16)）

部门号	部门名称
40	家用电器部
10	电视录摄像机部
20	电话手机部
30	计算机部

商品表（部门号 C(2)，商品号 C(4)，商品名称 C(10)，单价 N (7,2)，数量 N(2)，产地 C(4)）

部门号	商品号	商品名称	单价	数量	产地
40	0101	A 牌电风扇	200.00	10	广东
40	0104	A 牌微波炉	350.00	10	广东
40	0105	B 牌微波炉	600.00	10	广东
20	1032	C 牌传真机	1000.00	20	上海
40	0107	D 牌微波炉	420.00	10	北京
20	0110	A 牌电话机	200.00	50	广东
20	0112	B 牌手机	2000.00	10	广东
40	0202	A 牌电冰箱	3000.00	2	广东
30	1041	B 牌计算机	6000.00	10	广东
30	0204	C 牌计算机	3000.00	10	上海

五、使用商品表写出下列命令

1．显示第 3 个记录。
2．显示从第 3 条到第 8 条记录。

3．显示前3条记录中A牌商品的名称、单价和数量。

4．显示价格低于1000.00元或高于4000.00元的所有记录。

5．列出微波炉的价格与产地。

6．显示数量大于10的商品的名称、价格与产地，不显示记录号。

7．显示商品号第一位为“1”的商品信息。

8．显示从第5号记录到最后一条记录的广东产品的信息。

9．显示B牌的单价大于3000.00元或A牌单价小于1000.00元的商品信息，并将单价打9折显示。

10．列出广东的A牌产品的名称与价格。

11．显示商品号第三位为“0”的商品信息。

12．列出数量为10的上海商品信息。

六、根据商品表按下列要求进行复制，写出命令序列

1．复制商品表的结构到商品表1。

2．复制商品表的前三个字段到商品表2。

3．复制商品表中第4个到第7个记录到商品表3。

4．将广州的商品信息复制到商品表4。

5．将部门号为40，单价大于500元的商品复制到商品表5。

七、根据商品表写出以下命令序列

1．列出商品表的结构。

2．将商品表的单价全部打8折替换。

3．在商品表的第2个记录和第9个记录上打删除标记。

4．将第2个记录的删除标记取消，将第9条记录彻底删除。

5．在商品表后插入一个空白记录，并自行添加一些数据进去。

八、根据商品表进行排序与索引操作

1．将价格超过1000.00元的商品按部门号升序排序，新排序的文件只需部门号、商品号、商品名称3个字段。

2．按产地的升序排序，产地相同按价格的降序排序。

3．以商品号的降序排列，建立普通索引。

4．以商品名称降序排列，名称相同按产地降序排列建立唯一索引。

九、使用命令的方法分别对部门表和商品表建立多对一关系和一对多关系

十、使用数据工作期窗口分别对部门表和商品表建立多对一关系和一对多关系

第 4 章 查询与视图

【学习目的与要求】本章将系统地介绍利用 SQL-SELECT 命令、查询设计器和视图设计器进行查询的方法。主要包括 SQL-SELECT 命令的格式和使用、利用查询设计器建立查询的过程和利用视图设计器创建视图的过程。

通过对本章内容的学习，要求能够理解查询和视图的概念，了解视图和查询的异同，掌握 SQL 查询语句的基本结构，重点掌握 SQL-SELECT 命令的用法、利用查询设计器建立查询和利用视图设计器创建视图的方法。

4.1 SQL 语言概述

结构化查询语言 SQL（Structured Query Language）是集数据定义（Data Definition）、数据操纵（Data Manipulation）、数据控制（Data Control）和数据查询（Data Query）功能于一身的关系数据库语言。目前已成为关系数据库的标准语言，广泛应用于各种数据库。

4.1.1 SQL 语言的特点

SQL 语言是 1974 年由 Boyce 和 Chamberlin 提出的，由于语言简洁，功能丰富，在计算机工业界和计算机用户中备受欢迎。1986 年 10 月，美国国家标准局（ANSI）的数据库委员会批准了 SQL 作为关系数据库语言的美国标准。1987 年 6 月国际标准化组织（ISO）将其采纳为国际标准，这个标准也称为“SQL86”。随着 SQL 标准化工作的不断进行，相继出现了“SQL89”、“SQL2”（1992）和“SQL3”（1993）。

SQL 语言具有如下特点：

1. SQL 是一种高度非过程化的语言

用 SQL 语言进行数据操作，只要提出“做什么”，而无须知道“怎么做”，SQL 语句的实现过程由系统自动完成。例如，SQL 只需用一个 Update 语句就能完成对数据库中数据的修改操作。

2. SQL 是一种一体化的语言

SQL 语言将数据定义语言（DDL）、数据操纵语言（DML）、数据控制语言（DCL）的功能集于一体，可独立完成数据库生命周期中的定义关系模式、插入数据、建立数据库、查询、更新、维护、数据库安全性控制等一系列操作要求。数据库系统投入运行后可随时地逐步地修改模式，且不影响数据库的运行，从而使系统具有良好的可扩展性。

3. SQL语言简洁且易学易用

SQL语言功能极强，但语言十分简洁，完成核心功能只用了9个动词，包括数据查询（SELECT）、数据定义（CREATE、ALTER、DROP）、数据操纵（INSERT、DELETE、UPDATE）和数据控制（GRANT、REVOKE）。由于SQL语言接近英语句子，因此容易学习，容易使用。

4. SQL是面向集合的操作方式

SQL语言采用集合操作方式，不仅操作对象、查询结果可以是元组的集合，而且一次插入、删除、更新操作的对象也可以是元组的集合。

5. SQL以同一种语法结构提供两种使用方式

SQL既是自含式语言，又是嵌入式语言。

① 自含式语言：能够独立地用于联机交互操作使用方式，用户可以在终端键盘上直接键入SQL命令对数据库进行操作。

② 嵌入式语言：SQL语句能够嵌入到高级语言（例如C，C++，Power Builder，Visual Basic，Delphi，ASP）的程序中，供程序员设计程序时使用。

在两种不同的使用方式下，SQL语法结构基本是一致的。为应用程序的开发提供了极大的灵活性与方便性。

4.1.2 SQL语言的功能

SQL语言的强大功能主要由数据定义、数据操纵、数据控制和数据查询几个部分实现，其中最主要的是数据查询功能。

1. 数据定义DDL（Data Definition Language）

用于定义数据的结构，包括定义基本表、定义视图、定义索引三个部分。能够实现数据库的三级体系结构。

2. 数据操纵DML（Data Manipulation Language）

包括对基本表和视图的数据的操作。它的操作对象是元组的集合，其结果也是元组的集合。SQL是一个高度非过程化的面向集合的语言。

3. 数据控制DCL（Data Control Language）

用于控制用户对数据的存储权力，某个用户对某类型数据具有何种操作权是由数据库管理员决定的。数据库管理系统的功能是保证这些决定的执行，为此它必须把授权的信息告知系统，这是由SQL语句的GRANT和REVOKE来完成的，并把授权用户的结果存放到数据字典。当用户提出操作请求时，根据授权情况进行检查，以决定是执行操作还是拒绝操作。

4. 数据查询DQL（Data Query Language）

数据查询功能是SQL语言中最为强大的功能，用于查找并输出符合条件的数据。SQL语言的查询语句只使用一个SQL动词SELECT，但该SELECT语句功能很丰富，支持单表查询、模糊查询、多表连接查询、分组和排序查询、嵌套查询、集聚函数和集合查询等多种查询方式。灵活使用SELECT语句可以完成极其复杂的查询过程。

4.2 SELECT-SQL 查询

数据查询是从数据库中检索特定的记录，使用数据查询可以对数据源进行各种组合，有效地筛选记录、统计数据，并对结果进行排序。数据查询是数据库的核心操作，SQL 的数据查询只有一条 SELECT 语句，但 SELECT 语句功能强大，使用方式非常灵活。

4.2.1 SELECT-SQL 语句

SELECT 语句的基本形式由 SELECT-FROM-[WHERE]子句组成。

1. SELECT-SQL 命令

格式：

SELECT [ALL | DISTINCT]
[<别名>.]<SELECT 表达式>[AS<列名>][, [<别名>.]<SELECT 表达式>[AS <列名>]…]
FROM [<数据库名>!] <表名>
[INNER | LEFT | RIGHT | FULL JOIN [<数据库名> !] <表名> [ON <连接条件>…]]
[[INTO TABLE <新表名>] | [TO FILE <文件名> | TO PRINTER | TO SCREEN]]
[WHERE <连接条件> [AND <连接条件>]…]
[AND | OR <条件表达式> [AND | OR <条件表达式>…]]]
[GROUP BY <组表达式 1> [,<组表达式 2>…]]
[HAVING <条件表达式>]
[ORDER BY <关键字表达式 1> [ASC | DESC] [,<关键字表达式 2> [ASC | DESC]…]]

功能：根据指定条件从一个或多个表中检索输出数据。

命令中各子句的含义：

① SELECT 子句：表示在查询结果中输出的字段、常量、表达式。ALL 表示输出的记录中包括重复记录，是默认值；DISTINCT 表示输出的记录中不包括重复记录。

② [<别名>.] <SELECT 表达式> [AS <列名>]：<SELECT 表达式>可以是字段名，也可以包含用户自定义函数和系统函数（见表 4-1）。<别名>是字段所在的表名，<列名>用于指定输出时使用的列标题。

表 4-1 **<SELECT 表达式>中可用的系统函数**

函　数	功　能
AVG(<SELECT 表达式>)	求<SELECT 表达式>值的平均值
COUNT(<SELECT 表达式>)	统计记录的个数
MIN(<SELECT 表达式>)	求<SELECT 表达式>值的最小值
MAX(<SELECT 表达式>)	求<SELECT 表达式>值的最大值
SUM(<SELECT 表达式>)	求<SELECT 表达式>值的和

③ FROM 子句：表示查询的数据来自哪个或哪些表，可以对单个或多个表进行查询。

当包含表的数据库不是当前打开的数据库时，要在表名前加上数据库名，并用“!”分隔符分隔开。若涉及多表操作，由INNER JOIN、LEFT JOIN、RIGHT JOIN、FULL JOIN指出连接的方式，用ON选项指出连接的条件。

④ INTO TABLE <新表名>|TO FILE <文件名>|TO PRINTER|TO SCREEN：指定查询结果输出的目的地。INTO TABLE <新表名>表示输出到数据表，TO FILE <文件名>表示输出到文本文件，TO PRINTER表示输出到打印机，TO SCREEN表示在屏幕上显示，默认在浏览窗口中输出。

⑤ GROUP BY子句：对查询结果进行分组，常用于分组统计，其中HAVING子句用来限定分组必须满足的条件。

⑥ ORDER BY子句：对查询结果进行排序，默认为升序。用ASC表示升序，DESC表示降序。

4.2.2 单表查询

单表查询是指数据源是一个表或一个视图的查询操作，它是最简单的查询操作，可以有简单的查询条件或者没有条件，基本上是由SELECT、FROM、WHERE构成的简单查询。

例4-1 列出所有学生信息。

SELECT * FROM 学生表

说明：命令中的“*”表示输出所有的字段，所有内容以浏览方式显示。

例4-2 列出所有学生姓名，去掉重名。

SELECT DISTINCT 姓名 FROM 学生表

例4-3 从学生表中查询女生的学号、姓名、出生年份和专业信息，结果如图4-1所示。

SELECT 学号, 姓名, YEAR(出生日期) AS 出生年份, 专业 FROM 学生表;

WHERE NOT 性别

学号	姓名	出生年份	专业
1110070230	陈琪	1992	土木工程
1110070231	董乐	1991	土木工程
1210070103	任楠	1991	测绘工程
2310070118	穆乐	1992	软件工程
2320080119	刘波	1991	信息安全
5300080224	陈铭	1993	艺术设计
3700080125	张维维	1992	会计学

图4-1 查询女生记录信息

说明：

① AS用来修改查询结果中指定列的列名，AS可以省略。

② 条件“WHERE NOT 性别”等价于“WHERE 性别=.F.”

4.2.3 条件查询

条件查询是检索表中满足指定条件的记录。当在数据表中查找满足条件的记录时，需使用 WHERE 子句来指定查询条件，查询条件中常用的运算符如表 4-2 所示。

表 4 -2　　查询条件中常用的运算符

运 算 符	含 义	举 例
=、>、>=、<、<=、!=、<>	比较大小	成绩>=80
AND、OR、NOT	多重条件	成绩>85 AND 成绩<90
BETWEEN AND、NOT BETWEEN AND	确定范围	成绩 BETWEEN 0 AND 100
IN、NOT IN	确定集合	课程号 IN("002","004")
LIKE、NOT LIKE	字符匹配	姓名 LIKE "张%"
NULL、NOT NULL	空值查询	电话 IS NOT NULL

1. 比较大小

例 4-4　从学生表中查询 1993 年出生的学生的学号、姓名、出生日期和专业信息，查询结果如图 4-2 所示。

SELECT 学号, 姓名, 出生日期, 专业 FROM 学生表 WHERE YEAR(出生日期)=1993

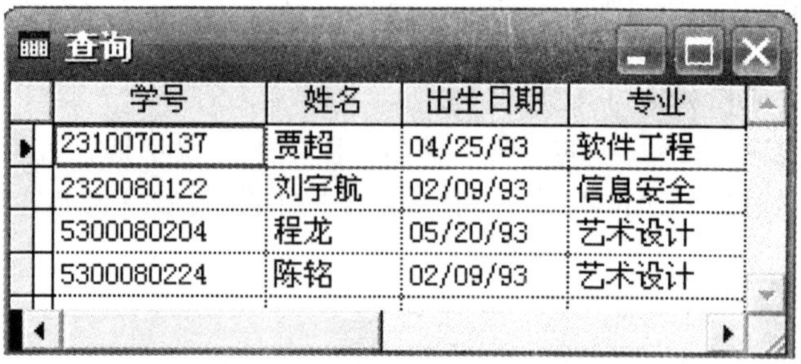

图 4-2　查询 1993 年出生的学生信息

例 4-5　查询成绩大于 86 分的学生的学号、课程号和成绩信息，查询结果如图 4-3 所示。

SELECT * FROM 成绩表 WHERE 成绩>86

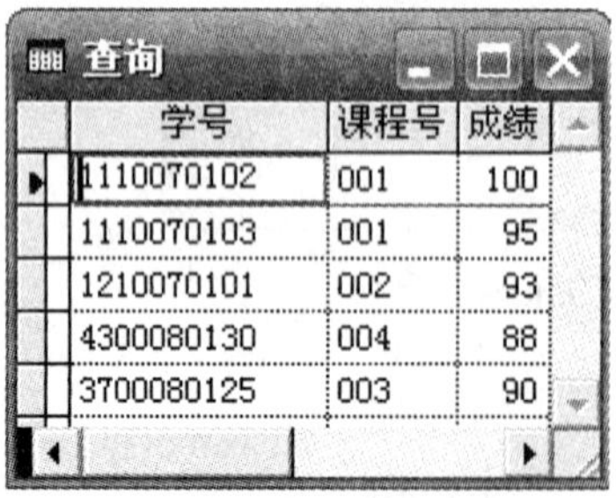

图 4 -3　成绩大于 86 分的查询结果

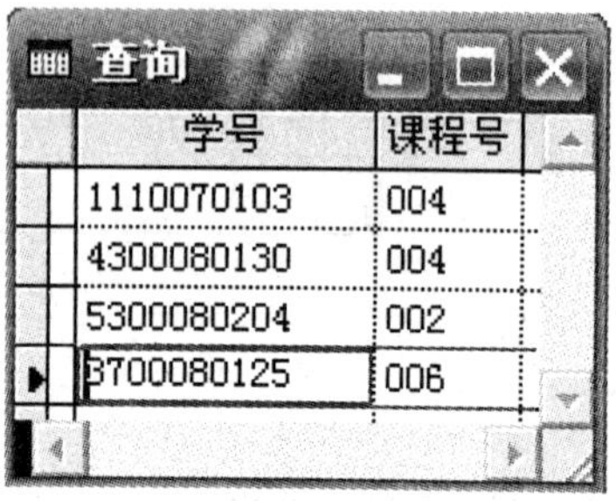

图 4-4　AND 条件查询

2. 多重条件查询

当 WHERE 子句需要指定一个以上的查询条件时，则需要使用逻辑运算符 AND 和 OR，将其连接成复合逻辑表达式，AND 的运算优先级高于 OR。

例 4-6　查询成绩大于 85 分且小于 90 分的学生的学号和其选修的课程号信息，查询结果如图 4-4 所示。

SELECT 学号, 课程号 FROM 成绩表 WHERE 成绩>85 AND 成绩<90

例 4-7　查询学生表中土木工程专业或会计学专业学生的学号、姓名、性别和年龄信息，查询结果如图 4-5 所示。

SELECT 学号, 姓名, 性别, YEAR(DATE())-YEAR(出生日期) AS 年龄;

FROM 学生表 WHERE 专业="土木工程" OR 专业="会计学"

学号	姓名	性别	年龄
1110070102	刘悦	T	21
1110070103	霍国安	T	21
1110070230	陈琪	F	20
1110070231	董乐	F	21
3700080125	张维维	F	20

图 4-5　OR 条件查询

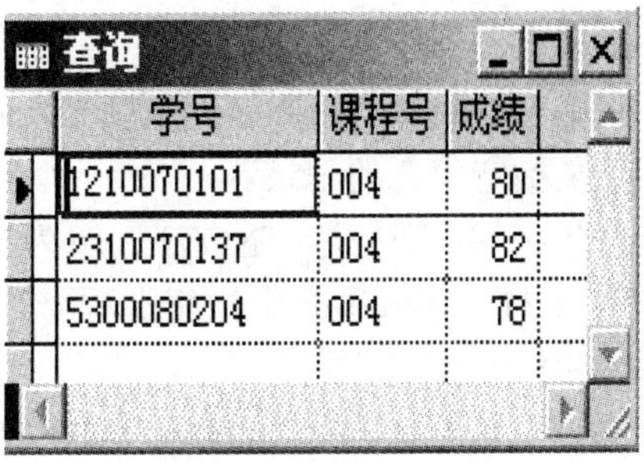

学号	课程号	成绩
1210070101	004	80
2310070137	004	82
5300080204	004	78

图 4-6　组合条件查询

例 4-8　查询选修 004 课程且成绩大于 90 分或成绩小于 85 分的学生成绩信息，查询结果如图 4-6 所示。

SELECT * FROM 成绩表 WHERE 课程号="004" AND (成绩>90 OR 成绩<85)

等价于

SELECT * FROM 成绩表;

WHERE 课程号="004" AND 成绩>90 OR 课程号="004" AND 成绩<85

3. 指定范围查询

WHERE 子句中可以用 BETWEEN…AND…来限定一个值的范围。

格式：<列表达式> [NOT] BETWEEN <下界表达式> AND <上界表达式>

说明：<下界表达式>的值必须小于<上界表达式>的值。

例 4-9　查询成绩大于等于 85 分且成绩小于等于 90 分的学生的学号和课程号信息。

SELECT 学号, 课程号 FROM 成绩表 WHERE 成绩 BETWEEN 85 AND 90

等价于

SELECT 学号, 课程号 FROM 成绩表 WHERE 成绩>=85 AND 成绩<=90

例 4-10　查询学生表中不是 1991 年出生的学生信息，查询结果如图 4-7 所示。

SELECT * FROM 学生表;

WHERE 出生日期 NOT BETWEEN {^1991-01-01} AND {^1991-12-31}

学号	姓名	性别	出生日期	专业	电话	学籍信息	照片
1110070230	陈琪	F	06/26/92	土木工程	81820154	memo	gen
2310070137	贾超	T	04/25/93	软件工程	81820467	memo	gen
2310070118	穆乐	F	10/04/92	软件工程	81820799	Memo	gen
2320080122	刘宇航	T	02/09/93	信息安全	81820165	memo	gen
5300080204	程龙	T	05/20/93	艺术设计	81820135	memo	gen
5300080224	陈铭	F	02/09/93	艺术设计	81820235	memo	gen
3700080125	张维维	F	07/21/92	会计学	81820579	memo	gen

图 4-7　指定范围查询结果

4. 确定集合查询

利用 IN 操作可以查询字段值属于某指定集合的记录，利用 NOT IN 操作可以查询字段值不属于某指定集合的记录。

格式：<列表达式> [NOT] IN (列值 1, 列值 2，……)

例 4-11　在成绩表中检索课程号是“001”、“002”和“006”的学生成绩信息，查询结果如图 4-8 所示。

SELECT * FROM 成绩表 WHERE 课程号 IN("001", "002", "006")

等价于

SELECT * FROM 成绩表 WHERE 课程号="001" OR 课程号="002" OR 课程号="006"

学号	课程号	成绩
1110070102	001	100
1110070102	002	75
1110070103	001	95
1210070101	002	93
2310070137	001	76
2310070137	002	76
5300080204	002	86
3700080125	006	86

图 4-8　集合 IN 查询

5. 部分匹配查询

当用户不知道完全精确的查询条件的时候，可以使用 LIKE 和 NOT LIKE 进行字符串匹配查询（也称模糊查询）。

LIKE 定义的一般格式为：<字段名> [NOT] LIKE <字符串常量>

这里，字段类型必须是字符型，字符串常量的字符可以包括如下两个特殊符号：

%：表示 0 个或多个字符。

_：表示任意一个字符。

注意：在 Visual FoxPro 中，一个汉字用一个字符“_”表示。

例 4-12　在学生表中检索姓“陈”的学生信息，查询结果如图 4-9 所示。

SELECT * FROM 学生表 WHERE 姓名 LIKE ″陈%″

等价于

SELECT * FROM 学生表 WHERE SUBSTR(姓名,1,2)= ″陈″

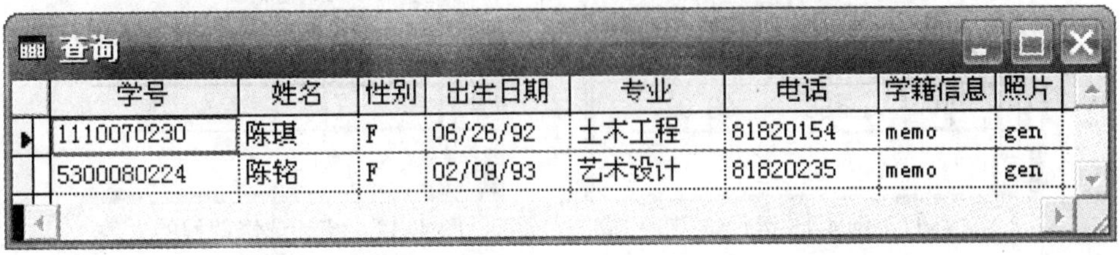

查询

学号	姓名	性别	出生日期	专业	电话	学籍信息	照片
1110070230	陈琪	F	06/26/92	土木工程	81820154	memo	gen
5300080224	陈铭	F	02/09/93	艺术设计	81820235	memo	gen

图 4-9　查询姓“陈”的学生记录

例 4-13　在学生表中检索姓名中第二个字是“宇”的学生信息，查询结果如图 4-10 所示。

SELECT * FROM 学生表 WHERE 姓名 LIKE "_宇%"

等价于

SELECT * FROM 学生表 WHERE SUBSTR(姓名, 3, 2)= "宇"

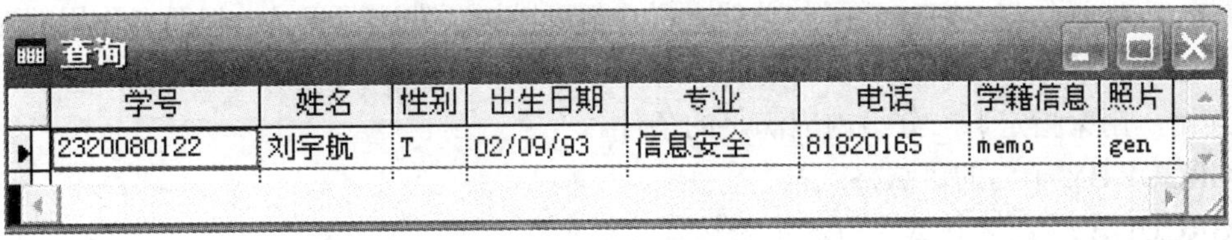

查询

学号	姓名	性别	出生日期	专业	电话	学籍信息	照片
2320080122	刘宇航	T	02/09/93	信息安全	81820165	memo	gen

图 4-10　查询姓名中第二个字是“宇”的记录

6. 空值查询

在 SELECT 语句中，使用 IS NULL 或 IS NOT NULL 来查询某个字段的值是否为空值。

格式：<列表达式> IS [NOT] NULL

这里 IS 不能用等号“=”代替。

说明：VF 中的空值是不允许直接手动输入的，如果手动输入“NULL”，系统认为它就是实际的值，而不代表空值。输入空值时，必须先打开表设计器，点一下需要设置空值的字段，单击字段后面的“NULL”按钮（按钮上会显示一个对勾），然后单击“确定”按钮。在设置允许为空的字段按 CTRL+0（数字零）键，此时该字段值将自动显示“.NULL.”。

例 4-14　在学生表中查询电话为空的学生信息。

SELECT * FROM 学生表 WHERE 电话 IS NULL

4.2.4　统计查询

在实际应用中，经常要对表中的有关记录进行相关的统计。SQL 提供了计数、求和、求平均值、求最大值和最小值等函数（见表 4-1），以完成数据统计和汇总工作。在这些函数中如果使用 DISTINCT，计算时可取消指定列中的重复值。

例 4-15 计算成绩表中所有成绩的最高分、最低分和平均分，查询结果如图 4-11 所示。

SELECT MAX(成绩) AS 最高分, MIN(成绩) AS 最低分, AVG(成绩) AS 平均分;
FROM 成绩表

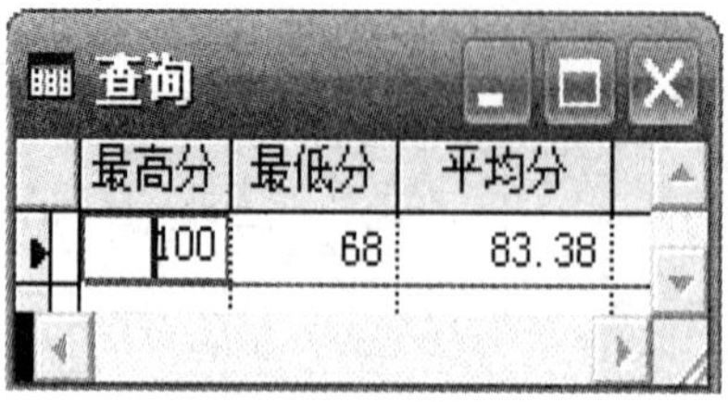

图 4-11 例 4-15 运行结果

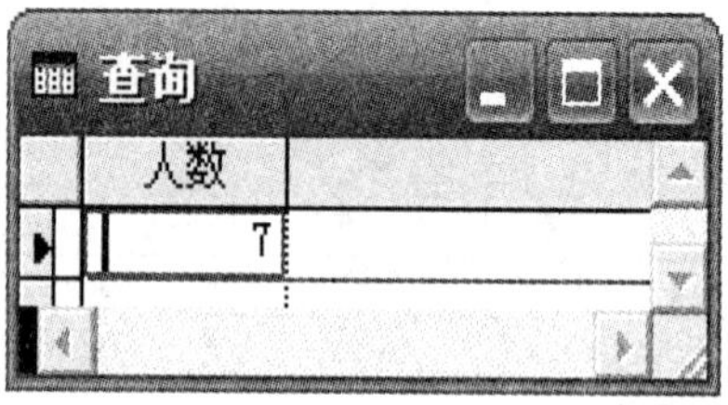

图 4-12 统计选修课程的人数

例 4-16 统计选修了课程的学生人数，查询结果如图 4-12 所示。

SELECT COUNT(DISTINCT 学号) AS 人数 FROM 成绩表

4.2.5 分组查询

分组查询是将查询结果按照某个字段值或多个字段值的组合进行分组统计。使用 GROUP BY 子句对查询结果分组。若分组后还要按照一定的条件进行筛选，则需要使用 HAVING 子句。HAVING 子句与 WHERE 子句功能一样，都可以按条件选择记录。但两者作用的对象不同，WHERE 子句作用于基本表或视图，而 HAVING 子句作用于组，且必须与 GROUP BY 子句连用，用来指定每一分组内应满足的条件。

GROUP BY 子句的语法格式：

GROUP BY <组表达式 1> [, <组表达式 2>…]

[HAVING <条件表达式>]

说明：

① <组表达式>可以是字段名和 SQL 函数表达式，也可以是列序号（最左边为 1）。

② 若分组后还要按照一定的条件进行筛选，则需使用 HAVING 子句。

例 4-17 统计选修各门课程的学生人数，查询结果如图 4-13 所示。

SELECT 课程号, COUNT(学号) AS 人数 FROM 成绩表 GROUP BY 课程号

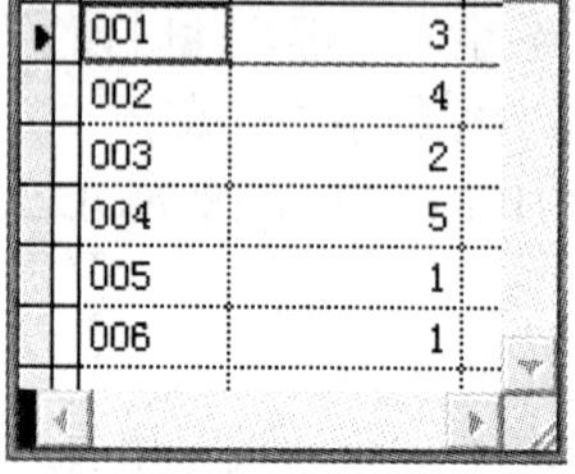

图 4-13 统计选修各门课程的人数

例 4-18 查询每个学生的平均成绩，查询结果如图 4-14 所示。

SELECT 学号, AVG(成绩) AS 平均成绩 FROM 成绩表 GROUP BY 学号

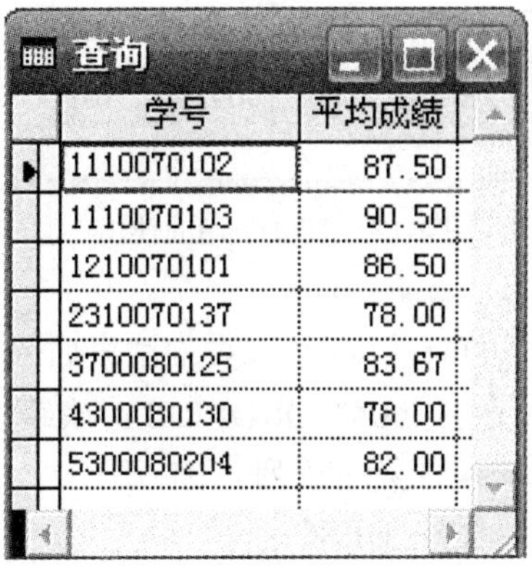

学号	平均成绩
1110070102	87.50
1110070103	90.50
1210070101	86.50
2310070137	78.00
3700080125	83.67
4300080130	78.00
5300080204	82.00

图 4-14 统计学生的平均成绩图

学号	课程门数
1110070102	2
1110070103	2
1210070101	2
2310070137	3
3700080125	3
4300080130	2
5300080204	2

图 4-15 HAVING 子句的使用

例 4-19 求选修课程超过或等于 2 门的学生的学号和选修的课程门数，查询结果如图 4-15 所示。

SELECT 学号, COUNT(课程号) AS 课程门数 FROM 成绩表;

GROUP BY 学号 HAVING COUNT(课程号)>=2

4.2.6 排序查询

SELECT 的查询结果是按查询过程中的自然顺序输出的，通常是无序的。当用户需要对查询结果进行排序时，可使用 ORDER BY 子句对查询结果按一个或多个查询列的升序（ASC）或降序（DESC）排列，默认为升序。ORDER BY 之后可以是查询列，也可以是查询列的序号。

ORDER BY 子句的语法格式：

ORDER BY <关键字表达式 1> [ASC | DESC] [,<关键字表达式 2> [ASC | DESC]…]

说明：

① <关键字表达式>可以是字段名，也可以是数字。数字是表的列序号，第 1 列为 1，以此类推。

② ASC 表示排序方式为升序，DESC 表示排序方式为降序，默认为升序。

③ 在排序的基础上可以使用 TOP N [PERCENT]子句限制输出的记录行数，其中 N 是数值型表达式，取值范围 1～32767，表示显示前 N 个记录；含 PERCENT 选项时，表示显示前面百分之 N 个记录，N 的取值范围 1～100。

例 4-20 在成绩表中，求选修课程为 001 的学生学号和得分，并将结果按分数降序排序，查询结果如图 4-16 所示。

SELECT 学号, 成绩 FROM 成绩表 WHERE 课程号="001" ORDER BY 成绩 DESC

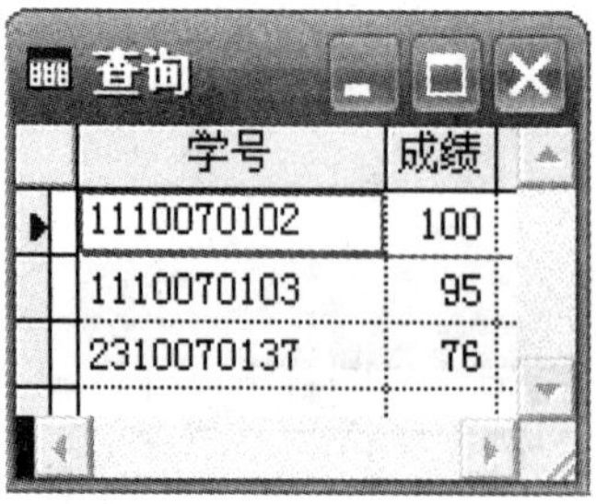

	学号	成绩
▶	1110070102	100
	1110070103	95
	2310070137	76

图 4-16　例 4-20 运行结果

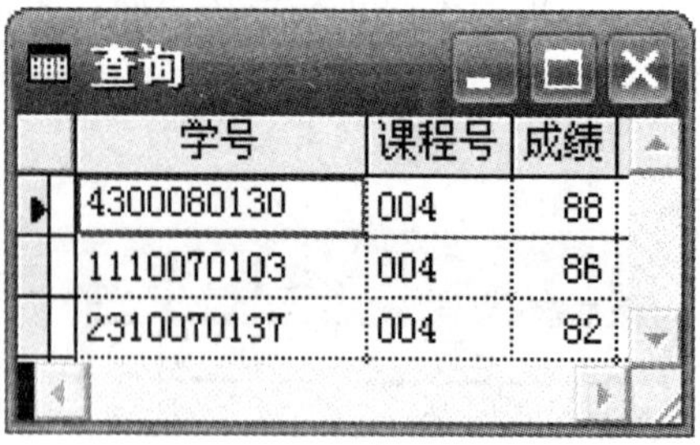

	学号	课程号	成绩
▶	4300080130	004	88
	1110070103	004	86
	2310070137	004	82

图 4-17　TOP 子句的使用

例 4-21　查询成绩表中选修 004 课程成绩为最高的前三位同学，查询结果如图 4-17 所示。

SELECT TOP 3 * FROM 成绩表 WHERE 课程号="004" ORDER BY 成绩 DESC

例 4-22　将成绩表中的信息按学生学号升序，课程号降序排列。

SELECT * FROM 成绩表 ORDER BY 学号, 课程号 DESC

4.2.7　内连接查询

前面的查询都是针对一个表进行的，但是在很多情况下，为了满足用户的需求，查询的数据往往要涉及多个表。当一个查询同时涉及两个或两个以上表时，称为连接查询。连接查询的目的就是通过加在连接字段的条件将多个表连接起来，达到从多个表中获取数据的目的。连接查询分为内连接、左外连接、右外连接和全外连接查询等，这里重点介绍内连接查询。

内连接查询是多个表中只满足连接条件的记录才出现在结果表中的查询。Visual FoxPro 中，实现两个表内连接查询的格式有两种：

格式 1：SELECT <SELECT 表达式> FROM <表 1>,<表 2> WHERE <连接条件> AND <筛选条件>

格式 2：SELECT <SELECT 表达式> FROM <表 1> INNER JOIN <表 2> ON <连接条件> WHERE <筛选条件>

常用的<连接条件>：<表 1>. 公共字段=<表 2>. 公共字段

例 4-23　查询选修了 004 课程的学生的姓名、课程号和成绩信息，查询结果如图 4-18 所示。

分析：姓名可以从“学生表”中查得，课程号和成绩只能从“成绩表”中查得，因此本例涉及“学生表”和“成绩表”两张表，它们的公共字段是“学号”。

方法 1：SELECT 姓名, 课程号, 成绩 FROM 学生表, 成绩表;
　　WHERE 学生表. 学号=成绩表. 学号 AND 课程号="004"

方法 2：SELECT 姓名, 课程号, 成绩 FROM 学生表 INNER JOIN 成绩表;
　　ON 学生表. 学号=成绩表. 学号 WHERE 课程号="004"

例 4-24　查询选修“C 语言”课程的学生的学号、姓名、成绩信息，并将结果按成绩降序排列，查询结果如图 4-19 所示。

分析：该查询涉及学生表、课程表和成绩表三个表，学生表和成绩表之间通过公共字段“学号”建立连接，课程表和成绩表之间通过公共字段“课程号”建立连接。

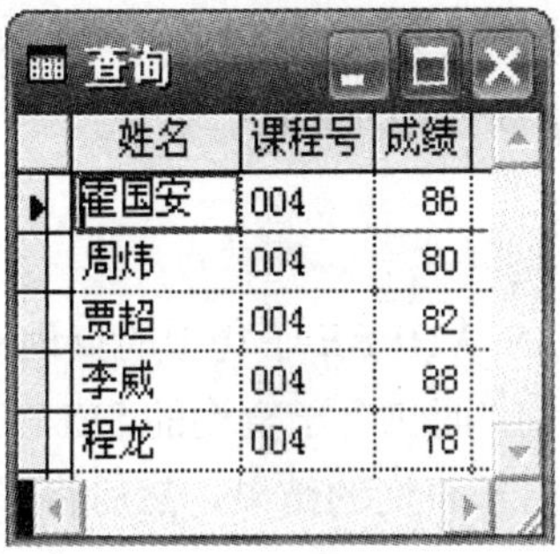

姓名	课程号	成绩
霍国安	004	86
周炜	004	80
贾超	004	82
李威	004	88
程龙	004	78

图 4-18 例 4-23 运行结果

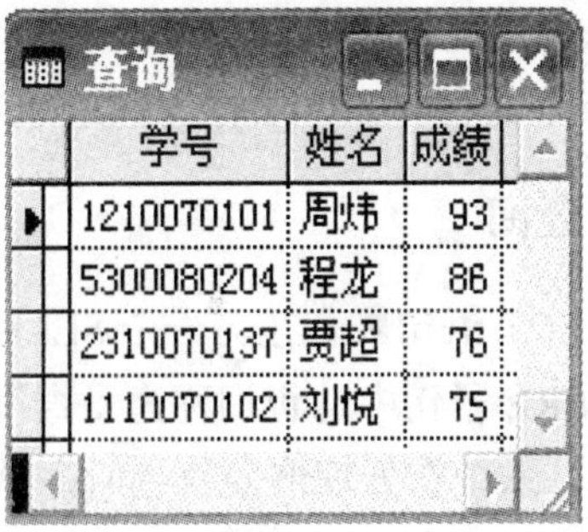

学号	姓名	成绩
1210070101	周炜	93
5300080204	程龙	86
2310070137	贾超	76
1110070102	刘悦	75

图 4-19 例 4-24 运行结果

方法 1：

SELECT 成绩表. 学号, 姓名, 成绩 FROM 学生表, 成绩表, 课程表;

WHERE 学生表. 学号=成绩表. 学号 AND 成绩表. 课程号=课程表. 课程号;

AND 课程名="C 语言" ORDER BY 成绩 DESC

方法 2：

SELECT 学生表. 学号, 学生表. 姓名, 成绩表. 成绩;

FROM 学生表 INNER JOIN 成绩表 INNER JOIN 课程表;

ON 成绩表. 课程号=课程表. 课程号 ON 学生表. 学号=成绩表. 学号;

WHERE 课程表. 课程名="C 语言" ORDER BY 成绩表. 成绩 DESC

说明：查询过程涉及不同表的同名字段时，需要用别名或表名加以限定。这里"学生表. 学号"前面的表名不能省略，而姓名和成绩字段前面的表名可以省略。

例 4-25 查询选修了课程的学生姓名和平均成绩信息，并将结果按平均成绩升序排列，查询结果如图 4-20 所示。

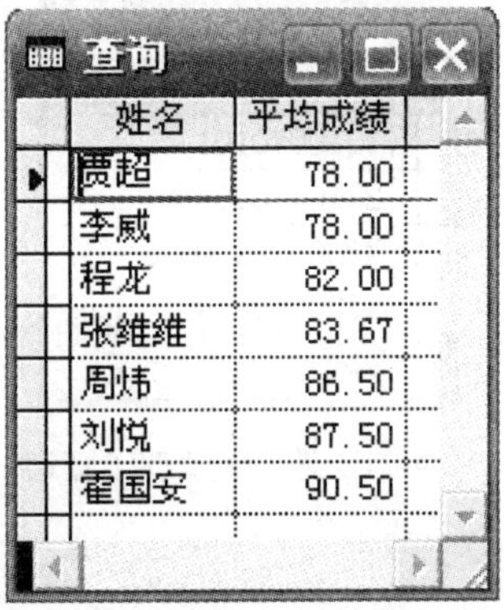

姓名	平均成绩
贾超	78.00
李威	78.00
程龙	82.00
张維維	83.67
周炜	86.50
刘悦	87.50
霍国安	90.50

图 4-20 例 4-25 查询结果

方法 1：

SELECT 姓名, AVG(成绩) AS 平均成绩 FROM 学生表, 成绩表;

WHERE 学生表. 学号=成绩表. 学号 GROUP BY 姓名 ORDER BY 平均成绩

方法 2：

SELECT 姓名, AVG(成绩) AS 平均成绩 FROM 学生表 INNER JOIN 成绩表;

ON 学生表.学号=成绩表.学号 GROUP BY 姓名 ORDER BY 2

4.2.8 嵌套查询

一个 SELECT 语句嵌套在另一个 SELECT 语句的 WHERE 子句中的查询称为嵌套查询。把嵌套在 WHERE 子句中的查询称为子查询或内查询，而包含子查询的 SELECT 语句称为主查询或父查询。系统在处理嵌套查询时，首先查询出子查询的结果，然后将子查询的结果用于父查询的查询条件中。

1. 返回单值的子查询

在嵌套查询中，当子查询的结果是一个单值（只有一个记录，一个字段值），可以用>、<、>=、<=、< >等比较运算符来生成父查询的查询条件。

例 4-26 检索选修“大学英语”课程的学生的学号。

SELECT 学号 FROM 成绩表;

WHERE 课程号=(SELECT 课程号 FROM 课程表 WHERE 课程名="大学英语")

说明：

① 因为课程表中的课程名称没有重复，因此子查询的结果是一个单值，可以使用比较运算符。

② 上述 SQL 语句的执行分为两个过程：首先在课程表中查找“大学英语”的课程号（“004”），然后在成绩表中查找课程号为“004”的记录，列出这些记录的学号，查询结果如图 4-21 所示。

图 4-21 返回单值的子查询

2. 返回一组值的子查询

在嵌套查询中，若子查询的返回值不止一个，则必须指明在 WHERE 子句中应怎样使用这些返回值。通常使用运算符 ANY、ALL 和 IN。

（1）ANY 运算符的用法

例 4-27 检索成绩至少小于一个选修“002”课程的学生的学号和成绩。

SELECT 学号, 成绩 FROM 成绩表;

WHERE 成绩<ANY (SELECT 成绩 FROM 成绩表 WHERE 课程号="002")

说明：首先找出选修“002”课程的所有学生的成绩，如图 4-22 所示，然后在成绩表中选出其成绩小于选修“002”课程的任何一个学生的成绩（即低于 93 分）的那些学生，查询结果如图 4-23 所示。

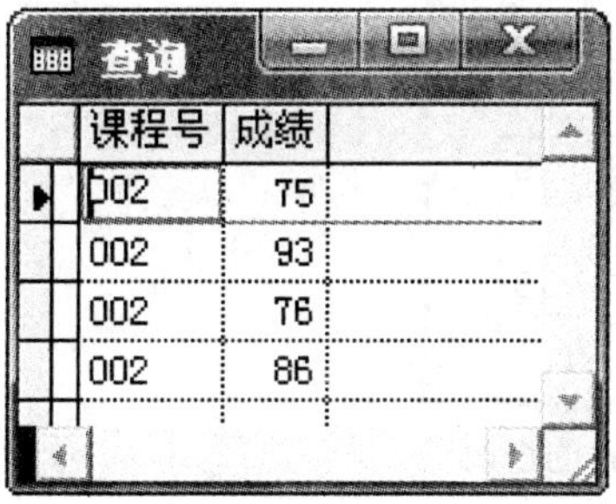

查询

课程号	成绩
002	75
002	93
002	76
002	86

图 4-22 选修 002 课程的成绩

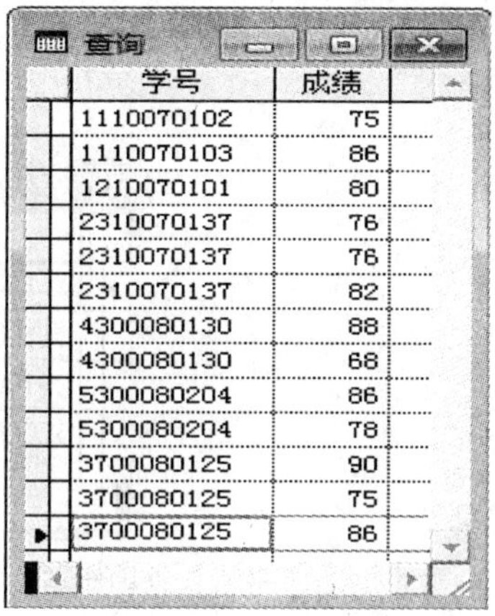

查询

学号	成绩
1110070102	75
1110070103	86
1210070101	80
2310070137	76
2310070137	76
2310070137	82
4300080130	88
4300080130	68
5300080204	86
5300080204	78
3700080125	90
3700080125	75
3700080125	86

图 4-23 含 ANY 运算符的查询

实际上，上例是检索成绩小于所有选修 002 课程的学生的最高成绩的学生学号和成绩。

（2）ALL 运算符的用法

例 4-28 检索选修“001”课程的学生中成绩比选修“004”课程的最高成绩高的学生的学号和成绩。

SELECT 学号,成绩 FROM 成绩表 WHERE 课程号="001" AND;

成绩>ALL(SELECT 成绩 FROM 成绩表 WHERE 课程号="004")

说明：首先找出选修“004”课程的所有学生的成绩（假设结果为 86、80、82、88、78），然后在选修“001”课程的学生中选出其成绩高于选修“004”课的所有成绩（即高于 88 分）的那些学生，查询结果如图 4-24 所示。

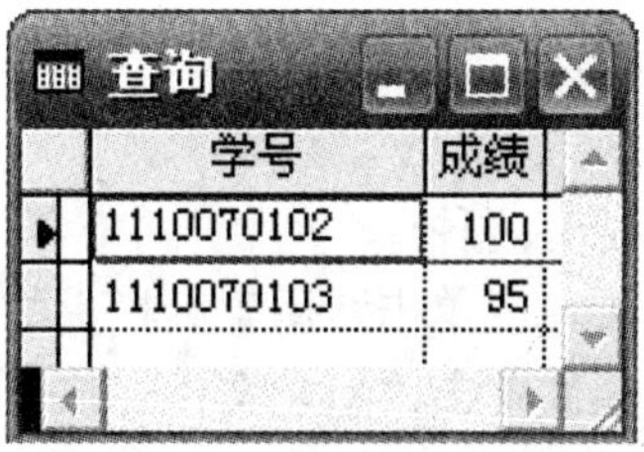

查询

学号	成绩
1110070102	100
1110070103	95

图 4-24 含 ALL 运算符的查询

（3）IN 运算符的用法

例 4-29 检索选修“软件工程”或“高等数学”课程的所有学生的学号和成绩，查询结果如图 4-25 所示。

SELECT 学号, 成绩 FROM 成绩表 WHERE 课程号 IN (SELECT 课程号;

FROM 课程表 WHERE 课程名="软件工程" OR 课程名="高等数学")

等价于

SELECT 学号, 成绩 FROM 成绩表, 课程表 WHERE 成绩表. 课程号=课程表. 课程号;

AND (课程名="软件工程" OR 课程名="高等数学")

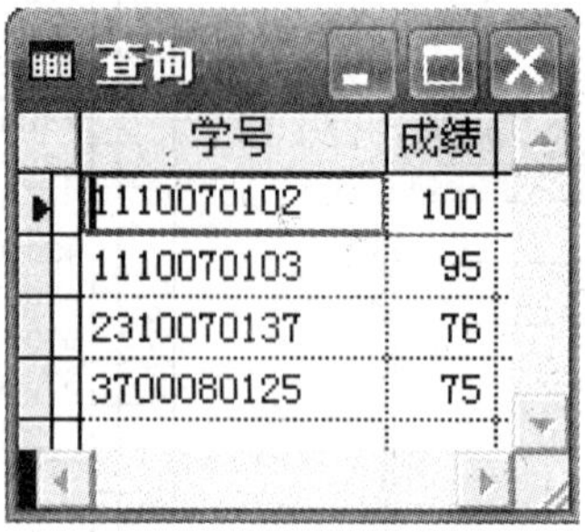

学号	成绩
1110070102	100
1110070103	95
2310070137	76
3700080125	75

图 4-25 含 IN 运算符的查询

4.3 用查询设计器建立查询

在 Visual FoxPro 中建立查询，除了可以在命令窗口中输入 SELECT 命令外，还可以利用查询向导和查询设计器完成，后两种方式以图形化界面设计查询，避免了输入中可能出现的错误。因此，在掌握一定的 SELECT 语句基础上，用查询向导和查询设计器建立查询的效率更高。

查询建立以后，可以以文件的形式保存起来。查询文件的扩展名为. QPR，这是一个文本文件，文件中包含了 SELECT 语句和输出方式的语句。运行这个文件可以从指定的数据表或视图中获取所需的数据，并按照指定的类型（表、图形、报表、标签等）输出查询的结果。

下面主要介绍如何利用“查询设计器”来建立查询。

4.3.1 查询设计器

1. 启动查询设计器

常用的启动查询设计器的方法有两种:

① 选择“文件|新建”菜单项，或单击常用工具栏上的“新建”按钮，打开“新建”对话框，然后选择“查询”单选按钮并单击“新建文件”按钮，打开查询设计器建立查询。

② 用 CREATE QUERY 命令打开查询设计器建立查询。

2. 查询设计器界面

查询设计器是建立、修改查询的工具，界面如图 4-26 所示。查询设计器中包括“字段”、“连接”、“筛选”、“排序依据”、“分组依据”和“杂项”选项卡。

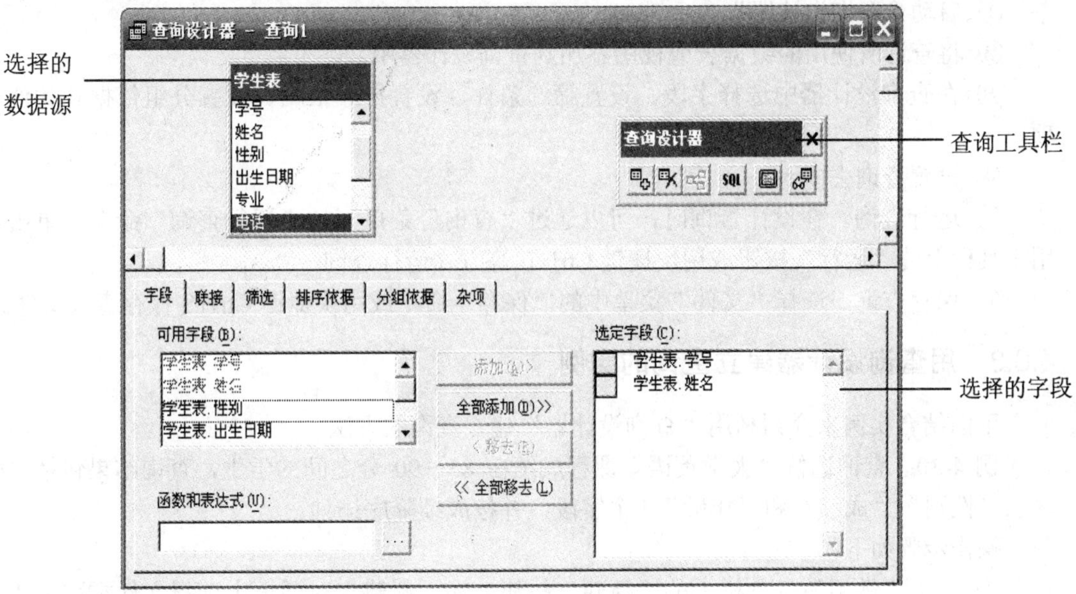

图 4-26　查询设计器

3. 查询工具栏

打开查询设计器将自动显示查询工具栏，各按钮功能如下：

：添加表

：移去表

：建立表间的连接

：显示自动生成的 SQL 语句

：最大化上部分窗口

：确定查询去向

4. 查询设计器与 SQL-SELECT 语句的对应关系

① “字段”选项卡对应于 SELECT 子句：用于指定要查询的字段。

② “连接”选项卡对应于 JOIN　ON 子句：用于指定连接的方式。

③ “筛选”选项卡对应于 WHERE 子句：用于指定筛选的条件。

④ “排序依据”选项卡对应于 ORDER　BY 子句：用于指定排序字段和排序方式。

⑤ “分组依据”选项卡对应于 GROUP　BY 和 HAVING 子句：用于指定分组表达式和组内筛选条件。

⑥“杂项”选项卡用于指定查询结果有无重复记录（对应于 DISTINCT）以及查询结果中显示的记录数（对应于 TOP 子句）。

由此可见，查询设计器实际上是 SELECT 命令的图形化界面。

4.3.2　用查询设计器创建查询的步骤

利用查询设计器建立查询的步骤如下：

① 启动“查询设计器”。

② 将查询所使用的数据表或视图添加到查询设计器中。

③ 在查询设计器中选择字段、设置筛选条件、设置排序依据、设置分组依据和其他杂项。

④ 设置查询去向。

⑤ 运行查询。在设计查询时，可以通过“查询”菜单下的“运行查询”命令、单击常用工具栏上的“运行”按钮或用快捷键 Ctrl+E 等方式运行查询。

⑥ 保存查询。选择“文件”菜单中的“保存”命令或用快捷键 Ctrl+S 保存查询文件。

4.3.3 用查询设计器建立查询的实例

下面结合实例来介绍利用“查询设计器”建立查询的方法。

例 4-30 查询选修“大学英语”课程成绩在 85～90 分之间的学生，查询结果包括“姓名”、“性别”、“成绩”和“年龄”4 个字段，并按成绩降序排列。

操作步骤如下：

① 单击“常用”工具栏上的“新建”按钮，在“新建”对话框中选择文件类型为“查询”，然后单击“新建文件”按钮。

② 在“查询设计器”窗口中单击鼠标右键，在快捷菜单中选择“添加表”命令，或者单击“查询设计器”工具栏中“添加表”按钮，进入“添加表或视图”对话框，单击“其他”按钮，进入“打开”对话框，分别如图 4-27 和图 4-28 所示。

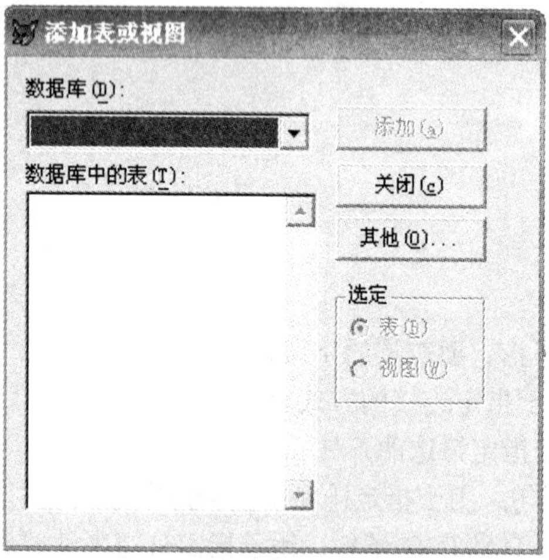

图 4-27 “添加表或视图”对话框

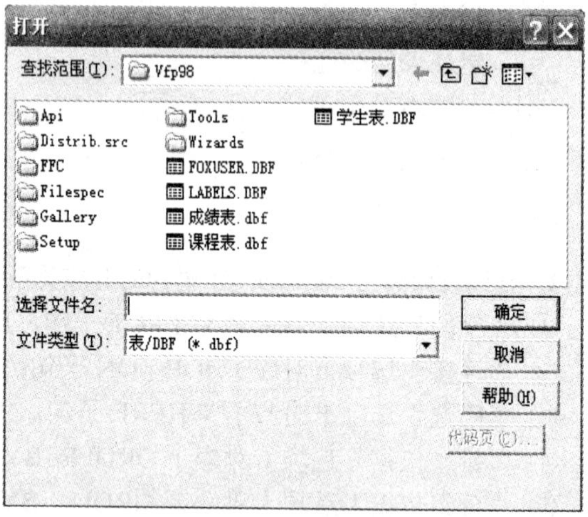

图 4-28 “打开”对话框

③ 选择“学生表”，单击“添加”按钮，再选择“成绩表”，单击“添加”按钮。打开如图 4-29 所示的“连接条件”对话框，Visual FoxPro 会自动设置连接条件，单击“确定”按钮。再选择“课程表”，单击“添加”按钮，在“连接条件”对话框中设置“成绩表”和“课程表”的连接条件，如图 4-30 所示。最后，单击图 4-27 中“关闭”按钮。

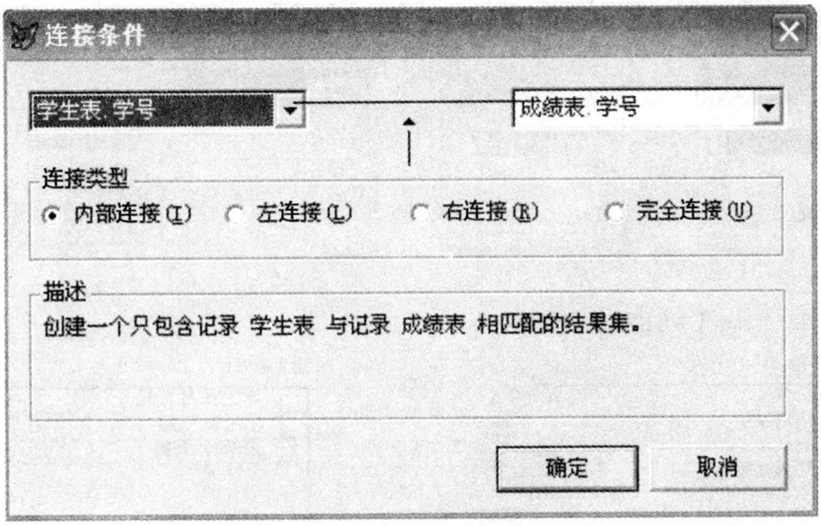

图 4-29 设置学生表和成绩表连接条件

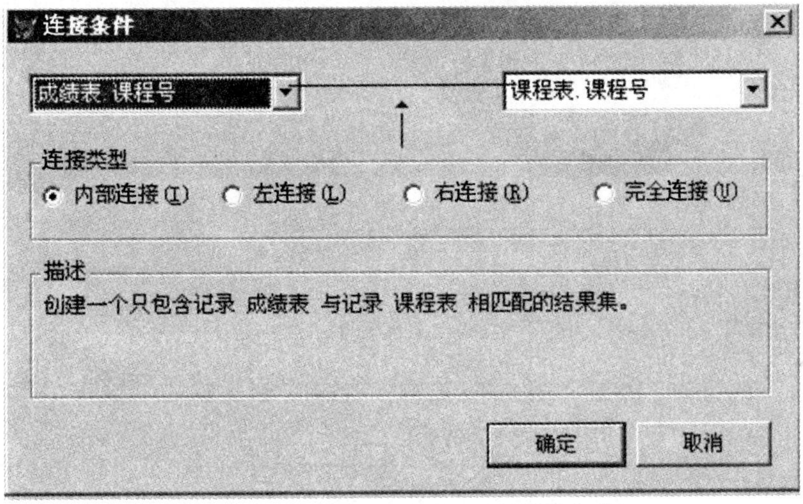

图 4-30 设置成绩表和课程表的连接条件

如果 Visual FoxPro 自动设置的连接条件不符合用户的需要，可以手工修改。若单击“取消”按钮则表示不设置连接条件。

④ 选择字段。在查询设计器中选择“字段”选项卡，从“可用字段”列表中双击所需字段，或先选中要选定的字段，再单击“添加”按钮，如图 4-31 所示。若添加了不需要的字段，可以在“选定字段”列表中选择字段，再单击“移去”或“全部移去”按钮。

⑤ 设置年龄字段。在查询设计器中单击“函数和表达式”右侧的“ ”按钮，打开“表达式生成器”对话框，利用其中的函数和运算符来生成表达式，也可以直接输入，如图 4-32 所示。输入完毕后单击“确定”按钮，再单击查询设计器“字段”选项卡中的“添加”按钮，即可得到如图 4-33 所示的结果。

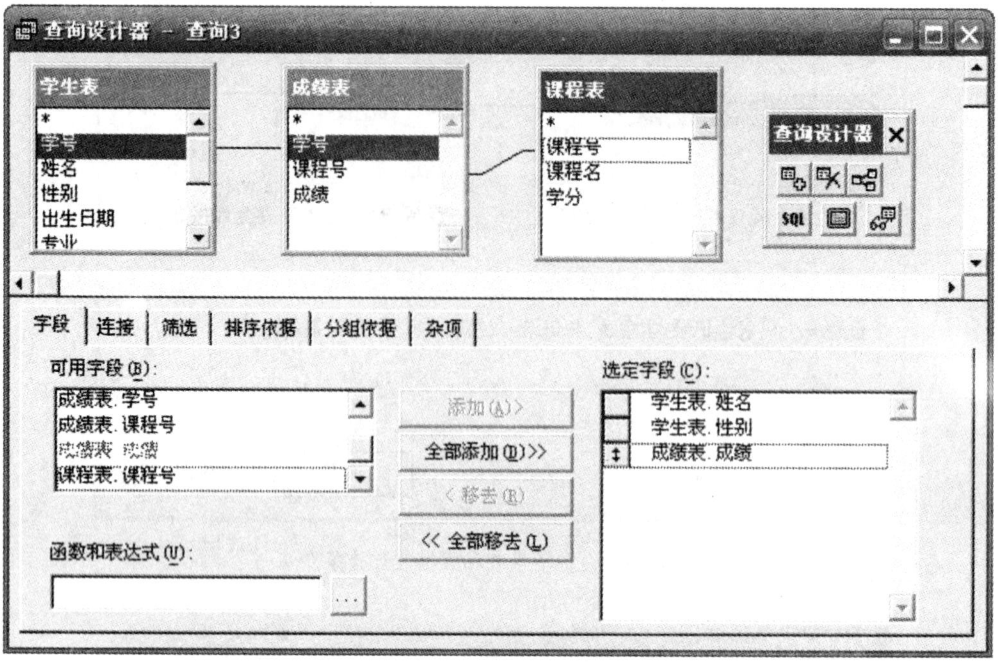

图 4-31　添加选定字段

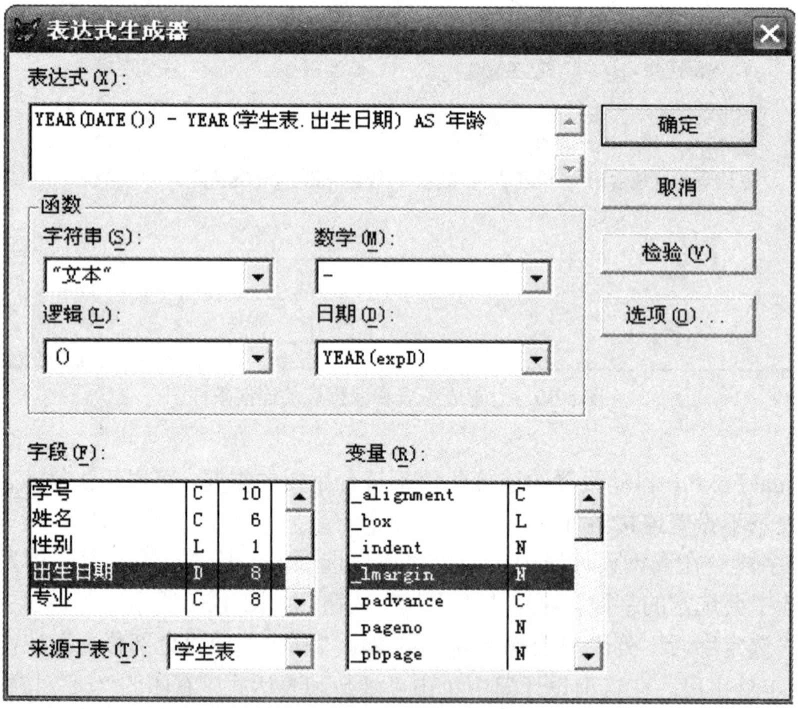

图 4-32　编辑“年龄”表达式

⑥ 设置连接。选择“连接”选项卡，可以重新建立表间的连接，此处不改变连接。

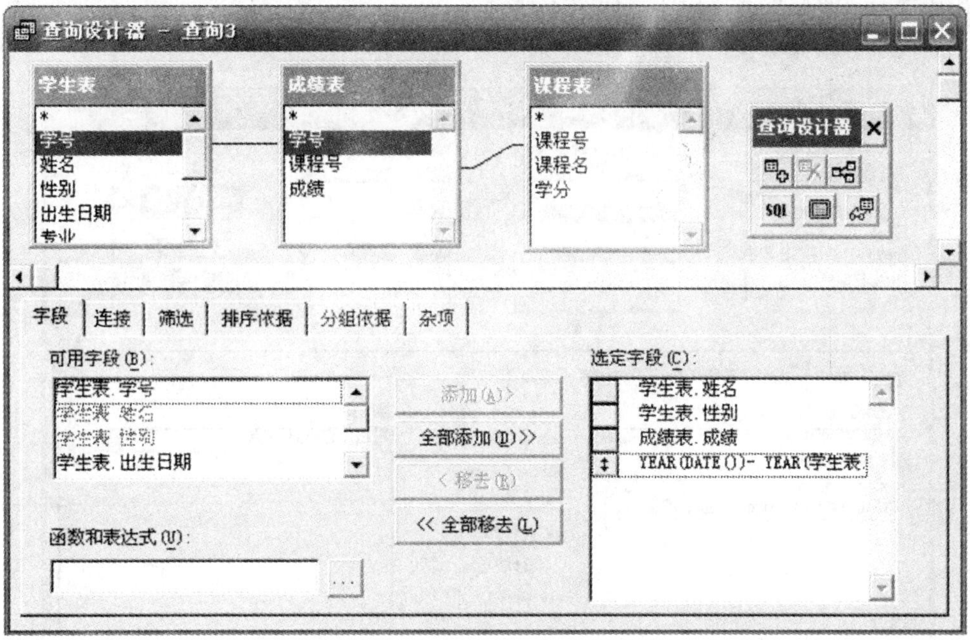

图 4-33　添加“年龄”字段

⑦ 设置筛选条件。选择“筛选”选项卡，从“字段名”下拉列表中选择“成绩表.成绩”，“条件”设置为“Between”，实例中输入“85,90”，再从“字段名”下拉列表中选择“课程表.课程名”，“条件”设置为“=”，在实例中输入“大学英语”，如图 4-34 所示。

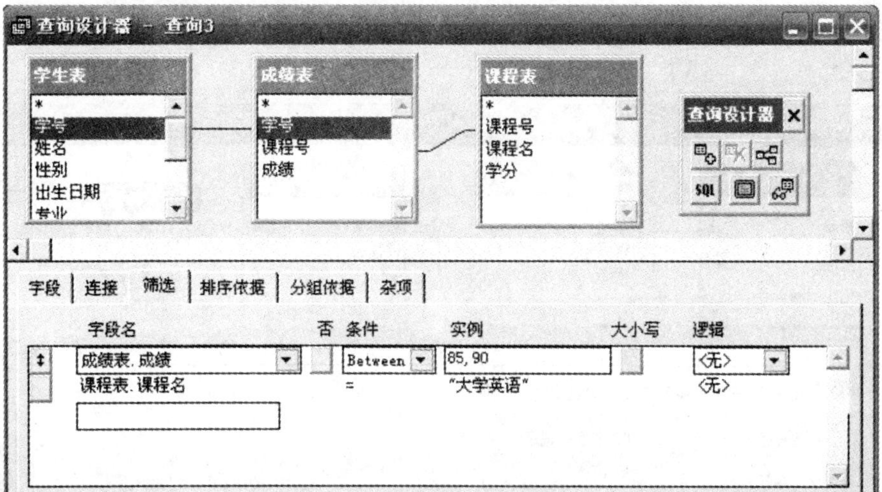

图 4-34　指定筛选条件

⑧ 设置排序依据。选择“排序依据”选项卡，指定按照大学英语成绩降序排列查询结果记录。从“选定字段”中将“成绩表.成绩”添加到“排序条件”对话框中，在“排序选项”

选项组中选中“降序”单选按钮，如图 4-35 所示。

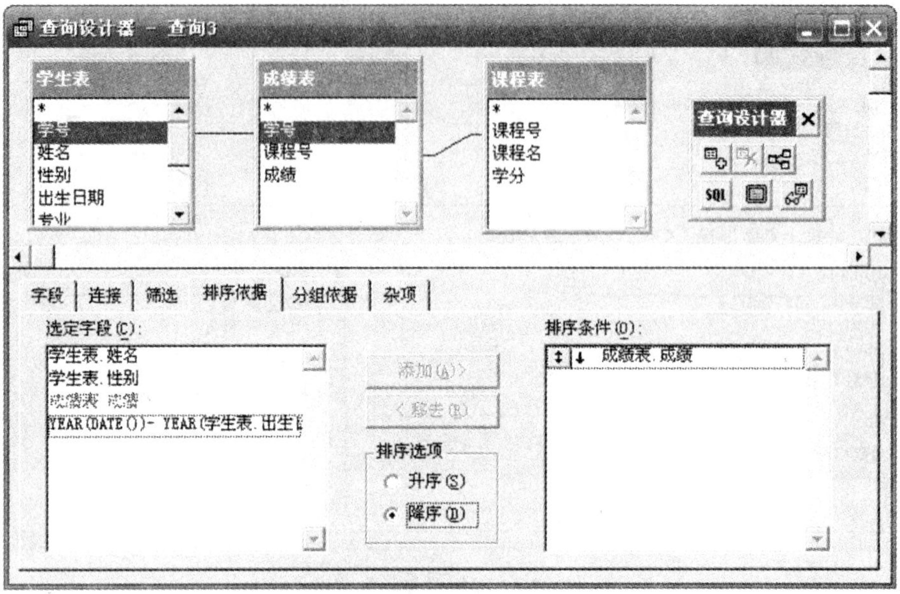

图 4-35 设置排序依据

⑨ 设置查询结果的分组。选择“分组依据”选项卡，可以设置查询的分组依据，本例不需设置分组。

⑩ 设置杂项。选择“杂项”选项卡，可以设置查询结果中有无重复记录，是否显示全部记录或仅显示结果的前几条，如图 4-36 所示。本例选择“无重复记录”复选框。

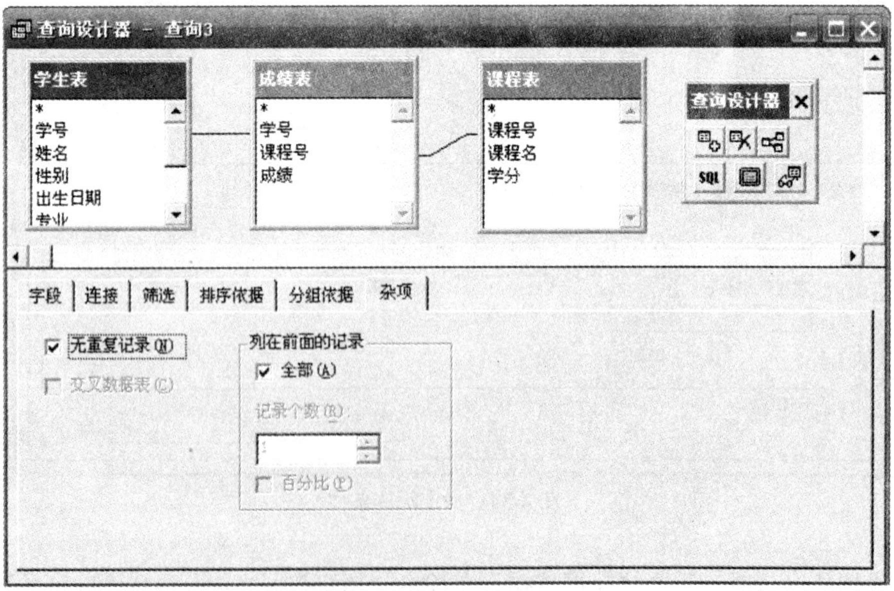

图 4-36 设置“杂项”

⑪ 设置查询去向。单击查询设计器工具栏上的“查询去向”按钮，打开“查询去向”对话框，设置“查询去向”为“浏览”，如图 4-37 所示。

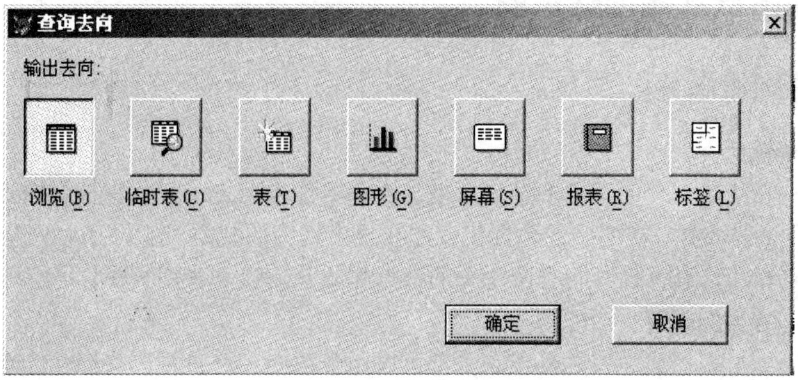

图 4-37 “查询去向”对话框

此时，单击查询设计器工具栏上的“显示 SQL 窗口”按钮查看此查询的 SQL 代码，如图 4-38 所示。可以发现自动生成的 SQL 代码是只读的，只能通过查询设计器中的设置来更改代码。

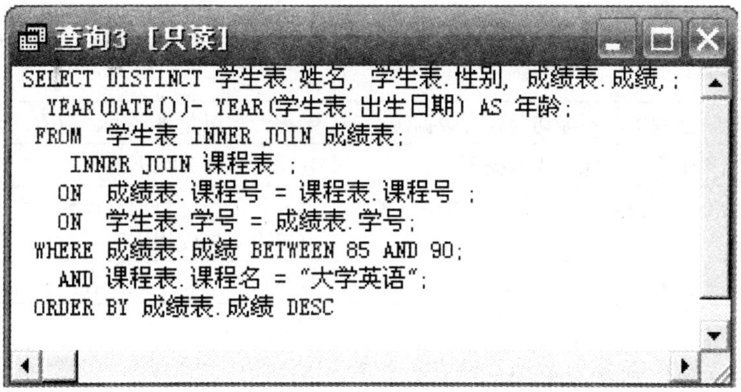

图 4-38 例 4-28 的 SQL 代码

⑫ 运行查询。单击工具栏上的“运行”按钮来运行查询，结果如图 4-39 所示。

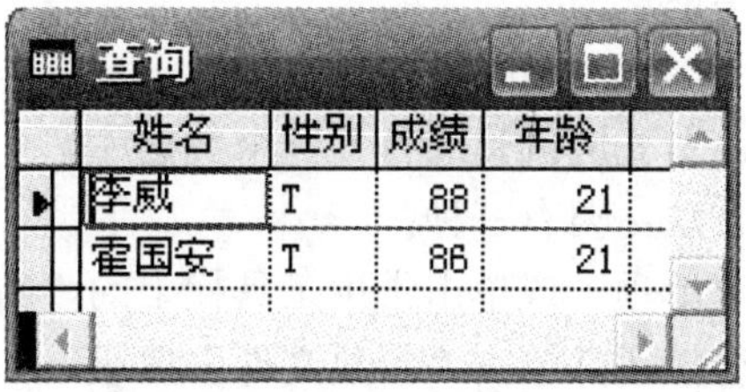

姓名	性别	成绩	年龄
李威	T	88	21
霍国安	T	86	21

图 4-39 例 4-28 的查询结果

⑬ 保存查询。选择“文件”菜单中的“保存”命令，将查询文件保存为“例 4-28. QPR”。

4.4 用视图设计器创建视图

4.4.1 视图的概念

1. 视图的概念

视图是一个从基本表中导出的逻辑虚表，它并不像基本表一样物理地存在于磁盘中，视图没有自己的数据实体。视图中的数据仍存放在导出视图的基本表中，因此视图是一个虚表。视图不能独立存在，只有打开与视图相关的数据库才能创建和使用视图。

2. 视图与查询的区别

视图的操作与表相似，表的操作大多都可以用于视图。通过视图可以从一个或多个表中获取满足条件的记录，也可以更新表，并把更新结果送回到源表中。创建视图和创建查询相似，主要区别在于视图是可以更新的，而查询是不能被更新的。查询和视图的主要区别见表 4-3。

表 4-3　　**查询和视图的区别**

查　询	视　图
利用查询设计器生成的. qpr 文件是完全独立的，不依赖于任何数据库和表	利用视图设计器生成的. vue 的文件不是一个独立存在的文件，要在数据库中使用，从属于数据库
数据源只能是本地表或视图，不能访问远程数据源	数据源可以是本地表、视图、远程数据源
查询只能是一种结果输出，不能作为数据源	视图可以作为数据源
查询文件可以以命令方式被执行，也可以通过浏览窗口去访问它	用户不能像可执行文件那样去执行它，只能通过浏览方式去使用它
查询只能被浏览，不能修改结果	视图可以更新字段内容，并且返回到源表中

Visual FoxPro 的视图分为本地视图和远程视图两种。本地视图是从当前数据库的表或者其他视图中选取信息，而远程视图是从当前数据库外的数据源选取数据。

4.4.2 视图设计器

可以通过“视图向导”、“视图设计器”和“命令”的方式来创建视图，下面重点介绍如何用“视图设计器”来创建本地视图。

1. 启动“视图设计器”

启动“视图设计器”时，首先应创建或打开一个数据库。

启动“视图设计器”的方法主要有三种：

① 选择“文件|新建”菜单项，或单击常用工具栏上的“新建”按钮，打开“新建”对话框，然后选择“视图”单选按钮并单击“新建文件”按钮。

② 打开“数据库设计器”，单击“数据库”菜单中的“新建本地视图”命令，在“新建本地视图”对话框中，单击“新建视图”按钮。

③ 打开“项目管理器”，选择“数据库”项，在列表中选定“本地视图”，单击“新建”按钮。

2. 视图设计器界面

视图设计器的窗口界面和使用方法与查询设计器非常相似，不同的是：在视图设计器中多了一个“更新条件”选项卡，它可以控制更新，而在视图工具栏中没有“查询去向”按钮。这里先介绍一下视图设计器中“更新条件”选项卡的功能和用法。

单击“更新条件”选项卡，如图4-40所示，该选项卡用于设定更新数据的条件，其各选项的含义如下：

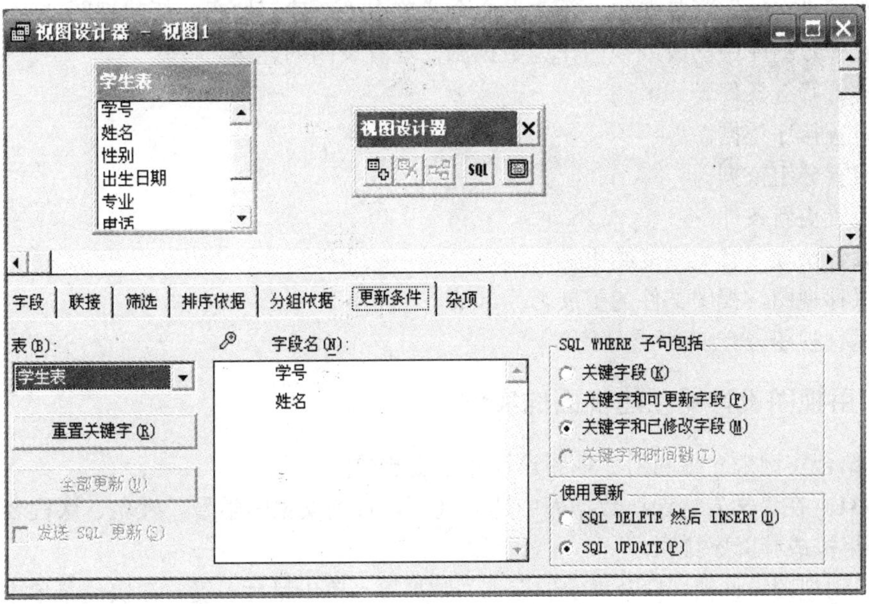

图4-40 视图设计器——更新条件

（1）表

列表框中列出了添加到当前视图设计器中所有的表，从其下拉列表中可以指定视图文件中允许更新的表。

（2）字段名

该列表框中列出了可以更新的字段。其中有钥匙符号的为指定字段是否为关键字段，该字段若打上对号“√”标志则该字段为关键字段；有铅笔符号的为指定的字段是否可以更新，该字段若打上对号“√”标志，则该字段可以更新。

（3）发送SQL更新

用于指定是否将视图中的更新结果返回源表中。

（4）SQL WHERE子句

在多用户环境下，当通过视图更新源表中的数据时，其他用户可能也在通过某种方法修改源表中的数据。为了避免冲突，Visual FoxPro采取的方法是：在对源表更新之前，Visual FoxPro首先检查数据被提取到视图后，源表中的受检测的字段是否已被其他用户修改过，如果修改过，就不允许将视图中的更新返回到源表中。

（5）使用更新

用于指定后台服务器更新的方法。其中“SQL DELETE 然后 INSERT”选项的含义为在修改源数据表时，先将要修改的记录删除，然后再根据视图中的修改结果插入一条新记录。“SQL UPDATE”选项为根据视图中的修改结果直接修改源数据表中的记录。

4.4.3 用视图设计器创建视图的步骤

利用视图查询设计器创建视图的步骤如下：

① 打开用于保存视图的数据库。

② 选择“文件”菜单中的“新建”命令或单击“新建”按钮，新建视图。

③ 选择数据库中的表或视图作为数据源，设置表间的连接。

④ 设置筛选条件。

⑤ 设置排序依据。

⑥ 设置分组依据。

⑦ 设置更新条件。

⑧ 设置杂项（有无重复结果等）。

⑨ 保存视图，视图文件的扩展名为. vue。

⑩ 运行视图。

4.4.4 用视图设计器创建视图的实例

下面结合实例来介绍利用“视图设计器”创建视图的方法。

例 4-31 在“学生选课”数据库中建立视图，查询女生的学号、姓名、课程名和成绩信息，将结果按成绩降序排列。

① 启动视图设计器。打开“学生选课”数据库，单击鼠标右键，在快捷菜单中选择“新建本地视图”命令，进入“新建本地视图”对话框，然后单击“新建视图”按钮，进入视图设计器，如图 4-41 所示。

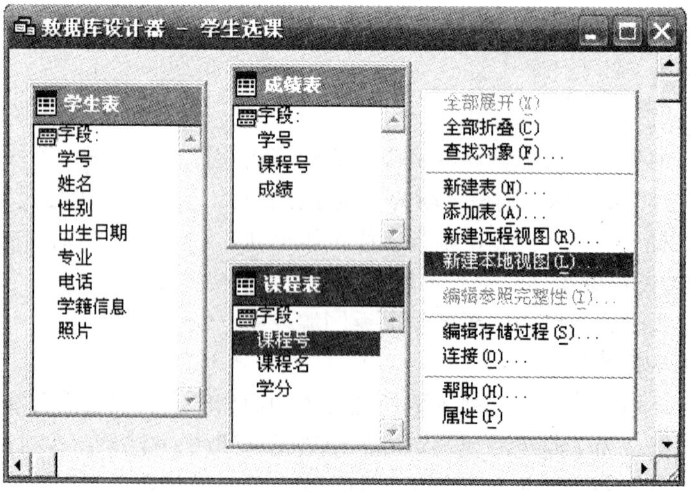

图 4-41 启动视图设计器

② 添加表与选择字段。在视图设计器中添加学生表、课程表和成绩表，并在“字段”选项卡中选择“学生表. 学号”、“学生表. 姓名”、“课程表. 课程名”和“成绩表. 成绩”字段，如图 4-42 所示。

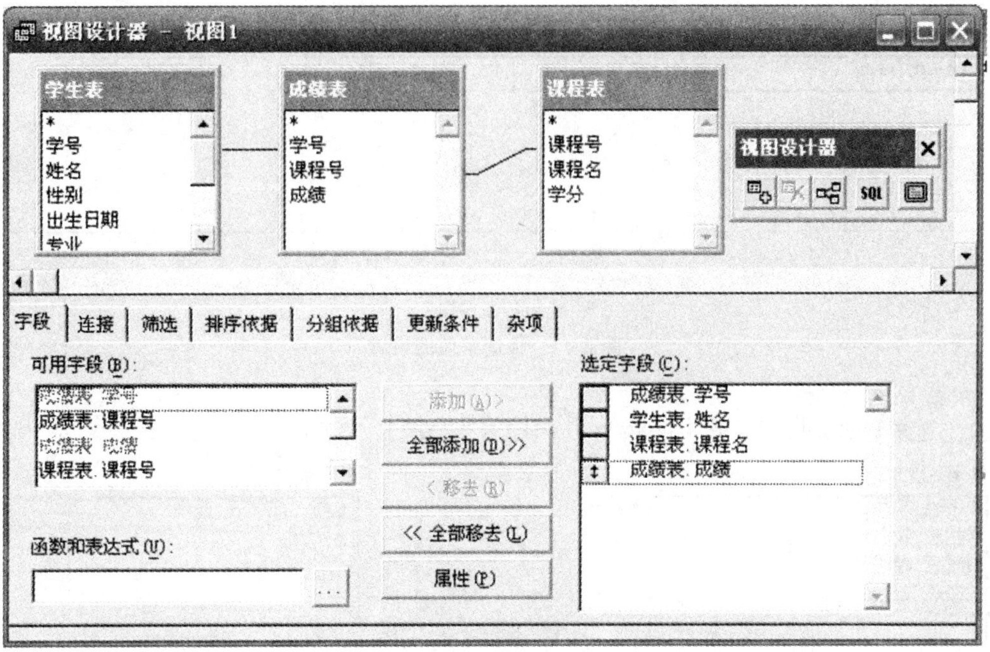

图 4-42 添加选定字段

③ 设置连接条件。连接条件设置如图 4-43 所示，如果 Visual FoxPro 自动设置的连接条件不符合用户的需要，可以手工修改。

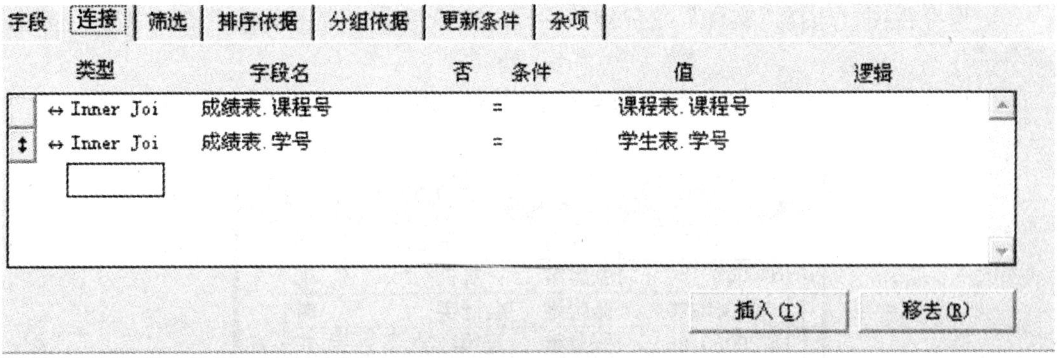

图 4-43 连接条件的设置

④ 设置筛选条件。单击“筛选”选项卡，在“字段名”下拉列表框中选择“学生表. 性别”字段，设置筛选条件为“=”运算符，在“实例”输入框中输入“. F. ”，如图 4-44 所示。

⑤ 设置排序依据。选择“排序依据”选项卡，指定按照成绩降序排列查询结果记录。

从“选定字段”中将“成绩表.成绩”添加到“排序条件”对话框中，在“排序选项”选项组中选中“降序”单选按钮，如图 4-45 所示。

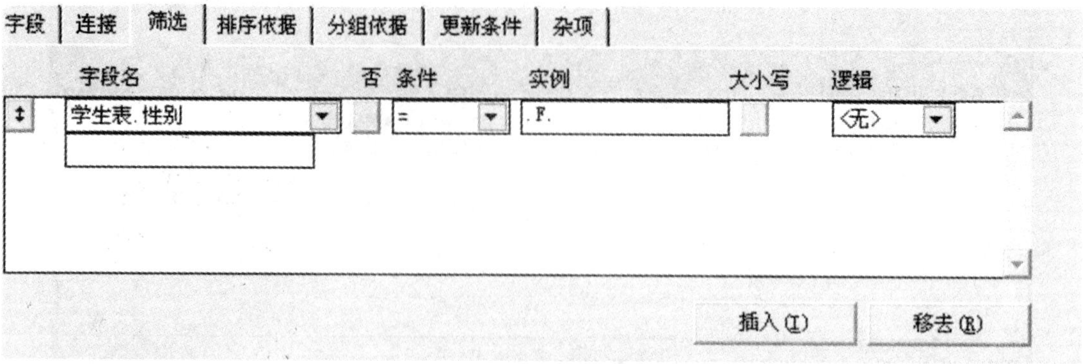

图 4-44　筛选条件的设置

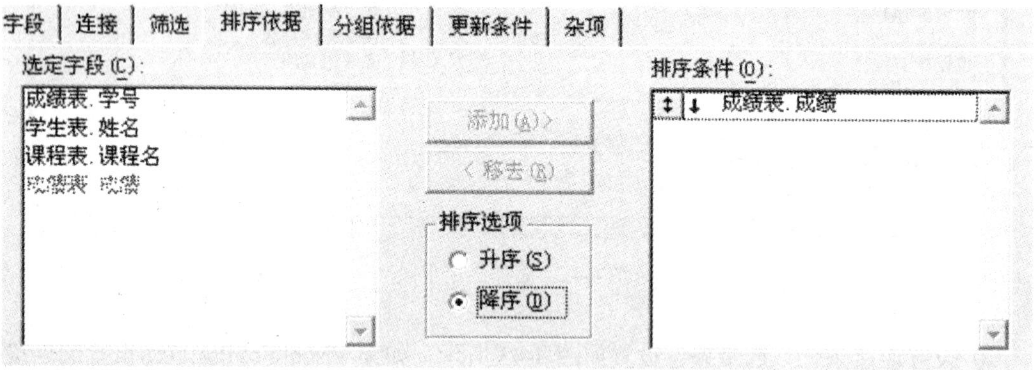

图 4-45　设置排序依据

⑥ 保存视图。选择“文件”菜单中“保存”命令或单击常用工具栏中“保存”按钮，保存视图。

⑦ 运行视图。单击工具栏上的 ! 运行按钮运行视图，运行结果如图 4-46 所示。

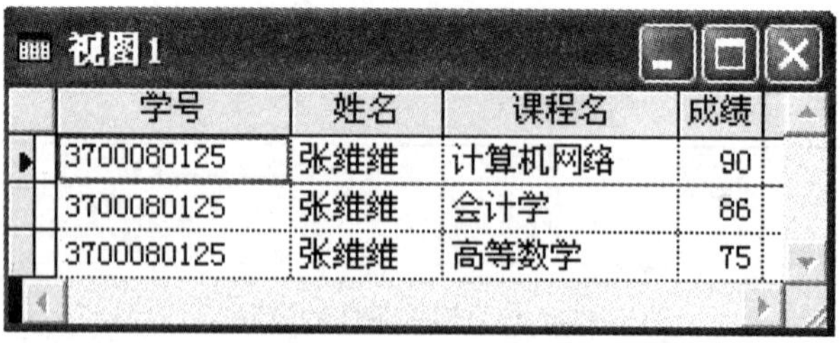

图 4-46　例 4-29 的视图运行结果

习 题

一、选择题

1. 以下关于视图的描述中，正确的是（ ）。
   A. 只能由自由表创建视图　　B. 不能由自由表创建视图
   C. 只能由数据库表创建视图　　D. 可以由各种表创建视图
2. 关于查询与视图，以下说法错误的是（ ）。
   A. 查询和视图都可以从一个或多个表中提取数据
   B. 视图是完全独立的，它不依赖于数据库的存在而存在
   C. 可以通过视图更新数据源表的数据
   D. 查询是作为文本文件，以扩展名.qpr 存储的
3. 如果在屏幕上直接看到查询结果，“查询去向”应选择（ ）。
   A. 屏幕　B. 浏览　C. 临时表或屏幕　D. 浏览或屏幕
4. 查询设计器用来指定查询条件的选项卡是（ ）。
   A. 筛选　B. 排序依据　C. 分组依据　D. 杂项
5. 视图设计器含有的，但查询设计器却没有的选项卡是（ ）。
   A. 筛选　B. 排序依据　C. 分组依据　D. 更新条件
6. 使用 SQL 语句进行分组查询，下列说法正确的是（ ）。
   A. 使用 WHERE 子句
   B. 在 GROUP BY 后面使用 HAVING 子句
   C. 先使用 WHERE 子句，再使用 WHERE 子句
   D. 先使用 HAVING 子句，再使用 WHERE 子句
7. 在 SQL-SELECT 中，“DELETE FROM 商品 WHERE 价格>10”语句的功能是（ ）。
   A. 删除“商品”表
   B. 从“商品”表中删除价格大于 10 的商品
   C. 为“商品”表中价格大于 10 的商品添加删除标记
   D. 物理删除“商品”表中价格大于 10 的商品
8. 假设有两张表 BOOK 和 AUTHOR，下面 SQL 语句的运行结果是（ ）。

```
SELECT BOOK. BOOK_NAME, AUTHOR. AUTHOR_NAME;
FROM BOOK, AUTHOR;
WHERE BOOK. AUTHOR_ID=AUTHOR. AUTHOR_ID
```

   A. 所有书籍信息　　B. 书籍的书名和作者信息
   C. 两个表中的所有信息　　D. 所有书籍的作者的信息
9. 有一个“选课”表，包括“课号”、“学号”、“姓名”、“成绩”等字段，则下面语句的功能是（ ）。

```
SELECT 课号，AVG(成绩) FROM 选课 GROUP BY 课号 HAVING 课号>=2
```

   A. “选课”表中所有学生的平均成绩
   B. “选课”表中课号大于等于 2 的学生的平均成绩

C. “选课”表中课号大于等于 2 的学生的平均成绩，并按课号进行分组

D. 查询所有选修了两门课程的学生的平均成绩

10. 下列（　）子句不可以在 SQL-SELECT 中单独使用。

A. FROM　　B. ORDER BY　　C. GROUP BY　　D. HAVING

二、填空题

1. 查询的设置保存在扩展名为__________的查询文件中，而视图的定义保存在扩展名为__________的文件中。

2. 在 Visual FoxPro 中，查询的数据可以来源于数据库表、临时表和__________。

3. 视图包括本地视图和__________。

4. SQL 包括了数据定义、数据操纵、数据控制和__________。

5. 从职工数据库表中计算工资合计的 SQL 语句是 SELECT __________ FROM 职工。

6. 设有学生选课表 SC（学号，课程号，成绩），用 SQL 检索成绩大于 80 分的课程的语句是：SELECT 学号，课程号，成绩 FROM SC ______________ 。

7. 关系数据库标准语言 SQL 的全称是______________。在 SQL 语句中，实现数据检索的语句是__________，用于限定条件的短语是__________，对查询结果进行排序的子句是__________，设置分组的子句是__________，设置分组结果的筛选条件的子句是__________。

三、简答题

1. SQL 语言有什么特点？SQL-SELECT 的常用子句有哪些？

2. 什么是查询？什么是视图？二者有什么区别？

3. 为什么说“视图”是一个虚表？

4. 建立查询要经过哪些步骤？

四、操作题

1. 用 SQL 语句，完成下列操作：

（1）查询学生表中土木工程专业的女生信息，包括“专业”、“姓名”、“性别”3 个字段，并按姓名排序。

（2）查询姓“刘”的学生选修课程成绩。

（3）查询男、女生的大学英语平均成绩。

（4）求选修了各门课程的学生人数。

（5）查询选修课程“C 语言”的学生的学号和姓名。

（6）查询男生选修的课程名。

2. 用查询设计器重做第 1 题。

3. 用视图设计器创建“学生成绩”视图，显示“学号”、“姓名”、“课程名”和“成绩”字段，查询结果按照成绩降序排列，查询去向为屏幕。

第5章　程序设计基础

【学习目的与要求】本章将系统介绍面向过程程序设计的方法。主要包括程序文件的概念、程序文件的建立、编辑及运行，程序中基本输入和输出命令的使用，顺序结构、分支结构和循环结构程序设计以及过程和过程文件的设计等内容。

通过对本章内容的学习，要求了解程序文件的基本概念，掌握程序文件的建立、编辑和运行方法，重点在掌握 IF 语句、DO CASE 语句、DO WHILE 语句、FOR 语句和 SCAN 语句用法的基础上能够灵活的应用。

5.1　程序文件

5.1.1　程序的基本概念

Visual FoxPro 系统提供了三种工作方式，即命令方式、菜单方式和程序文件方式。在前面的章节中，介绍了 Visual FoxPro 系统中如何利用命令方式和菜单方式实现数据库的操作。这两种操作方式虽然简便、直观，但处理效率低，无法高效、灵活的解决复杂的数据库管理问题。在实际的数据库应用中，程序文件方式是最重要的操作方式，也是最常用的方式。

1. 程序文件的概念

程序文件（简称程序）也称命令文件。在 Visual FoxPro 环境下，通过程序文件编辑工具，将数据库操作命令和系统环境设置命令集中在一个扩展名为.prg 程序文件中，然后通过菜单方式或命令方式运行程序文件。程序在运行过程中，系统会按照一定的次序自动执行包含在程序文件中命令。与交互操作方式相比，采用程序文件方式的好处：可以方便地输入、编辑和保存程序；可以用多种方式、多次运行程序；还可以在一个程序中调用另一个程序。

2. 程序的书写规则

编写 Visual FoxPro 程序时，应注意以下几点：

① 程序中每条命令都以回车键结束，一行只能写一条命令。

② 如果一条命令较长，可以分成多行书写，在本行末尾输入续行符“;”，然后按回车键，在下一行继续书写。

③ 为了提高程序的可读性，可在程序中加入以注释符“*”开头的注释语句，说明程序的功能；也可以在每一条命令的行尾添加注释，这种注释以注释符“&&”开头，注明每条语句的功能及含义。

例如：
```
SET CENTURY ON        &&设置日期中显示世纪
? DATE()              &&显示系统当前的日期
RELEASE x,y
*清除内存变量 x 和 y
```

5.1.2 程序文件的建立与执行

1. 使用 Modify Command 命令建立、编辑程序文件

格式：Modify Command [<程序文件名>]

功能：打开程序文件编辑窗口，创建、编辑和修改程序文件。

说明：

① 若命令中缺省<文件名>，则新建以<程序 1>、<程序 2>等命名的系统默认程序文件，在保存时，用户需给定文件名。

② <文件名>可以包含盘符和路径，若不加路径，则文件被保存在当前文件夹中。若<文件名>中缺省扩展名，则系统自动加上扩展名.prg。

③ 在命令中使用<文件名>，如果该文件不存在，则打开以该文件名为标题的程序编辑窗口，输入程序内容，新建该文件；如果该文件已存在，则打开该文件重新进行编辑修改。

例 5-1 用命令操作方式建立和编辑名为 prog1.prg 的程序文件，其功能是先将学生表.dbf 复制到 xs.dbf 中，然后物理删除 xs.dbf 中的所有男生记录，并显示结果。

操作步骤如下：

① 在命令窗口中输入命令“Modify Command prog1.prg”，打开程序编辑窗口。

② 在程序编辑窗口中逐条输入如图 5-1 所示的程序代码。

图 5-1 prog1.prg 源程序代码

③ 单击“关闭”按钮，在弹出的系统提示对话框中单击“是”按钮，如图 5-2 所示。程序文件保存在默认文件夹中。若单击主菜单中的“保存”按钮，或按 Ctrl+W 组合键，则直接保存，不弹出图 5-2 所示对话框。

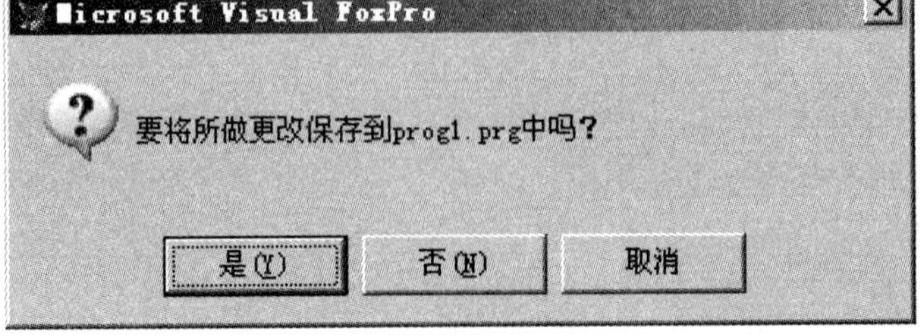

图 5-2 直接关闭程序窗口时弹出的对话框

2. 以菜单方式创建、编辑程序文件

（1）以菜单方式创建程序文件

操作步骤如下：

① 打开“文件”菜单，选择“新建”命令，进入“新建”对话框，如图 5-3 所示。

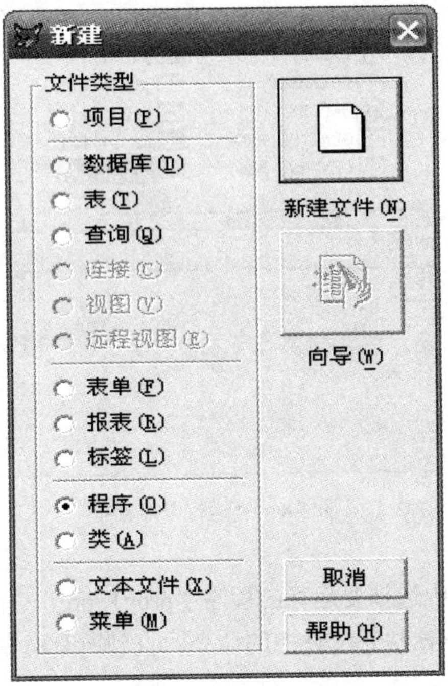

图 5-3　“新建”对话框

② 在“新建”对话框，选择“程序”选项，单击“新建”按钮，进入“程序”编辑窗口。

③ 在“程序”编辑窗口，输入程序文件并保存。

（2）以菜单方式编辑程序文件

操作步骤如下：

① 打开“文件”菜单，选择“打开”命令 ，进入“打开”对话框。

② 在“打开”对话框，输入程序文件名，按“确定”按钮，进入“程序”编辑窗口。

③ 在“程序”编辑窗口，编辑该程序文件并保存。

3．程序文件的执行

可以用命令方式、菜单操作方式运行程序。

（1）使用 DO 命令运行程序文件

格式：DO <程序文件名>

功能：运行<程序文件名>为名的程序文件。

例如：在命令窗口中输入命令“DO prog1. prg”，就可执行 prog1. prg 程序。

（2）以菜单方式运行程序文件

操作步骤如下：

① 选择“程序”菜单中的“运行”命令，进入“运行”对话框，如图 5-4 所示。

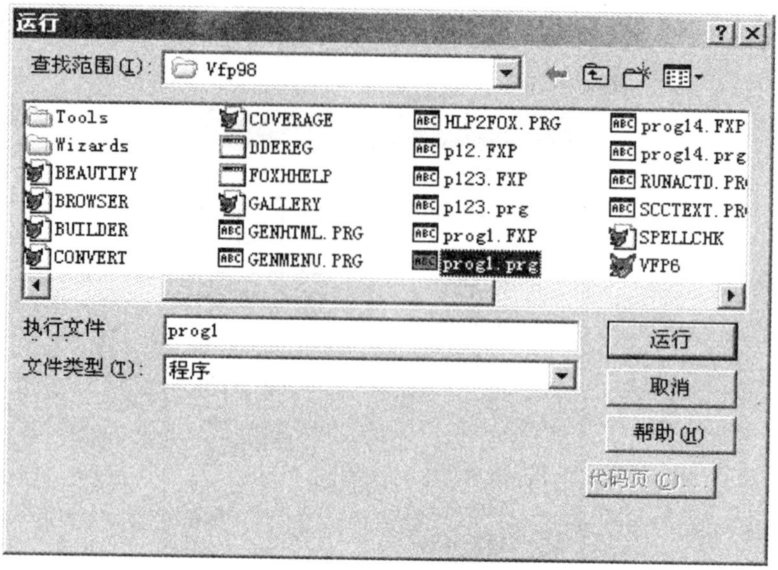

图 5-4　“运行”对话框

② 在“运行”对话框中选择要运行的程序“prog1.prg”，单击“运行”按钮。

执行程序文件时，将依次执行文件中的命令，直到所有命令执行完毕，或者执行到以下命令：

- CANCEL：终止程序的运行，清除所有的私有变量，返回命令窗口。
- RETURN：结束程序的执行，返回调用它的上级程序，若无上级程序则返回命令窗口。
- QUIT：结束程序运行并退出 Visual FoxPro 系统，返回到 Windows 环境。

5.2　程序的基本结构

同其他高级语言程序相似，Visual FoxPro 程序也有三种基本结构，即顺序结构、分支结构和循环结构。下面分别介绍这三种基本结构的使用方法。

5.2.1　顺序结构

顺序结构是程序中最简单、最常用的基本结构。顺序结构的程序运行时按程序中语句排列的先后顺序，一条接一条地依次执行，直到最后一条命令或遇到 RETURN 命令时为止。顺序结构流程图如图 5-5 所示。

格式：……

<语句序列 1>

<语句序列 2>

……

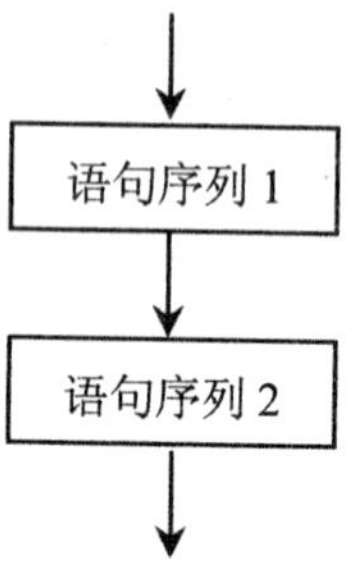

图 5-5　顺序结构流程图

交互输入/输出命令是构成顺序结构的主要组成部分。

1. 任意数据输入命令

格式：INPUT [<提示信息>] TO <内存变量>

功能：暂停程序的运行，等待用户从键盘输入数据，并把输入的数据存放到指定的内存变量中。

说明：

① <提示信息>可缺省，缺省时则不显示任何信息，否则输出提示信息。

② INPUT 命令可以接收字符型、数值型、日期型和逻辑型数据。其中，输入字符串必须用定界符括起来；输入数值或表达式，不加任何定界符；输入日期型数据，除使用日期型的格式外，还要用花括号括起来，该命令以回车作为结束符。

③ INPUT 命令不允许不输入任何内容直接按回车键。

例 5-2　求任意半径圆的面积，程序文件名 area. prg。

```
* area. prg
CLEAR                                  &&清屏幕
P=3.14                                 &&P 为圆周率
INPUT "请输入圆的半径：" TO R          &&R 为圆的半径
S=P*R*R                                &&S 为圆的面积
?S                                     &&在主窗口中显示面积的大小
```

程序的运行结果如图 5-6 所示。

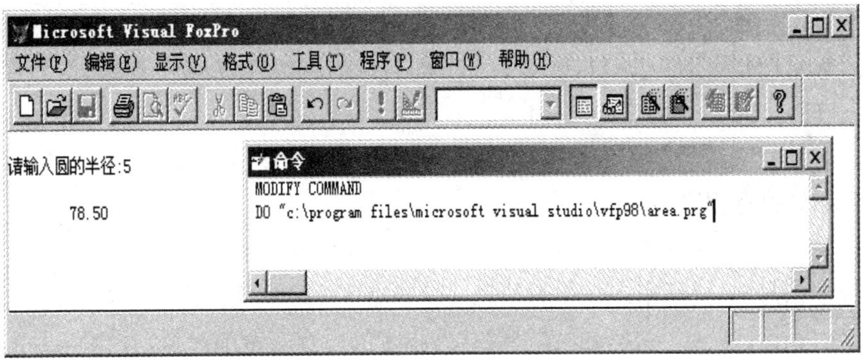

图 5-6　例 5-2 程序运行结果

2. 字符串输入命令

格式：ACCEPT [<提示信息>] TO <内存变量>

功能：暂停程序的运行，等待用户从键盘输入字符串，并把输入的字符串存放到指定的内存变量，程序继续运行。

说明：

① <提示信息>选项和 INPUT 命令用法相同。

② ACCEPT 命令只能接收字符串，输入字符串时不需要加定界符。

③ 如果不输入任何内容而直接按回车键，系统会把空串赋给指定的内存变量。

例 5-3 编写程序文件 prog3. prg，要求根据指定学号，显示相应的姓名、性别、出生日期和专业信息。

```
* prog3. prg
CLEAR                                                    &&清屏幕
USE 学生表                                               &&打开学生表
ACCEPT "请输入学号:" TO XH                               &&输入学号值
SELECT 姓名,性别,出生日期,专业 FROM 学生表 WHERE 学号=XH
USE
RETURN
```

程序的运行结果如图 5-7 所示。

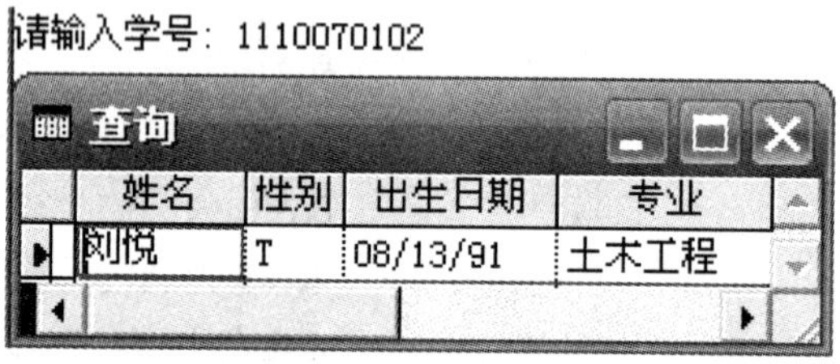

图 5-7 例 5-3 程序运行结果

3. 单字符输入命令

格式：WAIT [<提示信息>] [TO <内存变量>] [WINDOW [AT <行, 列>]]
[TIMEOUT <数值表达式>]

功能：暂停程序运行，并在屏幕显示提示信息，等待用户从键盘输入一个字符赋给内存变量，然后继续执行程序。

说明：

① <提示信息>：提示用户操作的信息，若省略则显示默认信息“按任意键继续…”。

② TO <内存变量>：将输入的字符保存到指定的内存变量中。否则，输入字符不保存。

③ WINDOW [AT<行, 列>]：在屏幕上显示一个 WAIT 提示窗口。提示窗口的位置由 AT<行, 列>值指定，缺省 AT<行, 列>显示在屏幕的右上角。

④ TIMEOUT <数值表达式>：由<数值表达式>指定等待输入的秒数。若超出秒数，则不等待自动往下执行。

例 5-4 WAIT 命令的应用举例。

```
WAIT "继续? " WINDOW AT 8,60 TIME 10
```

命令执行时，在主屏幕第 8 行，60 列位置出现一个提示窗口，显示提示信息“继续”之后，程序暂停执行，如图 5-8 所示。当用户按任意键或超过 10 秒钟时，提示窗口关闭，程序继续执行。

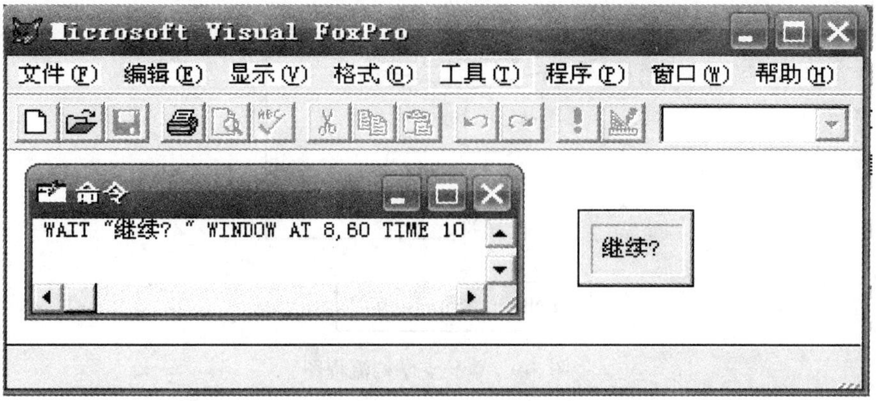

图 5-8 例 5-4 运行结果

4. 简单格式输出命令

格式：@ <行, 列> [SAY <表达式>]

功能：在屏幕指定行、列输出 SAY 子句表达式的值。

说明：

① <行, 列>：数据在窗口中显示的位置，起始行号和起始列号均为 0。

② <SAY 表达式>：输出表达式的值，缺省时输出一个空行。

例 5-5 @ 5,10 SAY "欢迎使用 Visual FoxPro 系统！"
@ 6,10

执行结果：在屏幕第 5 行，第 10 列显示“欢迎使用 Visual FoxPro 系统！”，在第 6 行输出一个空行。

5.2.2 分支结构

分支结构也称选择结构，在程序执行过程中，根据不同的条件，选择执行不同的程序语句，用来解决有选择，有转移的诸多问题。Visual FoxPro 提供三种分支结构语句，分别是单分支 IF 语句、双分支 IF…ELSE 语句和多分支 DO CASE 语句。

1. 单分支语句

单分支语句根据条件表达式的值，决定某一操作是否执行。

格式：IF <条件表达式>
    <语句序列>
  ENDIF

功能：语句执行时，先计算<条件表达式>的值，如果<条件表达式>的值为真，执行<语句序列>；否则，执行 ENDIF 后面的语句。

单分支语句流程图如图 5-9 所示。

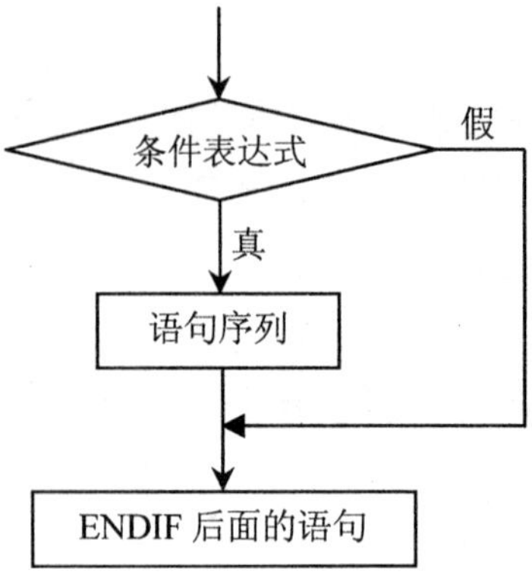

图 5-9　单分支结构流程图

例 5-6　编写程序 prog6. prg，显示成绩表中第一个选修课程号为“004”的记录信息。

```
* prog6. prg
CLEAR
USE  成绩表
LOCATE  FOR  课程号="004"
IF FOUND()
   DISPLAY
ENDIF
USE
RETURN
```

程序运行结果如图 5-10 所示。

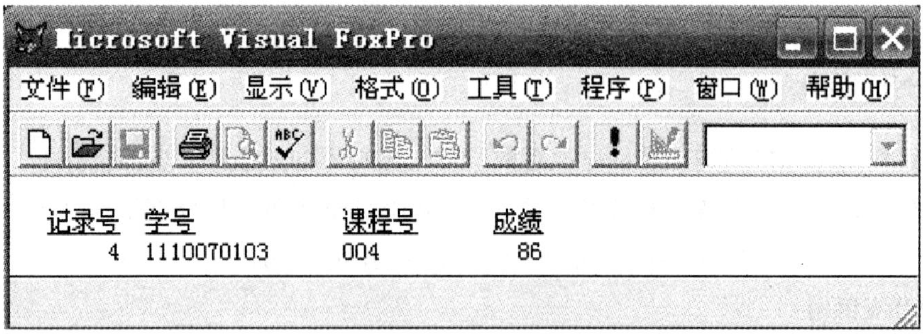

图 5-10　例 5-6 程序运行结果

2. 双分支语句

双分支语句根据条件表达式的值，从两个操作中选择一个来执行。

格式：IF <条件表达式>

```
        <语句序列 1>
    ELSE
        <语句序列 2>
```

ENDIF

功能：语句执行时，先计算<条件表达式>的值，如果<条件表达式>的值为真，执行<语句序列 1>；否则，执行<语句序列 2>；执行完<语句序列 1>或<语句序列 2>后都执行 ENDIF 后面的语句。

双分支语句流程图如图 5-11 所示。

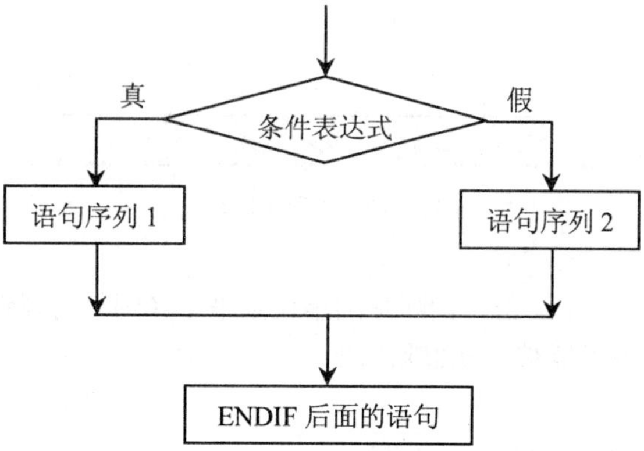

图 5-11　双分支结构流程图

说明：

① IF、ELSE、ENDIF 必须各占一行。

② IF 和 ENDIF 必须配对使用，而 ELSE 可以选择出现。

③ <条件表达式>可以是逻辑表达式或关系表达式。

④ <语句序列 1>和<语句序列 2>中还可以包含 IF 语句，即 IF 语句可以嵌套。

例 5-7　编写程序 prog7. prg，在学生表中查找某人，若找到则显示该记录，否则输出“无此学生！”

```
* prog7. prg
CLEAR
USE 学生表
INPUT "输入学号: " TO XH           &&从键盘输入待查学生的学号
LOCATE FOR 学号=XH                 &&根据输入的学号在表中查找该记录
IF FOUND()                         &&若 FOUND()函数值为真，表示找到记录
  DISPLAY                          &&显示记录
ELSE
  ?"无此学生!"                     &&若 FOUND()函数值为假，表示无此记录
ENDIF
USE
RETURN
```

两次运行结果如图 5-12 所示。

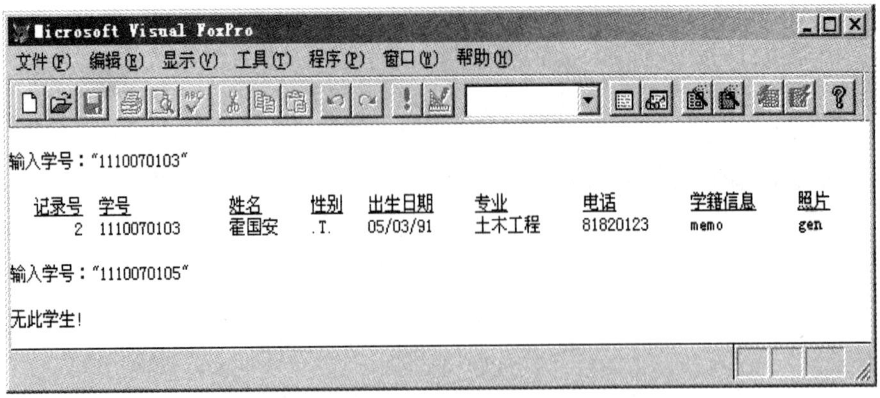

图 5-12　例 5-7 程序运行结果

例 5-8　从键盘输入一个年份，判断是闰年还是平年（闰年的判断条件是年号能被 4 整除但不能被 100 整除，或者能被 400 整除）。

```
* prog8. prg
INPUT "请输入年份: " TO Y
IF MOD(Y, 4)=0  AND MOD(Y, 100) < > 0 OR MOD(Y, 400)=0
   ? STR(Y)+"年是闰年"
ELSE
   ? STR(Y)+"年是平年"
ENDIF
CANCEL
```

两次运行结果如图 5-13 所示。

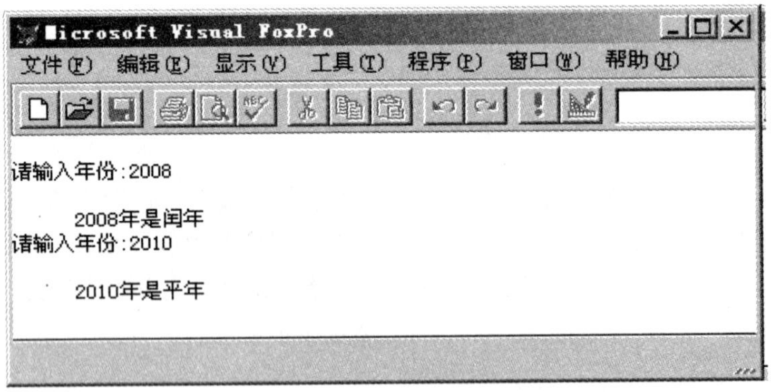

图 5-13　例 5-8 程序运行结果

3. 多分支语句

多分支语句根据多个条件表达式的值，从多个操作中选择一个来执行。

格式：DO CASE

　　　CASE <条件表达式 1>

```
    <语句序列 1>
[CASE <条件表达式 2>
    <语句序列 2>
      ……
CASE <条件表达式 N>
    <语句序列 N>]
[OTHERWISE
    <语句序列 N+1>]
ENDCASE
```

功能：语句执行时，依次判断 CASE 后面的条件是否成立。若某个<条件表达式>的值为真，则执行 CASE 对应的语句序列，然后执行 ENDCASE 后面的语句。当所有 CASE 中<条件表达式>均为假时，如果有 OTHERWISE 语句，则执行<语句序列 N+1>，然后再执行 ENDCASE 后面的语句，否则直接执行 ENDCASE 后面的语句。

多分支语句流程图如图 5-14 所示。

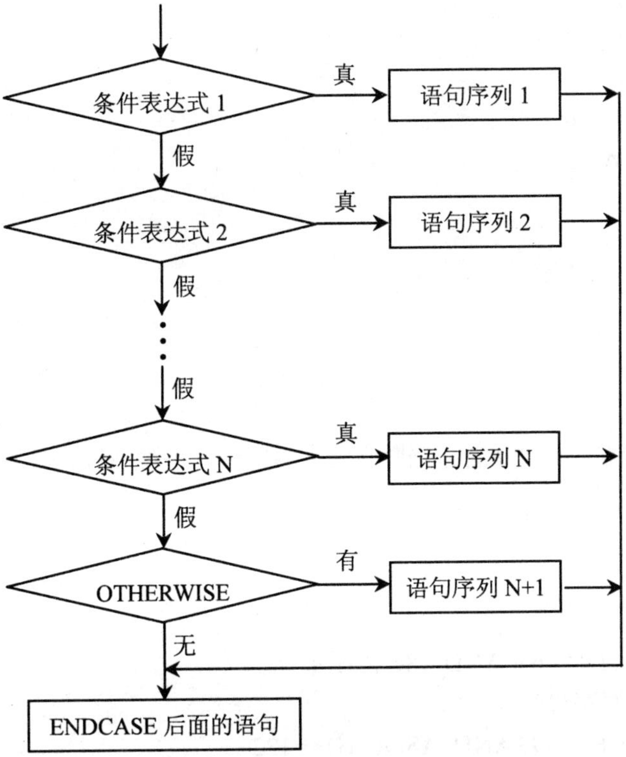

图 5-14　多分支结构流程图

说明：

① DO CASE 与第一个 CASE<条件表达式>之间不应有任何命令。

② DO CASE…ENDCASE 必须配对使用，且 DO CASE、CASE、OTHERWISE、ENDCASE 各子句必须各占一行。

③ <条件表达式>可以是各种表达式或函数的组合，其值必须是逻辑值。

④ DO CASE…ENDCASE 命令，每次最多只能执行一个<语句序列>。在多项的<条件表达式>值为真时，只执行第一个<条件表达式>值为真的<语句序列>，然后执行 ENDCASE 后面的第一条命令。

例 5-9 假设收入（P）与税率（R）的关系如下表，编写程序求税金。

$$R=\begin{cases} 0 & P<800 \\ 0.05 & 800 \leqslant P<2000 \\ 0.08 & 2000 \leqslant P<5000 \\ 0.1 & P \geqslant 5000 \end{cases}$$

其中：税金=收入*税率

```
* prog9. prg
CLEAR
INPUT "请输入收入: "TO P
DO CASE
    CASE  P<800
       R=0
    CASE  P<2000
       R=0.05
    CASE  P<5000
       R=0.08
OTHERWISE
       R=0.1
ENDCASE
TAX=P*R
? "税金为：", TAX
```

例 5-10 从键盘输入一个字符，判断它是大写字母、小写字母、数字字符还是其他特殊字符。

```
* prog10. prg
ACCEPT "请输入一个字符: " TO CH
DO CASE
    CASE  ASC(CH)>=65  AND ASC(CH)<=90
    ? CH,  "是大写字母"
    CASE  ASC(CH)>=97 AND  ASC(CH)<=122
    ? CH, "是小写字母"
    CASE  CH>="0" AND CH<="9"
    ? CH, "是数字字符"
    OTHERWISE
    ? CH, "是其他特殊字符"
ENDCASE
```

CANCEL

5.2.3　循环结构

循环结构也称为重复结构，是指程序在执行过程中，其中的某段代码被重复执行若干次。循环结构的特点是：当给出的循环条件为真时，反复执行某段代码，被重复执行的代码段，称为循环体。当循环条件为假时，则终止循环体的执行。实际上，循环结构就是由循环条件控制循环体是否重复执行的一种语句结构。

Visual FoxPro 中提供 DO WHILE、FOR、SCAN 三种循环结构语句。

1. 条件型循环语句

格式：DO WHILE <条件表达式>

　　　　<语句序列>

　　　　[EXIT]

　　　　[LOOP]

　　ENDDO

功能：当<条件表达式>为真时，重复执行 DO WHILE 和 ENDDO 之间的语句序列（循环体），直到<条件表达式>为假，结束该循环语句，执行 ENDDO 后面的语句。

条件型语句流程图如图 5-15 所示。

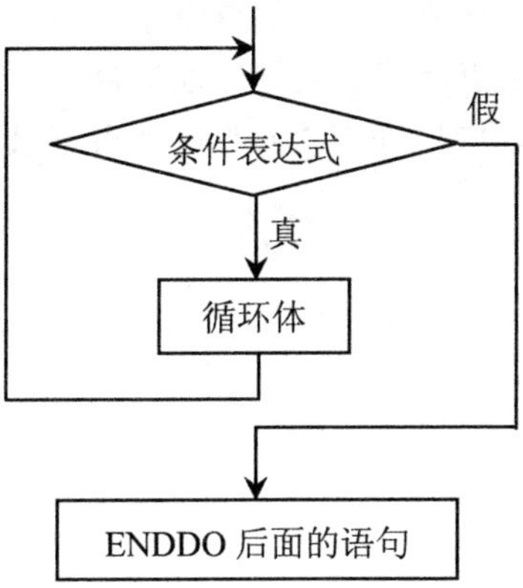

图 5-15　条件循环结构流程图

说明：

① DO WHILE 和 ENDO 语句必须配对使用。

② DO WHILE 和 ENDDO 之间的语句序列称为循环体，循环体是被重复执行的部分，只有当满足循环条件时，才能重复执行循环体。如果第一次判断循环条件时，条件就为假，则循环体一次都不执行。

③ 循环体内应包含使循环趋于结束的命令以避免死循环的发生。

④ LOOP 和 EXIT 只能出现在循环体中。当遇到 LOOP 语句时，程序立即转向 DO WHILE 循环起始语句，而不再执行 LOOP 后面的语句；当遇到 EXIT 语句时，程序立即跳出本层循环，转去执行 ENDDO 后面的语句。设置 EXIT 语句也是防止死循环的一种方法。

例 5-11 编写程序计算 S=1＋2＋3＋…＋100。

分析：用 N 表示每一项，N 的初值为 1，终值为 100。由于每一项的前一项增加 1，就有 N= N+1。求和用 S，S 初值为 0，只要 N<=100，重复做 S = S + N，N = N + 1，直到 N>100，输出 S 值。

```
* prog11. prg
S=0                          &&初始化累加单元
N=1                          &&初始化循环控制变量
DO WHILE N<=100
  S=S+N                      &&将 N 加到 S 中
  N=N+1                      &&修改循环控制变量
ENDDO
? "S=", S                    &&输出结果
RETURN
```

程序执行结果：5050

从本例中可以看出，DO WHILE 循环一般由以下几部分组成：

① 初始部分：通常位于程序开头，用来保证循环程序能够开始执行。

② 循环体：应包括对循环变量的修改，使循环体执行有限次以后能够自动终止。

③ 控制部分：控制部分应保证循环程序按预定条件恰到好处地执行完毕。做到这一点，不仅要选择适当的入口条件，还要给有关的量设定适当的初值，并在循环体中对有关的量进行适当的修改，关键在于这 3 点能够恰到好处地配合。

例 5-12 逐条显示学生表中性别为“女”的所有记录。

```
* prog12. prg
 CLEAR
 USE 学生表
 DO WHILE . NOT. EOF()
 IF 性别=. F.
   DISPLAY
 ENDIF
 SKIP
 ENDDO
 USE
 RETURN
```

例 5-13 编写程序，计算 1～100 所有奇数的和。

```
* prog13. prg
 S=0                         &&初始化累加单元
 N=0                         &&初始化循环控制变量
 DO WHILE N<100
   N=N+1                     &&修改循环控制变量
   IF N%2=0                  &&如果是偶数，则不累加，继续进行下一次的循环
     LOOP
```

```
    ENDIF
    S=S+N                        &&将N加到S中
  ENDDO
  ? "S=", S                      &&输出结果
RETURN
```

注意：LOOP子句的使用方法。

程序执行结果：2500

例5-14 编写程序，输出3～100的所有素数。

```
* prog14. prg
CLEAR
FOR n=3 TO 100 STEP 2
    m=INT(SQRT(n))
    FOR i=3 TO m
        IF MOD(n,i)=0
            EXIT
        ENDIF
    ENDFOR
    IF i>m
        ?? n
    ENDIF
ENDFOR
```

2. 计数型循环语句

计数型循环语句适用于循环次数已知的情况下。它是根据用户设置的循环变量的初值、终值和步长值来决定循环体执行的次数。

格式：FOR <循环变量>=<初值> TO <终值> [STEP <步长>]

　　　　<循环体>

　　ENDFOR|NEXT

功能：首先给<循环变量>赋以初值，并与终值比较，若大于终值，则<循环体>一次也不执行，直接执行ENDFOR后面的语句；否则，依次执行<循环体>语句，遇到ENDFOR后，程序返回到FOR循环初始语句。然后将<循环变量>加上步长，再和终值比较，只要小于等于终值就执行循环体。否则，退出循环体，执行ENDFOR后面的语句。

计数型语句流程图如图5-16所示。

说明：

① FOR和ENDFOR必须配对使用。

② <步长>可缺省，默认值为1。

③ <初值>、<终值>、<步长>都可以是数值表达式。但这些表达式仅在循环语句执行开始时计算一次。在循环语句执行过程中，初值、终值和步长保持不变。

④ 可以在循环体内改变循环变量的值，但这会影响循环体执行的次数。

⑤ FOR语句中可以使用LOOP和EXIT语句，方法与DO WHILE语句相同。

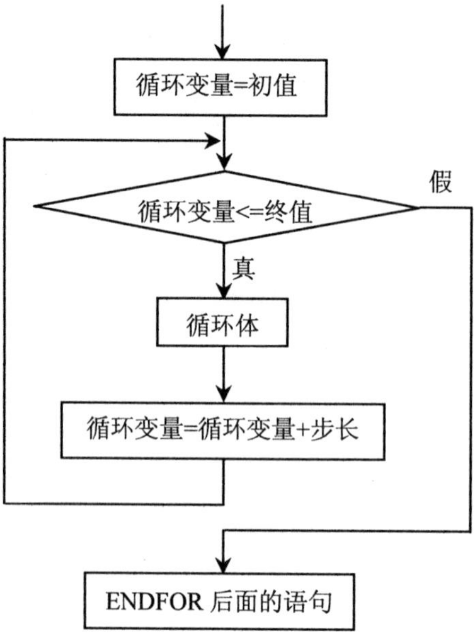

图 5-16　计数型循环结构流程图

例 5-15　用 FOR 循环编写程序计算 S=1＋2＋3＋…＋100。

```
* prog15. prg
CLEAR
S=0                                 &&初始化累加单元
FOR  N=1 TO 100                     &&初始化循环控制变量，默认步长值为 1
  S=S+N                             &&将 N 加到 S 中
ENDFOR
? "S="+LTRIM(STR(S))                &&输出结果
RETURN
```

例 5-16　输入一个字符串，按其逆序输出。

```
* prog16. prg
CLEAR
ACCEPT "请输入字符串:" TO S
L=LEN(S)
FOR N=L TO 1 STEP -1
  ?? SUBSTR(S, N, 1)
ENDFOR
RETURN
```

程序运行结果如图 5-17 所示。

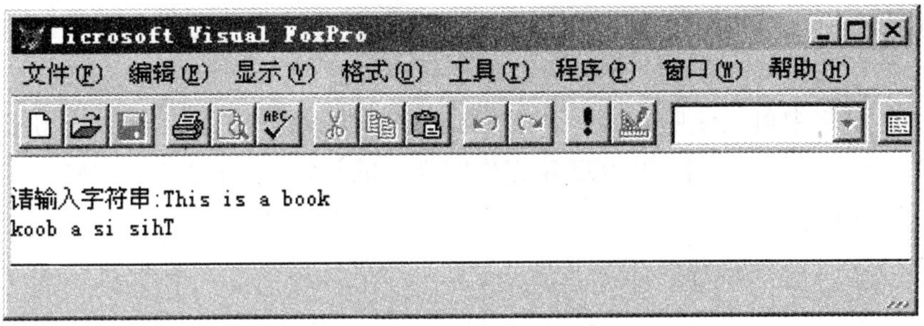

图 5-17　例 5-16 程序运行结果

注：FOR 循环又称为固定次数循环，在循环次数已知的情况下使用它最为方便。若循环次数未知，则最好使用 DO WHILE 循环。

3. 指针型循环语句

指针型语句一般用于处理表中记录，该语句可指明需处理的记录范围及应满足的条件，是 Visual FoxPro 中特有的一种循环语句。

格式：SCAN [<范围>][FOR <条件表达式 1>][WHILE <条件表达式 2>]

　　<语句序列>

ENDSCAN

功能：语句执行时，首先判断 EOF()函数的值，如果函数值为真，则结束循环，执行 ENDSCAN 后面的语句。否则，结合<FOR 条件>或<WHILE 条件>执行循环体内的语句，记录指针移到指定的范围和满足条件的下一条记录，重新判断 EOF()函数的值，直到 EOF()函数值为真时结束循环。

指针型语句流程图如图 5-18 所示。

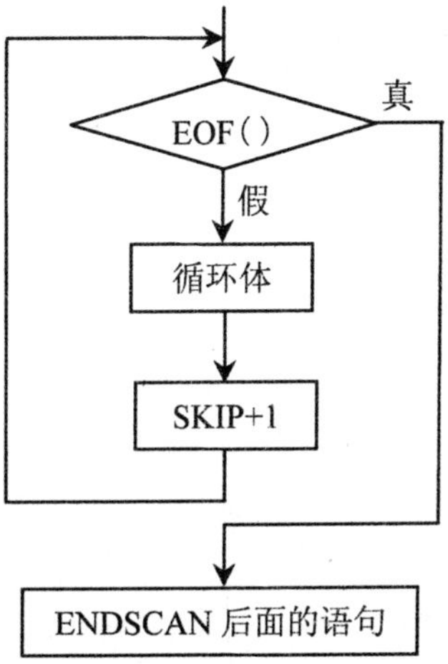

图 5-18　指针型循环结构流程图

说明：

① SCAN 和 ENDSCAN 循环语句中隐含了 EOF()函数和 SKIP 命令处理。

② 当执行 ENDSCAN 时，记录指针自动移到 SCAN 命令指定的下一条记录。

③ <范围>表示记录范围，默认为 ALL。在指定的<范围>中依次查找满足 FOR 条件或 WHILE 条件的记录，并对找到的记录执行循环体中的命令。

④ SCAN 语句中可以使用 LOOP 和 EXIT 语句，方法与 DO WHILE 语句相同。

例 5-17 逐条显示学生表中 1992 年出生的学生的记录。

```
* prog17. prg
CLEAR
USE 学生表
SCAN FOR YEAR(出生日期)=1992
    DISPLAY
ENDSCAN
USE
RETURN
```

例 5-18 逐条显示成绩表选修“002”课程的学生的学号和成绩，并统计人数。

```
* prog18. prg
CLEAR
N=0
USE 成绩表
SCAN FOR 课程号="002"
    DISPLAY 学号,成绩
    N=N+1
ENDSCAN
USE
?"选修 002 课程的人数为"+STR(N,2)+"人"
RETURN
```

程序运行结果如图 5-19 所示。

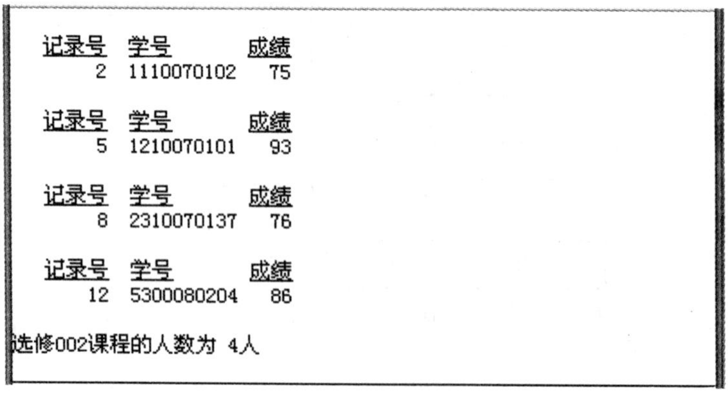

图 5-19 例 5-18 程序运行结果

4. 循环的嵌套

以上阐述的循环是单层循环。如果单层循环里的循环体中又包含另一层循环，就构成了二重循环。同理，还有三重循环或更多重循环。Visual FoxPro 的三种循环可以互相嵌套，但既然嵌套，就必须是完全嵌套，不能交叉嵌套。

例 5-19 输出九九乘法表。

分析：由于乘法表是 9 行，第一行为一列，第二行为二列，…，设 I，J 变量，I 控制行作为外循环变量，J 控制列作为内循环变量。乘法表为 9 行，I 初值为 1，终值为 9，步长为 1，由于第 J 行有 I 列，所以 J 的初值为 1，终值为 I，步长为 1，计算 I*J。

```
* prog19. prg
CLEAR
FOR I=1 TO 9
  FOR J=1 TO I
    ?? STR(J, 2)+ "*"+STR(I, 1)+SPACE(1)+ "="+STR(I*J, 2)
  ENDFOR
    ?
ENDFOR
RETURN
```

程序执行结果如图 5-20 所示。

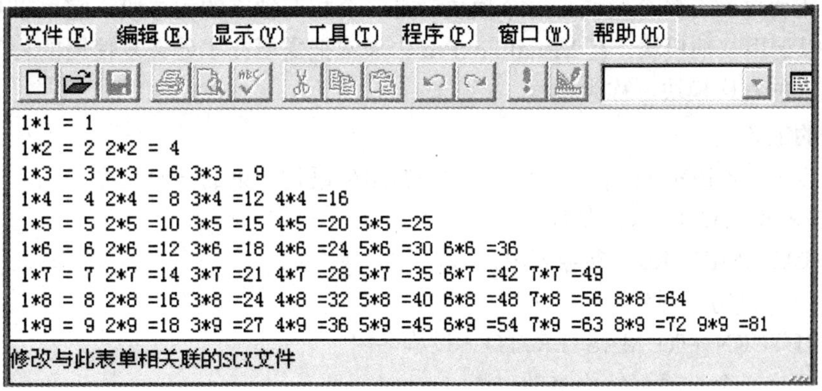

图 5-20 例 5-19 程序运行结果

例 5-20 输出 100～999 的所有水仙花数。

分析：所谓水仙花数就是这个数恰好等于它每一位数字的立方和。可以用穷举法测试每个三位数，凡是符合上述要求的数就输出。显然，最简单易懂的方法就是使用三重循环。

```
* prog20. prg
CLEAR
FOR I=1 TO 9
  FOR J=0 TO 9
    FOR K=0 TO 9
```

```
        S=100*I+10*J+K
        IF I^3+J^3+K^3=S
            ?? S
        ENDIF
      ENDFOR
  ENDFOR
ENDFOR
RETURN
```

程序的运行结果如图 5-21 所示：

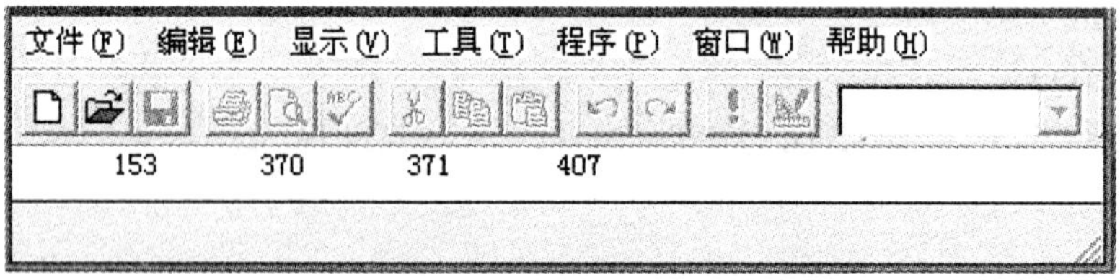

图 5-21　例 5-20 程序运行结果

5.3　过程与过程文件

一般应用程序都有多个模块，每个模块都是一个相对独立的程序段，它可以被其他模块调用，也可以调用其他模块。在 Visual FoxPro 中通常把需要在多处重复使用的程序段编写成一个相对独立的程序模块，称为过程。

1. 过程的定义

过程是以 PROCEDURE 语句开头，以 RETURN 语句结束的一段程序。

格式：PROCEDURE <过程名>

[PARAMETERS <参数表>]

<语句序列>

RETURN [TO MASTER|TO <过程名>]

功能：建立一个<过程名>为名的过程。

说明：

① PROCEDURE<过程名>是过程的第一条语句，它标识过程的开始，同时定义了过程名。

② 含 PARAMETERS 选项的过程称为“有参”过程，该项缺省的过程称为“无参”过程。

③ RETURN 语句表示将控制返回到调用程序中调用命令的下一条语句。

2. 过程的调用

格式：DO <过程名>

功能：执行以<过程名>为名的过程。

3. 过程文件

将多个过程放在同一个文件中，这个文件称为过程文件，过程文件的扩展名. prg。因此，过程文件是以过程说明语句 PROCEDURE 开头，以过程返回语句 RETURN 结束的多个过程的集合。每个过程文件包含的过程数不限，且过程的排列顺序任意。

```
格式：PROCEDURE <过程名 1>
      [PARAMETERS <参数表>]
         <语句序列 1>
      RETURN [TO MASTER|TO <过程名>]
      PROCEDURE <过程名 2>
      [PARAMETERS <参数表>]
         <语句序列 2>
      RETURN [TO MASTER|TO <过程名>]
      ……
```

4. 过程文件的打开与关闭

调用过程时，首先应打开包含被调用过程的过程文件，过程文件使用后应及时关闭。

（1）过程文件的打开

格式：SET PROCEDURE TO <过程文件名>

功能：打开一个指定的过程文件，并且关闭原来已打开的过程文件。

（2）过程文件的关闭

格式：CLOSE PROCEDURE

功能：关闭当前打开的过程文件。

例 5-21　编写一个能够调用三个过程的程序 PROG21. PRG。

```
* 主程序 PROG21. PRG
SET TALK OFF
SET PROCEDURE TO P123
X=1
Y=2
DO P1
DO P2
DO P3
CLOSE PROCEDURE
SET TALK ON
CANCEL
* 过程文件 PROG123. PRG
PROCEDURE P1
X=X+1
? "X=", X
RETURN
PROCEDURE P2
```

```
X=X+Y
? "X=", X
RETURN
PROCEDURE P3
X=X*Y
? "X=", X
RETURN
```

程序运行结果如图 5-22 所示。

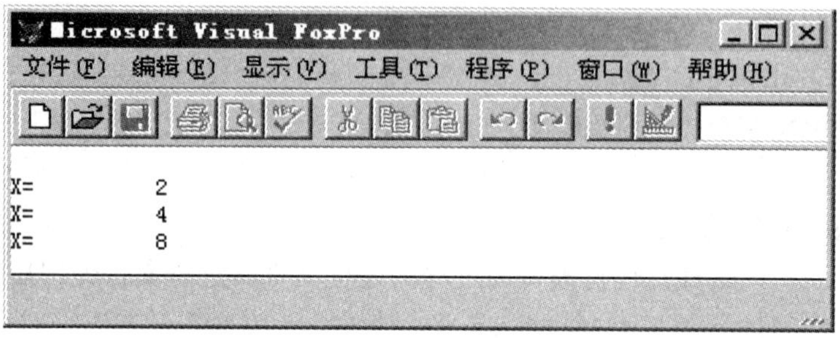

图 5-22　例 5-21 程序运行结果

习　　题

一、选择题

1．结构化程序设计的三种基本逻辑结构是（　　）。
   A. 顺序结构、选择结构、循环结构　　B. 顺序结构、选择结构、模块结构
   C. 选择结构、模块结构、网状结构　　D. 顺序结构、循环结构、模块结构
2．关于分支语句 IF…ENDIF 的说法不正确的是（　　）。
   A. IF 和 ENDIF 语句必须成对出现　　B. 分支语句可以嵌套，但不能交叉
   C. IF 和 ENDIF 语句可以无 ELSE 子句　D. IF 和 ENDIF 语句必须有 ELSE 子句
3．在 DO WHILE…ENDDO 循环结构中，EXIT 命令的作用是（　　）。
   A. 退出过程，返回程序开始处
   B. 转移到 DO WHILE 语句行，开始下一个判断和循环
   C. 终止循环，将控制转移到本循环结构 ENDDO 后面的第一条语句继续执行
   D. 终止程序执行
4．在 DO WHILE…ENDDO 循环结构中，LOOP 命令的作用是（　　）。
   A. 退出过程，返回程序开始处
   B. 转移到 DO WHILE 语句行，开始下一个判断和循环
   C. 终止循环，将控制转移到本循环结构 ENDDO 后面的第一条语句继续执行
   D. 终止程序执行
5．以下关于过程的叙述中，正确的是（　　）。
   A. 过程必须以单独的文件保存

B. 过程只能放在过程文件中

C. 过程只能放在另一个程序文件的后面

D. 过程既可以单独保存，也可以放在程序文件的后面，还可以放在过程文件中

6．以下程序的运行结果是（ ）。

```
X=2.5
DO CASE
  CASE X>1
     Y=1
  CASE X>2
     Y=2
ENDCASE
? Y
RETURN
```

A. 1　B. 2　C. 0　D. 语法错误

7．如果执行 LIST NAME OFF 命令后依次显示：计算机、电视、计算器，则接着执行下列命令的结果应该是（ ）。

```
GO TOP
SCAN WHILE LEFT(NAME,2) = "计"
   ?? NAME
ENDSCAN
```

A. 计算机　B. 计算机计算器　C. 电视　D. 计算器

8．有如下程序：

```
S=1
DO WHILE S<50
   S=S*3
   ?? S
ENDDO
RETURN
```

程序的执行结果是（ ）。

A. 3 9 27　B. 9 3 27　C. 9 27 81　D. 3 9 27 81

9．有如下程序：

```
FOR I=1 TO 10
  ? I
  I=I+1
ENDFOR
RETURN
```

该程序循环共执行了（ ）次。

A. 10　B. 5　C. 0　D. 出错

10．设表 GZ.DBF 的数据如下：

记录号　职工号　部门号　工资

1	05001	06	3000
2	05002	05	2500
3	05003	04	2000
4	05004	02	4000
5	05005	06	6000
6	05006	05	2000
7	05007	06	5000

执行以下程序：

```
CLEAR
USE GZ
STORE 0 TO X
LOCATE FOR 工资>3000
DO WHILE .NOT. EOF()
  IF SUBSTR(部门号,2,1)= "6"
    X=X+工资
  ENDIF
CONTINUE
ENDDO
?X
USE
RETURN
```

则显示的结果是（　　）。

A. 6000　　B. 50000　　C. 11000　　D. 14000

二、填空题

1. 下面程序段的输出结果是__________。

```
N=1
DO WHILE N<10
  N=N+3
ENDDO
?N
RETURN
```

2. 有下面的程序段：

```
CLEAR
FOR N=1 TO 10
? N
ENDFOR
? N
```

执行程序后，最后显示 N 的值是 __________。

3. 下面程序用于逐条显示图书库存表.dbf中的所有记录，请将程序补充完整。

```
USE 图书库存表
N=1
DO WHILE __________
DISPLAY
__________
WAIT“按任意键继续显示下一个女生的记录……”
N=N+1
ENDDO
USE
```

4. 读程序，说明下面程序的功能是__________。

```
N=1
S=0
DO WHILE N<=10
    S=S+N*N
    N=N+1
ENDDO
? "S=",S
RETURN
```

三、编程题

1. 从键盘输入一个自然数，并判断是偶数还是奇数。
2. 从键盘输入一个字符串，统计其中有多少个英文字母。
3. 在成绩表中，统计成绩≥90分，成绩<90分且≥80分，成绩<80分且≥70分，成绩<70分且≥60分，以及成绩<60分的学生的人数。
4. 编写程序，显示如下乘法表：

```
1*1=1    1*2=2    1*3=3    1*4=4
2*2=2    2*3=6    2*4=8
3*3=9    3*4=12
4*4=16
```

5. 从键盘输入三个整数a，b，c，输出其中最大的数。
6. 编写程序要求任意输入20个数，统计其中正数、负数和零的个数。
7. 编写程序，修改成绩表，成绩小于60分的增加10分，大于等于60分的增加5分。
8. 编写程序，将成绩表的记录转置显示。

第6章 菜单与工具栏设计

【学习目的与要求】菜单和工具栏在应用程序中是必不可少的，开发者通过菜单将应用程序的功能、内容有条理地组织起来展现给用户使用，并为用户提供快捷、简单、方便的使用工具。菜单和工具栏是应用程序与用户最直接交互的界面。

本章主要介绍菜单和工具栏的功能及主要使用方法。通过学习，熟悉 Visual FoxPro 菜单与工具栏的基本知识，掌握创建自定义菜单和工具栏的方法，并能根据实际需要设计符合应用需求的菜单和工具栏。

6.1 建立菜单

在应用程序中一般采用两种菜单，一种为下拉式菜单，另一种为快捷菜单。无论创建哪种菜单，首先都要根据需要对应用程序的菜单进行规划与设计，然后才是创建。

6.1.1 规划菜单

需要规划内容如下：

① 按用户的要求规划菜单；

② 确定需要哪些菜单，有多少个菜单及子菜单；

③ 菜单应放在界面的哪个位置；

④ 确定每个菜单的标题和完成的任务；

⑤ 将菜单上的菜单项限制在一个屏幕内；

⑥ 确定哪些菜单项经常被使用需要设置热键和快捷键。

6.1.2 建立下拉式菜单

下拉式菜单是一个应用程序的总体菜单。

1. 下拉式菜单的组成

下拉式菜单是由条形菜单和弹出式菜单组成的。Visual FoxPro 菜单就是一个下拉式菜单。在 Visual FoxPro 主界面窗口中，主菜单就是一个条形菜单，当在主菜单栏选中一菜单项时，在该菜单项下方出现的菜单就是弹出式菜单。Visual FoxPro 使用可视化设计工具菜单设计器来创建菜单。

2. 建立下拉式菜单

建立下拉式菜单的基础步骤包括：打开菜单设计器，在菜单设计器中进行菜单定义，保存菜单，生成菜单程序，执行菜单程序。

（1）打开菜单设计器

打开文件菜单，选择新建命令或常用工具栏中的新建按钮，在新建对话框中选定菜单选项按钮，然后新建文件，打开新建菜单对话框如图 6-1 所示，选定菜单按钮，打开菜单设计器如图 6-2 所示。此时主菜单中增加了一个菜单选项，原来的显示菜单的选项也发生了变化。下文逐一介绍。

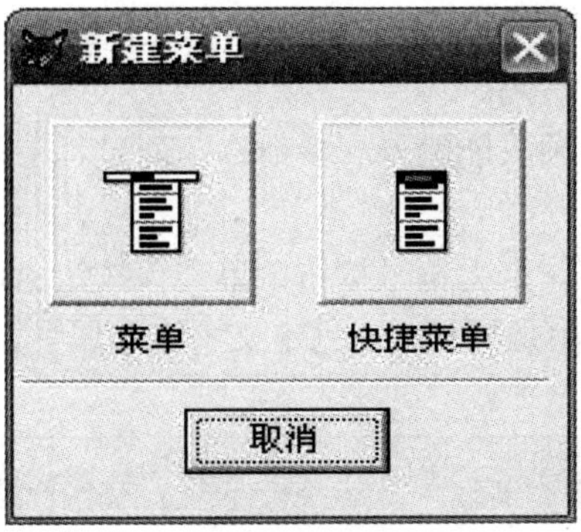

图 6-1 “新建菜单”对话框

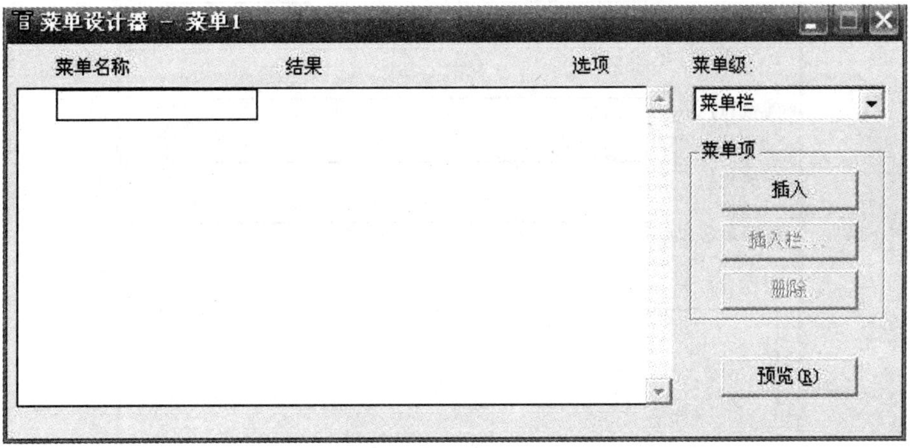

图 6-2 菜单设计器

（2）菜单设计器窗口

在菜单设计器中有菜单名称列、结果列、选项列、菜单级组合框及四个菜单项按钮，下面分别说明。

● 菜单名称列

菜单名称列用来指定菜单项的名称。若菜单项需要设置热键，则在名称后加（\<字符），如文件（\<F）。当名称输入后其左侧出现带上下箭头的按钮，它是用来调整菜单项顺序的。

● 结果列

结果列是一个下拉列表框，内有命令、填充名称、子菜单、过程四个选项，默认值为子菜单。

① 命令，若选此项，右边会出现一个文本框，可直接输入一个命令，当执行菜单选此

菜单项时，就执行该命令。

② 填充名称，若选此项，右侧出现一个文本框，可输入菜单项的内部名或序号在子菜单中填充名称用菜单项代替。

③ 子菜单，若选此项，右侧出现创建按钮，单击该按钮可建立子菜单，一旦建立了子菜单，创建按钮就变为编辑按钮，用来修改子菜单。

④ 过程，若选此项，右侧出现创建按钮，单击此按钮打开过程编辑窗口供用户编辑该菜单项被选中时要执行的过程代码。

注意：结果列中的命令选项只能输入一条命令，而过程中可以输入多条命令。

● 选项列

每个菜单行的选项列都有一个无符号按钮，单击该按钮出现如图 6-3 所示的提示选项对话框。供用户定义该菜单项的附加属性，一旦定义了这些属性，按钮上便会出现V这个符号。

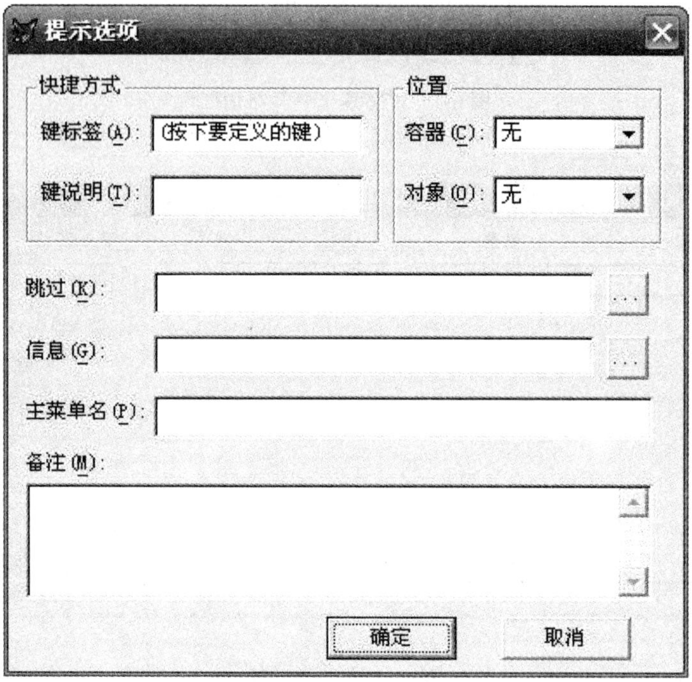

图 6-3　提示选项对话框

下面说明提示选项对话框的功能。

① 快捷方式，用于定义快捷键。在键标签文本框中按一下组合键，如同时按 Ctrl+X，此时在键标签文本框、键说明文本框中自动填入 Ctrl+X 字符串，若要取消已定义的快捷键，只需在键标签文本框中按空格键即可。

② 位置，用于显示菜单位置。

③ 跳过，定义菜单项跳过的条件。指定一个表达式，若表达式值为真时，此菜单项为灰色不可用。

④ 信息，定义菜单项的说明信息，此信息必须用字符定界符括起来，它显示在系统的状态栏中。

⑤ 主菜单名，用于指定菜单项的内容名或序号。如果不指定系统会自动填入。

⑥ 备注，用于输入用户自己的备注，不影响程序代码的生成。

● 菜单级组合框

用于显示当前设计的菜单级。它是一个下拉列表框，内含该菜单中所有菜单级名，通过选择菜单级名可直接进入所选菜单级。如在设计子菜单时想返回最上层菜单级时，可选名为菜单栏的第一层菜单级。

● 插入按钮

单击此按钮，是在当前菜单行之前插入一个新的菜单项行。

● 插入栏按钮

单击此按钮，打开插入系统菜单栏对话框，如图 6-4 所示，在插入系统菜单栏对话框中，选择需要的项目，然后按插入按钮即可。

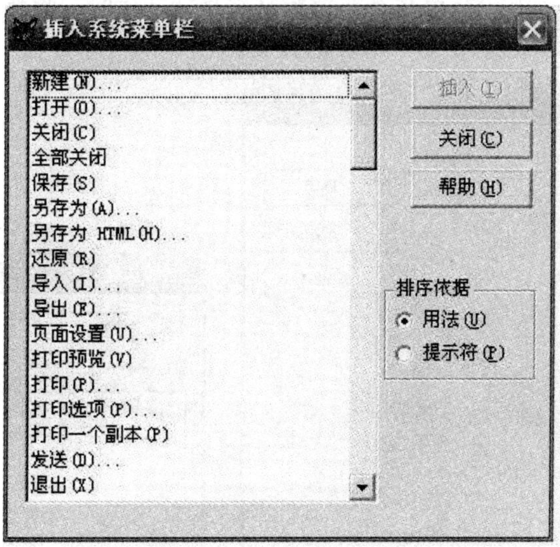

图 6-4　插入系统菜单对话框

● 删除按钮

单击此按钮，删除当前菜单项。

● 预览按钮

单击此按钮，可预览菜单效果。

（3）显示菜单

在菜单设计器打开的基础上，显示菜单增加了常规选项和菜单选项两个命令。

● 常规选项

选定显示菜单的常规选项命令，将打开常规选项对话框，如图 6-5 所示。它可以对菜单的总体属性进行定义。

① 过程编辑框，用于对条形菜单指定一个过程。当条形菜单中的某一个菜单项没有规定具体的动作，当选择这个菜单项时，将执行此过程。

② 替换选项，是默认选项按钮，选定它表示用户菜单替换系统菜单。

③ 追加选项，选定它将用户菜单添加到系统菜单的右侧。

④ 在…之前选项，选定它将用户菜单插在系统菜单某菜单项（即条形菜单中菜单项）之前。

⑤ 在…之后选项，选定它将用户菜单插在系统菜单某菜单项之后。

⑥ 设置复选框，选定它可打开一个设置编辑器，单击确定按钮可在编辑窗中输入初始化代码，此代码在菜单产生之前执行。

⑦ 清理复选框，选定它打开清理编辑窗口，单击确定按钮可在编辑器中输入清理代码，此代码在菜单显示出来后执行。

⑧ 顶层表单复选框，选定它用于此次菜单出现在顶层表单中。

- 菜单选项

选定显示菜单的菜单选项命令，打开菜单选项对话框如图 6-6 所示。它用于定义弹出式菜单公共过程代码，当弹出式菜单某个菜单项没有具体动作时，将执行这段代码。

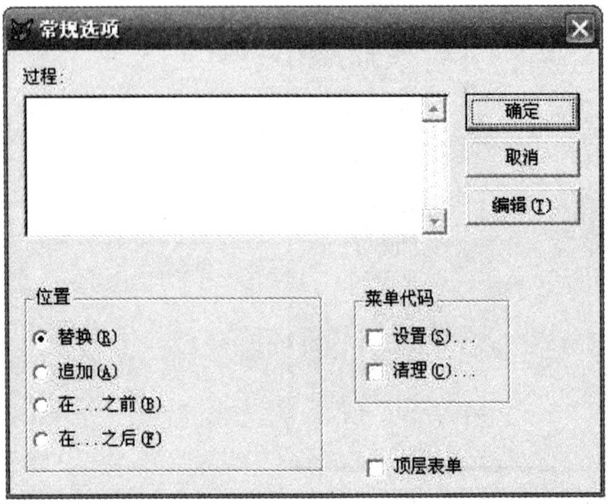

图 6-5　常规选项对话框

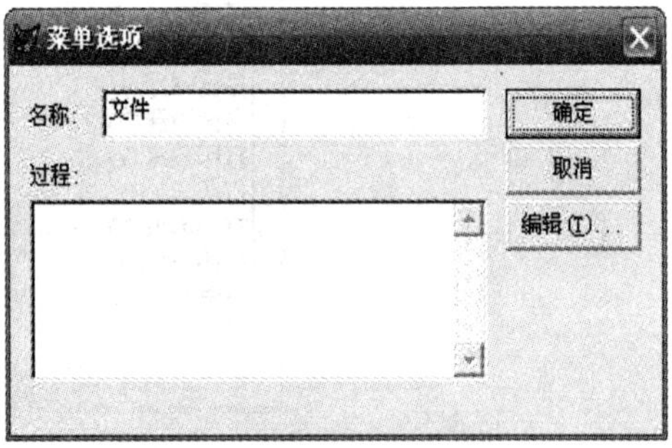

图 6-6　菜单选项对话框

（4）正确退出菜单的常用命令

- 恢复 Visual FoxPro 主窗口命令

格式：MODIFY WINDOW SCREEN

功能：恢复 Visual FoxPro 主窗口在它启动时的配置。

恢复 Visual FoxPro 系统菜单命令

格式：SET SYSMENU TO DEFAULT

功能：恢复 Visual FoxPro 系统菜单。

- 激活命令窗口命令

格式：ACTIVATE WINDOW COMMAND

功能：激活命令窗口。

（5）生成菜单程序

选定“菜单”的菜单生成命令，打开确认对话框，选择“是”，打开“另存为”对话框，在保存菜单为文本框中输入菜单名，如菜单 1→保存，打开生成菜单对话框，如图 6-7 所示→生成。此时生成一个菜单 1.mpr 文件。

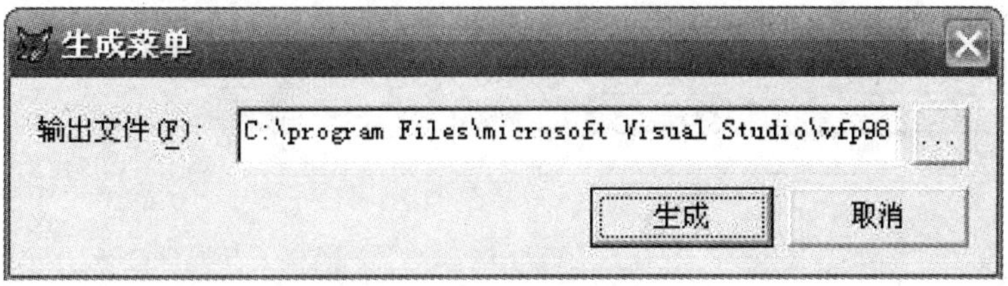

图 6-7　菜单生成对话框

（6）运行菜单

打开程序菜单，选择运行命令，打开运行对话框如图 6-8 所示，在文件列表中选菜单 1.mpr，运行即可。

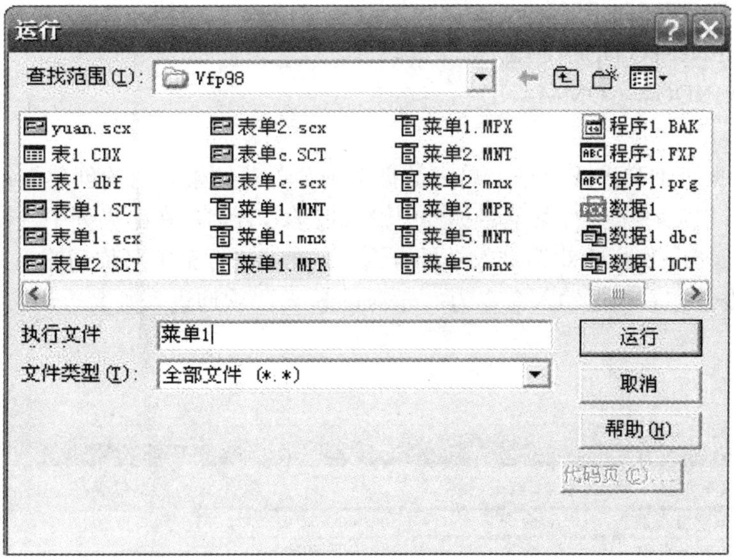

图 6-8　运行对话框

例 6-1　设计一个下拉菜单，要求条形菜单中的菜单项有数据查询(C)，数据维护(W)，输出报表(B)，退出(R)，数据查询内部名为 a1，数据维护内部名为 a2。数据查询的弹出式菜单有按学号查询，按姓名查询，它们的快捷键分别为 Ctrl+H，Ctrl+X。数据维护的弹出式菜单有维护学生表，维护学生成绩表，快捷键分别为 Ctrl+E，Ctrl+F。输出报表无弹出式菜单。

操作步骤如下：

① 打开菜单设计器。

文件菜单→新建命令，打开新建对话框→选菜单→新建文件→菜单，打开菜单设计器，如图 6-2 所示。

② 定义条形菜单如图 6-9 所示。

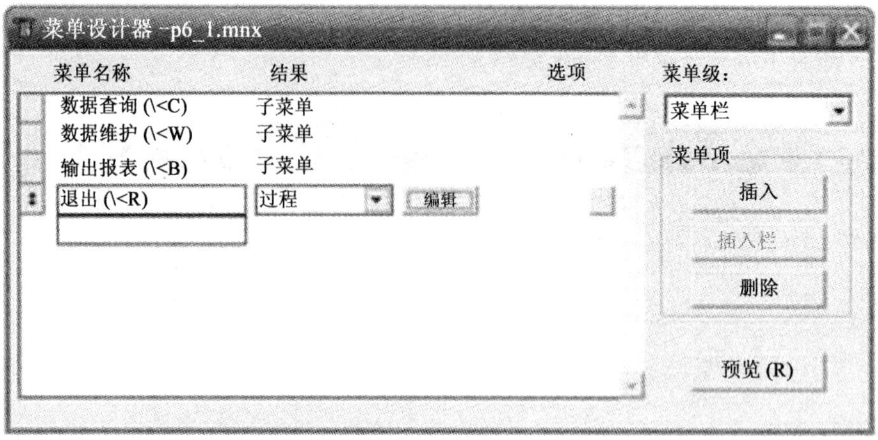

图 6-9　条形菜单

③ 为退出菜单项定义过程，单击结果列上的创建，打开过程编辑器输入如下代码：

```
MODI WINDOW SCREEN
SET SYSMENU TO DEFAULT
ACTIVE WINDOW COMMAND
```

然后关闭。

④ 建立数据查询弹出式菜单。单击数据查询菜单项结果列上的创建按钮，菜单设计器进入子菜单页，然后在第一行菜单名称列中输入按学号查询，在结果列中选命令，在右侧框输入命令为：messagebox（“欢迎进入学号查询”），在第二行菜单名称列输入按姓名查询，在结果列中选命令，在右侧框输入命令为：messagebox（“欢迎进入姓名查询”），如图 6-10 所示。

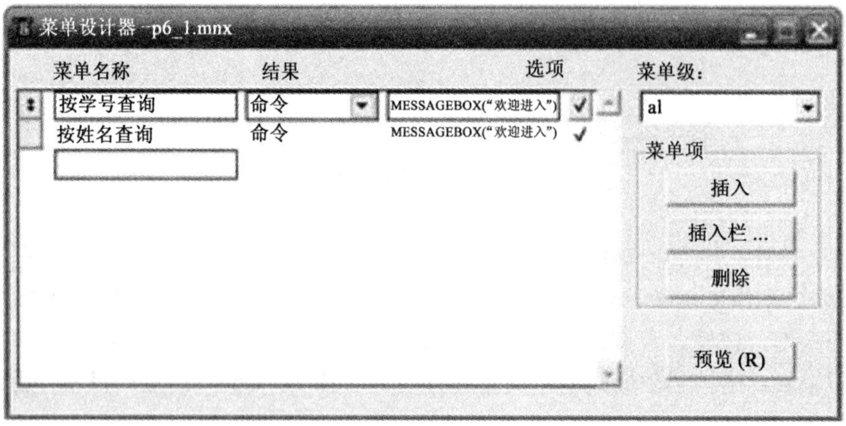

图 6-10　数据查询子菜单

⑤ 为了给学号查询设置快捷键，单击按学号查询行上的选项列，打开提示选项对话框，在键标签文本框中按 Ctrl+H，最后确定。用同样方法可为其他菜单项设置快捷键。

⑥ 为数据查询弹出菜单设内部名。在此时子菜单页状态下选显示菜单，单击菜单选项，

打开菜单选项对话框，在名称文本框中输入 a1，如图 6-11 所示，单击确定按钮。用同样方法为其他子菜单设内部名。

⑦ 在菜单级下拉列表框中选菜单栏返回到主菜单页。

⑧ 建立数据维护子菜单，如图 6-12 所示，并对各子菜单项设快捷键。

⑨ 对数据维护子菜单设置内部名与默认过程。显示菜单后打开菜单选项对话框，在名称文本框中输入 a2，再在过程文本框中输入 messagebox（“你已经进入了数据维护子菜单”），然后按确定。

⑩ 在菜单级下拉列表框中选菜单栏返回主菜单页。

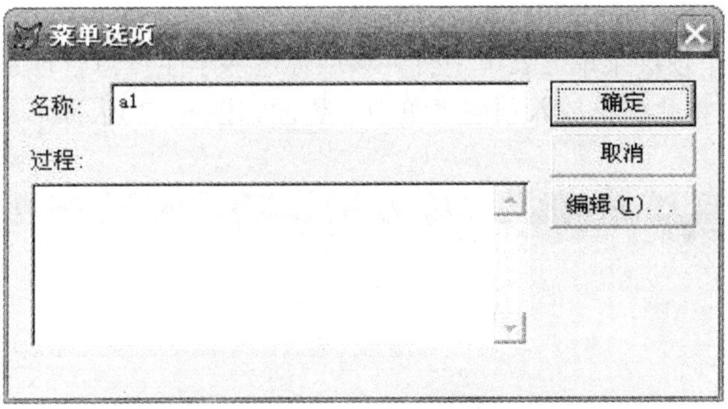

图 6-11　设置数据查询子菜单内部名

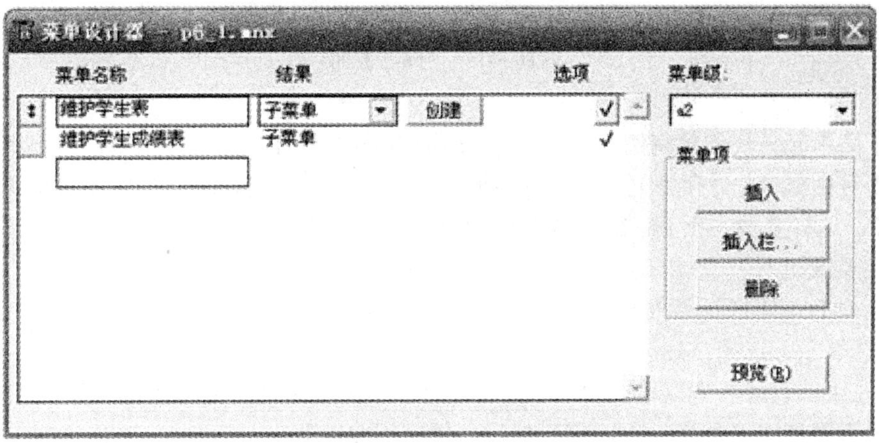

图 6-12　数据维护子菜单

⑪ 为条形菜单项设置默认过程。选显示菜单→常规选项，打开常规选项对话框→在过程编辑框中输入如下命令：

messagebox(“你已经进入了学生信息管理系统”)，然后按确定。

⑫ 预览菜单效果。在菜单设计器中单击预览按钮即可。单击预览对话框中的确定结束预览。

⑬ 生成菜单程序。选菜单，打开生成确认对话框，点是，打开另存为对话框，在保存菜单为文本框中输入 P6_1，然后保存，打开生成菜单对话框，最后生成。

⑭ 执行菜单。选程序菜单，然后运行，打开运行对话框，在运行对话框的文件列表中选 P6_1.mpr 文件后运行。

本题为了简单起见用菜单项只是调用对话框，如果想让菜单调用表单，可在菜单项的命令与过程中加入 DO FORM <表单名>命令，即执行表单命令。

（7）将菜单放置到顶层表单中

操作步骤如下：

① 在定义菜单时，将常规选项对话框中的顶层表单复选框选中。

② 创建一个顶层表单，即将表单的 show window 属性设为 2。

③ 在表单的 Init 事件中加入如下运行菜单的命令。

格式：DO <菜单名>.mpr WITH this, .T.

例 6-2 设计一个顶层菜单。表单中有“欢迎你进入学生信息管理系统”，再设计一个学生信息管理的菜单，将此菜单放入顶层表单中，界面如图 6-13 所示。

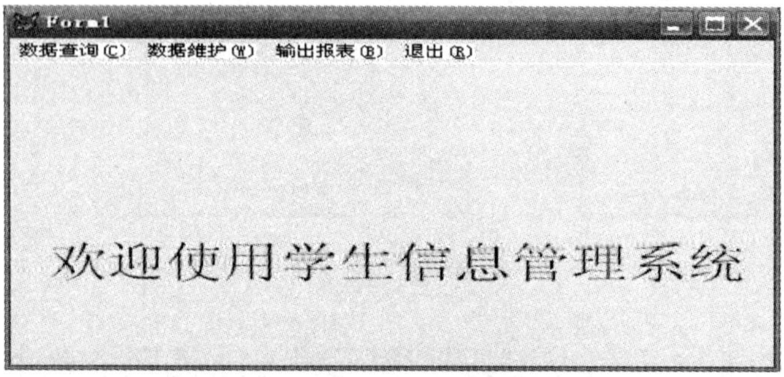

图 6-13 例 6-2 界面

为了简单起见我们可将例 6-1 中的 P6_1.MNX 菜单打开，选文件菜单，选择另存为，打开另存为对话框，在另存为菜单文本框中输入 P6_22→保存。目的是将 P6_1 菜单再另存一份为 P6_22，这样修改一下 P6_22 就成为此题要求的菜单了。

操作步骤如下：

（1）对 P6_22 进行修改

① 选显示，选择常规选项，打开常规选项对话框，然后选中顶层表单，最后确定。

② 在菜单设计器主菜单页的退出菜单项行，单击结果列的编辑按钮，打开过程编辑器，然后在最后添加如下命令：clear all，然后关闭过程编辑器。

③ 生成菜单程序。

④ 关闭菜单设计器。

（2）建立顶层菜单

① 打开表单设计器，在 Form1 中添加标签，将标签 Labell 的 Caption 属性设为“欢迎你进入学生信息管理系统”。

② 将表单 Form1 的 ShowWindow 属性设为 2，作为顶层表单。

③ Form1 的 Init 事件代码如下：

do p6_22.mpr with this, .T.

④ 执行表单。选择表单菜单，然后执行表单，打开确认对话框，选“是”，打开“另存

为”对话框，再在另存为菜单文本框中输入表单名 P6_2，最后保存。

6.1.3 建立快捷菜单

快捷菜单是由一个或一组上下级的弹出式菜单组成。它主要是对某一个界面对象选中后单击鼠标右键而出现的，它是针对用户对某一具体对象操作时快速出现的菜单，在这一方面与下拉式菜单不同。由于快捷菜单简单方便，用户非常容易掌握它的操作和使用，因此应用极为普遍。

1. 快捷菜单的建立

（1）打开快捷菜单设计器

选择文件菜单，然后新建命令或常用工具栏中的新建按钮，打开新建对话框，在文件类型中选菜单，新建文件，打开新建菜单对话框，如图 6-1 所示，选择快捷菜单，打开快捷菜单设计器，如图 6-14 所示。

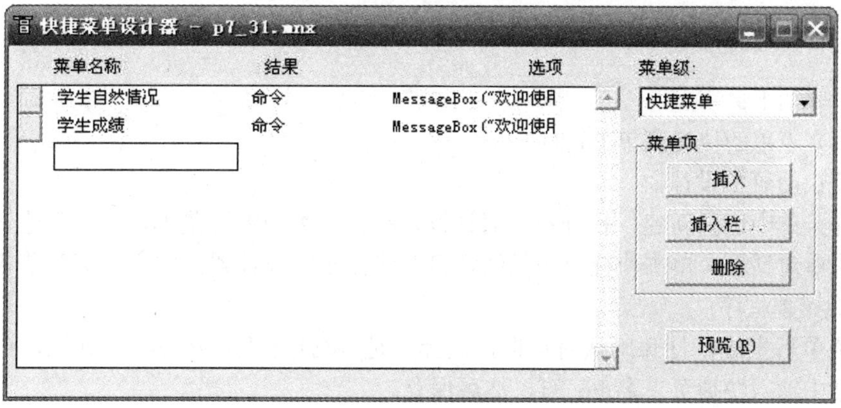

图 6-14 快捷菜单的菜单项

从快捷菜单设计器中发现它与菜单设计器中的项目是一样的，此外它的整个对快捷菜单的定义与下拉菜单也相似。

（2）释放快捷菜单命令

格式：RELEASE POPUS <快捷菜单名> [<EXTENDED>]

功能：从内存删除由快捷菜单名指定的菜单。

说明：当选[<EXTENDED>]时删除菜单，菜单项和所有与 ON SELECTION POPUP 及 ON SELECTION BAR 有关的命令。一般此命令可放在快捷菜单的清理代码中。

2. 生成快捷菜单

快捷菜单与下拉菜单的生成方法相同。

3. 快捷菜单的执行

在选定对象的 RightClick 事件代码中添加如下命令：DO <快捷菜单名>.mpr。

例 6-3 设计两个快捷菜单，一个名为 P6_31，它是表单的快捷菜单，它含有两个菜单选项：学生自然情况、学生成绩。选学生自然情况显示“欢迎使用学生管理系统”，选学生成绩显示“欢迎使用学生成绩管理系统”。显示信息用 messagebox()制作。另一个名为 P6_32，它是表单中标签 labell 的快捷菜单，它含有三个菜单项：快捷菜单使用说明，快捷菜单的操作，快捷菜单的帮助。要求选每个菜单项都要显示相应的信息对话框，即用 messagebox()制作的对话框。表单如图 6-15 所示。

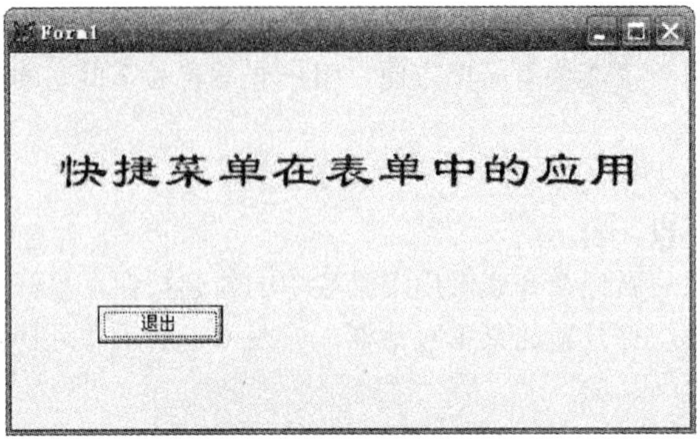

图 6-15　例 6-3 界面

操作步骤如下：

（1）建立表单的快捷菜单 P6_31

- 打开快捷菜单设计器

在文件菜单中选择新建，打开新建对话框，在文件类型中选菜单，单击新建文件按钮，打开新建菜单对话框，单击快捷菜单按钮，打开快捷菜单设计器，定义快捷菜单各菜单项。

- 生成菜单程序

选择菜单后生成，打开确认对话框，选择“是”，打开“另存为”对话框，再在保存菜单为文本框中输入快捷菜单名 P6_31，然后保存。

- 关闭快捷菜单设计器

（2）用同样的方法建立快捷菜单 P6_32

（3）建立表单

- 按图 6-15 建立界面与属性。
- Command1 即退出按钮的 Click 事件代码 5 如下：

Thisform.Release

- Form1 的 RightClick 事件代码 如下：

DO P6_31.mpr

- Labell 的 RightClick 事件代码如下：

DO P6_32.mpr

（4）将表单保存为 P6_3.scx

（5）执行表单

6.2　建立工具栏

工具栏是将那些使用频繁的多种功能，转化成直观、形象、快捷、高速、简单方便的图形工具的集合。它已成为应用程序中不可缺少的组成部分。我们可以将那些用户经常重复执行的任务定义成自定义工具栏，以加速任务的执行。在这里介绍两种定义自定义工具栏的方法。

6.2.1　运用容器定义自定义工具栏

这种方法是在表单中放置一个容器控件。在容器中可放图形化的按钮或复选框，让这些按钮或复选框完成不同的功能。

例 6-4　设计一个表单，表单中有一个标签控件显示“欢迎”，用容器设计一个工具栏，内有两个图形工具，一个为红色，它可将“欢迎”两字的颜色变为红色。另一个为隶书，它可将“欢迎”两字的字体变为隶书。若不选用工具栏，“欢迎”为黑色黑体。表单如图 6-16 所示。

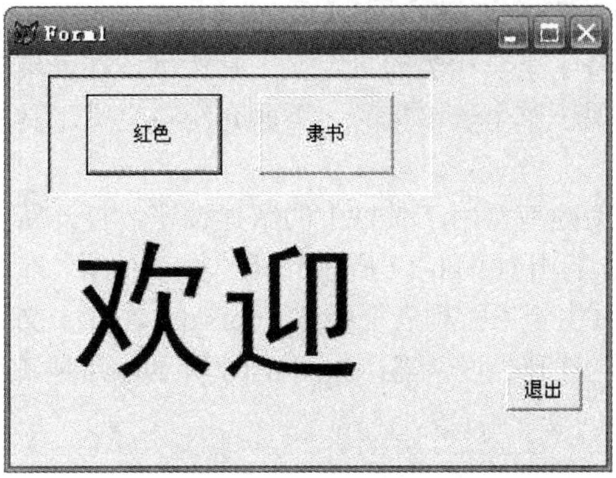

图 6-16　例 6-4 界面

操作步骤如下：

① 按图 6-16 设计表单，表单中拖放一个标签 Label1，按图为它设置 Caption 属性；拖放一个容器 Container1；在容器中放两个复选框 CHECK1，CHECK2，按图 6-16 为它们设置 Caption 属性，然后分别将 CHECK1，CHECK2 的 Style 属性设为 1－图形。再在表单中拖放一个按钮 Command1，按图为它设置 Caption 属性。

② Form1 的 Init 事件代码如下：

```
ThisForm.Label1.Forecolor＝RGB(0, 0, 0)
ThisForm.Label1.Fontname="黑体"
ThisForm.Label1.Fontsize=70
ThisForm.Container1.Check1.Value=0
ThisForm.Container1.Check2.Value=0
```

③ “红色”Check1 的 Click 事件代码如下：

```
IF Thisform.Container1.Check1.Value=1
    ThisForm.Label1.Forecolor= RGB (255, 0, 0)
ELSE
    ThisForm.Label1.Forecolor= RGB (0, 0, 0)
ENDIF
```

④ “隶书”Check2 的 Click 事件代码如下：

```
IF ThisForm.Container1.Check2.Value=1
    ThisForm.Label1.Fontname="隶书"
ELSE
    ThisForm.Label1.Fontname="黑体"
ENDIF
```

⑤ “退出”Command1 的 Click 事件代码如下：

```
Thisform.Release
```

⑥将表单保存为 P6_4.scx。

⑦ 执行表单。

6.2.2 用定义工具栏类定义自定义工具栏

这种方法是定义一个基于工具栏类的自定义工具栏类，在表单集中创建自定义工具栏对象，这个自定义工具栏是属于整个表单集的，下面介绍自定义工具栏步骤。

（1）自定义工具栏类

选择文件菜单，选择新建或常用工具栏中的新建按钮，打开新建对话框，然后在文件类型中选类，新建文件按钮，打开如图 6-17 所示的新建类对话框，在类名文本框中输入一个名字，如自定义工具栏，在派生于下拉列表框中选 Toolbar，在存于文本框中输入一个工具栏的名，如用户控件，点确定，打开类设计器，如图 6-18 所示，此时开始对自定义工具栏类进行编辑。

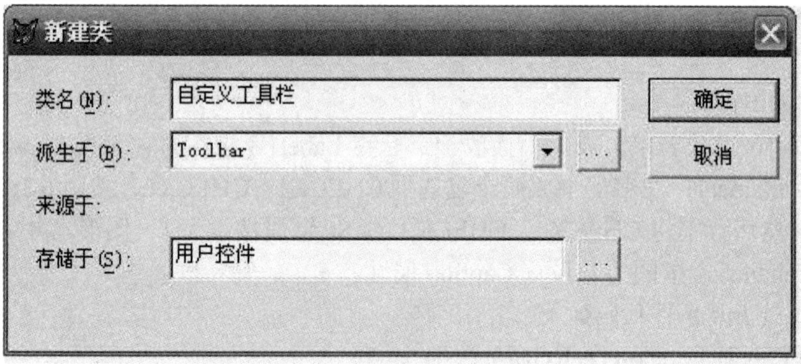

图 6-17　新建类对话框

（2）将类添加到工具栏中

单击表单工具栏中的查看类按钮，打开弹出菜单，选“添加”菜单项，打开“打开对话框”，在文件类型中选可视类库，在文件列表中选用户控件，单击“确定”按钮，此时在表单工具栏中已有了自定义工具栏。

（3）在表单集中创建自定义工具栏对象

建一个表单集，将表单控件工具栏中的自定义工具栏按钮拖入表单中即可。

图 6-18　类设计器

（4）sys(1500)函数

格式：sys(1500, <系统菜单项名>, <菜单名> | <子菜单名>)

功能：激活 Visual FoxPro 系统由子菜单名(或表单名)指定的子菜单中由系统菜单项名指定的菜单项。

sys(1500)函数有时可以用在制作工具栏。通过它可以调用系统菜单的功能来实现工具栏某工具按钮的功能。

例 6-5　设计一个带有图形工具栏的表单如图 6-19 所示。图形工具栏共有六个按钮分别为新建、打开、保存、剪切、复制、粘贴。在 Edit1，Edit2 中可利用工具栏自身或相互进行复制、剪切、粘贴。

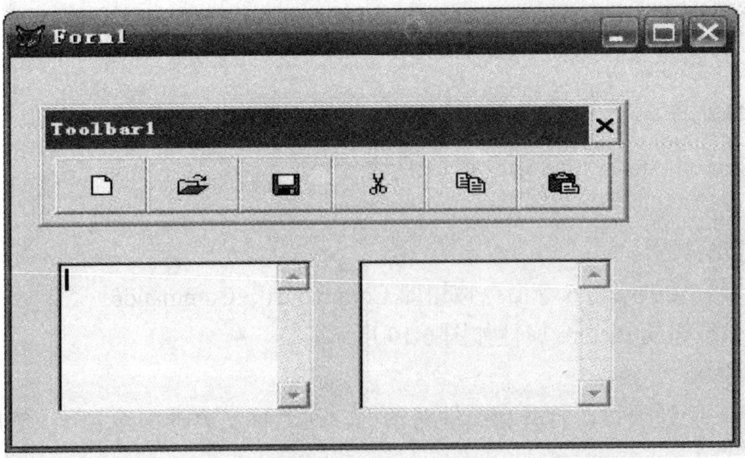

图 6-19　例 6-5 界面

操作步骤如下：

（1）建立自定义工具栏 Zt 类

选择文件菜单，打开新建对话框，在文件类型中选类，在类名文本框中输入 Zt，在派生于下拉列表框中选 Toolbar，在存储于文本框中输入用户工具如图 6-20 所示，选择确定，打开类设计器如图 6-21 所示。

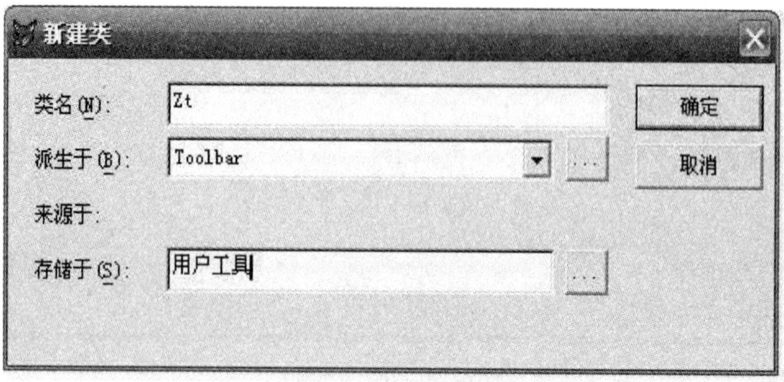

图 6-20　新建类 Zt

图 6-21　类设计器

（2）对 Zt 类编辑

① 在新建工具栏中添加 6 个命令按钮即 Command1～Command6。

② 修改每个按钮的 Picture 属性如图 6-19 所示。

③ 创建 r 属性。

选择类菜单，新建属性，打开新属性对话框，在名称文本框中输入 r，然后添加，最后关闭。

④ Zt 的 Init 事件代码如下：

```
LPARAMETERS f
This.r=f
```

⑤ Zt 的 AfterDock 事件代码如下：

```
with _Visual FoxPro.ActiveForm
    .Top=0
    .Left=0
    .Height=ThisForm.r.Height-32
    .Width=ThisForm.r.Width-8
endwith
```

⑥ Command1 的 Click 事件代码如下：

```
sys(1500, "_mfi_new", "_mfile")
```

⑦ Command2 的 Click 事件代码如下：

```
sys(1500, "_mfi_open", "_mfile")
```

⑧ Command3 的 Click 事件代码如下：

```
sys(1500, "_mfi_save","_mfile")
```

⑨ Command4 的 Click 事件代码如下：

```
sys(1500, "_med_cut", "_medit")
```

⑩ Command5 的 Click 事件代码如下：

```
sys(1500,"_med_copy","_medit")
```

⑪ Command6 的 Click 事件代码如下：

```
sys(1500, "_med_paste", "_medit")
```

⑫ 关闭类设计器。

关闭类设计器，打开确认对话框，选择“是”，此时就按用户工具.VCX 可视类库文件保存了。

（3）建立表单

如图 6-19 所示建立表单且拖放两个编辑框控件 edit1、edit2。

（4）创建表单集

选择表单菜单，然后创建表单集。

（5）将自定义工具栏 Zt 类添加到工具栏

单击表单控件工具栏中的查看类按钮，打开弹出菜单，单击添加，打开“打开对话框”，在文件类型中选可视类库，在文件列表框中选用户工具.VCX，单击打开，此时 Zt 类自定义工具栏已在表单控件工具栏中。

（6）将 Zt 工具栏拖放到表单中

（7）将表单按 P6_5.SCX 存盘

（8）执行表单

菜单和工具栏已成为应用程序必不可少的组成部分，菜单可以使用户一目了然地知道应用程序的总体功能和结构；工具栏可以使用户更为简捷地使用常用工具，因此说菜单和工具栏是直接与用户交互的界面。

菜单的设计应先规划后创建，菜单分为两种：一种为下拉式菜单，用于定义应用程序的总体菜单；另一种是快捷菜单，它是针对某一具体对象而响应的菜单。

在这里介绍了两种工具栏，一种为用容器中按钮或复选框制作的工具栏；一种为用类制作的工具栏，在实际应用中应根据不同需要进行选择应用。

习　题

一、选择题

1．在 Visual FoxPro 中，扩展名为 mnx 的文件是（　　）。

A．备注文件　　B．项目文件　　C．表单文件　　D．菜单文件

2．在 Visual FoxPro 中，菜单程序文件的默认扩展名为（　　）。

A．mnx　　B．mnt　　C．mpr　　D．prg

3．在菜单设计中，可以在定义菜单名称时为菜单项指定一个访问键。规定了菜单项的访问键为“x”的菜单名称定义是（　　）。

A．综合查询\<(x)　　B．综合查询/<(x)

C．综合查询(\<x)　　D．综合查询(/<x)

4．定义（　　）菜单时，可以使用菜单设计器窗口中的“插入栏”按钮，以插入标准的系统菜单命令。

A．条形　　B．弹出式　　C．快捷　　D．B 和 C 都可以

5．在利用菜单设计器设计菜单时，不能指定内部名字或内部序号的元素是（　　）。

A．条形菜单　　B．条形菜单菜单项

C．弹出式菜单　　D．弹出式菜单菜单项

6．如果菜单项的名称为“统计”，热键是 T，在菜单名称一栏中应输入（　　）。

A．统计（\<T）　　B．统计（Ctrl+T）

C．统计（Alt+T）　　D．统计（T）

7．使用 Visual FoxPro 的菜单设计器时，选中菜单项之后，如果要设计它的子菜单，应在“结果”中选择（　　）。

A．子菜单　　B．菜单项　　C．命令　　D．过程

8．将一个设计完成并预览成功的菜单保存后却无法在其他程序中调用，原因通常是（　　）。

A．没有以命令方式执行　　B．没有生成菜单程序

C．没有放入项目管理器中　　D．没有放在执行的文件夹下

9．要将一个已经设计好的菜单文件添加到表单中，则需要（　　）。

A．在表单的 Load 事件中调用菜单程序

B．在表单的 Init 事件中调用菜单程序

C．在表单的 Click 事件中调用菜单程序

D．在表单的 GotFocus 事件中调用菜单程序

10. 利用菜单生成器制作下拉菜单，对每个菜单项目必须定义的是（ ）。

A. 菜单项目的名称 B. 菜单项目是否可选的条件

C. 激活菜单项目的快捷键 D. 菜单项目的提示和执行的命令

11. 下列（ ）命令将屏蔽系统菜单。

A. SET SYSMENU AUTOMATIC B. SET SYSMENU ON

C. SET SYSMENU OFF D. SET SYSMENU TO DEFAULT

12. 菜单设计器窗口中的（ ）可用于上、下级菜单之间进行切换。

A. 菜单级 B. 插入 C. 菜单项 D. 预览

二、填空题

1. 可以将生成的快捷菜单附加到控件中，常用的方法是在控件的 Right Click 事件代码中加入命令____________。

2. 在设计菜单时，在“菜单名称”栏中的菜单名称后面输入____________。

3. 在 Visual FoxPro 中，使用“菜单设计器”定义菜单，最后生成的菜单程序的扩展名是____________。

4. 设计菜单最终要完成____________。

三、设计题

用菜单设计器设计菜单

（1）设计一个下拉菜单具体要求如下：

① 条形菜单的菜单项包括：文件操作(E)、查询(I)、统计(S)、报表输出(R)、退出(Q)，它们分别激活弹出式菜单 fe、ie、se、re。

② 弹出式 fe 的菜单项包括：追加，修改，删除。它们的快捷键分别是：Ctrl+Z，Ctrl+G，Ctrl+D。

③ 弹出式菜单 ie 的菜单项包括：查询学生自然情况，查询学生成绩，它们的快捷键分别为：Ctrl+K，Ctrl+Id。

④ 弹出式菜单 se 的菜单项为学生的总分，快捷键为：Ctrl+L。

⑤ 弹出式 re 的菜单项包括：学生情况表，快捷键为：Ctrl+B。

⑥ 以上各菜单项可执行一个对话框，内容自定。

⑦ 退出菜单项要求用过程写代码，恢复主菜单，命令窗口，退出 Visual FoxPro 系统。

（2）设计一个表单，表单中有列表框、标签和文本框，请为表单及表单中各控件分别设计一个快捷菜单。快捷菜单中的菜单项及菜单项执行的任务自定。

第 7 章 表单设计基础

【学习目的与要求】熟练掌握表单向导、表单设计器及表单生成器，掌握常用表单事件和方法，熟悉表单数据环境的设置，掌握对象的概念，了解面向对象程序设计的思想及方法，重点在于面向对象的方法在表单及其控件中的应用。

7.1 创建表单

表单（Form，也称为窗体）是创建应用程序用户界面的主要途径之一，它将可视化操作与面向对象的程序设计思想结合在一起。在 Visual FoxPro 中，表单为数据库信息的显示、输入和编辑提供了一个方便、友好、美观的操作界面，表单的设计是可视化编程的基础。

表单的创建可以使用表单向导和表单设计器，表单向导是通过交互方式操作来自动生成表单；表单设计器不仅可以直接生成表单，还可以修改已有的表单。

本节将具体介绍如何使用这两种方法来创建表单。

7.1.1 利用表单向导创建表单

向导是以简单的方式，引导用户产生一个实用的表维护窗口，在窗口中除了含有用户选取的字段外，还包含用户维护表所需要的各种功能按钮，具有翻页、浏览、查找、编辑和打印等功能。通过表单向导生成表单，也可以在表单设计器中进行修改。

例 7-1 使用表单向导生成“学生表”的维护表单。

操作步骤如下：

① 打开“表单向导”对话框：选择“文件”菜单的“新建”命令，在弹出的对话框中选择“表单”选项。或者选择“工具”菜单的“向导”子菜单，选择“表单”命令。然后选择“向导”按钮，弹出“向导选取”对话框，如图 7-1 所示，在“选取向导”对话框中含有“表单向导”和“一对多表单向导”两个选项，“表单向导”用于生成一个单表表单，“一对多表单向导”用于生成多表表单。此例中选择“表单向导”，单击“确定”按钮，弹出如图 7-2 所示的对话框。

或者在“项目管理器”中选择“文档”选项卡中的“表单”选项，然后单击“新建”按钮，在“新建表单”对话框中选择“表单向导”，如图 7-2 所示。

② 选取字段：在“表单向导”对话框中，单击“数据库和表”下面的“…”按钮，从弹出对话框中选择需要使用的表“学生表”如图 7-3 所示，如果已经建立数据库，也可以把数据库添加进来。

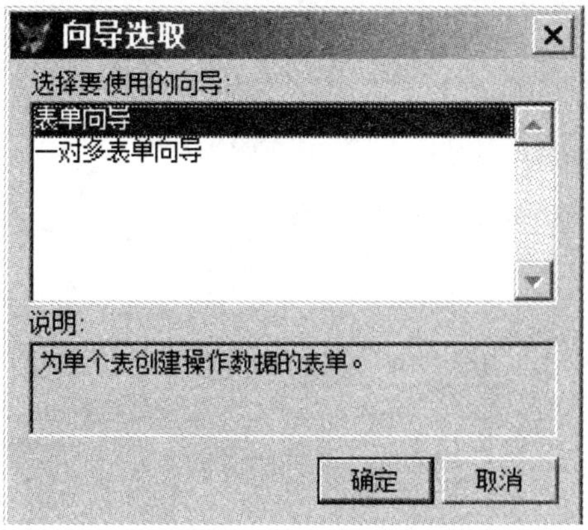

图 7-1 “向导选取”对话框

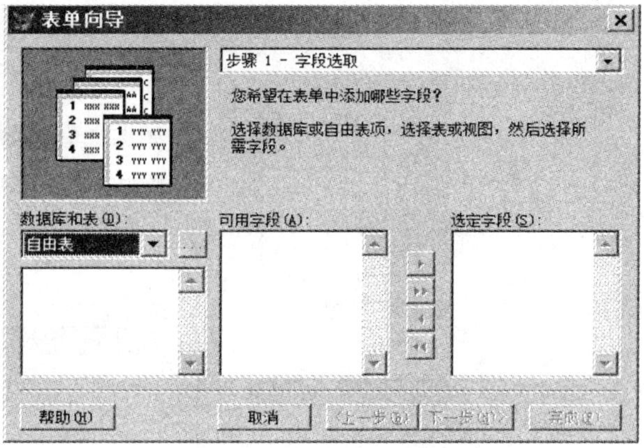

图 7-2 使用向导建立表单步骤 1

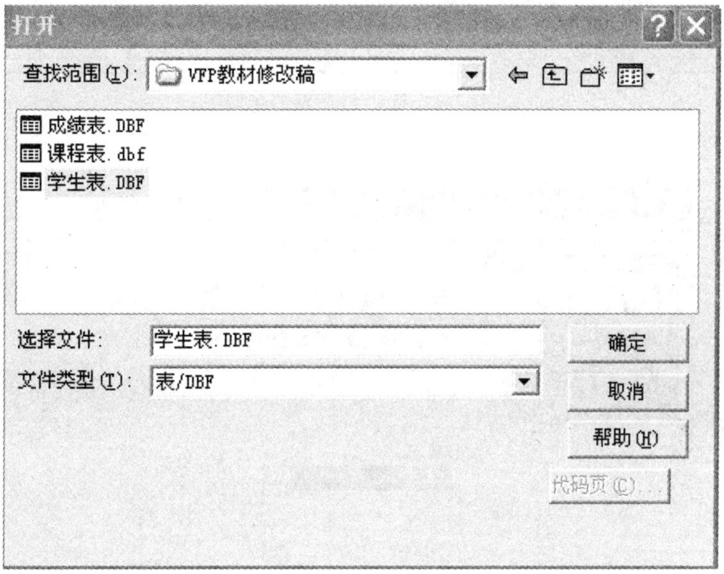

图 7-3 选择“学生表”

打开“学生表”后，在“可用字段”中分别选择将要显示的字段“学号”、“姓名”、“性别”、“出生日期”、“专业”、“电话”，单击移入“”按钮，移入“选定字段”中，如图 7-4 所示，单击“下一步”按钮。

③ 在表单向导步骤 2 中选择所需要的表单样式，根据已有的表单样式选择，如图 7-5 所示。列表样式共有九种可选择，每种样式的效果将在图 7-5 左上角可以看到。表单按钮类型可选择为“文本按钮”、“图片按钮”、“无按钮”及“定制按钮”。其中文本按钮为默认按钮，选择文本按钮代表按钮上将显示文字。单击“下一步”按钮，进入步骤 3。

④ 选择排序字段：表单向导步骤 3 如图 7-6 所示，根据表中的字段或者表中的索引设置排序字段，选定字段后表单在显示记录时按照选定字段或索引的顺序显示；若不选取字段则按照表中的物理顺序显示。单击“下一步”按钮进入步骤 4。

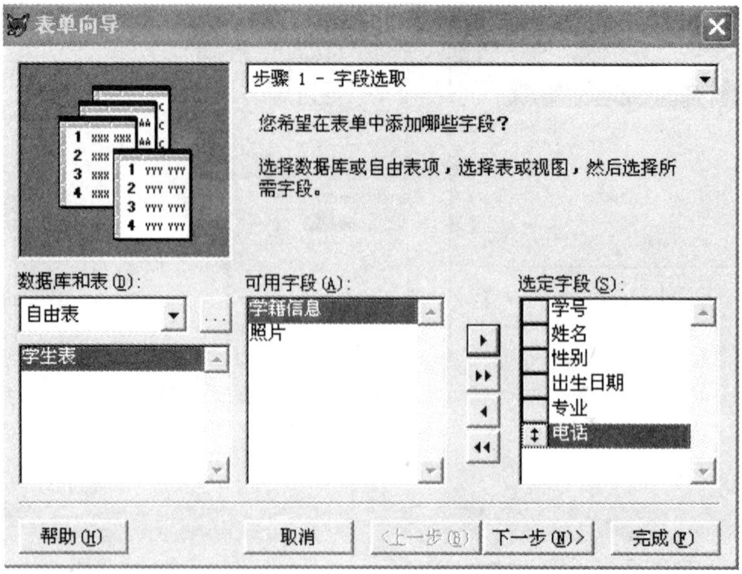

图 7-4　选定已有表中字段

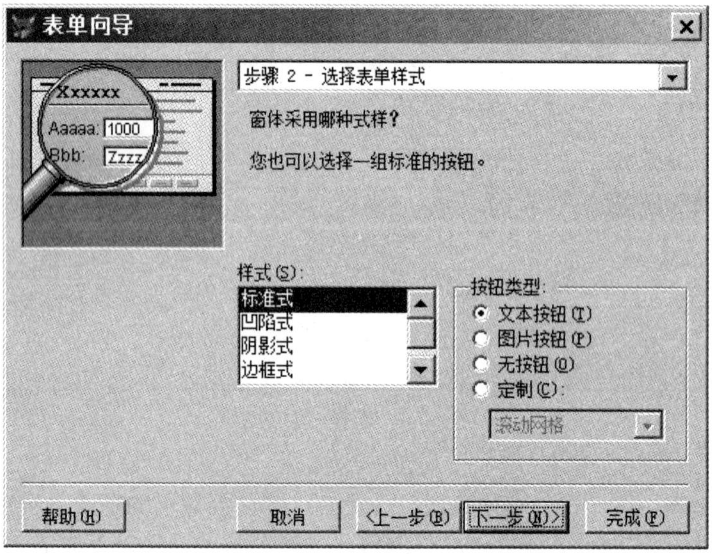

图 7-5　步骤 2 选定表单样式

若选择字段排序，主要及次要字段最多可选择三个；若选择索引标识来排序，则只能选择一个索引标识。

⑤ 根据要求确定表单的名称并保存表单，在步骤 4 中。有三个选项可以选择："保存表单以备将来使用"、"保存并运行表单"及"保存表单并用表单设计器修改表单"，如图 7-7 所示。如果选择"保存并运行表单"，效果如图 7-8 所示。

可以在保存表单前选择"预览"来预览表单的运行效果，预览完表单后，单击"返回向导"按钮返回。如果需要修改表单，在每一步都可以使用"上一步"按钮返回上一步进行修改。

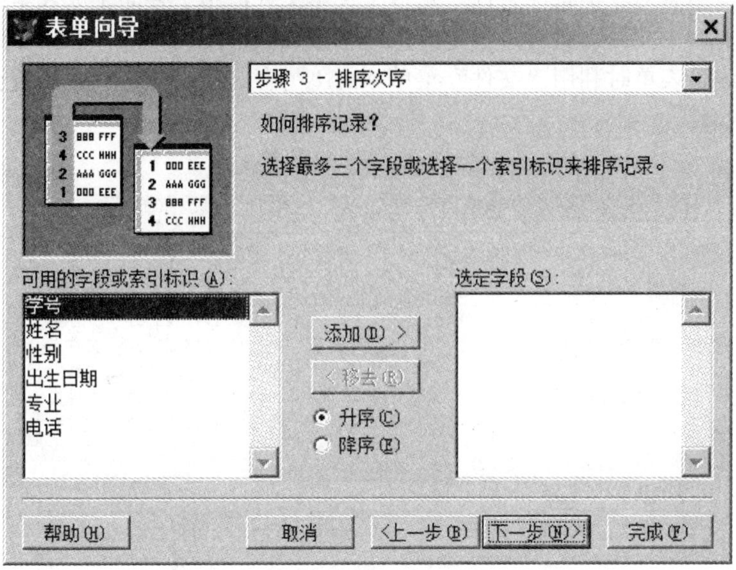

图 7-6　步骤 3 选定排序字段

在图 7-7 中有一个选项“为容不下的字段加入页”，选择该选项后，当字段太多无法一页显示时，系统自动产生以选项卡形式分页显示多页窗口。

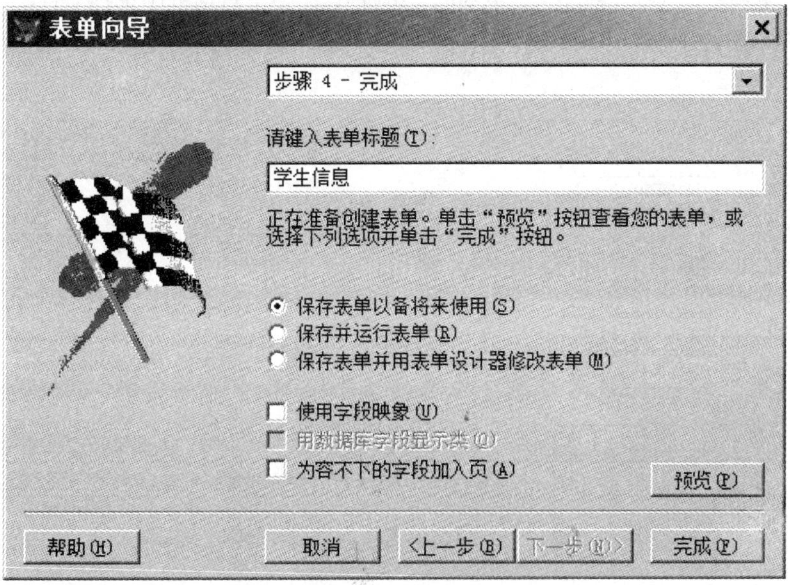

图 7-7　完成表单

单击“完成”按钮，弹出“另存为”对话框，输入保存文件名“学生信息”，表单的扩展名为.scx，在保存表单的同时自动生成扩展名为.sct 的表单备注文件。 Visual FoxPro 的每个表单有两个文件，即*.scx 和*.sct，前者为具有固定表结构的表文件，用于存储生成表单所需要的信息项，后者为表单备注文件，是一个文本文件，用于存储生成表单所需的信息项中的备注代码。对表单文件改名时，一定要同时修改该表单的两个文件名，否则表单文件打不开。一般可在编辑表单时利用“文件”菜单项的“另存为”功能进行，系统会自动生成两个新的同名表单文件。

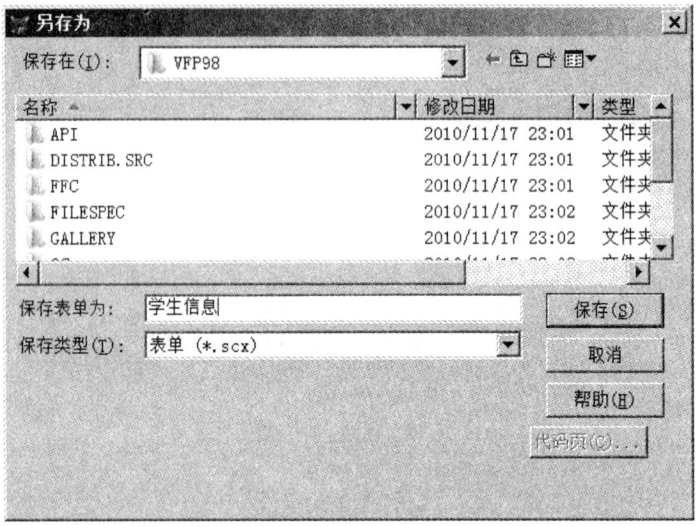

图 7-8　保存表单

⑥运行表单程序，选择“程序”菜单中的“运行”，在弹出对话框中选择文件类型为“表单”，在列表中选择“学生信息.scx”，单击“运行”按钮，即可查看表单运行效果，如图 7-9 所示。

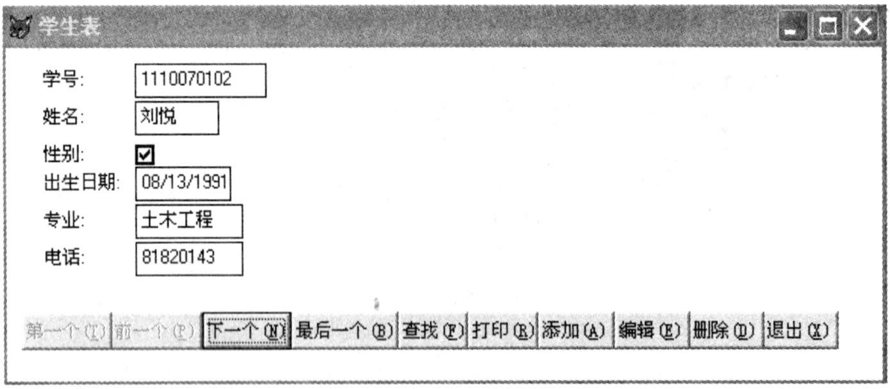

图 7-9　“学生信息”表单运行结果

表单的运行：

① 可以在命令窗口中输入命令：do form <表单文件名>。

② 单击工具栏中的运行按钮“ ! ”。

③ 打开项目管理器，选中项目管理器中的“文档”选项卡，选择要运行的表单，单击“运行”按钮。

在“学生信息”表单中，包含了“学生表”中选取的字段及对应的值，表单窗口底部有一排按钮，用来浏览、添加、修改(编辑)、删除记录等操作。

例 7-2　使用一对多表单向导生成按课程查看学生成绩的表单，表单涉及学生的成绩表及课程表。

操作步骤如下：

① 选择“工具”菜单，在“向导”子菜单中选择“表单”，在弹出的“向导选取”对话框中选择“一对多表单向导”，弹出如图 7-10 所示的对话框，单击“数据库和表”后面的“…”按钮，从弹出的打开对话框中选择“课程表”为父表，从“可用字段”中选择需要使用的字段“课程号”、“课程名”到“选定字段”中，单击“下一步”按钮。

② 在如图 7-11 所示的对话框中，单击“数据库和表”后面的“…”按钮，从弹出的打开对话框中选择“成绩表”为子表，从“可用字段”中选择需要使用的字段“学号”、“课程号”、“成绩”到“选定字段”中。单击“下一步”按钮。

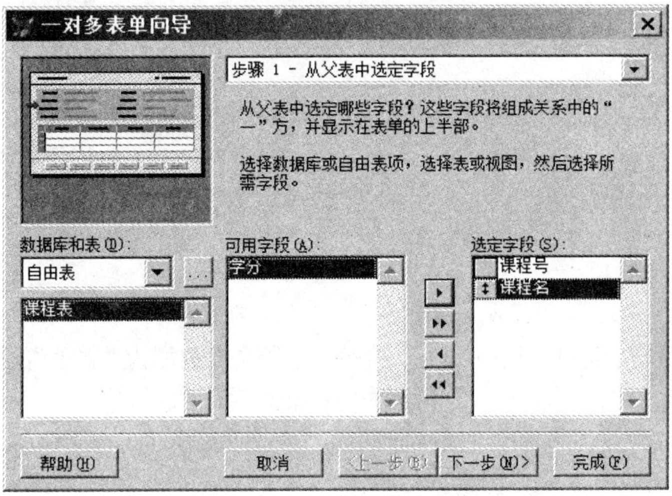

图 7-10　步骤 1 从父表中选择字段

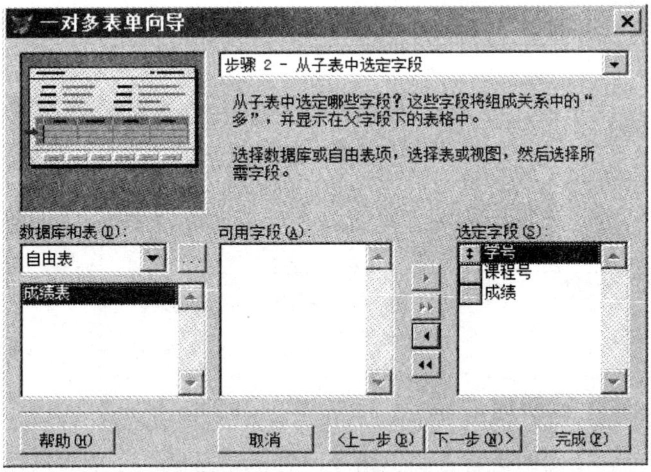

图 7-11　步骤 2 从子表中选择字段

③ 在如图 7-12 所示的对话框中，课程表和成绩表之间的关联正好符合要求，单击“下一步”按钮，选择表单样式，具体可参考图 7-5，单击“下一步”按钮，选择排序字段“课程号”，参考图 7-6。单击“下一步”按钮，在弹出的步骤 6 完成对话框中，输入表单标题“课程成绩浏览”，单击“完成”按钮，打开“另存为”对话框，输入保存表单文件名为“课程成绩.scx”，单击“保存”按钮。

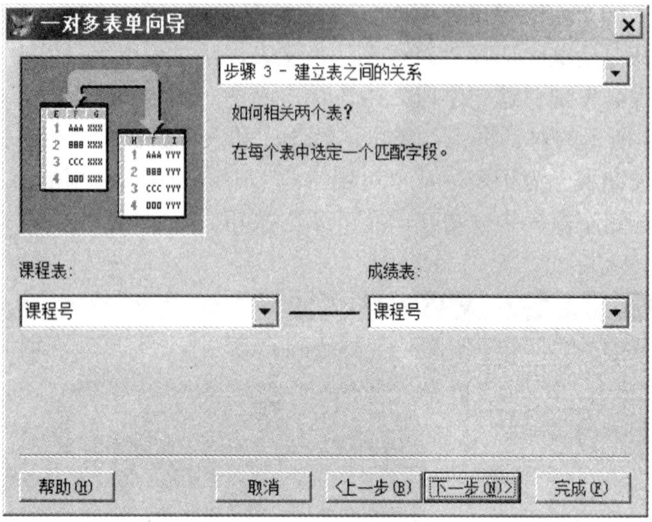

图 7-12　建立表单之间的关系

④ 运行表单程序，选择“程序/运行”菜单，选择文件类型为“表单”，选择文件名为“课程成绩.scx”，单击“运行”按钮，表单运行效果如图 7-13 所示。

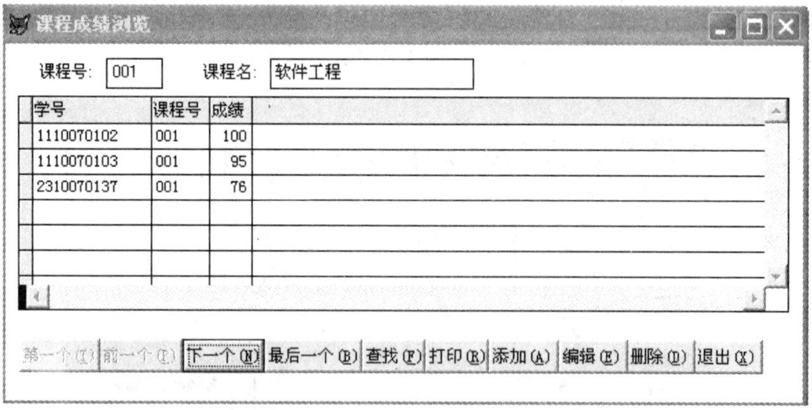

图 7-13　建立一对多表单运行效果

7.1.2　利用表单设计器创建表单

使用表单向导设计出的表单具有固定模式，功能也有限。如果想设计功能复杂，不限定模式的表单，就需要使用表单设计器来创建表单。表单设计器提供了设计应用程序界面的各种控件，相应的属性、事件，它运用了面向对象的程序设计和事件驱动机制，使开发者能直观、方便、快捷地完成应用程序的设计与界面设计的开发工作。

1. 打开表单设计器

（1）用界面的方式打开

单击“文件”菜单中的“新建”或常用工具栏中的新建按钮，打开新建对话框，在文件类型中选“表单”，选择“新建文件”按钮，打开表单设计器窗口如图 7-14 所示。

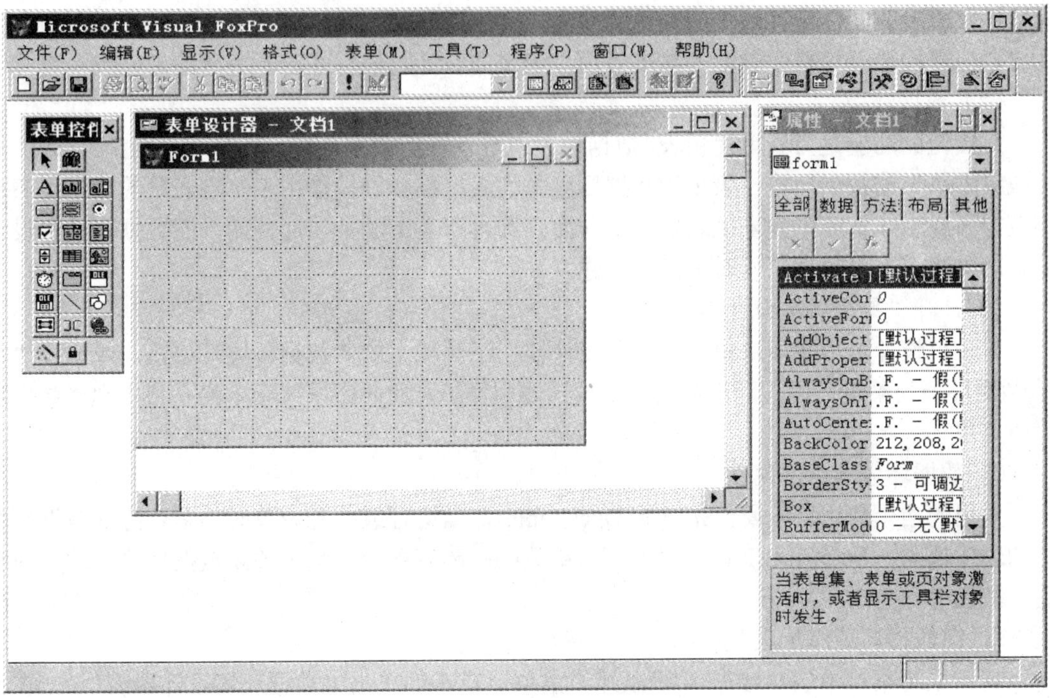

图 7-14　表单设计器

（2）用命令方式打开表单设计器

在命令窗口输入命令：CREATE FORM，打开表单设计器。

也可以用下列命令打开表单设计器。

格式：MODIFY FORM [<表单名>| ?]

功能：打开表单设计器，创建或修改由表单名指定的表单。

说明：无选项或选？，将出现打开对话框，选一个表单或输入一个表单名，输入的表单名如果不存在则创建新的表单，如果存在则对原表单进行修改。

（3）在项目管理器中，先选择“文档”选项卡，然后选择表单，单击“新建”按钮。

2. 表单设计器工具栏

在表单设计器中有表单编辑窗口，表单设计器工具栏，如图 7-15 所示。“表单设计器”工具栏从左到右各按钮分别是“设置 Tab 键次序”、“数据环境”、“属性窗口”、“代码窗口”、“表单控件工具栏”、“调色板工具栏”、“布局工具栏”、“表单生成器”和“自动格式”设置按钮。“表单设计器”工具栏可以选择“显示”菜单中的“工具栏”命令来打开和关闭。

图 7-15　表单设计器工具栏

（1）设置 Tab 键次序

此按钮的功能是可改变按下 Tab 键时，光标在表单各控件上移动的顺序。要改变顺序可用鼠标按需要顺序单击各控件的显示顺序号。控件是 Visual FoxPro 所有图形构件的统称，控件可以快速构造应用程序的输入输出界面，表单的设计与控件是密不可分的。

（2）数据环境

此按钮的功能是为表单提供表，数据库表或者视图的数据环境。图 7-16 是例 7-2 所做"课程成绩表单"的数据环境。表单的数据环境是为表单准备好操作用表。将表单的操作用表放到数据环境中，就能做到表随表单的装入而打开，随表单的关闭而关闭，而数据环境中设置的临时关联在表单每次装入时都会自动建立。

① 打开"数据环境设计器"

在表单设计器环境下，单击"表单设计器"工具栏上的"数据环境"按钮，或选择"显示/数据环境"菜单，可打开"数据环境设计器"窗口，此时，系统菜单栏上将出现"数据环境"菜单。

② 数据环境的常用属性

常用的两个数据环境属性是 AutoOpenTables，当运行或打开表单时，是否打开数据环境中的表或视图；AutoCloseTables 属性，当释放或关闭表单时，是否关闭数据环境中的表或视图，默认值均为.T.。

③ 向数据环境添加表或视图

选择系统菜单中的"数据环境/添加"菜单，或右键单击"数据环境设计器窗口"，在快捷菜单中选择"添加"命令，打开"添加表或视图"对话框。如果数据环境原来是空的，在打开数据环境设计器时，该对话框会自动出现。

④ 从数据环境中移去表或视图

在"数据环境设计器"窗口中，选择要移去的表或视图。或在系统菜单中选择"数据环境/移去"命令。也可以用鼠标右击要移去的表或视图，在快捷菜单中选择"移去"命令。

⑤ 在数据环境中设置关系

将主表的某个字段（作为关联表达式）拖曳到子表的相匹配的索引标记上即可。如果子表上没有与主表字段相匹配的索引，也可以将主表字段拖动到子表的某个字段上，这时应根据系统提示确认创建索引。

（3）属性窗口

单击此按钮可以打开或关闭属性窗口，如图 7-17 所示。属性窗口用于对各对象设置属性。在属性窗口中，"对象下拉列表"用来显示当前对象。"全局"选项卡是列出全部选项的属性和方法，"数据"选项卡是列出显示或操作的数据属性，"方法程序"选项卡显示方法和事件，"布局"选项卡显示所有布局的属性，"其他"选项卡显示自定义属性和其他特殊属性。

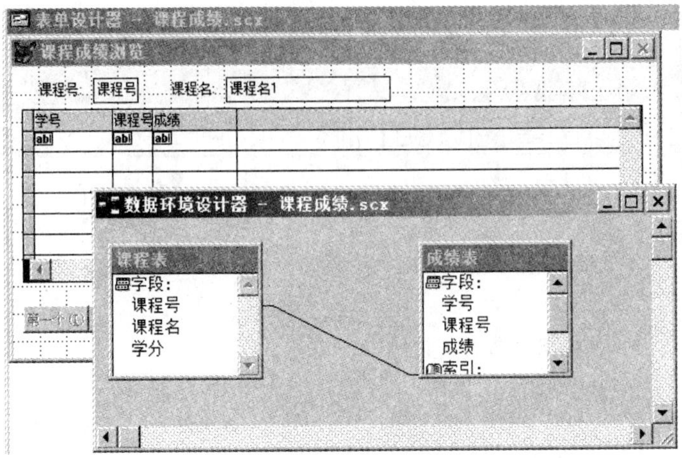

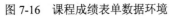

图 7-16　课程成绩表单数据环境

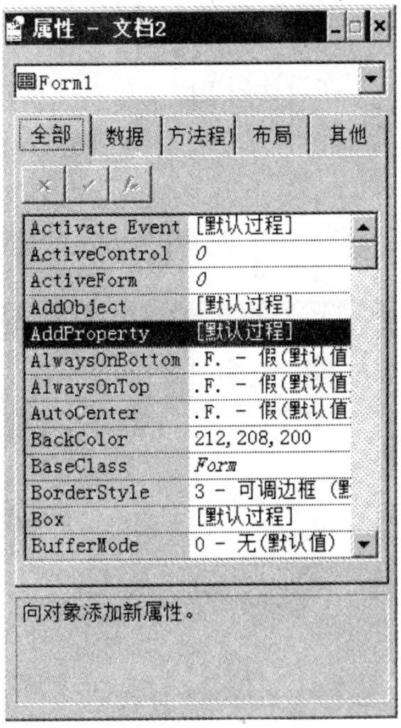

图 7-17　属性窗口

（4）代码窗口

此按钮的功能是打开或关闭代码窗口，代码窗口用于对对象的事件与方法的代码编辑。

（5）表单控件工具栏

此按钮的功能是打开或关闭表单工具栏，这里提供了 21 个控件和选定对象，查看类、生成器锁定、按钮锁定等几个图形按钮，如图 7-18 所示。在设计表单中用控件设计图形界面。若想知道某一个控件的名称，只需要把鼠标放到这个控件上。

（6）调色板工具栏

此按钮的功能是打开或关闭调色板工具栏，该工具栏用于对对象的前景和背景进行设置。

（7）布局工具栏

此按钮的功能是打开或关闭布局工具栏，可对对象位置进行设置。

（8）表单生成器

此按钮的功能是打开或关闭表单生成器，直接以填表的方式对相关对象各项设置。

（9）自动格式

此按钮的功能是打开或关闭自动格式生成器，可对各控件进行设置。

3. 快速表单

调用表单生成器可以快速创建表单，主要的方法有以下三种：

（1）在表单窗口中选择系统菜单“表单/快速表单”。

（2）单击“表单设计器”工具栏中的“表单生成器”按钮。

（3）右击表单窗口，然后在弹出的快捷菜单中选择“生成器”命令。

7.1.3 在表单上设计控件

在设计表单时，可以通过表单控件工具栏向表单中添加各种控件，并可在表单设计器中对控件进行移动、删除、修改、调整大小和位置等操作。

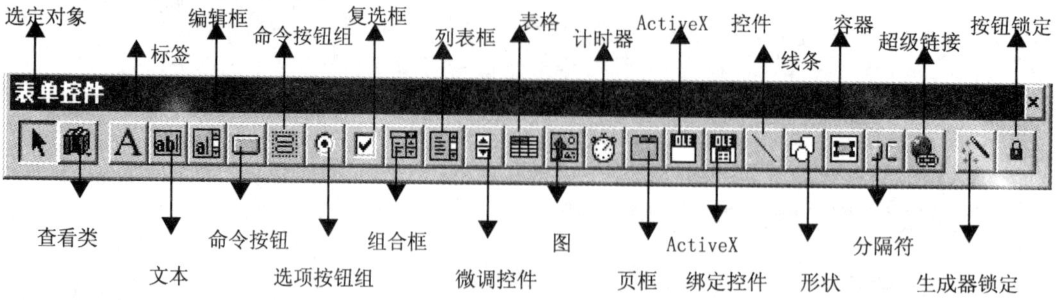

图 7-18 表单控件工具栏

1. 表单控件工具栏

“表单控件”工具栏可以通过单击“表单设计器”工具栏中的“表单控件工具栏”按钮，或选择“显示”菜单中的“工具栏”命令来打开和关闭。“表单控件”工具栏如图 7-18 所示，在表单控件工具栏按钮中，首尾两排的按钮“选定对象”、“查看类”、“生成器锁定”和“按钮锁定”是辅助按钮，其他按钮是控件定义按钮。控件定义按钮将在第八章具体介绍，这里主要介绍四个辅助按钮。

（1）“选定对象”按钮

用于选定表单中的控件，该按钮默认为选定状态，此时在表单中单击某一个控件就可以使其处于选定状态。当选中表单控件工具栏中的其他控件按钮时，该按钮为非选中状态，以便在表单中添加控件。

（2）“按钮锁定”按钮

使用按钮锁定可以快速地添加多个同类按钮，当该按钮处于按下状态时，向表单中添加一个控件后，仍处于画控件状态，以便继续添加该控件。

（3）“生成器锁定”按钮

该按钮处于按下状态时，当向表单中添加控件时，系统会自动打开相应的生成器对话框，以便对该控件的常用属性进行设置。要打开控件的生成器对话框，除上述方法外，还可以右击已画好的控件，在弹出的快捷菜单中选择生成器命令。

（4）“查看类”按钮

表单设计器中的“表单控件”工具栏上显示的是 Visual FoxPro 提供的基类，通过“查看类”按钮还可以把用户自定义的类添加到“表单控件”工具栏中。要在表单控件工具栏上重新显示 Visual FoxPro 基类，只需在“查看类”菜单中选择“常用”命令即可。

2. 创建表单控件

打开表单设计器和表单控件工具栏，单击表单控件工具栏中所需控件如命令按钮，然后在表单适当的位置单击调整适当的大小。如图7-19所示。

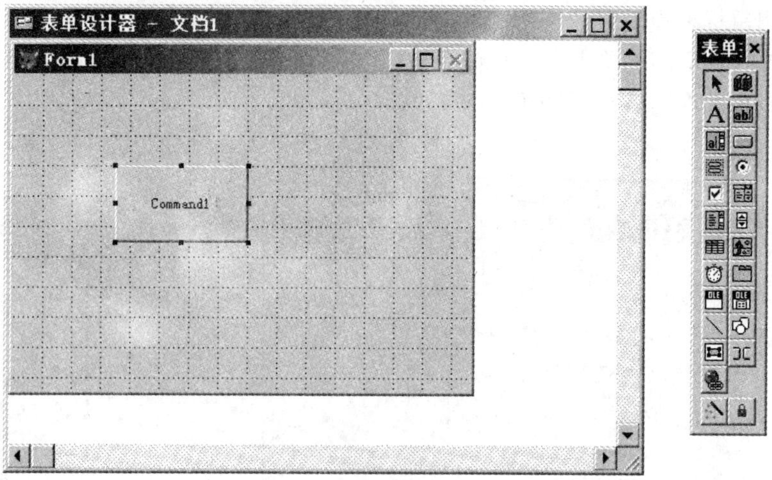

图 7-19　创建表单控件

图7-19中添加的控件即为一个按钮Command1，若控件Command1的位置不合适，可通过拖曳的方式移动控件。若需要调整控件Command1的大小，可用拖曳控件四周的八个黑色方块来调整大小，也可以通过属性设置来调整控件的大小：控件的宽度属性为Width，高度属性为Heiht，左上角坐标属性为Lelf和Top。需要删除控件Command1时，只需选定它，然后按delete键即可。若需要添加多个按钮，可以通过复制Command1，粘贴即可；或者单击表单工具栏上的锁定按钮，然后选定要添加的控件，此时可反复添加多个相同的控件，再次单击锁定按钮可取消锁定。

快速添加控件：从“数据环境设计器”或“数据库设计器”或“项目管理器”中拖动字段、表或视图到表单上，可以快速创建控件。

3. 控件的布局

为了使表单中的控件排列整齐、美观，可使用“控件布局”工具栏中的按钮，设置被选定控件的对齐方式、相对大小和位置。打开布局工具栏，选择“显示”菜单中的“工具栏”命令，或单击“表单设计器”工具栏中的“布局工具栏”按钮，如图7-20所示。要使用布局工具栏中的按钮功能，先要对表单进行多重选定。

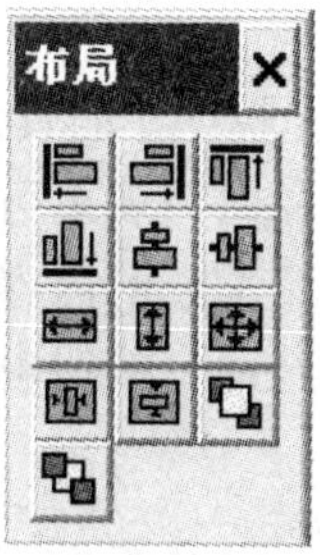

图 7-20　布局工具栏

多重选定就是同时选中两个以上的控件，选择方法为先按住Shift键，再用鼠标单击选择的控件或用鼠标拖曳的方法将所需的控件选中。

如图7-21所示，表单中有三个命令按钮，若要使它们左对齐可同时选中这三个控件，单击布局工具栏的左对齐按钮即可。

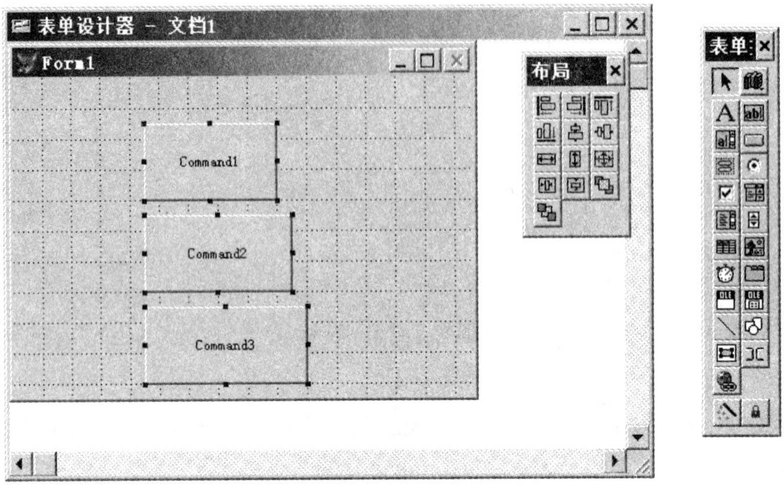

图 7-21　多重选定控件

7.2　面向对象的程序设计

在第 5 章介绍了结构化程序设计的思想，而 Visual FoxPro 中还能够使用面向对象的程序设计方法。在面向对象的程序设计中，可以使用较少的代码，将操作对象的数据和操作过程封装在叫做“对象”的操作体中，这样可以使图形界面简化，并且能够使独立的数据库系统有良好的封装性。

面向对象的程序设计思想是将事物的共性，本质内容抽象出来封装成类，通过类定义所需对象，通过对对象的属性设置，对事件的编程完成程序设计。

7.2.1　基本概念

1. 对象

对象（Object）是类的实例化，是客观存在的具体事物，Visual FoxPro 中的标准类有表单类，控件类等。当把一个表单看做对象时，表单可以有一些属性和行为特征，例如表单的标题、大小、前景背景色，表单中所显示信息的内容及格式，表单中容纳的控件，表单的事件、方法等。当把命令按钮看做对象时，命令按钮也可以有位置、标题、大小、事件和方法等属性和行为特征。

2. 属性

属性（Attribute）是描述对象的静态特征。如表单的颜色、标题、名称等。常用的表单属性如表 7-1 所示。

表 7-1　　表单常用的“布局”属性

编号	属性	功　　能	取值范围	默认值
1	AutoCenter	设置表单运行时在VFP主窗口内首次显示的位置	.T.-居中 .F.-偏左上	.F.
2	AlwayOnTop	表单是否总是处于其他窗口之上	.T.-是 .F.-否	.F.
3	BackColor	决定表单窗口的颜色	0,0,0到255,255,255	212,208,200
4	BorderStyle	设置表单的边框样式	0-无边框1-单线边框 2-固定边框3-可调边框	3
5	Caption	输入表单顶部的标题文本	按需要输入	Form1
6	Closable	设置表单顶部右边是否有关闭按钮	.F.-无 .T.-有	.T.
7	ControlBox	设置表单顶部图标和按钮是否可视	.F.–隐藏 .T.–可视	.T.
8	DataSession	指定表单里的表是在缺省的全局能访问的工作区打开，还是在表单自己的私有工作区打开	1-全局 2-私有	1
9	Height	设置表单高度	按需要设置	250
10	MaxButton	设置表单顶部右边是否有最大化按钮	.F.-无 .T.-有	.T.
11	MinButton	设置表单顶部右边是否有最小化按钮	.F.-无 .T.-有	.T.
12	Movable	表单是否能移动	.F.-否 .T.-能	.T.
13	Name	指定表单名	按需要指定	Form1
14	Picture	指定表单背景图形文件	按需要指定	无
15	Scrollbar	指定滚动条类型	0-无　1-水平 2-垂直 3-水平垂直	0
16	ShowTips	设置表单中的控件是否具有工具提示	.F.-无 .T.-有	.F.
17	TitleBar	设置表单顶部的标题栏是可视	0–不可视 1–可视	1
18	Width	设置表单的宽度	按需要设置	375
19	WindowState	设置表单运行时的窗口	0-普通 1-最小 2-最大	0
20	WindowType	指定表单是模式表单，或非模式表单	0-无模式 1-模式	0

注：ShowTips 设置为.T.时，可在表单各控件的 ToolTipText 属性中输入提示信息，在表单运行时，鼠标移动到控件上就会跟随鼠标显示这些提示信息。

设置表单的上述布局属性，可在表单设计器的属性窗口单击鼠标设置，也可在表单的方法程序中用代码设置。

3. 表单常用的事件

表单可以对用户启动或系统触发的事件做出响应，例如用户单击某一个对象（如按钮），将触发一个 Click 事件，一个对象可以有单击、双击事件或者多个事件，每个事件对应于一个程序，称为事件过程。可以在某对象的 Click 事件过程中编写程序，从而单击该对象时执行该事件过程。表单常用事件如表 7-2 所示。所有事件方法的运行都是由一种特定事件触发的。

表 7-2　　　　表单常用事件

事　件	触 发 时 机
load	加载表单或表单集时
unload	释放表单或表单集时
init	创建对象时
activate	对象被启动时
click	单击鼠标左键时
keypress	当用户按下并释放一个键时
mousedown	当用户按下鼠标时
mousemove	当用户移动鼠标到对象上时
mouseup	当用户释放鼠标时
rightclick	当用户按下并释放鼠标左键时
dblclick	双击时
destory	对象释放时
gotfocus	对象获得焦点时
interactivechange	改变对象值时（用鼠标或键盘）
error	对象方法或文件代码产生错误时
resize	调整对象大小时

事件引发顺序：

① 同一事件不同对象的引发顺序

init事件：表单对象的init事件将在其包含的控件对象的init事件引发之后引发。

destroy事件：表单对象的destroy事件将在其包含的控件对象的destroy事件引发之前引发。

② 同一对象不同事件的引发顺序

表单运行时：先引发表单load事件再引发表单init事件。

表单释放时：先引发表单destroy事件，最后引发表单unload事件。

4. 表单常用的方法

方法是与对象相关的过程，是对象能执行的操作。方法分为两种：内部方法、用户自定义方法。内部方法是Visual FoxPro预先定义好的方法，供用户使用或修改后使用。表7-3给出了常用方法。

表7-3　　　　常用方法

方　法	用　法	含　义
Release	对象.release	将表单从内存中释放
Refresh	对象.refresh	刷新表单或控件
Addobject	对象.addobject（对象名，对象类名）	添加对象
Show	对象.show	显示表单
Hide	对象. Hide	隐藏表单
Cls	对象. Cls	清除表单内容

方法程序代码编辑窗口的打开：在表单设计器状态选择表单对象，然后在属性窗口中选定某一方法程序，双击该方法程序，即可进入该方法程序的代码窗口，这时可在此窗口输入该方法程序的代码。

也可双击表单的空白处，先进入代码窗口，然后单击右边“过程”的组合框，从中选定某一方法，从而进入该方法程序的代码窗口，这时可在此窗口输入该方法程序的代码。

例7-3　设计表单对象“Form1”的属性值，程序运行效果如图7-22所示。

图7-22　表单运行效果

操作步骤如下：

① 创建表单：单击“文件/新建”菜单，新建表单文件，打开表单设计器窗口。

② 设置表单对象“Form1”的属性值。可以使用属性窗口中的默认值，也可以进行更改。单击表单窗口，属性窗口的组合框中显示Form1，在属性列表中选定Caption属性，在文本框中输入“My form”，按回车后表单的标题就被更改。将Picture属性选中，单击文本框右边“...”按钮，弹出打开对话框，设置表单的背景图片，其他属性设置参考下面的程序代码进行。

③ 表单对象“Form1”的属性值设置也可以通过编写表单的Load事件代码来实现。双击表单窗口打开代码编辑窗口，在“对象”组合框中选定Form1，在“过程”组合框中选定“Load”，在代码编辑区输入如下程序代码：

```
With thisform                     &&表单对象引用开始
    .Caption= “My form”           &&设置表单标题文字为“My form”
    .Name=“Form1”                 &&设置表单名为“Form1”
    .Left=20                      &&设置表单运行时左边距为20
    .Top=10                       &&设置表单运行时上边距为10
    .Closable=.T.                 &&设置表单顶部右边关闭按钮
    .ControlBox=.T.               &&设置表单顶部图标和按钮可视
    .Height=250                   &&设置表单高度为250
    .MaxButton=.F.                &&设置表单不可最大化
    .MinButton=.T.                &&设置表单可以最小化
    .Picture= “Screen.jpg”        &&指定表单背景图形文件
    .ShowTips=.T.                 &&设置表单的控件有工具提示
    .TitleBar=1                   &&设置表单顶部的标题栏可视
```

```
    .Width=450                  &&设置表单宽度为450
    .WindowState=0              &&设置表单运行窗口普通化
Endwith                         && 表单对象引用结束
```

④ 保存表单。单击“文件/保存”菜单，输入保存文件名“表单属性设置”。

⑤ 运行表单。单击“程序/运行”菜单，程序运行效果如图7-22所示。

7.2.2 对象的引用

1. 对象的属性、事件、方法程序的引用形式

格式：对象.属性|方法|事件

说明：对象若有包含与被包含关系，可以从外层引用到内层对象。如命令按钮 Command1，对它的 Caption 属性的引用可以写成：ThisForm.Command1.Caption=“确定”，这条语句是设置当前表单中的 Command1 按钮的 Caption 属性为确定，其中 ThisForm 代表当前表单。

2. 对象在引用中常使用的关键字

对象在引用中常使用的关键字，如表 7-4 所示。

表 7-4　　对象在引用中常使用的关键字

关键字	含　义	例　　子
This	当前对象	This.Caption
ThisForm	当前表单	ThisForm.Caption
ThisFormSet	当前表单集	ThisFormSet.Form1. command1.Caption

3. 容器类

容器是一种特殊的控件，它能包容其他的控件或容器。如表单、表格。

控件不能包容其他的控件或容器。如命令按钮、标签。

对象的嵌套层次：如表单中的命令按钮组。

在表单中有包含与被包含关系的对象，能包含其他对象的对象成为容器对象，容器对象的类称为容器类，在 VFP 中常用的容器类如表 7-5 所示。

表 7-5　　常用的容器类及其可以包含的对象

容器	包含的对象
表单集	表单，工具栏
表单	任意控件，页框，Container 对象，命令组，选项组，表格等对象
表格	列
列	除表单集，表单，工具栏，定时器及其他列之外的任意对象
页框	页
命令组	命令按钮
选项组	选项按钮
Container	任意控件及页框，命令组，选项组，表格等对象
页	任意控件以及 Container 对象，命令组，选项组，表格等对象

例7-4　设计一个表单，它可以对表进行浏览、释放（即退出），界面及控件设计位置如图7-23所示。

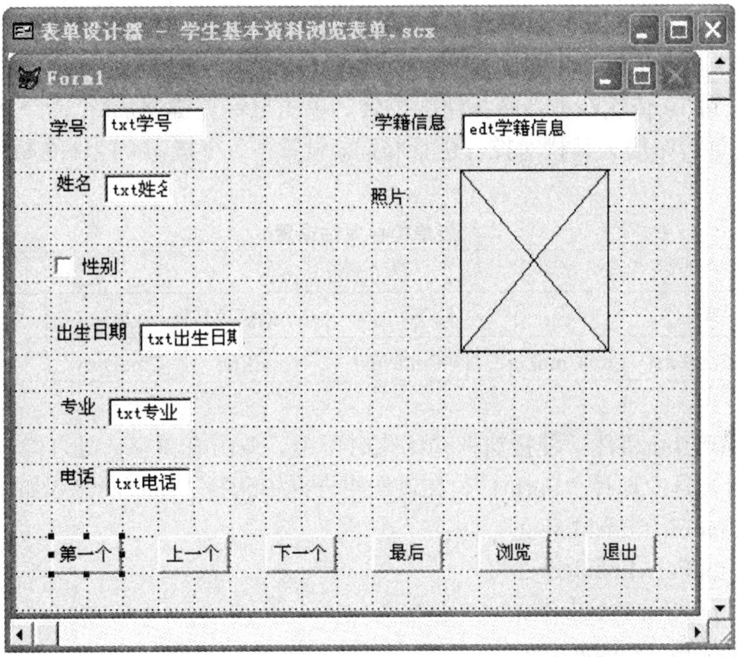

图 7-23　例 7-4 表单设计窗口

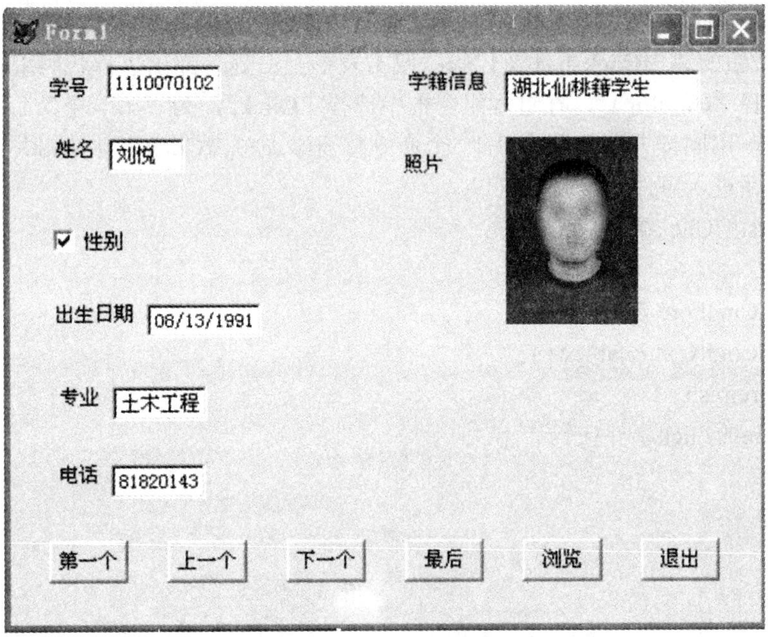

图 7-24　例 7-4 表单运行效果图

操作步骤如下：

① 打开表单设计器与数据环境设计器：单击“文件/新建”菜单，打开表单设计器窗口，新建表单文件。单击“表单设计器工具栏”的“数据环境”按钮，打开“数据环境设计器”窗口，将“学生表”添加到数据环境中，将“学生表”中的字段分别拖放到表单中，如图7-23所示。

② 按图7-23设计表单界面并设置控件相应属性：单击“表单控件工具栏”的“按钮锁定”，再单击“命令按钮”，依次在放命令按钮的位置，单击鼠标左键添加6个命令按钮，单击“按钮锁定”释放。单击布局工具栏对控件进行布局。设置“命令按钮”控件的属性如表7-6所示。

表 7-6 **表单控件属性设置**

控件属性	命令按钮					
Caption	第一个	上一个	下一个	最后	浏览	退出
Name	CmdFirst	CmdFore	CmdNext	CmdEnd	CmdBrow	CmdExit

③ 设置表单的Init事件，使按钮在初始化时可用。双击表单空白处，弹出事件代码编辑窗口，在对象组合框中选择“Form1”，在过程组合框中选择“Init”，输入如下程序代码：

```
ThisForm.CmdFirst.Enabled=.t.
ThisForm.CmdFore.Enabled=.t.
ThisForm.CmdNext.Enabled=.t.
ThisForm.CmdEnd.Enabled=.t.
ThisForm.CmdBrow.Enabled=.t.
ThisForm.CmdExit.Enabled=.t.
```

注：Enabled属性是按钮是否可用，默认值为.T.代表可用。

④ 添加按钮的单击Click事件及代码：双击表单空白处，弹出事件代码编辑窗口，在对象组合框中选择“CmdFirst”，在过程组合框中选择“Click”，为“第一个”命令按钮，添加如下事件代码，用同样方法分别为其他5个命令按钮添加单击Click事件及相关代码。或者直接单击命令按钮进入事件代码编辑窗口。

- CmdFirst的Click事件代码如下：

```
go top
ThisForm.CmdFore.Enabled=.f.
ThisForm.CmdNext.Enabled=.t.
ThisForm.refresh
```

- CmdFore的Click事件代码

```
if !bof()
    skip -1
else
    go top
endif
ThisForm.refresh
```

- CmdNext的Click事件代码

```
if !eof()
   skip
else
   go bottom
endif
ThisForm.refresh
```

● CmdEnd的Click事件代码

```
go bottom
ThisForm.CmdNext.Enabled=.f.
ThisForm.refresh
```

● CmdBrow的Click事件代码

```
browse
```

● CmdExit的Click事件代码

```
ThisForm.release
```

⑤ 单击“文件/保存”菜单，输入保存文件名“学生浏览表单”。

⑥ 单击常用工具栏的“!”按钮，运行表单，效果如图7-24所示。

习 题

一、单选题

1. 下列不属于面向对象的概念范畴的是（ ）。

   A. 类　　B. 属性　　C. 过程　　D. 事件

2. 下列基类中不属于容器类的是（ ）。

   A. 表单　　B. 组合框　　C. 表格　　D. 命令按钮组

3. 在 Visual FoxPro 中，表单是指（ ）。

   A. 数据库中各个表的清单　　B. 一个表中各个记录的清单

   C. 数据库查询的列表　　D. 窗口界面

4. 以下叙述与表单数据环境有关，其中正确的是（ ）。

   A. 当表单运行时，数据环境中的表处于只读状态，只能显示不能修改

   B. 当表单关闭时，不能自动关闭数据环境中的表

   C. 当表单运行时，自动打开数据环境中的表

   D. 当表单运行时，与数据环境中的表无关

5. 引用对象时，This 表示（ ）。

   A. 当前窗体（表单）　　B. 当前对象　　C. 当前表单集　　D. 上述都对

6. 表单的（ ）方法是用于从内存中释放表单，也就是终止此表单对象的存在。

   A. Release　　B. Refresh　　C. Show　　D. Hide

7. 新创建的表单的默认标题为“Form1”，若把表单标题改为“表单应用”，应设置表单的（ ）。

   A. Name 属性　　B. Caption 属性　　C. Closable 属性　　D. AlwaysOnTop 属性

8．表单文件在“项目管理器”的（　　）选项卡下。

A．数据　　B．文档　　C．类　　D．代码

9．要改变表单上表格对象中当前显示的列数，应设置表格的（　　）属性。

A．ControlSource　　B．RecordSource

C．ColumnCount　　D．Name

10．容器型的对象（　　）。

A．只能是表单或表单集

B．必须由基类 Container 派生得到

C．能包容其他对象，并且可以分别处理这些对象

D．能包容其他对象，但不可以分别处理这些对象

11．下列属于方法名的是（　　）。

A．gotfocus　　B．refresh　　C．unload　　D．activate

12．下面关于属性、方法和事件的叙述中，错误的是（　　）。

A．属性用于描述对象的状态，方法用于表示对象的行为

B．基于同一个类产生的两个对象可以分别设置自己的属性值

C．事件代码也可以像方法一样被显示调用

D．在新建一个表单时，可以添加新的属性、方法和事件

13．将当前表单从内存中释放的正确语句是(　　)。

A. ThisForm.Close　　B. ThisForm.Clear

C. ThisForm.Release　　D. ThisFornn.Refresh

14．下面属于表单方法名（非事件名）的是(　　)。

A. Init　　B. Release　　C. Destroy　　D. Caption

15．下列表单的（　　）属性设置为真时，表单运行时将自动居中。

A. AutoCenter　B. AlwaysOnTop　C. ShowCenter　D. FormCenter

二、填空题

1．在 Visual FoxPro 中，________是描述对象行为的过程，_________用来表示对象的状态。

2．在 Visual FoxPro 中，释放和关闭表单的方法是_________。

3．用鼠标双击对象时引发的是______事件。

4．在表单中，Caption 是对象的______属性。

5．在 Visual FoxPro 中，表单是______，表单有自己的属性、方法和_____。

6．当用户按下并松开鼠标左键或在程序中包含了一个触发该事件的代码时，将引发___事件。

7．要运行一个设计好的表单，可以在“命令”窗口使用______命令。

8．如果想用一幅图片来作为表单的背景，可以通过设置表单的_______属性来实现。

9．在 Visual FoxPro 中，表单是一个_____，它可以容纳 Visual FoxPro 的对象。

10．表单中的数据环境是一个容器，用于设置表单中使用的_____和表间的关系。

11．在表单设计中，关键字_____ 表示当前对象所在的表单。

12. 为将一个表单定义为顶层表单，需要设置的属性是_____。
13. 设置表单的页面数，使用_____属性。
14. 释放当前表单的程序代码是_____。
15. 在表单中确定控件是否可见的属性是_____。

三、简答题

1. 什么是表单?表单向导能产生哪几种表单？它们有什么区别？
2. 表单常用事件和方法有哪些？
3. 简述 Visual FoxPro 中在运行表单时，事件的一般触发顺序。
4. 表单对象有哪几种引用形式？

第 8 章 表单控件设计

【学习目的与要求】在设计表单时，用户可以使用表单控件工具栏中的各种控件按钮在表单上设计控件，本章将系统地介绍常用表单控件的功能及常用表单控件的主要属性、事件和方法。通过对本章内容的学习，进一步熟悉对象、事件、属性和方法的基本概念，了解表单控件的常用属性、方法和事件，掌握表单控件常用属性的设置以及常用事件和方法的调用。

8.1 标签

标签（Label）是按一定格式显示在表单上的文本信息，用来显示表单中各种说明信息和提示信息。标签没有数据源，将要显示的字符串直接赋予标签的“标题”（Caption）属性即可。用标签显示的文本信息一般很短，如果文本信息很长，可以设置多行显示，将标签控件的 WordWrap 属性设置为. T. 。“标签”控件常用属性如表 8-1 所示。

表 8-1 **标签的常用属性**

属性	功　　能	默认值
AutoSize	设置标签的大小是否根据标题的长度自动调整	. F.
Caption	指定标签用来显示的文本	标签的名字
FontName	设置标签文本的字体	宋体
FontSize	设置标签文本的字号	9
BackStyle	设置标签是否透明	1-不透明
Visable	设置标签运行时是否可见	. T.
WordWrap	设置标签中显示的文本是否可以换行	. F.
Name	引用该对象时使用的名称	Label1
Left	设置标签距离表单左边界的距离	
Top	设置标签距离表单上边界的距离	

例 8-1 设计表单，在表单上添加一个标签，单击标签时，使标签显示的文本为“欢迎使用 Visual Foxpro 6.0 系统！” 中英文互换。

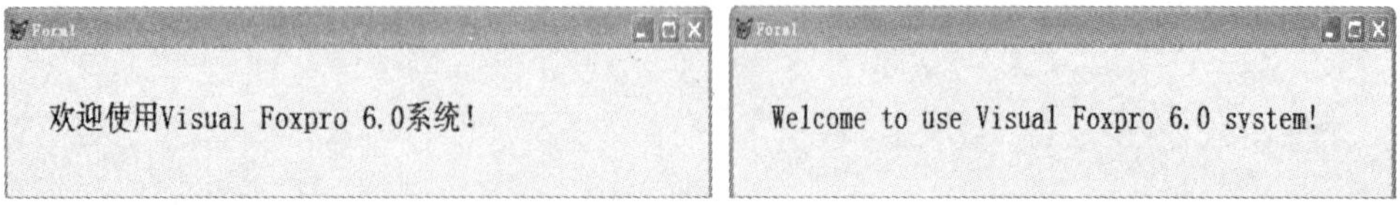

图 8-1 标签设计示例

设计步骤如下：

① 创建表单 Welcome.scx,启动表单设计器,在表单上添加一个标签控件。

② 设置标签控件的属性，将 Caption 属性设置为“欢迎使用 Visual Foxpro 6.0 系统！”，AutoSize 属性设置为. T. , FontSize 属性设置为 18，FontBold 属性设置为. T. 。

③ 为标签添加 Click 事件及代码。双击标签，进入代码编辑窗口添加如下代码：

```
if thisform.label1.caption="欢迎使用 Visual Foxpro 6.0 系统！"
    thisform.label1.caption="Welcome to use Visual Foxpro 6.0 system!"
else
    thisform.label1.caption="欢迎使用 Visual Foxpro 6.0 系统！"
endif
```

④ 单击工具栏上的“运行”按钮运行表单，效果如图 8-1 所示。

8.2　图像、线条与形状

1. 线条

线条（Line）控件用于在表单上添加线条，包括斜线、水平线和垂直线。

斜线倾斜度由控件区域宽度和高度来决定，可拖动控件区域的控制点来改变控件区域的宽度和高度，或通过改变 Width 和 Height 属性值来实现。特别地，当 Width 为 0 时，表示垂直线，当 Height 为 0 时表示水平线。线条控件属性设置如表 8-2 所示。

表 8-2　**线条控件的常用属性**

属性名称	说　明
BorderWith	线条的宽度
LineSlant	线条倾斜方向，有效值为正斜和反斜
BorderStyle	线型，0(透明)、1(实线)、2(虚线)、3(点线)、4(点画线)、5(双点画线)、6(内实线)

2. 形状

形状（Shape）控件用于在表单上绘制矩形、正方形、椭圆或圆等。形状类型由 Curvature（角度的曲率）、Width（宽度）和 Height（高度）属性指定，如表 8-3 所示。其中，Width 和 Height 属性可改变形状的大小；Curvature 属性设置形状的曲率，曲率变化范围为 0～99：0 表示无曲率，如图 8-2 所示；99 表示最大曲率，可以是圆或椭圆，如图 8-3 所示。

表 8-3　**形状控件的形状设置**

Curvature	Width 和 Height 相等	Width 和 Height 不等
0	正方形	矩形
1～99	圆角正方形，当 Curvature 为 99 时，形状为圆	圆角矩形，当 Curvature 为 99 时，形状为椭圆

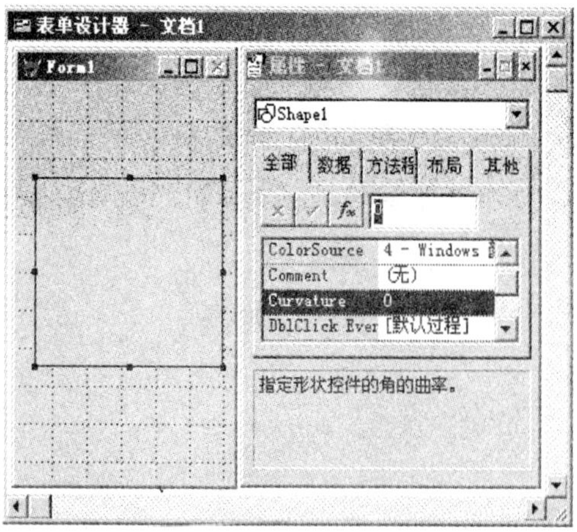

图 8-2　曲率为 0

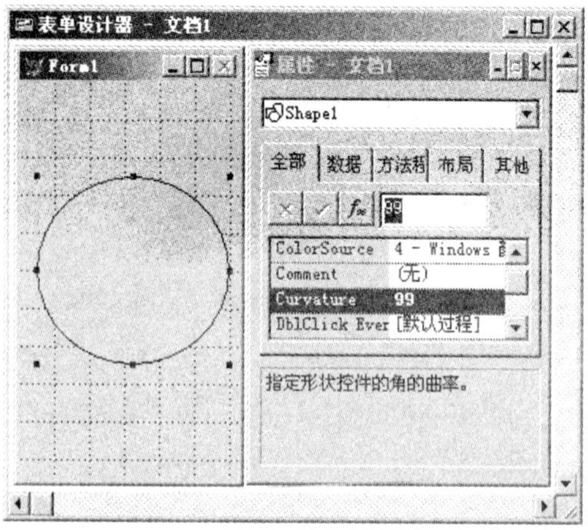

图 8-3　曲率为 99

3. 图像

图像（Image）控件允许在表单上显示图像。显示图像时，将图像控件的 Picture 属性设置为一个图像文件，图像文件的类型有.BMP、.ICO、.GIF 和.JPG 等。设置方法通过属性窗口中文本框右边的“...”按钮选定一个图像文件。“图像”控件的常用属性如表 8-4 所示。

表 8-4　**图像的常用属性**

属性	功　能	说　明
Picture	指定图像控件显示的图片文件名	
BorderStyle	指定图像控件是否具有可见的边框	0—无，1—固定单线
BackStyle	指定图像控件的背景是否透明	0—透明，1—不透明
Stretch	指定图像的显示方式	0—剪裁，1—等比填充，2—变比填充

例 8-2　设计如图 8-4 所示的应用程序封面。

图 8-4　学生选课系统封面

设计步骤如下：

① 创建表单 Cover. scx。

② 在表单上添加一个标签 Label 控件、形状控件 Shape1 和图像控件 Image1。

③ 设置属性，如表 8-5 所示。

④ 将封面的文字置前。选定 Label1，然后选择“格式”菜单中的“置前”菜单项。

表 8-5　　Cover 表单属性设置

对　象	属　　性	属性值及说明
Form1	WindowState	2—表单最大化
	BorderStyle	0—取消表单边框
	DeskTop	.T.—表单设置在桌面
	Titlebar	0—取消表单标题拦
Label1	Caption	学生选课系统—封面标题
	AutoSize	.T.—标签随标题内容自动调整大小
	FontSize	20—字体为 20 号
	FontBold	.T.—字形加粗
	BackStyle	0—背景透明
Shape1	Curvature	99—曲率
	BackStyle	0—背景透明
Image1	Picture	C:\Windows\Web\Wallpaper\卡通动画.jpg
	Stretch	2—图像尺寸调整方式为变比填充

⑤ 设置各控件在表单的显示位置，为表单 Form1 的 Activate 事件中添加如下代码：

```
ThisForm. Image1. Height=ThisForm. Height          &&图像的高度为窗体的高度
ThisForm. Image1. Width=ThisForm. Width            &&图像的宽度为窗体的宽度
X=ThisForm. width/2                                &&X 在表单宽度的 1/2 处
Y=ThisForm. Height/4                               &&Y 在表单高度的 1/4 处
ThisForm. Shape1. Left=X-ThisForm. Shape1. Width/2 &&移动椭圆，使其在表单横向居中
ThisForm. Label1. Left=X-ThisForm.Label1. Width/2 &&移动标题，使其在表单横向居中
ThisForm. Shape1. Top=Y                    &&移动椭圆，使其顶端在表单的 1/4 处
ThisForm. Label1. Top=Y+ThisForm. Shape1. Height/2-ThisForm. Label1. Height/2
*移动标题，使标签在椭圆纵向居中
```

⑥ 释放表单，为表单 Form1 的 RightClick 事件添加代码如下：

```
ThisForm. Release                  &&右击表单执行 Release 方法程序，释放表单
```

⑦ 运行表单，运行结果如图 8-4 所示，右击表单结束运行。

8.3 文本框

文本框（TextBox）控件主要用来进行文本数据的输入，文本框一般只包含一行文本。

文本框控件与标签控件最主要的区别在于它们使用的数据源不同。标签控件的数据源来自其“Caption”属性，而文本框控件的数据源来自于“Control Source”或“Value”属性。

1. 文本框控件的常用属性

文本框控件的常用属性如表 8-6 所示。

表 8-6 文本框的常用属性

属性	功 能	默认值
Name	文本框的名称	Text1
Value	文本框的当前内容	
ControlSource	文本框的数据来源	
PasswordChar	文本框内显示的隐含字符	
ReadOnly	设置文本框为只读，.T.—只读，.F.—可读可写	.F.
Visible	设置文本框是否可见，.T.—可见，.F.—不可见	.T.
SelStart	返回选择文本的起点或插入点的位置	0
SelLength	返回用户选择文本的字符数	0
SelText	返回选择的文本	空串
Alignment	指定文本框中内容的对齐方式	
DateFormat	指定文本框中日期类型数据的显示格式	
Enabled	指定文本框是否响应用户事件	
FontSize	指定文本框中字体大小	
ForeColor	指定文本框中文字的颜色	
BackColor	指定文本框中背景的颜色	
InputMask	指定如何在文本中输入和显示数据	

说明：InputMask 属性决定了可以输入到文本框中字符的特性，如表 8-7 所示。例如：InputMask 属性设置为 9999.99，可限制用户只能输入具有两位小数并小于 10000 的数值。

表 8-7 文本框的 InputMask 属性

模式符	功 能
X	允许输入任何字符
9	允许输入数字和正负号
#	允许输入数字空格和正负号
$	在固定位置上显示当前货币符号
*	在数值左边显示星号*
.	指定小数点的位置
,	分隔小数点左边的数字串

2. 文本框控件的常用事件

① Valid：在失去焦点之前发生，常用于进行数据合法性检查，返回一个逻辑值，为假时不允许失去焦点。所谓焦点，就是指文本框处于选中状态。失去焦点，就是刚离开选中状态。获得焦点，就是刚进入选中状态。

② InteractiveChange：当文本框的值改变时发生。

③ GotFocus：当文本框获得焦点时发生。

④ LostFocus：文本框失去焦点时发生的事件。此过程与 Valid 基本相同，但是不进行合法性检查。

例 8-3 设计一个用户登录表单。在文本框输入密码时，文本框中显示相同个数的“*”号，若输入密码正确，按回车，表单上显示“欢迎使用!”，如图 8-5 所示；否则显示“对不起，密码错!”，如图 8-6 所示。

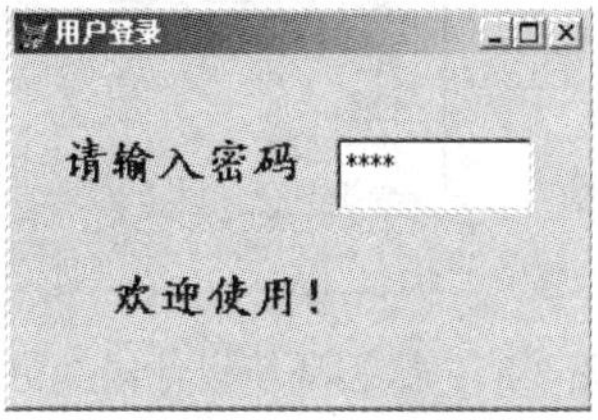

图 8-5 密码正确窗口

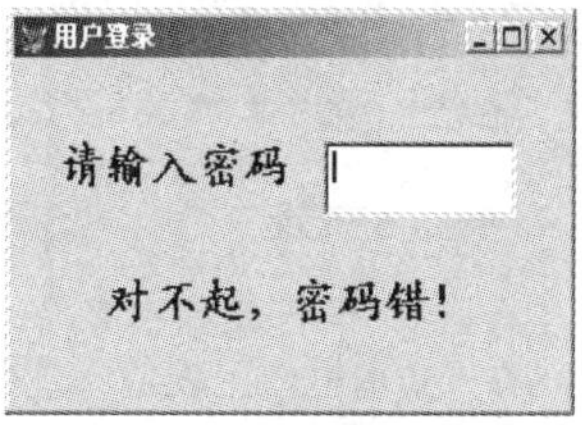

图 8-6 密码错误窗口

操作步骤如下：

① 创建表单 Login. scx。

② 在表单中添加两个标签和一个文本框控件。表单及控件属性设置，如表 8-8 所示。

表 8-8 Login 表单属性设置

对象	属 性	属性值
Form1	Caption	用户登录
Label1	Caption	请输入密码：
	FontBold	.T.
	FontSize	16
	FontName	楷体
Label2	Caption	提示信息
	FontBold	.T.
	FontSize	16
	FontName	楷体
Text1	PasswordChar	*
	Value	无

③ 为文本框控件添加 Valid 事件。双击文本框控件，在代码编辑窗口的过程中选择“Valid”事件，编写代码如下：

```
IF ThisForm. Text1. Value="1234"                    &&1234 为设定的密码
```

```
        ThisForm. Label2. Caption="欢迎使用！ "
ELSE
        ThisForm. Label2. Caption="对不起，密码错！ "
        ThisForm. Text1. Value=" "
ENDIF
```

④ 保存并运行表单，效果如图 8-5 和图 8-6 所示。

例 8-4 设计一个显示学生学号、姓名和专业的表单，数据来源于“学生表”，如图 8-7 所示。

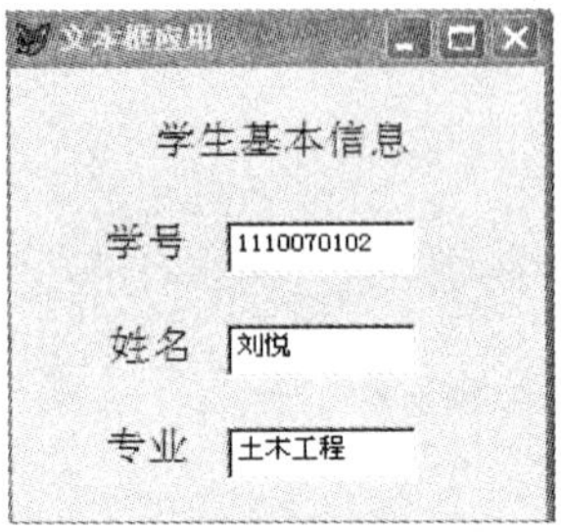

图 8-7 文本框应用表单

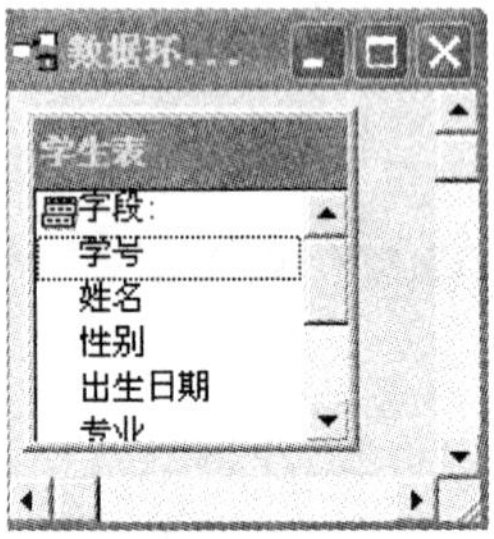

图 8-8 “数据环境设计器”窗口

操作步骤如下：

① 打开 VFP 开发环境，在命令窗口输入 create form Text.scx，创建新的表单“Text.scx”。

② 在表单中添加四个标签控件和三个文本框控件，设置四个标签控件 FontSize 属性值为 14，并调整各控件的位置和大小，如图 8-7 所示。

③ 打开“显示”菜单，单击“数据环境”命令，在“数据环境设计器”窗口中添加“学生表. dbf”，如图 8-8 所示，主要是为“文本框”控件设置相应的数据源。

④ 在“属性”窗口中，设置表单、标签和文本框的属性如表 8-9 所示。

表 8-9 **文本框应用表单主要属性设置**

对 象	属 性	属 性 值
Form1	Caption	文本框应用
Label1	Caption	学生基本信息
Label2	Caption	学号
Label3	Caption	姓名
Label4	Caption	专业
Text1	ControlSource	学生表.学号
Text2	ControlSource	学生表.姓名
Text3	ControlSource	学生表.专业

⑤ 保存并运行表单，运行效果如图 8-7 所示。

8.4　编辑框

编辑框（EditBox）控件允许用户编辑长的字符型字段或备注型字段，允许自动换行并能用方向键、PageUp 和 PageDown 键以及滚动条来浏览文本，其数据类型只能是字符型。编辑框常用属性如表 8-10 所示。

表 8-10　**编辑框常用属性**

属　性	功　　能	默认值
Name	编辑框的名称	Edit1
Value	当前编辑框中的内容	无
ControlSource	编辑框的数据来源	无
ScrollBars	设置编辑框是否有滚动条。0—没有，1—水平，2—垂直	2
SelStart	返回选择文本的起点或插入点的位置	0
SelLength	返回用户选择文本的字符数	0
SelText	返回选择的文本	空串

例 8-5　设计一个学生学籍信息查询和编辑表单，如图 8-9 所示。当在文本框输入学生学号并按下回车键时，在学籍信息编辑框中显示此学生学籍信息，并允许用户编辑学生的学籍信息。如图 8-10 所示。

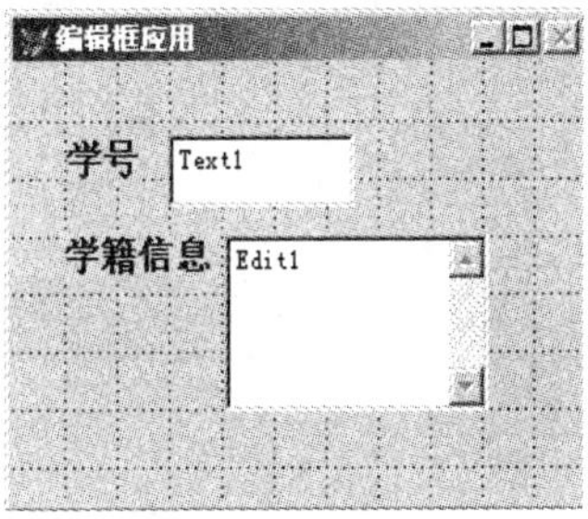

图 8-9　编辑框应用表单界面

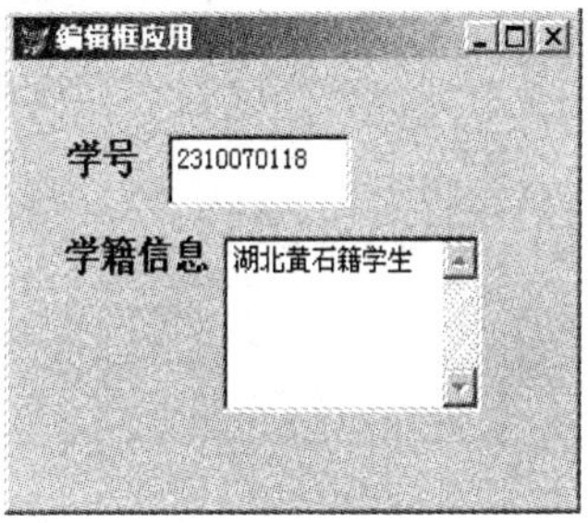

图 8-10　编辑框应用表单运行结果

操作步骤如下：

① 打开 VFP 开发环境，在命令窗口输入 create form Edit.scx，创建新的表单“Edit.scx”。

② 在表单中添加两个标签控件（Label1、Label2）、一个文本框控件（Text1）和一个编辑框控件（Edit1），并调整各控件的位置和大小。

③ 选择“显示/数据环境”菜单，打开“数据环境设计器”，添加“学生表. dbf”，设置编辑框的数据源。

④ 在“属性”窗口中设置标签的字体为“楷体”，字号为 20。表单控件的主要属性如表 8-11 所示。

表 8-11　　编辑框应用表单主要属性设置

对　象	属　性	属　性　值
Form1	Caption	编辑框应用
Label1	Caption	学号
Label2	Caption	学籍信息
Edit1	ControlSource	学生表.学籍信息

⑤ 双击文本框控件，在代码编辑窗口，编写文本框 Text1 的 LostFocus 事件代码如下：

```
SELECT 学生表
LOCATE FOR 学号=ALLTRIM(ThisForm. Text1. Value)
ThisForm. Refresh
RETURN
```

⑥ 保存并运行表单，结果如图 8-10 所示。

8.5　列表框与组合框

1. 列表框

列表框（ListBox）用于显示供用户选择的列表项。当列表项较多不能同时显示时，列表框可以滚动，在“列表框”中不允许用户输入新值，只能从现有的列表中选择一个或多个值。

（1）列表框的主要属性

列表框的主要属性如表 8-12 所示。

表 8-12　　列表框常用属性

属　性	功　　能	默认值
Name	列表框的名称	List1
ControlSource	列表框的数据来源	无
RowSource	列表中指定值的来源	无
RowSourceType	确定数据源的类型：值、表、SQL 语句、查询和数组等	无
ListIndex	选定数据项的索引项	0
MultiSelect	设置是否允许多项选择	.F.
ListCount	返回列表框中的列表项个数（设计时不可用）	1
ColumnCount	列表框的列数	0

RowSourceType 属性的设置值如表 8-13 所示。

表 8-13　　RowSourceType 属性的设置值

属　性	功　　能
0	无(默认值)，有程序向列表项之中添加项
1	值，通过 RowSource 属性手工指定多个要在列表项中显示的值

续表

属　性	功　　能
2	表的别名，可以在列表中添加打开表的一个或多个字段的值
3	SQL 语句，将 SQL SELECT 查询语句的执行结果作为填充列表框
4	查询，用查询的结果填充列表框
5	数组，用数组中的项填充列表框
6	字段，指定一个字段或用逗号分隔的一系列字段值填充列表
7	文件，用当前目录下的文件来填充列表
8	结构，用 RowSource 属性中指定的表结构中的字段名来填充列表
9	弹出式菜单，用先前定义的弹出式菜单来填充列表

（2）列表框的 AddItem 方法

格式：Control. AddItem（Item，[Index][，Column]）

功能：当列表框的 RowSource 属性为 0 时，使用本方法可在列表中添加一个新项。

说明：

① Item 表示添加的项目内容，为字符表达式。

② Index 表示添加新项目的位置。缺省时，当 Sorted 属性为. T. 时，新项按字母顺序插入列表，否则添加到列表末尾。

③ Column 表示放置新项目的列，默认值为 1。

例 8-6　设计一个表单，在表单中创建一个文本框和列表框，将文本框中输入的文本添加到列表框中，并且当用户按回车键时清除文本框中的文本，如图 8-11 所示。

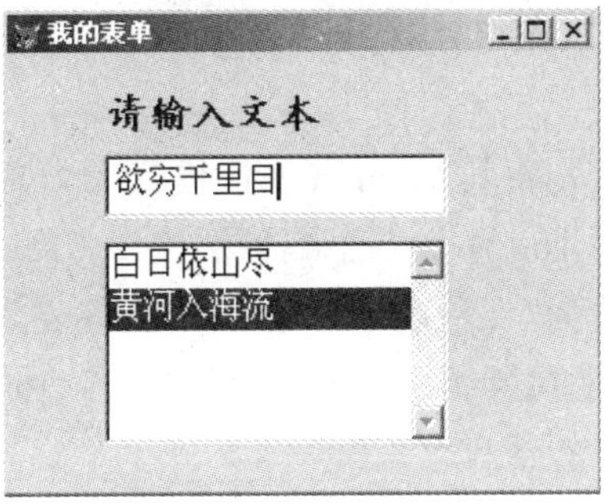

图 8-11　myform 表单运行结果

操作步骤如下：

① 创建表单 MyForm. scx, 将表单的 Caption 属性设置为“我的表单”。

② 添加标签控件，将其 Caption 属性设置为“请输入文本”。添加文本框控件（Text1）和列表框控件（List1）。

③ 双击文本框控件，在代码编辑窗口，编写文本框 Text1 的 KeyPress 事件代码，该事件指的是当用户按住并释放一个键时触发该事件。

LPARAMETERS nKeyCode, nShiftAltCtrl

```
IF nKeyCode=13 And NOT EMPTY(This.Value)        && nKeyCode=13 表示按回车键
    ThisForm. List1. AddItem(This. Value)
    ThisForm. List1. DisplayValue=This. Value
    This. Value=" "
ENDIF
```

④ 保存并运行表单，结果如图 8-11 所示。

例 8-7 设计一个表单，当用户在列表框中选择课程名后，显示该门课程的课程号和学分，运行结果如图 8-12 所示。

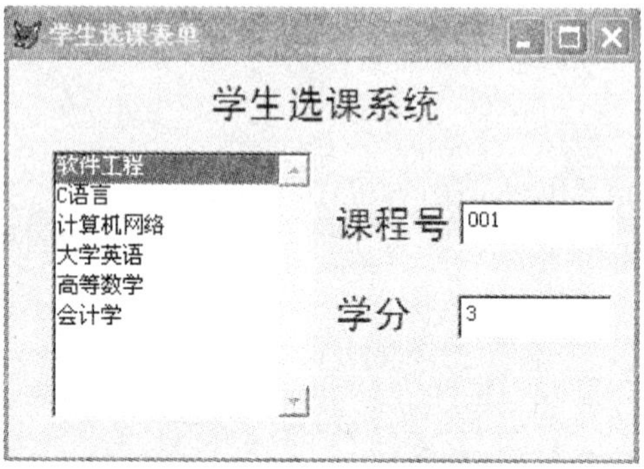

图 8-12 StuSelSystem 表单运行结果

操作步骤如下：

① 创建表单 StuSelSystem.scx, 将表单的 Caption 属性设置为“学生选课表单”。

② 选择“显示/数据环境”菜单，打开“数据环境设计器”，添加“课程表. dbf”，设置编辑框和列表框的数据源。

③ 添加 3 个标签控件，分别将其 Caption 属性设置为“学生选课系统”、“课程号”和“学分”，设置字体为黑体，字号为 16，添加 2 个编辑框控件（Text1 和 Text2），将 Text1 和 Text2 的 ControlSource 属性分别设置为“课程表.课程号”和“课程表.学分”。添加列表框控件(List1)，设置列表框控件 RowSource 的属性为“课程表.课程名”，RowSourceType 的属性为“6”，ControlSource 的属性为“课程表.课程名”。

④ 双击列表框控件，在代码编辑窗口，编写列表框 List1 的 Interactivechange 事件代码如下：

```
thisform.refresh
```

⑤ 保存并运行表单，结果如图 8-12 所示。

2. 组合框

组合框（ComboBox）是文本框和列表框的组合，也就是既可以输入数据，又可以选择数据项。组合框分为下拉组合框和下拉列表框，其类型由它的属性 Style 决定，当 Style 的值为“0”时，为下拉组合框；当 Style 的值为“1”时，为下拉列表框，组合框控件的主要属性如表 8-14 所示。

表 8-14 组合框常用属性

属 性	功 能	默认值
Name	组合框的名称	Combo1
ControlSource	组合框的数据来源	无
RowSource	组合框的数据值的来源	无
RowSourceType	组合框数据源的类型：值、表、SQL 语句、查询和数组等	无
Value	组合框的当前值	无
SpecialEffect	设置组合框的格式：0—三维，1—平面	0
Style	设置组合框样式：0—下拉组合框，2—下拉列表框	0
DisplayCount	定义组合框下拉列表中的条目个数	0

例 8-8 设计一个计算每个学生成绩总分的表单 Sum.scx，如图 8-13 所示。从组合框中选择学号，当单击“计算总分”按钮时，计算该生选修所有课程成绩的总分，并将计算结果显示在成绩总分文本框中。

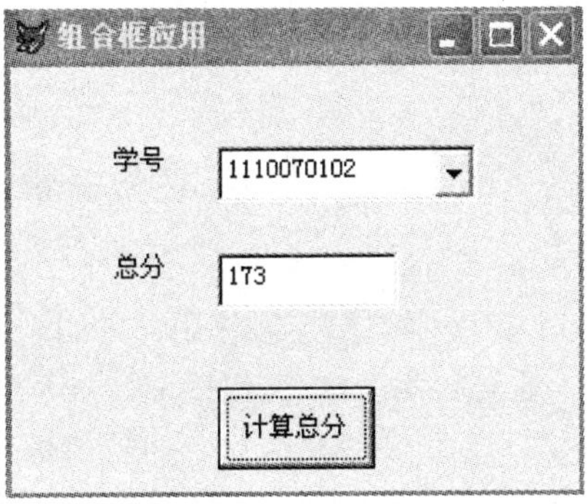

图 8-13 sum 表单运行结果

操作步骤如下：

① 新建一个表单 Sum. scx。

② 在表单中添加两个标签控件（Label1、Label2）、一个文本框控件（Text1）、一个组合框控件（Combo1）和一个命令按钮控件（Command1），并调整各控件的大小和位置。

③ 选择“显示/数据环境”菜单，打开“数据环境设计器”，添加“学生表. dbf”和“成绩表. dbf”。

④ 在“属性”窗口中，设置各控件的属性。表单控件的主要属性如表 8-15 所示。

表 8-15 Sum 表单主要属性设置

对 象	属 性	属性值
Form1	Caption	组合框应用
Label1	Caption	学号
Label2	Caption	总分

续表

对　象	属　性	属性值
Text1	默认	默认值
Command1	Caption	计算总分
Combo1	RowSourceType	6-字段
	RowSource	学生表.学号
	ControlSource	学生表.学号

⑤ 双击“计算总分”命令按钮，在“代码编辑”窗口，为命令按钮 Command1 编写 Click 事件代码如下：

```
Select 成绩表.学号, Sum(成绩)As 总分 Into Cursor CJ From 成绩表, 学生表;
Where 学生表. 学号=成绩表. 学号;
Group By 成绩表. 学号
Locate For 学号=ThisForm.Combo1. Value
ThisForm. Text1. Value=CJ. 总分
```

⑥ 保存并运行表单，结果如图 8-13 所示。

8.6 命令按钮与命令按钮组

1. 命令按钮

命令按钮控件（Command）在程序中起控制作用，常用于完成某些特定的操作，如表单的关闭、操作的确认等。其代码通常放置在 Click 事件中。命令按钮的常用属性如表 8-16 所示。

表 8-16　**命令按钮的常用属性**

属　性	功　　能	默认值
Name	名称	Command1
Caption	标题	Command1
Enabled	设置是否可以被选择	.T.
Picture	设置按钮上显示的图形	无

例 8-9　设计一个改变字体的表单。通过单击“黑体”按钮、“楷体”按钮和“隶书”按钮、“宋体”按钮，改变文本框的字体。界面如图 8-14 所示。

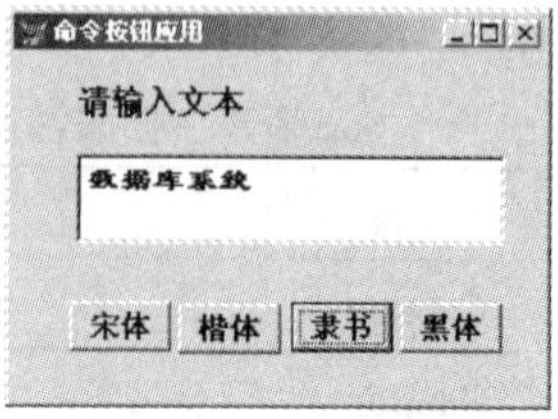

图 8-14　命令按钮应用表单

操作步骤如下：

① 创建表单“Command.scx”。

② 在表单中添加一个标签控件（Label1）、一个文本框控件（Text1）和四个命令按钮控件（Command1、Command2、Command3、Command4），并调整各控件的位置和大小。

③ 在“属性”窗口中设置各控件的属性，如表 8-17 所示。

表 8-17　**命令按钮应用表单主要属性设置**

对　象	属　性	属性值
Form1	Caption	命令按钮应用
Label1	Caption	请输入文本
Text1	默认	默认值
Command1	Caption	宋体
Command2	Caption	楷体
Command3	Caption	隶书
Command4	Caption	黑体

④ 双击“宋体”命令按钮，在“代码编辑”窗口中，编写命令按钮 Command1 的 Click 事件代码如下：

```
ThisForm. Text1. FontName="宋体"
```

编写命令按钮 Command2 的 Click 事件代码如下：

```
ThisForm. Text1. FontName="楷体"
```

编写命令按钮 Command3 的 Click 事件代码如下：

```
ThisForm. Text1. FontName="隶书"
```

编写命令按钮 Command4 的 Click 事件代码如下：

```
ThisForm. Text1. FontName="黑体"
```

⑤ 保存并运行表单。

2. 命令按钮组

命令按钮组（CommandGroup）是一种容器控件，它可以包含多个命令按钮，但命令按钮组与组内的各个命令按钮都有自己的属性、方法和事件，使用时需独立的操作每一个指定的命令按钮。命令按钮组的常用属性如表 8-18 所示。

表 8-18　**命令按钮组的常用属性**

属　性	功　　能	默认值
Name	命令按钮组的名称	CommandGroup1
ButtonCount	命令按钮组包含命令按钮的个数	2
Buttons	确定命令按钮组中的第几个选项按钮	
Enabled	指定命令按钮组是否响应用户事件	
Value	确定已经被选中的按钮是按钮组中的哪一个按钮	1

（1）命令按钮组的 Value 属性

单击某个命令按钮时，组控件的 Value 就会获得一个数值或字符串。当 Value 属性为 1（缺省值）时，将获得命令按钮的序号；当 Value 属性为空时，将获得命令按钮的 Caption 值。

（2）Click 事件

单击命令按钮组内的空白处时，组控件的 Click 事件被触发，否则触发所单击的命令按钮的 Click 事件。

（3）命令按钮组中对象的引用

例如引用命令按钮组中命令按钮：ThisForm. CommandGroup1. Command1

或者 This. Command1。

（4）命令按钮组与组内命令按钮的编辑

① 命令按钮组的编辑：选定命令按钮组后就可以进行编辑了，但此时不能编辑命令按钮组内的命令按钮。

② 组内命令按钮的编辑：右击组控件，选择快捷菜单中的“编辑”命令，此时组控件四周出现一个斜线边框，表示组控件被激活，用户就可以选择组内的命令按钮进行编辑了。

例 8-10　设计一个可以显示“学生表. dbf”中数据的表单，如图 8-15 所示，使用命令组按钮，使之可以按记录浏览和编辑记录。

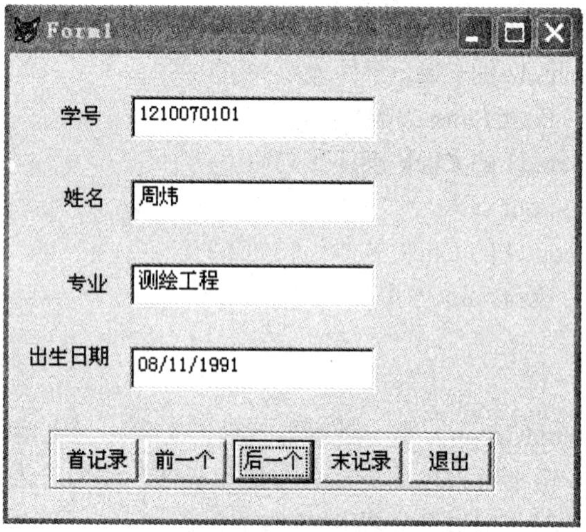

图 8-15　命令按钮组应用表单

操作步骤如下：

① 创建表单“CmdGroup.scx”。

② 在表单中添加四个标签控件（Label1、Label2、Label3、Label4）、四个文本框控件（Text1、Text2、Text3、Text4）和一个命令按钮组控件（CommandGroup1），并调整各控件的位置和大小。

③ 选择“显示/数据环境”菜单，打开“数据环境设计器”，添加“学生表.dbf”，设置四个文本框控件的数据源。

④ 在“属性”窗口中，设置表单控件属性，主要属性如表 8-19 所示。

表 8-19 命令按钮组应用表单主要属性设置

对　　象	属　　性	属性值
Form1	Caption	命令按钮组应用
Label1	Caption	学号
Label2	Caption	姓名
Label3	Caption	专业
Label4	Caption	出生日期
Text1	ControlSource	学生表.学号
Text2	ControlSource	学生表.姓名
Text3	ControlSource	学生表.专业
Text4	ControlSource	学生表.出生日期
CommandGroup1	ButtonCount	5
Command1	Caption	首记录
Command2	Caption	前一个
Command3	Caption	后一个
Command4	Caption	末记录
Command5	Caption	退出

⑤ 使用“命令组生成器”，快速生成命令组内的命令按钮，右击命令组选定快捷菜单中的“生成器”对话框，“按钮”选项卡如图 8-16 所示。设置命令按钮组的按钮数为 5，对应于 ButtonCount 属性。命令按钮可以具有标题或图形，或二者都有，各命令按钮的标题在“标题”对应的单元格中编辑“首记录”、“前一个”、“后一个”、“末记录”、“退出”，对应于按钮的 Caption 属性，若要在按钮上显示图形，可在图形单元格中输入路径及图形文件名，对应于按钮的 Picture 属性，按钮大小自动调整。在“布局”选项卡设置命令按钮组的“按钮布局”为水平对齐，“按钮间距”为 4 像素。

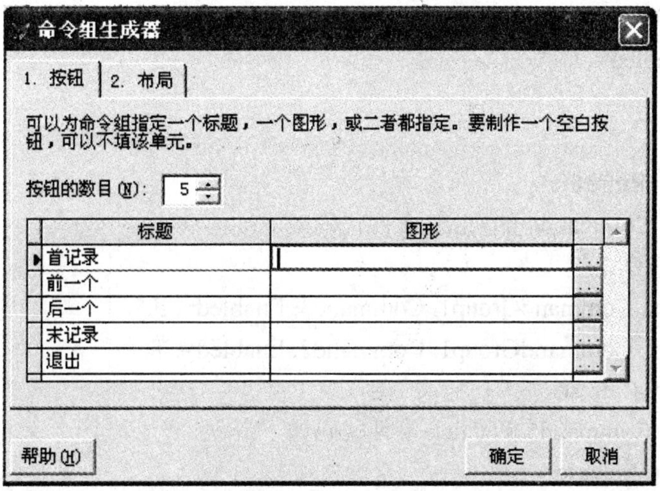

图 8-16　命令按钮组按钮选项卡

⑥ 双击“首记录”命令组按钮，在“代码编辑”窗口中，编写命令按钮 Command1 的 Click 事件代码如下：

```
GO TOP
ThisForm. CommandGroup1. Command2. Enabled=. F.
ThisForm. CommandGroup1. Command3. Enabled=. T.
ThisForm. CommandGroup1. Command4. Enabled=. T.
ThisForm. Refresh
```

编写命令按钮 Command2 的 Click 事件代码如下：

```
IF BOF()
   GO TOP
ELSE
   SKIP -1
ThisForm. CommandGroup1. Command3. Enabled=. T.
ThisForm. CommandGroup1. Command4. Enabled=. T.
IF BOF()
   This. Enabled=. F.
ENDIF
ENDIF
ThisForm. Refresh
```

编写命令按钮 Command3 的 Click 事件代码如下：

```
IF  EOF()
  GO  BOTTOM
  This. Enabled=. F.
ELSE
  SKIP
ThisForm.  CommandGroup1. Command2.Enabled=. T.
IF EOF()
This. Enabled=. F.
ENDIF
ENDIF
ThisForm.Refresh
```

编写命令按钮 Command4 的 Click 事件代码如下：

```
GO BOTTOM
ThisForm. CommandGroup1. Command3. Enabled=. F.
ThisForm. CommandGroup1. Command2. Enabled=. T.
ThisForm. Refresh
```

编写命令按钮 Command5 的 Click 事件代码如下：

```
ThisForm. Release
```

⑥ 保存并运行表单，结果如图 8-15 所示。

8.7 计时器

计时器控件（Timer）主要用来在应用程序中处理反复发生的动作。计时器控件在表单运行时是不可见的。

（1）计时器控件的常用属性

计时器控件的常用属性如表 8-20 所示。

表 8-20　　**计时器的常用属性**

属　性	功　　能	默认值
Name	名称	Timer1
Enabled	控制计时器的打开与关闭	.T.
Interval	用于设置两次计时器事件触发的时间间隔（毫秒级）	0

（2）计时器控件的常用事件

Timer 事件：由计时器控件控制反复执行的动作代码。

例 8-11　设计一个表单，如图 8-17 所示。表单中设置一个自右向左反复移动的字幕，文本为“欢迎使用 Visual Foxpro !”。

图 8-17　计时器应用表单界面

操作步骤如下：

① 创建表单“Timer.scx”。

② 在表单中添加一个标签控件（Label1）、一个计时器控件（Timer1）和两个命令按钮控件（Command1、Command2）。将标签控件 Label1 的 Caption 属性设置为“欢迎使用 Visual Foxpro !”，Autosize 属性设置为. T. , FontSize 属性设置为 16，ForeColor 属性设置为 255,0,0；将计时器控件（Timer1）的 Interval 属性设置为 500，Enabled 属性设置为. T. ；将命令按钮 Command1 的 Caption 属性设置为“暂停”，将命令按钮 Command2 的 Caption 属性设置为“关闭”。

③ 双击计时器控件，在代码编辑窗口，编写 Timer1 的 Timer 事件代码如下：

```
IF ThisForm.Label1. Left+ThisForm. Label1. Width>0
    ThisForm. Label1. Left=ThisForm. Label1. Left-5          &&将字幕向左移动 5 个像素
ELSE                                                          &&字幕的右端从屏幕消失
    ThisForm. Label1. Left=ThisForm. Width      &&将字幕的左端点设置在屏幕的右端
```

```
ENDIF
```

双击“暂停”命令按钮，在代码编辑窗口，编写 Command1 的 Click 事件代码如下：

```
IF This. Caption="暂停"
    This. Caption="继续"
    ThisForm. Timer1. Enabled=. F.
ELSE
    This. Caption="暂停"
    ThisForm. Timer1. Enabled=. T.
ENDIF
```

双击“继续”命令按钮，在代码编辑窗口，编写 Command2 的 Click 事件代码如下：

```
ThisForm. Release
```

④ 保存并运行表单。

8.8 微调控件

微调控件（Spinner）可以让用户通过“微调”箭头来选择所需要的数据，也可直接在微调框中输入所需的数据。

微调控件的常用属性如表 8-21 所示。

表 8-21 **微调控件常用属性**

属　性	功　能	默认值
Name	微调控件的名称	Spinner1
Increment	设置单击一次微调按钮时数值的增减量	1
Value	返回或指定控件的当前值	0
KeyBoardHighValue	指定能够输入到微调文本框中的最大值	2147483647
KeyBoardLowValue	指定能够输入到微调文本框中的最小值	-2147483647
SpinnerHighValue	指定单击微调按钮时，微调控件所允许的最大值	2147483647
SpinnerLowValue	指定单击微调按钮时，微调控件所允许的最小值	-2147483647

例 8-12　设计一个表单，如图 8-18 所示，通过微调控件设置时间刷新的时间间隔，在文本框中显示时间。

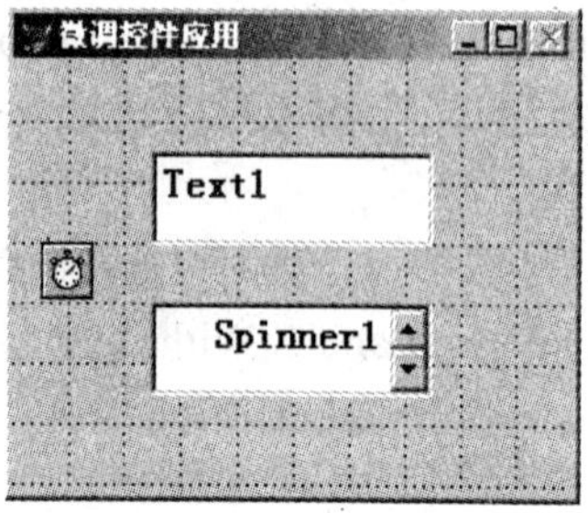

图 8-18　微调控件应用界面

操作步骤如下：

① 新建一个表单“Spin. scx”，将其 Caption 属性设置为“微调控件应用”。

② 添加一个文本框控件，并调整文本框的位置和大小。

③ 添加计时器控件，将其 Interval 属性设置为 1000。

④ 添加微调控件，将其 Value 属性设置为 1。

⑤ 双击“计时器”控件，在“代码编辑”窗口，编写计时器控件 Timer1 的 Timer 事件代码如下：

```
ThisForm. Text1. Value=Time()
```

双击“微调”控件，在“代码编辑”窗口，编写微调控件 Spinner1 的 InterActiveChange 事件代码如下：

```
ThisForm. Timer1. Interval=This. Value*1000
```

⑥ 保存并运行表单，结果如图 8-19 所示。

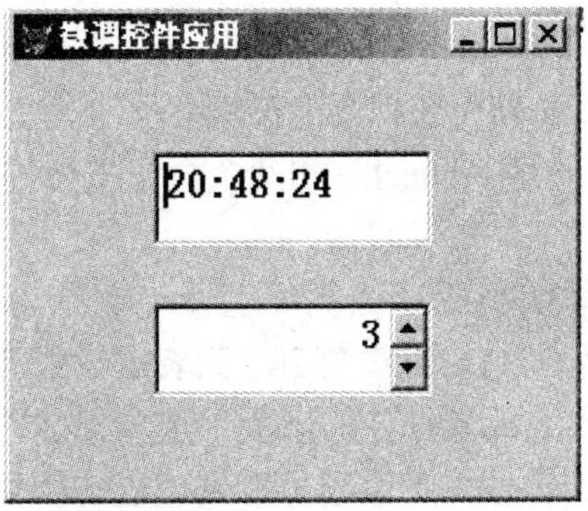

图 8-19　微调控件应用运行结果

例 8-13　设计一个显示和修改考试成绩的表单，如图 8-20 所示。列表框中显示的是“成绩表”中学生的学号和对应的课程号，当在列表框中选择某学生学号后，在考试成绩微调按钮中显示该生的成绩，并允许用户修改成绩，单击“确定”按钮，修改后的成绩值更新到“成绩表”中。单击“退出”按钮，则关闭表单。

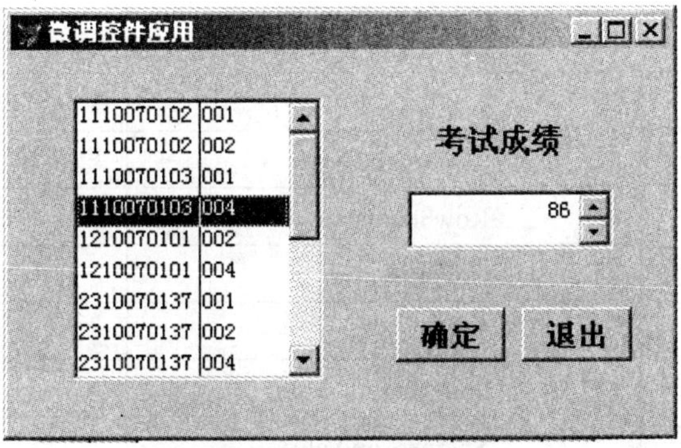

图 8-20　成绩修改表单

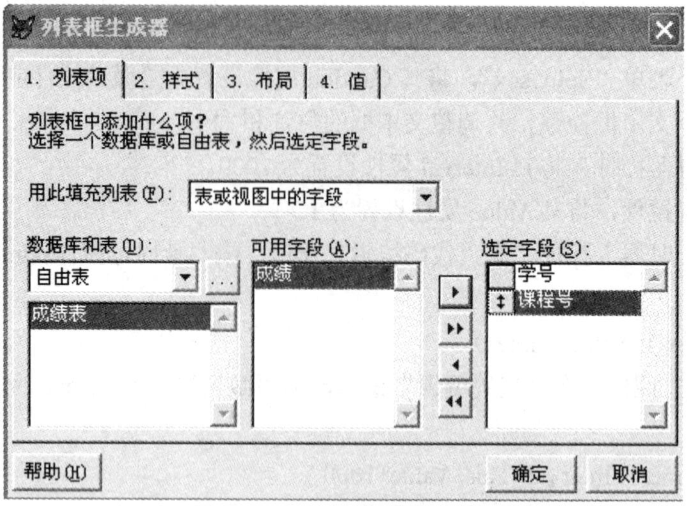

图 8-21　列表框生成器

操作步骤如下：

① 新建一个表单“ScoreModify.scx”，在表单中添加一个列表框控件（List1）、一个标签控件（Label1）、一个微调控件（Spinner1）和两个命令按钮控件（Command1、Command2），并调整各控件的位置和大小。

② 选择“显示/数据环境”，打开“数据环境设计器”，添加“成绩表.dbf”，用于设置列表框的数据源。右击列表框控件（List1），打开“列表框生成器”，在“列表项”选项卡的“用此填充列表”组合框中选定“表或视图中的字段”选项，如图 8-21 所示，选择“成绩表”，从“可用字段”列表中添加“学号”、“课程号”到“选定字段”列表中，这两个字段是在列表框中要显示的字段值。

③ 在“属性”窗口中，设置表单控件属性，主要属性如表 8-22 所示。

表 8-22　**成绩修改表单主要属性设置**

对　象	属　性	属性值
Form1	Caption	微调控件应用
Label1	Caption	考试成绩
Command1	Caption	确定
Command2	Caption	退出
List1	RowSourceType	6-字段
	RowSource	成绩表.学号,课程号
	ColumnCount	2
	BoundColumn	1
Spinner1	SpinnerHighValue	100
	SpinnerLowValue	0
	InCrement	1

④ 双击“微调按钮”控件，在“代码编辑”窗口，编写微调按钮 Spinner1 的 Init 事件代码：

ThisForm. Spinner1. Value=成绩表. 成绩　　　　　&&初始化微调按钮成绩值

双击“列表框”控件，在“代码编辑”窗口，编写列表框 List1 的 InterActiveChange 事件代码如下：

ThisForm. Spinner1. Value=成绩表. 成绩　&&微调按钮中显示列表框中选定学生的成绩

双击“确定”按钮控件，在“代码编辑”窗口，编写命令按钮 Command1 的 Click 事件代码如下：

Replace 成绩 With ThisForm. Spinner1. Value

*用微调按钮中的成绩值更新成绩表中的成绩值

双击“退出”按钮控件，在“代码编辑”窗口，编写命令按钮 Command2 的 Click 事件代码如下：

ThisForm. Release

⑤ 保存并运行表单，

程序运行结果所图 8-20 所示。

8.9 选项按钮组与复选框

1. 选项按钮组

选项按钮组控件（OptionGroup）又称单选按钮组，是一个可包含若干按钮的容器。用户只能从其中选择一项，这些按钮相互排斥，被选中的选项按钮会显示一个圆点。选项按钮组的常用属性如表 8-23 所示。

表 8-23　　　　　　　　　　选项按钮组的常用属性

属　性	功　　能	默认值
Name	选项按钮组的名称	OptionGroup 1
ButtonCount	选项按钮组中选项按钮的数目	2
Value	指定选项按钮组中被选中的选项按钮的序号，可以是数值型、字符型	1
Buttons	存取选项组中每个按钮的数组	0
ControlSource	指明与选项组建立联系的数据源	

说明：Value 属性值为字符型，则是被选中的选项按钮的标题。

例 8-14　设计一个简单计算器表单，如图 8-22 所示。在第一个和第二个文本框中输入两个数并在选项按钮组中选择相应的运算，然后单击“计算”按钮，计算结果显示在第三个文本框中。

操作步骤如下：

① 创建一个表单 SimpleCalc.scx。

② 在表单上添加三个标签（Label1、Label2、Label3）控件、两个命令按钮（Command1、Command2）按钮、三个文本框控件（Text1、Text2、Text3）和一个选项按钮组（OptionGroup1）。

③ 在“属性”窗口中，设置表单控件属性，主要属性如表 8-24 所示。

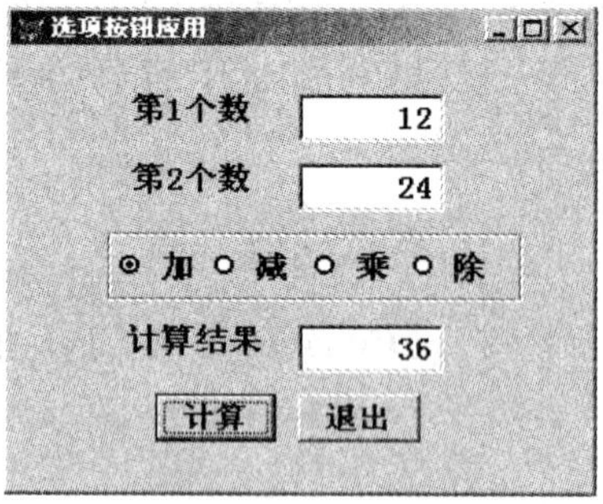

图 8-22　简单计算器表单

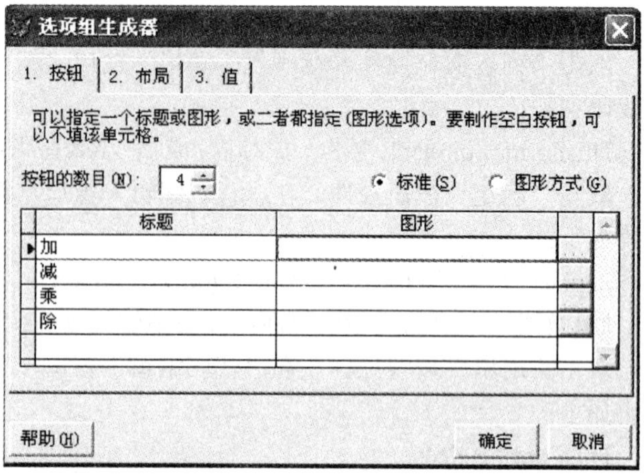

图 8-23　选项组生成器

表 8-24　　**简单计算器表单属性设置**

对　象	属　　性	属性值
Form1	Caption	选项按钮应用
Label1	Caption	第 1 个数
Label2	Caption	第 2 个数
Label3	Caption	计算结果
Text1	Value	0
	Alignment	1—右
Text2	Value	0
	Alignment	1—右
Text3	Value	0
	Alignment	1—右
OptionGroup1	ButtonCount	4
Option1	Caption	加
Option2	Caption	减
Option3	Caption	乘
Option4	Caption	除
Command1	Caption	计算
Command2	Caption	退出

使用“选项按钮生成器”设置选项按钮属性，右击选项按钮 OptionGroup1，选择“生成器”，打开“选项组生成器”，设置“按钮”选项卡的按钮数目为 4 与 ButtonCount 属性一致，设置命令组内的按钮标题(Caption)分别为“加”、“减”、“乘”、“除”；设置“布局”选项卡的“按钮布局”为“水平”，其他属性为默认值。

④ 双击“计算”按钮，在“代码编辑”窗口中，编写命令按钮 Command1 的 Click 事件

代码如下：

```
x=ThisForm. OptionGroup1. Value
y=ThisForm. Text1. Value
z=ThisForm. Text2. Value
DO  CASE
    CASE x=1
        ThisForm. Text3. Value=y+z
    CASE x=2
        ThisForm. Text3. Value=y-z
    CASE x=3
        ThisForm. Text3. Value=y*z
    CASE x=4
        ThisForm. Text3. Value=y/z
ENDCASE
```

双击“退出”按钮，在“代码编辑”窗口中，编写命令按钮 Command2 的 Click 事件代码如下：

```
ThisForm. Release
```

⑤ 保存并运行表单。

2. 复选框

复选框控件（CheckBox）是只有两个逻辑值选项的控件。当选定某一项时，与该项对应的复选框中会出现一个符号“ √ ”。复选框控件的常用属性如表 8-25 所示。

表 8-25　　复选框控件的常用属性

属　性	功　　能	默认值
Name	复选框的名称	Check 1
Caption	指定复选框显示文本的内容	Check1
Value	指定复选框的状态。0-未选中，1-选中，2-不可用	0
ControlSource	指定复选框的数据来源	无

复选框控件的 Click 事件：

复选框控件的常用事件是 Click 事件，单击未选中的复选框时，Value 属性值变为 1；单击已选中的复选框时，Value 属性值变为 0；单击变灰的复选框时，Value 属性值变为 2 时，复选框显示灰色，表示不可用。

例 8-15　设计一个表单，如图 8-24 所示。统计“学生表.dbf”中选中专业的总学生人数，在文本框中显示。

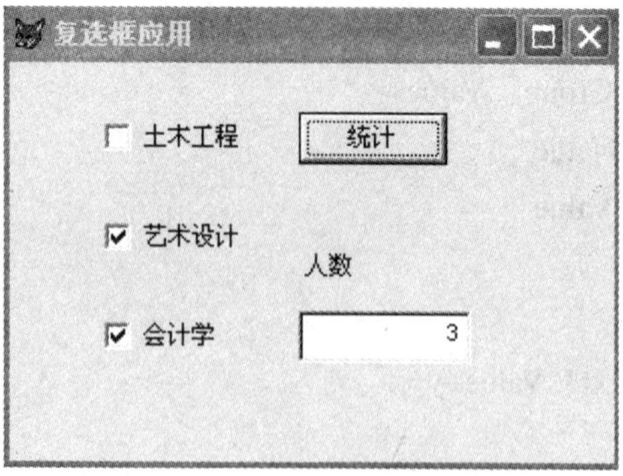

图 8-24　复选框应用表单

操作步骤如下：

① 创建一个表单 Check.scx。

② 在表单中添加三个复选框控件（Check1、Check2、Check3），一个命令按钮控件（Command1），一个标签控件（Label1）和一个文本框控件（Text1），并调整各控件的位置和大小。

③ 选择“显示/数据环境”，打开“数据环境设计器”，添加“学生表.dbf”，用于设置数据源。在“属性”窗口中，设置表单控件属性，主要属性如表 8-26 所示。

表 8-26　**复选框应用表单属性设置**

对象	属性	属性值
Form1	Caption	复选框应用
Check1	Caption	土木工程
Check2	Caption	艺术设计
Check3	Caption	会计学
Command1	Caption	统计
Label1	Caption	人数
Text1	Value	0
	Alignment	1-右

④ 双击“统计”按钮，在“代码编辑”窗口中，编写命令按钮 Command1 的 Click 事件代码如下：

```
STORE 0 TO  X, Y, Z
IF  ThisForm. Check1. Value =1
    COUNT  FOR  专业="土木工程"  TO X
ENDIF
IF  ThisForm. Check2. Value =1
    COUNT  FOR  专业="艺术设计"  TO Y
ENDIF
IF  ThisForm. Check3. Value =1
```

```
    COUNT FOR 专业="会计学" TO Z
  ENDIF
   ThisForm. Text1. Value =X+Y+Z
```

⑤ 保存并运行表单。

8.10　表格

表格控件（Grid）是一个容器对象，由一列或多列（Column）组成，每一列可显示表中的一个字段，列由列标题和列控件组成。列标题（Header1）的默认值为显示字段的字段名，允许修改。每一列必须设置一个列控件，列控件默认为文本框，该列中的每个单元格都可以用此控件来显示字段的值。表格、列、列标题和列控件都有自己的属性、事件和方法。

表格控件的常用属性如表 8-27 所示。

表 8-27　　表格控件常用属性

属　性	功　能	默认值
Name	表格的名称	Grid1
ColumnCount	表格中列的数量，如设置为-1，则列数为数据源中字段的数目	-1
RecordSource	指定表格中要显示的数据源	无
RecordSourceType	指定数据源的类型。0—来源于表；1—别名，2—提示，用户在运行时选择表；3—查询；4 —SQL 查询语句	1

表格控件通常用于表的显示与编辑，此时应先将要进行编辑的表文件添加到表单的数据环境中，然后再将表格添加到表单中，表格建立后，就可以设置其属性了，其属性的设置是在“表格生成器”对话框中完成的，如图 8-25 所示。

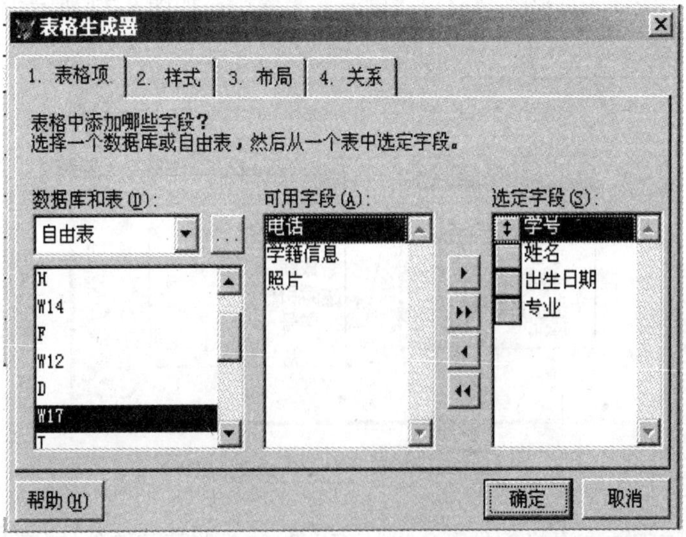

图 8-25　表格生成器对话框

在“表格项”选项卡中可以设置表格添加的表及选定的字段；在“样式”选项卡中设置表格显示的样式（专业性、标准型、浮雕型、账务型）；在“布局”选项卡中设置表格布局；在“关系”选项卡中设置表格中引用表的关键字段及表间索引。

例 8-16 设计一个学生成绩查询表单，如图 8-26 所示。表单上方的表格显示“学生表. dbf”的数据。当在“学生表”中单击某个学号时，在成绩表中显示该学号的成绩信息。

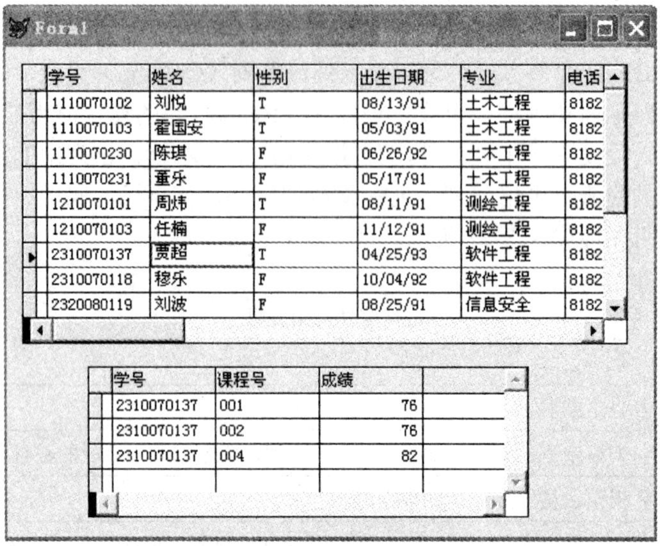

图 8-26 表格应用表单

操作步骤如下：

① 创建一个表单 Table.scx。

② 选择“显示/数据环境”菜单，在“数据环境设计器”中，添加“学生表. dbf ”和“成绩表. dbf ”，将“学生表”中“学号”拖到“成绩表”中的“学号”字段上，建立这两个表之间的临时关系，“成绩表”必须建立以“学号”为索引，如图 8-27 所示。

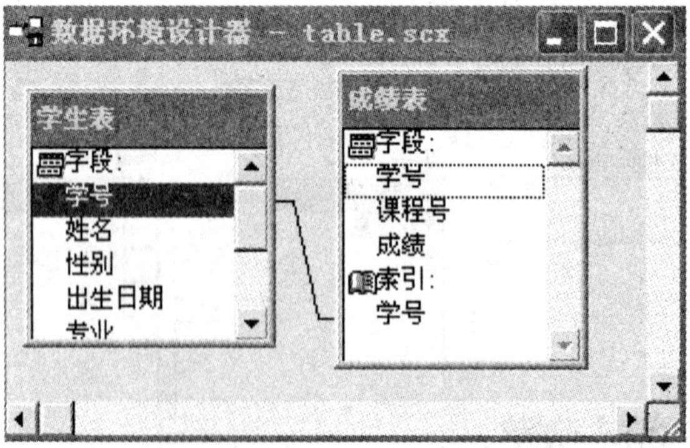

图 8-27 在数据表之间建立临时关系

③ 在表单中添加两个表格控件（Grid1、Grid2），并调整各控件的位置和大小。在“属性”窗口中，设置表单的 Caption 属性为“表格应用”。设置表格控件（Grid1）的“RecordSource”

属性为“学生表”；设置表格控件（Grid2）的“RecordSource”属性为“成绩表”。其他属性为默认值。

表格控件也可从数据环境创建，将数据环境中“学生表”窗口的标题栏拖到表单释放，产生“Grid 学生表”表格，用同样的方法将“成绩表”标题栏拖到表单释放，产生“Grid 成绩表”表格。从而产生表格控件。

④ 保存并运行表单。

例 8-17 设计一个表单，在文本框中输入学生学号，单击“查询”按钮，在表格中显示成绩表中学生的学号、课程号和成绩，单击“退出”按钮，关闭表单。程序运行效果如图 8-28 所示。

图 8-28　成绩查询表单

操作步骤如下：

① 创建表单“ScoreQuery.scx”。

② 设置表单的 Caption 属性为“成绩查询表单”；添加标签控件，设置 caption 属性为“输入学号”；添加文本框控件 Text1，用于输入要查询的学号。

③ 添加表格控件 Grid1，用于显示所查询学生的课程号和成绩，设置 RecordSourceType 的属性为 0。

④ 添加“查询”命令按钮 Command1，单击该按钮时，在表格控件中显示查询学生的课程号和成绩，并将结果存储在以学号命名的.dbf 表文件中，如 1110070102.dbf；添加“退出”命令按钮 Command2，单击该按钮时，关闭表单。

⑤ 双击“查询”命令按钮，在“代码编辑”窗口中，编写命令按钮 Command1 的 Click 事件代码如下：

```
SET TALK OFF
SET SAFETY OFF
a=ALLTRIM(ThisForm.text1.value)
SELECT 成绩表.学号, 成绩表.课程号,成绩表.成绩 FROM 成绩表;
WHERE 成绩表.学号=a;
INTO TABLE (a)
ThisForm.Grid1.RecordSource="(a)"
```

SET TALK ON

SET SAFETY ON

双击“退出”按钮，在“代码编辑”窗口中，编写命令按钮 Command2 的 Click 事件代码如下：

ThisForm.Release

⑥ 保存并运行表单。

8.11 页框

页框控件（PageFrame）是一个包含多个页面（Page）的容器控件，而页面也是一种容器，可以放置任何控件。任何时刻，只有一个是活动页面，而只有活动页面中的控件才是可见的，通过鼠标单击页面标题来激活这个页面。要编辑页面，需先将页框作为容器激活。

1. 页框控件的属性

页框控件的常用属性如表 8-28 所示。

表 8-28 页框控件常用属性

属性	功　能	默认值
Name	页框的名称	PageFrame1
PageCount	指定页框中所含页面的数目	2
ActivePage	指定页框中当前处于激活状态的页	1
Pages	用于存取页框中各个页面的数组	0
TabStrech	当选项卡宽度不够时，页标题是被剪裁还是分多行显示。0—多行；1—单行	1
Tabstyle	指定页框标签的对齐方式。0—两端；1—非两端	0
Caption	指定选项卡上的页标题	Page1

2. 将控件添加到页面中

在表单中添加一个页框对象后，用鼠标右键单击页框对象，在弹出的快捷菜单中选择“编辑”命令，如图 8-29 所示，则页框周围将出现一个虚框，表明页框已处于编辑状态。此时，可以通过选项卡激活某个页面，在页面中添加控件，如图 8-30 所示，添加的是一个表格。

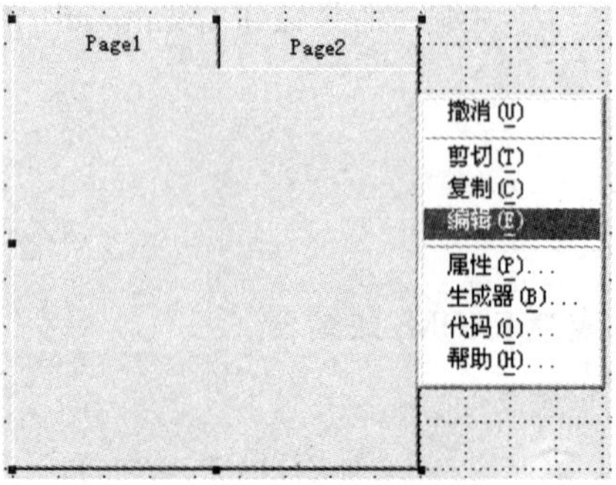

图 8-29　页框控件被激活

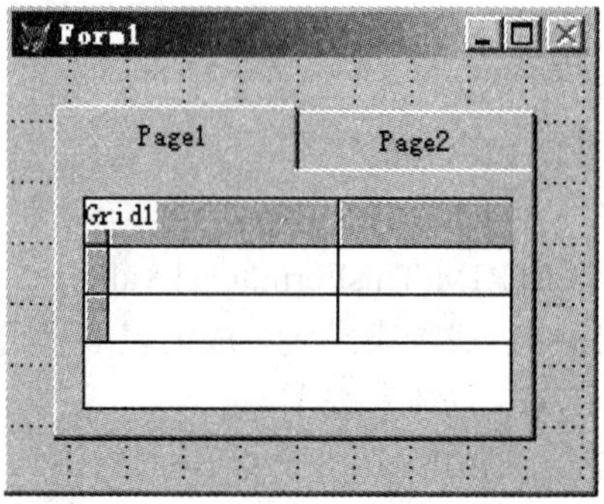

图 8-30　加有表格控件的页框

下面举例说明页框控件的多页面表单的设计。

例 8-18　在表单中设计一个包含两个页面的页框，第一个页面显示“学生表”的信息，第二个页面显示“成绩表”的信息，在“学生表”中选择某个学号时，在第二个页面中自动显示其选修的课程成绩情况。程序运行效果如图 8-31、图 8-32 所示。

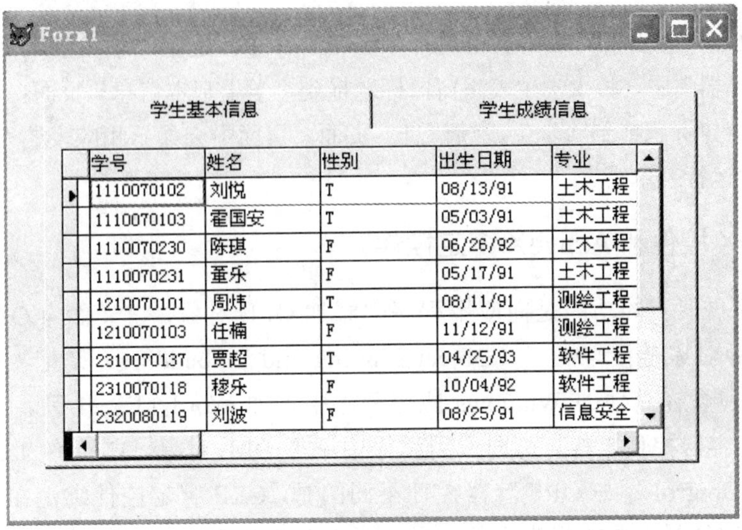

学号	姓名	性别	出生日期	专业
1110070102	刘悦	T	08/13/91	土木工程
1110070103	霍国安	T	05/03/91	土木工程
1110070230	陈琪	F	06/26/92	土木工程
1110070231	董乐	F	05/17/91	土木工程
1210070101	周炜	T	08/11/91	测绘工程
1210070103	任楠	F	11/12/91	测绘工程
2310070137	贾超	T	04/25/93	软件工程
2310070118	穆乐	F	10/04/92	软件工程
2320080119	刘波	F	08/25/91	信息安全

图 8-31　页框应用表单运行结果

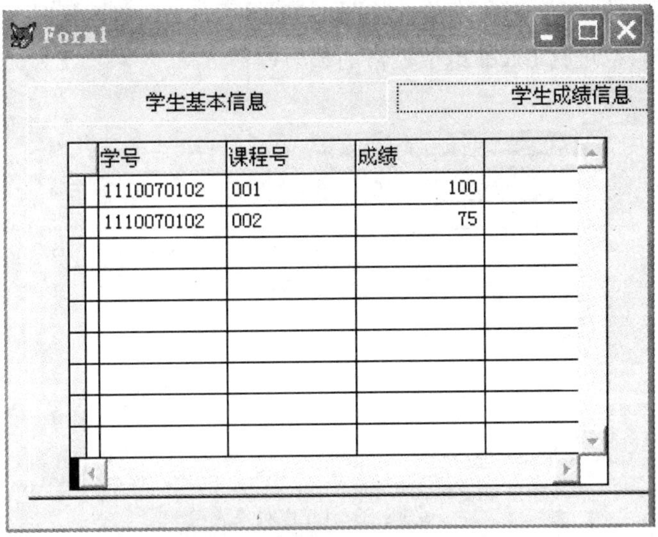

学号	课程号	成绩
1110070102	001	100
1110070102	002	75

图 8-32　页框应用表单运行结果

操作步骤如下：

① 创建一个表单 PageFrame.scx。

② 在表单中添加一个页框控件（PageFrame1），并调整页框控件的位置和大小。

③ 选择“显示/数据环境”菜单，在“数据环境设计器”中，添加“学生表. dbf”和“成

绩表.dbf”，将“学生表.dbf”中的“学号”字段拖到“成绩表.dbf”的“学号”字段上，建立这两个表之间的临时关系。

④ 设置页标题。在页框上单击右键并选择“编辑”命令，选定 Page1 页面，将页面的 Caption 属性设置为“学生基本信息”。用同样的方法将 Page2 页面的 Caption 属性设置为“学生成绩信息”。

⑤ 设置页面中的表格，右击页框选择“编辑”命令，选定“学生基本信息”页面，从“数据环境设计器”中，将“学生表”窗口标题拖到“学生基本信息”页面；用同样的方法，将“成绩表”窗口标题拖到“学生成绩信息”页面，页面中会显示相应表的表格。

⑥ 保存并运行表单。

8.12 ActiveX 控件和 ActiveX 绑定控件

“ActiveX 控件”的功能是向应用程序中添加 OLE 对象，它又称为 OLE 控件（OLE Control）。OLE 对象链接与嵌入（Object Linking and Embedding）是把一个对象以链接或嵌入的方式包含在其他的 Windows 应用程序中，如 Word、Excel 等。“ActiveX 绑定控件”与 OLE 容器控件一样，可向应用程序中添加 OLE 对象，它又称为 OLE 绑定控件（OLE Bound Control）。与 OLE 容器控件不同的是，OLE 绑定控件绑定在一个通用型字段上。绑定型控件是表单或报表上的一种控件，其中的内容与后端的表或查询中的某一字段相关联。

例 8-19 设计一个 OLE 对象表单，如图 8-33 所示。当表单运行时，自动打开 Excel 工作表，在工作表中可以进行 Excel 电子表格的编辑操作。

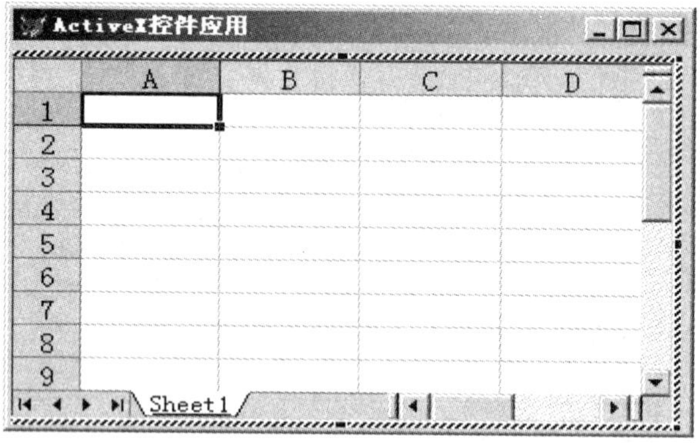

图 8-33 OLE 对象表单

操作步骤如下：

① 创建一个表单“ActiveX 控件应用.scx”。

② 在表单中添加一个“ActiveX 控件”，在弹出的“插入对象”对话框中，选择要插入的对象类型为“Microsoft Excel 工作表”，如图 8-34 所示，并调整“ActiveX 控件”的位置和大小。

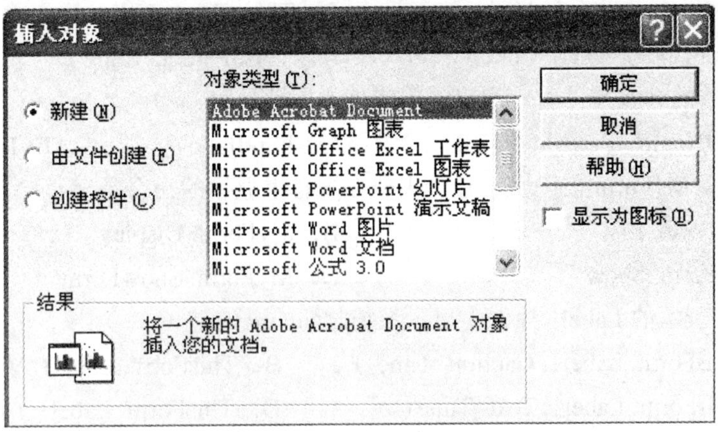

图 8-34　“插入对象”对话框

③ 设置“ActiveX 控件”的 AutoActivate 属性值为“1-获得焦点”，使表单运行时，“ActiveX 控件”自动打开，即可打开 Excel 工作表，在工作表中编辑数据。

④ 保存并运行表单。

习　　题

一、选择题

1. 在创建选项按钮组时，下列说法正确的是（　　）。

A．选项按钮的个数由 Value 属性决定

B．选项按钮的个数由 Name 属性决定

C．选项按钮的个数由 ButtonCount 属性决定

D．选项按钮的个数由 Caption 属性决定

2. 在表单运行时，如复选框变为不可用，其 Value 属性值为（　　）。

A．1　　B．0　　C．2 或 NULL　　D．不确定

3. 计时器控件的主要属性是（　　）。

A．Top　　B．Caption　　C．Interval　　D．Value

4. 若要指定表单中文本框的数据源，应使用（　　）。

A．ControlSource　　B．CursorSource

C．RecordSource　　D．RowSource

5. 决定微调控件的最大值的属性是（　　）。

A．Value　　B．SpinnerHighValue　　C．SpinnerLowValue　　D．Interval

6. 若要让表单的某个控件得到焦点，应使用的方法是（　　）。

A．GetFocus　　B．LostFocus　　C．SetFocus　　D．PutFocus

7. 在一表单中，如果一个命令按钮 Command1 的方法程序中要引用文本框 Text1 中的 Value 属性值，下列选项中正确的语句是（　　）。

A. ThisForm. Text1. Value　　B. This. Text1. Value

C. Command1. Text1. Value　　D. This. Parent. Value

8. 设计表单的标签控件时，用来加粗字体的属性是（　）。

A. FontName　B. FontSize　C. FontItalic　D. FontBold

9. 假设表单 MyForm 被隐藏，让该表单在屏幕上显示的命令是（　）。

A. MyForm. List　　B. MyForm. Display

C. MyForm. Show　　D. MyForm. ShowForm

10. 在当前表单的 Label1 控件中显示系统时间的语句是（　）。

A. ThisForm. Label1. Caption=Time()　　B. ThisForm. Label1. Value=Time()

C. ThisForm. Label1. Text=Time()　　D. ThisForm. Label1. Control=Time()

11. 要在文本框中输入密码，用来指定输入密码的掩盖符的属性是（　）。

A. FontName　B. FontChar　C. Name　D. PassWordChar

12. 在设计界面时，为提供多选功能，通常使用的控件是（　）。

A. 选项按钮组　B. 一组复选框　C. 编辑框　D. 命令按钮组

13. 下列选项中，不属于控件中数据源类型的选项是（　）。

A. 字段　B. 数组　C. 别名　D. 视图

14. 下列对编辑框 EditBox 控制属性的描述中，正确的是（　）。

A. SelLength 属性的设置可以小于 0

B. 当 ScrollBars 的属性值为 0 时，编辑框内包含水平滚动条

C. SelText 属性在做界面设计时不可用，在运行时可读写

D. ReadOnly 属性值为. T. 时，用户不能使用编辑框上的滚动条

15. 下面关于列表框和组合框的陈述中，正确的是（　）。

A. 列表框可以设置成多重选择，而组合框不能

B. 组合框可以设置成多重选择，而列表框不能

C. 列表框和组合框都可以设置成多重选择

D. 列表框和组合框都不能设置成多重选择

二、填空题

1. 若要在表单中插入一幅图片，应使用 ActiveX 控件。要显示数据表中每个学生的照片应使用____控件。

2. 复选框被选中时，Value 值为_____。

3. 组合框主要设定三个属性，一个是 RowSourceType_____，另一个是 RowSource____，第三个是 ControlSource_____。

4. 要使表单上的字幕滚动，要为计时器控件添加____事件过程代码。

5. 在 Visual FoxPro 表单中，当用户使用鼠标单击命令按钮时，会触发命令按钮的____事件。

6. 选项按钮组属于____类控件。

7. 设置组合框的数据源时，必须先设置___属性来设置数据源的类型，然后再设置___建立数据源。

8. 在 Visual FoxPro 中，假设表单上有一选项组：⊙男 ○女，该选项组的 Value 属性值赋为 0。当其中的第一个选项按钮“男”被选中，该选项组的 Value 属性值为_______。

9. 在 Visual FoxPro 表单中，用来确定复选框是否被选中的属性是_______。

10. 在表单中设计一组复选框(CheckBox)控件是为了可以选择____个或____个选项。

11. 选项按钮组中的某个选项被选中时，选项按钮组的___属性值是该选项在选项按钮组中的序号。

12. 在文本框中，可以通过设置___属性，将文本框与数据表中的字段建立联系。

13. 对于表单中的标签控件，若要指定的文字自动适应标签区域的大小，则应将其__属性设置为. T. 。

14. 如果文本框中只能输入数字和正负号，需要设置文本框的___属性。

15. 在计时器控件的属性中，指定计时器事件执行的时间间隔的属性是________。

三、操作题

1. 在表单上创建一个文本框和一个命令按钮，要求对命令按钮按住鼠标左键时，文本框内显示当前日期，而释放该鼠标键则能显示当前时间。

2. 建立一个 MyForm 的表单，界面设计要求如图 8-35 所示。

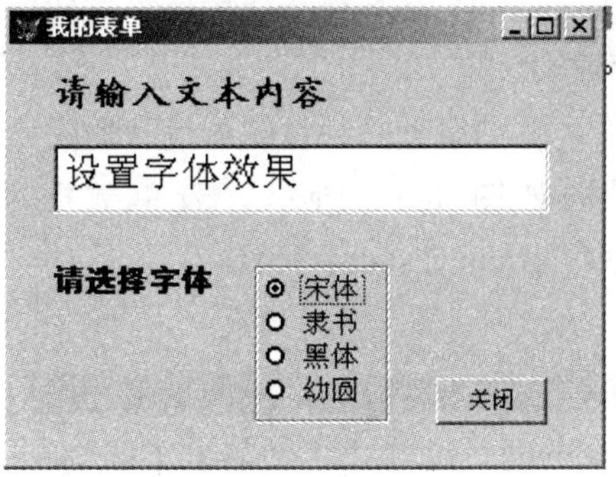

图 8-35 操作题 2 图

① 该表单的名称为“Form1”，标题为“MyForm”，高度为 260，宽度为 400。

② 添加一个“Label1”标签，标题为“请输入文本内容”的标签，字体为楷体、加粗、14 磅字。

③ 添加一个“Text1”的文本框，字体大小为 16 磅，用于输入文本。

④ 添加一个“Label2”标签，标题为“请选择字体”的标签，字体为黑体、加粗、12 磅。

⑤ 添加一个“OptionGroup1”的选项按钮组，标题依次为“宋体”、“隶书”、“黑体”和“幼圆”，当选中某个按钮时，文本框中的字体就发生相应的变化，用 Do Case 结构编写

“OptionGroup1”的 Click 事件代码。

⑥ 添加一个“Command1”命令按钮，标题为“关闭”按钮，当单击该按钮时，释放该表单（不退出 Visual FoxPro 系统）。

3．建立一个名称为“课程表单. scx”的表单, 界面要求如图 8-36 所示。

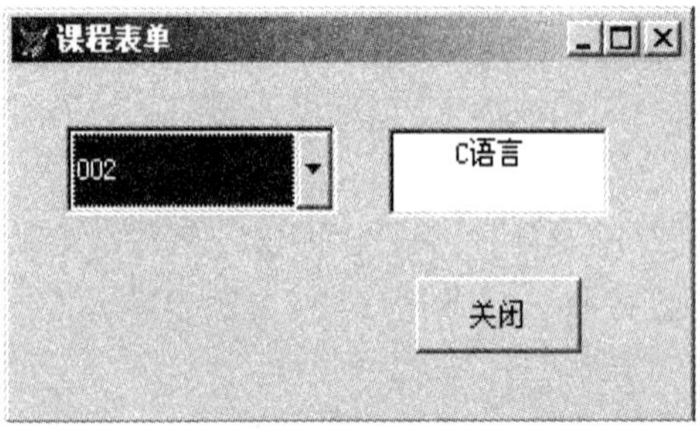

图 8-36　操作题 3 图

① 该表单的名称为“Form1”，标题为“课程表单”，高度为 260，宽度为 350。

② 将“成绩表. dbf”添加到表单的数据环境中。

③ 添加一个“Combo1”的下拉列表框，数据源类型为“字段”, 数据项的来源为“课程表. dbf”表中的“课程号”字段。

④ 添加一个“Text1”的文本框。

⑤ 编写下拉列表框 Click 事件代码，将选中的课程号所对应的课程名显示在文本框中。

⑥ 定义一个名称为“Command1”，标题为“关闭”按钮，当单击该按钮时，释放该表单（不退出 Visual FoxPro 系统）。

4．设计一个表单，所有控件的属性必须在表单设计器的属性窗口中设置，表单文件名为“外汇浏览”，表单界面如图 8-37 所示。表单数据来源于两个表，如图 8-38 Rate_exchange.dbf，如图 8-39 Currency_sl.dbf 所示。

图 8-37　操作题 4 运行结果表单

Rate_exchange

外币名称	外币代码	现钞买入价	现钞卖出价	基准价
美元	14	821.5400	828.9900	827.7500
港币	13	105.3300	106.2900	106.0900
日元	27	6.9026	6.9862	6.9848
欧元	38	878.6400	889.2900	895.7600
英镑	12	1272.9700	1308.2200	1276.3000
瑞士法郎	15	588.7500	605.0500	602.5600
加元	28	536.7100	551.5800	538.9900
澳元	29	481.2500	494.5700	493.8800

图 8-38 Rate_exchange.dbf

Currency_sl

姓名	外币代码	持有数量
林诗因	14	3200.00
张三丰	27	1000000.00
李寻欢	38	30000.00
张无忌	12	1000.00
陆平平	14	3000.00
林诗因	12	1300.00
陆平平	38	4000.00
张无忌	14	2200.00
张三丰	29	24000.00
林诗因	28	2000.20
张三丰	15	10000.00
李寻欢	28	30000.00
张无忌	28	3000.00
陆平平	28	3000.00
林诗因	29	23000.00
陆平平	13	4000.00
张无忌	13	18000.00
张三丰	38	1200.00

图 8-39 Currency_sl.dbf

① 设置表单标题为“外汇查询”；标签控件的 caption 属性为“输入姓名”。

② 文本框控件 Text1，用于输入要查询的姓名。

③ 表格控件 Grid1，用于显示所查询人持有的外币名称和持有数量，RecordSourceType 的属性为 0。

④“查询”命令按钮 Command1，单击该按钮时在表格控件中按持有人数据升序显示所有查询人持有的外币名称和数量，并将结果存储在以姓名命名的 DBF 表文件中，如张三丰.dbf。代码如下：

```
SET TALK OFF
SET SAFETY OFF
a=ALLTRIM(THISFORM.text1.VALUE)
SELECT Rate_exchange.外币名称, Currency_sl.持有数量;
FROM  外汇管理!rate_exchange INNER JOIN 外汇管理!currency_sl;
ON  Rate_exchange.外币代码 = Currency_sl.外币代码;
```

```
ORDER BY Currency_sl.持有数量;
WHERE Currency_sl.姓名=a;
INTO TABLE (a)
THISFORM.Grid1.RECORDSOURCE="(a)"
SET TALK ON
SET SAFETY ON
```

⑤ “退出”命令按钮 Command2，单击该按钮时关闭表单。代码如下：

```
ThisForm.Release
```

5．设计一个文件名为“Form_rate. scx”的表单，表单的标题设为“外汇汇率查询”，表单界面设计如图 8-40 所示，表单中有 2 个下拉列表框，这两个下拉列表框的数据源类型（RowSourceType）均为“字段”，且数据源 RowSource 属性分别是外汇汇率表的“币种 1”和“币种 2”字段；另外有币种 1 和币种 2 两个标签以及两个命令按钮“查询”和“退出”。运行表单时，首先从两个下拉列表框选择币种，然后单击“查询”按钮用 SQL 语句从外汇汇率表中查询相应币种（匹配币种 1 和币种 2 的信息），并将结果存储到表 Temp_rate 中，单击“退出”按钮关闭表单。外汇汇率表（whhl. dbf）如图 8-41 所示。

图 8-40　表单界面设计

Whhl

币种1	币种2	买入价	卖出价
澳元	美元	0.6583	0.6617
澳元	加元	0.9000	0.9036
澳元	瑞郎	0.9052	0.9074
欧元	澳元	1.7095	1.7103
英镑	澳元	2.4228	2.4239
澳元	港币	5.1198	5.1318
澳元	日元	76.9138	77.3070
美元	加元	1.3692	1.3708
瑞郎	加元	0.9929	0.9941
欧元	加元	1.5368	1.5387
英镑	加元	2.1780	2.1803
加元	港币	5.6963	5.7089
加元	日元	85.5354	85.8269
美元	瑞郎	1.3775	1.3805
欧元	瑞郎	1.5459	1.5495
英镑	瑞郎	2.1909	2.1959
瑞郎	港币	5.6499	5.6619

图 8-41　外汇汇率表（whhl. dbf）

6. 使用表单向导选择客户表 Customer 生成一个文件名为 myform 的表单。要求选择客户表 Customer 表中所有字段，表单样式为阴影式；按钮类型为图片按钮；排序字段选择会员号(升序)；表单标题为“客户基本数据输入维护”。客户表 Customer 如图 8-42 所示。

7. 设计一个名称为 myforma 的表单(文件名和表单名均为 myforma)，表单的标题为“客户商品订单基本信息浏览”。表单上设计一个包含三个选项卡的页框(pageframe1)和一个“退出”命令按钮。要求如下：

① 为表单建立数据环境，按顺序向数据环境添加 Article 表、Customer 表和 OrderItem 表。如图 8-43、图 8-42、图 8-44 所示。

Customer

会员号	姓名	性别	年龄	电话
C1	郑小妹	女	26	6235768
C2	陈刚	女	31	6237678
C3	李丽华	男	19	6235991
C4	钱桦	女	20	6633886
C5	吴东升	男	31	6335668
C6	赵萍	女	40	3333222
C7	周大林	男	18	6238788

图 8-42　客户表 Customer

Article

商品号	商品名	单价	数量	厂名	产地
101	IBM 全内置	39888.00	55	IBM	中国北京
102	SONY GRX6001	21888.00	10	SONY	中国北京
103	康柏Evo N1020	22888.00	8	康柏	中国北京
104	全新精英移动PC	6888.00	6	精英	中国广东
105	Acer TravelMate	13900.00	8	Acer	中国北京
106	WINBOOK海王星	12000.00	11	WINBOOK	中国北京
201	三星128	2000.00	13	三星	中国北京
202	三星CDMA SCH-X1	4300.00	16	三星	中国北京
203	西门子8008	2560.00	55	西门子	中国北京
204	阿尔卡特OT715	2200.00	10	阿尔卡特	中国北京
205	飞利浦 826	2800.00	10	飞利浦	中国北京
206	诺基亚8855	2900.00	10	诺基亚	中国北京
207	摩托罗拉T720	3050.00	48	摩托罗拉	中国天津
208	爱立信T68	2560.00	60	爱立信	中国北京

图 8-43　商品表 Article

Orderitem

会员号	商品号	数量	单价	日期
C1	101	2	39888.00	03/30/03
C1	106	1	12000.00	03/01/03
C1	203	1	2560.00	03/20/03
C2	106	2	12000.00	03/07/03
C2	203	1	2560.00	03/07/03
C2	101	1	39888.00	03/21/03
C4	106	2	12000.00	03/08/03
C4	201	2	2350.00	03/08/03
C3	106	2	12000.00	03/28/03
C3	201	1	2350.00	03/28/03
C3	205	1	2800.00	03/30/03
C5	102	1	21888.00	03/08/03
C5	205	1	2800.00	03/08/03
C5	201	1	2000.00	03/08/03

图 8-44　订单表 OrderItem

② 按从左到右的顺序三个选项卡的标签的标题分别为“客户表”、“商品表”和“订单表”，每个选项卡上均有一个表格控件，分别显示对应表的内容(从数据环境中添加，客户表为 Customer、商品表为 Article、订单表为 OrderItem)。单击“退出”按钮，关闭表单。

第 9 章　Visual FoxPro 报表设计

【学习目的与要求】应用程序除了完成对信息的处理、加工之外，还要完成对信息的打印输出。Visual FoxPro 提供的报表功能可以将要打印的信息快速的组织、修饰即布局，形成报表或标签的形式打印输出。本章主要介绍创建、设计和打印报表的操作方法。通过学习，熟悉报表的基本知识，掌握报表的三种创建方法及相关控件的使用，掌握数据的分组，报表的设计与多栏报表的打印等相关技能。

9.1　报表创建

报表主要包括两部分内容：数据源和布局。数据源是报表的数据来源，报表的数据源通常是数据库中的表或自由表，也可以是视图或临时表。视图和查询对数据库中的数据进行筛选、排序、分组，在定义了一个表、一个视图或查询之后，便可以创建报表。Visual FoxPro 提供了三种创建报表的方法：使用报表向导创建报表，使用报表设计器创建自定义的报表、使用快速报表创建简单规范的报表。

9.1.1　创建报表文件

1. 报表布局

报表布局定义了报表的打印格式，设计报表就是设计这些格式，报表文件中保存的就是报表的格式。在创建报表之前，应该确定所需报表的常规格式。根据应用需要，报表布局可以简单（如基于单表的电话号码列表），也可能复杂（如基于多表的发票）。报表的布局必须满足专用纸张的要求。表 9-1 给出了常规布局的说明以及它们的一般用途。

表 9-1　　**报表常规布局类型**

布局类型	说　明	示　例
列报表	每个字段一列，字段名在页面上方，字段与其数据在同一列，每行一条记录	分组/总计报表，财政报表，存货清单，销售总额
行报表	每个字段一行，字段名在数据左侧，字段与其数据在同一行	列表
一对多报表	一条记录或一对多关系，其内容包括父表的记录及其相关子表的记录	发票，会计报表
多栏报表	每条记录的字段沿分栏的左边缘竖直放置	电话号码簿，名片

2. 使用报表向导创建报表

使用报表向导首先应打开报表的数据源。数据源可以是数据库表或自由表，也可以是视图或临时表。报表向导提示用户回答简单的问题，按照“报表向导”对话框的提示进行操作即可。启动报表向导有以下四种途径：

① 打开“项目管理器”，选择“文档”选项卡，从中选择“报表”。然后单击“新建”按钮。在弹出的“新建报表”对话框中单击“报表向导”按钮，如图 9-1 所示。

② 从“文件”菜单中选择“新建”，或者单击工具栏上的“新建”按钮，打开“新建”对话框，在文件类型栏中选择报表。然后单击向导按钮。

③ 在“工具”菜单中选择“向导”子菜单，选择“报表”，如图 9-2 所示。

图 9-1　启动报表向导的途径

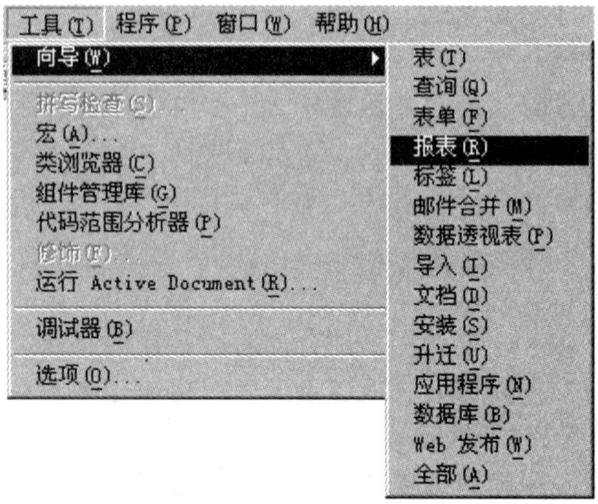

图 9-2　启动报表向导的途径

④ 直接单击工具栏上的“报表向导”图标按钮。

报表向导启动时，首先弹出“向导选取”对话框，如图 9-3 所示。如果数据源是一个表，应选取“报表向导”，如果数据源包括父表和子表，则应选取“一对多报表向导”。下面通过例子来说明使用报表向导的操作步骤。

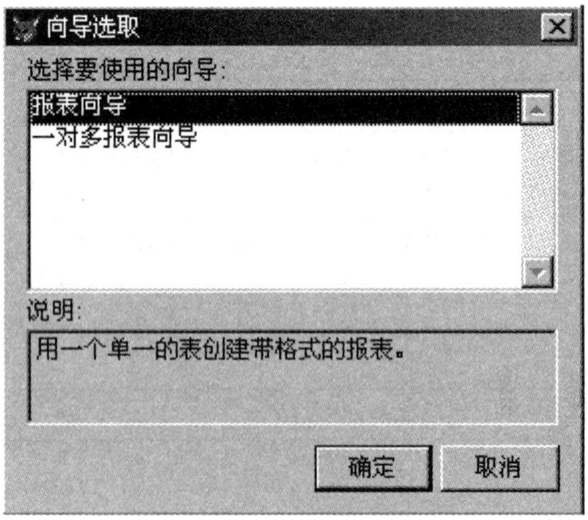

图 9-3　“向导选取”对话框

例 9-1　使用“工具”菜单打开“报表向导”，对学生表.dbf 创建报表。

操作步骤如下：

① 打开学生表.dbf 文件，以该“学生表”作为报表的数据源。

② 在“工具”菜单选择“向导”子菜单，单击“报表”选项，出现“向导选取”对话框。本例的数据源是一个表，因此选定“报表向导”。

③ 报表向导共有六个步骤，先后出现六个对话框屏幕。

步骤 1：字段选取，如图 9-4 所示。此步骤确定报表中出现的字段。

在“数据库和表”列表框中选择表，“可用字段”列表框中将自动出现表中的所有字段。选中字段名之后单击左箭头按钮，或者双击字段名，该字段就移动到“选定字段”列表框中。单击双箭头，则全部移动。此例选定了除字段“照片”和“学籍信息”之外的所有字段。

步骤 2：分组记录，如图 9-5 所示。此步骤确定数据分组方式，注意，只有按照分组字段建立索引之后才能正确分组。最多可建立三层分组。先易后难，本例目前没有指定分组选项。

步骤 3：选择报表样式，如图 9-6 所示。本例选择“经营式”。

步骤 4：定义报表布局，如图 9-7 所示。此步骤确定报表布局，本例选择纵向，单列的报表布局。

步骤 5：排序记录，如图 9-8 所示。确定记录在报表中出现的顺序，排序字段必须已经建立索引。本例指定按“学号”排序。

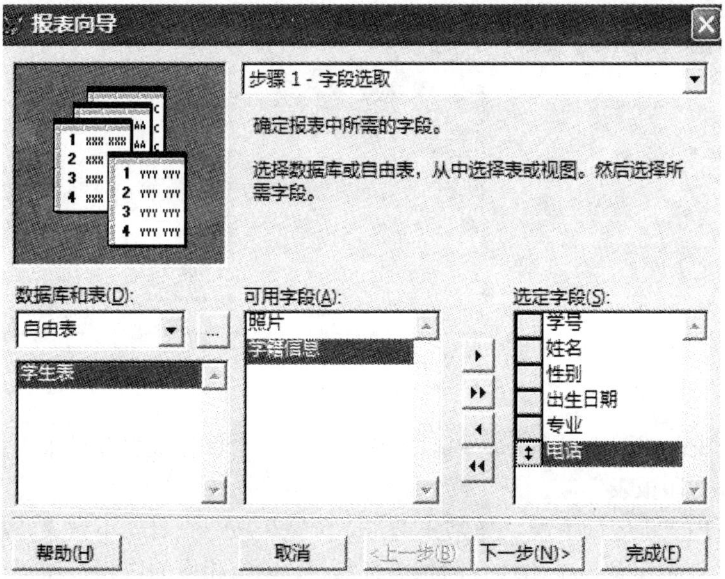

图 9-4　报表向导步骤 1

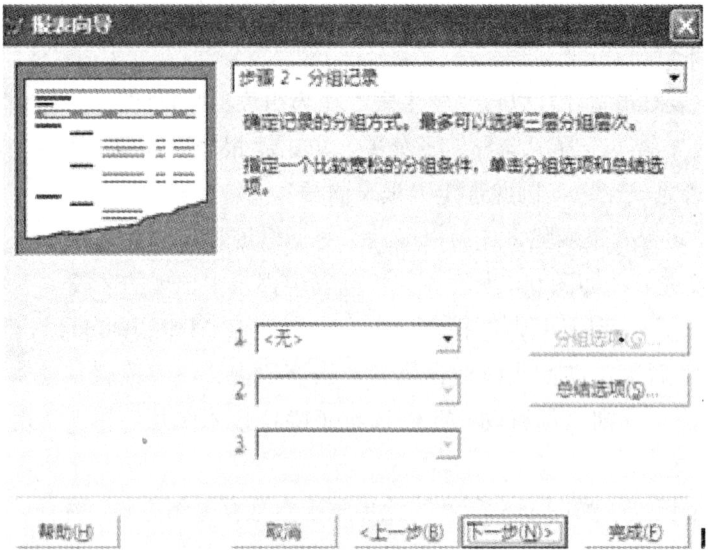

图 9-5　报表向导步骤 2

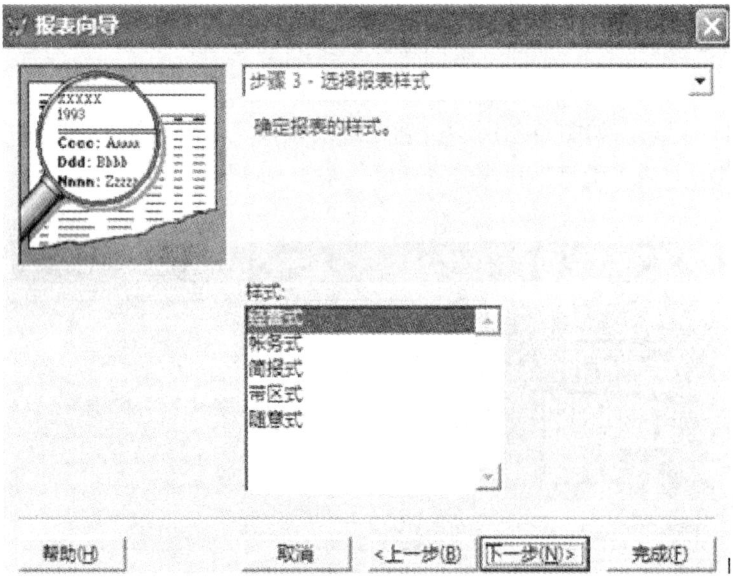

图 9-6　报表向导步骤 3

步骤 6：完成，如图 9-9 所示。可以选择“保存”，“保存报表并在报表设计器中修改报表”或“保存并打印报表”。

为了查看所生成报表的情况，通常先单击“预览”按钮查看一下效果。本例的预览结果如图 9-10 所示。在预览窗口中出现打印预览工具栏，单击相应的图标按钮可以改变显示的百分比，退出预览，或直接打印报表。本例选择退出预览。

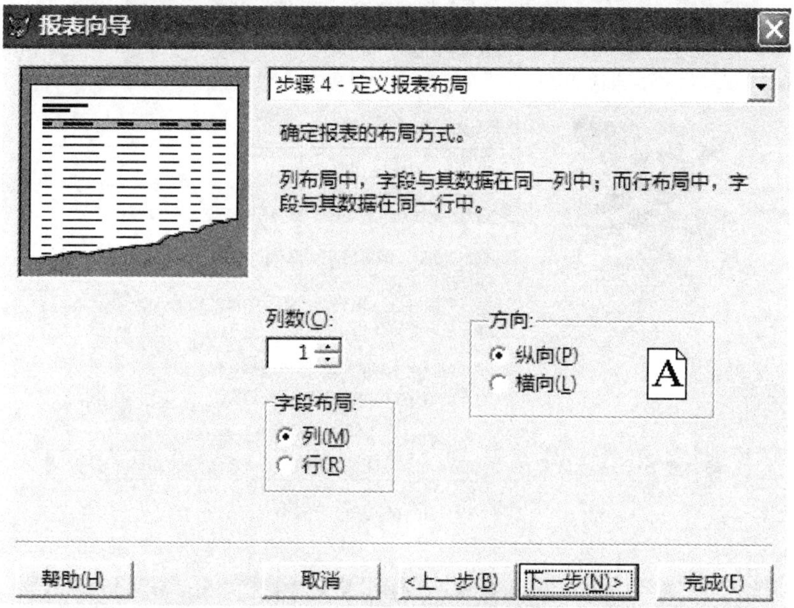

图 9-7　报表向导步骤 4

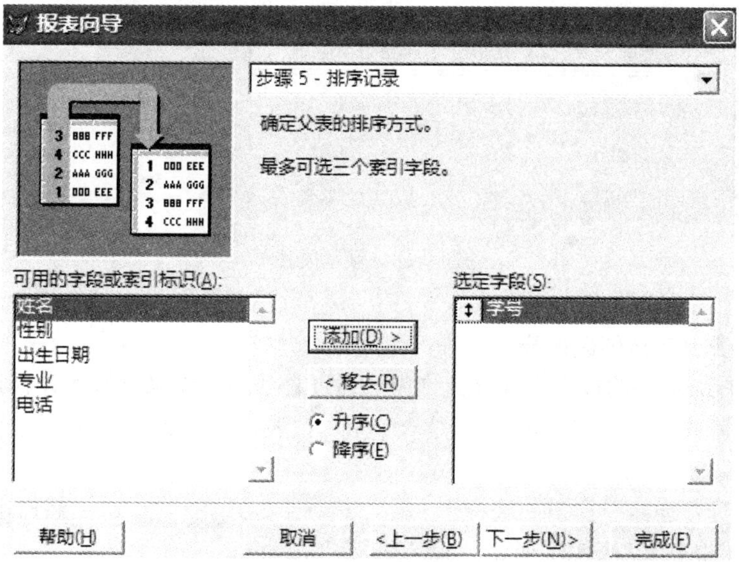

图 9-8　报表向导步骤 5

最后单击报表向导上的“完成”按钮，弹出“另存为”对话框，用户可以指定报表文件的保存位置和名称，将报表保存为扩展名为.frx 的报表文件。

在通常情况下，直接使用向导所获得的结果并不能满足要求，需要使用设计器来进行进一步的修改。

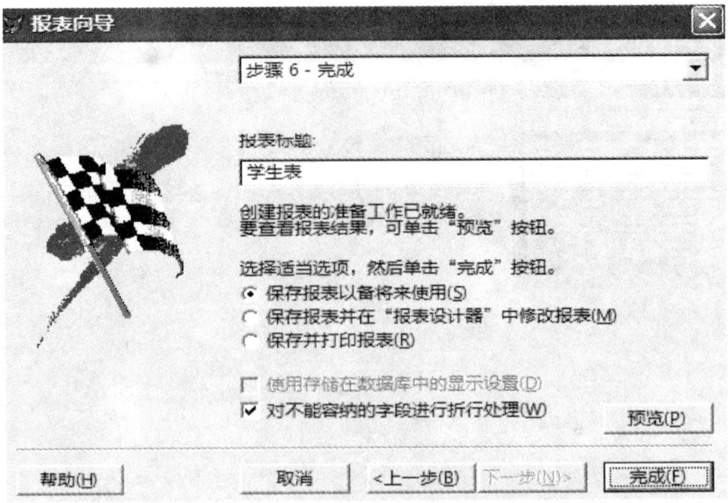

图 9-9　报表向导步骤 6

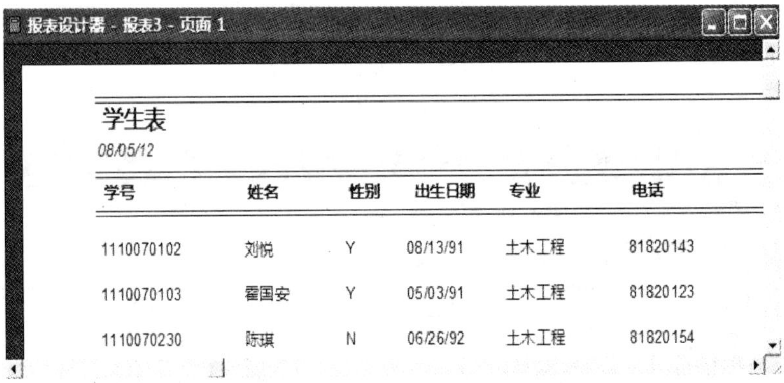

图 9-10　预览报表

3．使用报表设计器创建报表

Visual FoxPro 提供的报表设计器允许用户通过直观的操作来直接设计报表，或者修改报表。直接调用报表设计器所创建的报表是一个空白报表，如图 9-11 所示。可以使用下面三种方法之一调用报表设计器：

① 在“项目管理器”窗口中选择“文档”选项卡，选中“报表”，然后单击“新建”对话框。从“新建报表”对话框中单击“新建报表”按钮。

② 从“文件”菜单中选择“新建”，或者单击工具栏上的“新建”按钮，打开“新建”对话框。选择报表文件类型然后单击“新建文件”按钮。系统将打开报表设计器。

③ 使用命令：CREATE REPORT [<报表文件名>]

如果缺省报表文件名，系统将自动赋予一个暂定名称，如报表 4 等。

在实际应用中，往往先用向导或快速报表功能创建一个简单报表，每当打开已经保存了的报表文件时，系统自动打开“报表设计器”。例如，在打开对话框中选择报表文件类型，打开例 9-1 创建的学生表.frx，“报表设计器”窗口如图 9-12 所示。关于“报表设计器”具体使用方法，将在 9.2 节中详细介绍。

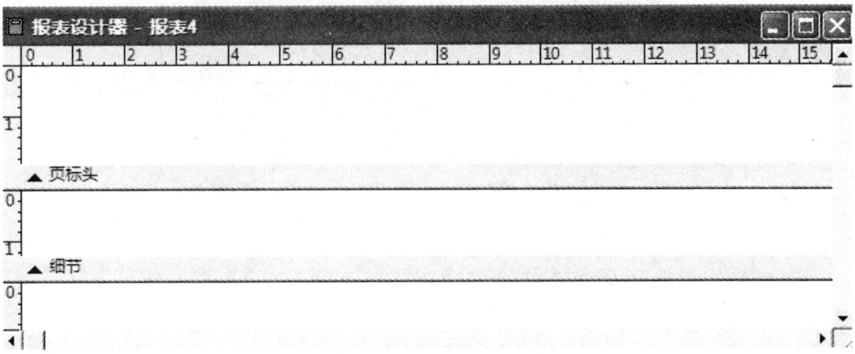

图 9-11　直接调用“报表设计器”窗口

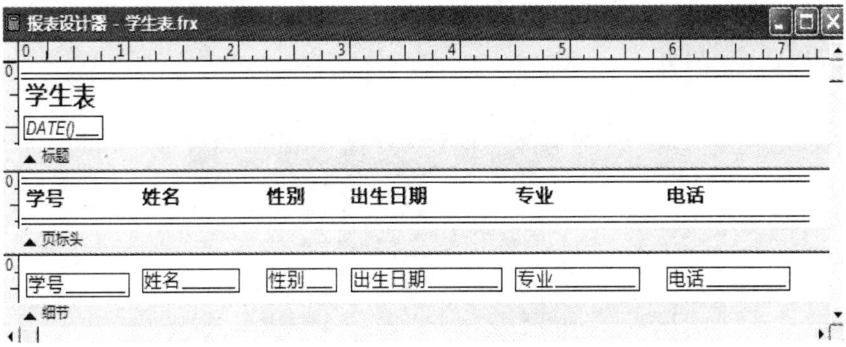

图 9-12　“报表设计器”窗口

4. 创建快速报表

除了使用报表向导之外，使用系统提供的“快速报表”功能也可以创建一个格式简单的报表。通常先使用“快速报表”功能来创建一个简单报表，然后在此基础上再做修改，达到快速构造所需报表的目的。下面通过例子来说明创建快速报表的操作步骤。

例 9-2　为学生表.dbf 创建一个快速报表。

① 单击工具栏上的“新建”按钮，选择“报表”文件类型，单击“新建文件”，打开“报表设计器”，出现一个空白报表。

② 打开“报表设计器”之后，在主菜单栏中出现“报表”菜单，从中选择“快速报表”选项，因为事先没有打开数据源，系统弹出“打开”对话框，选择数据源学生表.dbf。

③ 系统弹出如图 9-13 所示的“快速报表”对话框。在该对话框中选择字段布局，单击左侧按钮产生列报表，如果单击右侧的按钮，则产生字段在报表中竖向排列的行报表。

选中“标题”复选框，表示在报表中为每一个字段在字段前面添加一个字段名标题。

选中“添加别名”复选框，表示在报表中在字段前面添加表的别名。由于数据源是一个表，别名无实际意义。

选中“将表添加到数据环境中”复选框，表示把打开的表文件添加到报表的数据环境作为报表的数据源。

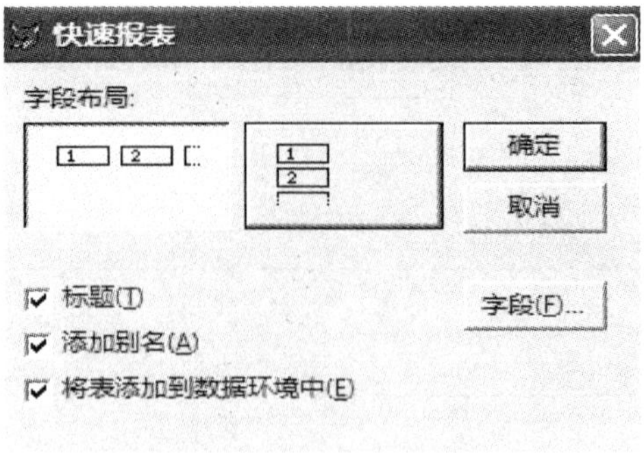

图 9-13　创建“快速报表

单击“字段”按钮，打开“字段选择器”为报表选择可用的字段，如图 9-14 所示。快速报表默认选择表文件中除通用型字段外的所有字段。单击“确定”按钮关闭“字段选择器”返回“快速报表”对话框。

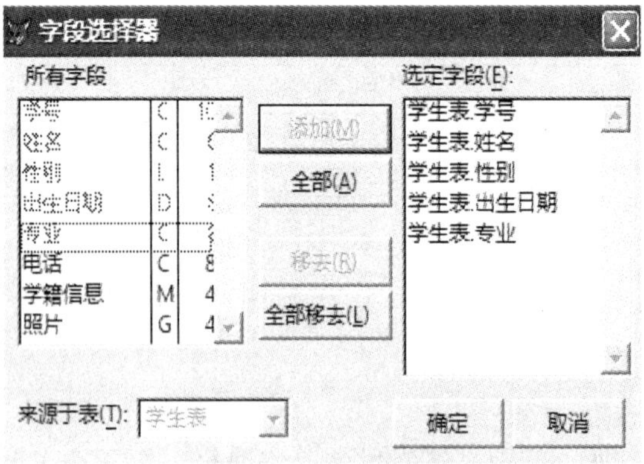

图 9-14　字段选择器

④ 在“快速报表”对话框中，单击“确定”按钮，快速报表便出现在“报表设计器”中，如图 9-15 所示。

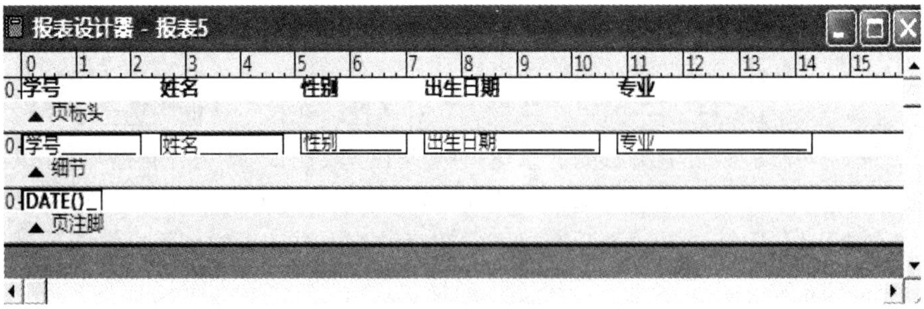

图 9-15　生成“快速报表”

⑤ 单击工具栏上的“打印预览”图标按钮，或者从“显示”菜单下选择“预览”，打开快速报表的预览窗口。

⑥ 单击工具栏上的“保存”按钮，将该报表保存为学生报表.frx 文件。

9.1.2　报表工具栏

与报表设计有关的工具栏主要包括“报表设计器”工具栏和“报表控件”工具栏。

1. “报表设计器”工具栏

当打开“报表设计器”时，主窗口中会自动出现“报表设计器”工具栏，如图 9-16 所示。此工具栏上各图标按钮（从左至右）的功能如下：

 “数据分组”按钮：显示“数据分组”对话框，用于创建数据分组及指定其属性。

 “数据环境”按钮：显示报表的“数据环境设计器”窗口。

 “报表控件工具栏”按钮：显示或关闭“报表控件”工具栏。

“调色板工具栏”按钮和“布局工具栏”按钮的使用方法与在表单中使用方法一样，在设计报表时，利用“报表设计器”工具栏中的按钮可以方便地进行操作。

2. “报表控件”工具栏

Visual FoxPro 在打开“报表设计器”窗口的同时也会打开“报表控件”工具栏，如图 9-17 所示。该工具栏中各图标按钮（从左至右）的功能如下：

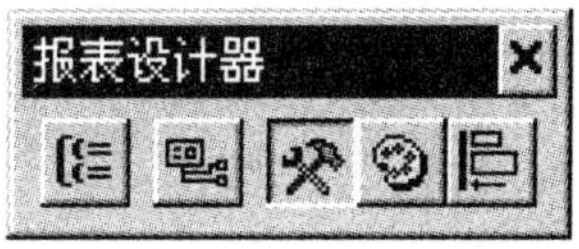

图 9-16　“报表设计器”工具栏

图 9-17　“报表控件”工具栏

- “选定对象”按钮：移动或更改控件的大小。在创建一个控件后，系统将自动选定该按钮，除非选中“按钮锁定”按钮。
- “标签”按钮：在报表上创建一个标签控件，用于提示。
- “域控件”按钮：在报表上创建一个域控件，用于显示字段、内存变量或其他表达式的内容。
- “线条”按钮、“矩形”按钮和 “圆角矩形”按钮：分别用于绘制相应的图形。
- “图片/ActiveX 绑定控件”按钮： 输出图片或通用型字段的内容。
- “按钮锁定”按钮： 允许添加多个相同类型的控件而不需要多次选中该控件按钮。

9.2　设计报表

生成报表文件之后，需要进一步设计报表。打开文件时，报表类型文件.frx 将在报表设计器中打开。也可以使用 MODIFY REPORT <报表文件名>命令打开报表。在报表设计器中可以设置报表数据源、添加报表的控件和设计数据分组等。

9.2.1 报表的数据源和布局

报表总是与一定的数据源相联系，因此在设计报表时，确定报表的数据源是首先要完成的任务。如果一张报表总是使用相同的数据源，就可以把数据源添加到报表的数据环境中。当数据源中的数据更新之后，使用同一报表打印出的报表将反映新的数据内容，但报表的格式不变。

1. 设置报表数据源

“数据环境设计器”窗口中的数据源将在每一次运行报表时被打开，而不必以手工方式打开所使用的数据源。前面用报表向导和创建快速报表的方法建立报表文件时，已经指定了相关的表作为数据源。在使用报表设计器创建一张空白报表并直接设计报表时才需要指定数据源。数据环境通过下列方式管理报表的数据源：打开或运行报表时打开表或视图；基于相关表或视图收集报表所需数据集合；关闭或释放报表时关闭表或视图。

例 9-3 为一个空白报表添加数据源。

① 打开“报表设计器”生成一个空白报表，从“报表设计器”工具栏上单击“数据环境”按钮，或者从“显示”菜单下选择“数据环境”，也可以在“报表设计器”窗口的任何位置右击鼠标，从弹出的快捷菜单中选择“数据环境”命令，系统打开“数据环境设计器”窗口。

② 打开“数据环境设计器”窗口之后，主菜单栏中将出现“数据环境”菜单，从中选择“添加”，或者在“数据环境设计器”窗口中右击鼠标，从快捷菜单中选择“添加”命令，系统将弹出“添加表或视图”对话框，如图 9-18 所示。

③ 在“添加表或视图”对话框中选择作为数据源的表或视图，本例打开学生管理数据库，从中选择学生表.dbf、成绩表.dbf 和课程表.dbf，如图 9-19 所示。

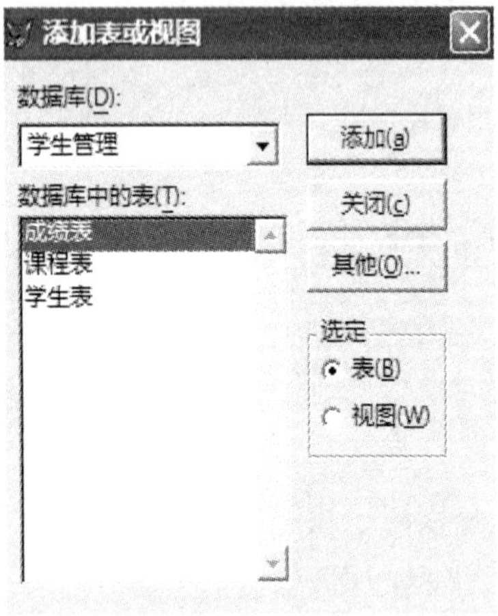

图 9-18 “添加表或视图”对话框

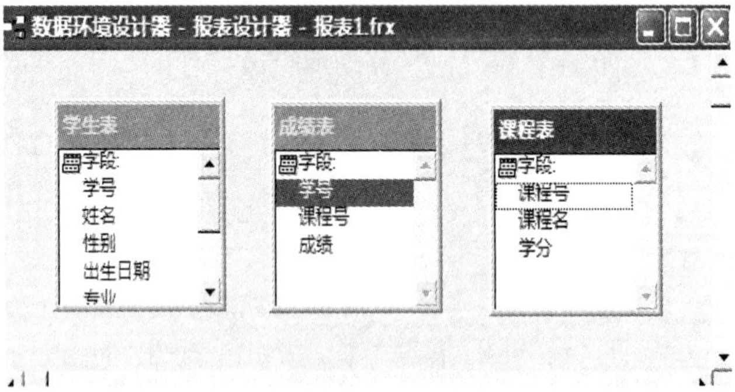

图 9-19 向“数据环境设计器”添加数据源

④ 最后单击“关闭”按钮。

如果报表不是固定使用同一个数据源，例如，在每次运行报表时才能确定要使用的数据源，则不把数据源直接放在报表的“数据环境设计器”窗口中，而是在使用报表时由用户先做出选择。例如设计一个包含若干个按钮的对话框，在每一个按钮的 Click 事件过程中设置打开表或视图的命令或其他产生所需数据源的命令，如运行一个查询、使用 SELECT-SQL 语句等。

2. 设计报表布局

在报表设计器中，报表包括若干个带区，例如，图 9-11 和图 9-12 所示的报表包含了四个带区：标题、页标头、细节和页注脚。带区名称标识在带区下的标识栏上。

带区的作用主要是控制数据在页面上的打印位置。在打印或预览报表时，系统会以不同的方式处理各个带区的数据。对于“页标头”带区，系统将在每一页上打印一次该带区所包含的内容，而对于“标题”带区，则只是在报表开始时打印一次该带区的内容。在每一个报表中都可以添加或删除若干个带区。表 9-2 列出了报表的一些常用带区以及使用情况。

表 9-2 **报表带区以及作用**

带　区	作　　用
标题	每本报表开头打印一次或单独一页，如报表名称
页标头	每个页面打印一次，例如列报表的字段名称
细节	每条记录打印一次，例如各记录的字段值
页注脚	每个页面下面打印一次，例如页码和日期
总结	每本报表最后一页打印一次或单独占用一页
组标头	数据分组时每组打印一次
组注脚	数据分组时每组打印一次
列标头	在分栏报表中每列打印一次
列注脚	在分栏报表中每列打印一次

“页标头”、“细节”和“页注脚”这三个带区是报表默认的基本带区。如果要使用其他带区，可以由用户自己设置。设置报表其他带区的操作步骤如下：

① 设置“标题”或“总结”带区，从“报表”菜单中选择“标题/总结”命令，系统将显示如图 9-20 所示的“标题/总结”对话框。在该对话框中选择“标题带区”复选框，则在报表中添加一个“标题”带区。系统会自动把“标题”带区放在报表的顶部，若希望把标题内容单独打印一页，应选择“新页”复选框。

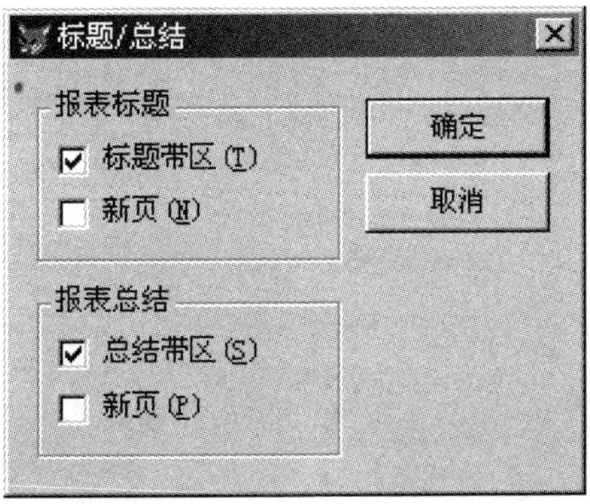

图 9-20 “标题/总结”对话框

选择“总结带区”复选框，则在报表中添加一个“总结”带区。系统将自动把“总结”带区放在报表的尾部。若想把总结内容单独打印一页，应选择“总结带区”复选框下面的“新页”复选框。

② 设置“列标头”和“列注脚”带区，设置“列标头”和“列注脚”带区可用于创建多栏报表。从“文件”菜单中选择“页面设置”命令，弹出如图 9-21 所示的“页面设置”对

话框。把“列数”微调器的值调整为大于 1，报表将添加一个“列标头”带区和一个“列注脚”带区。关于设计多栏报表的方法将在 9.3.2 节中详细介绍。

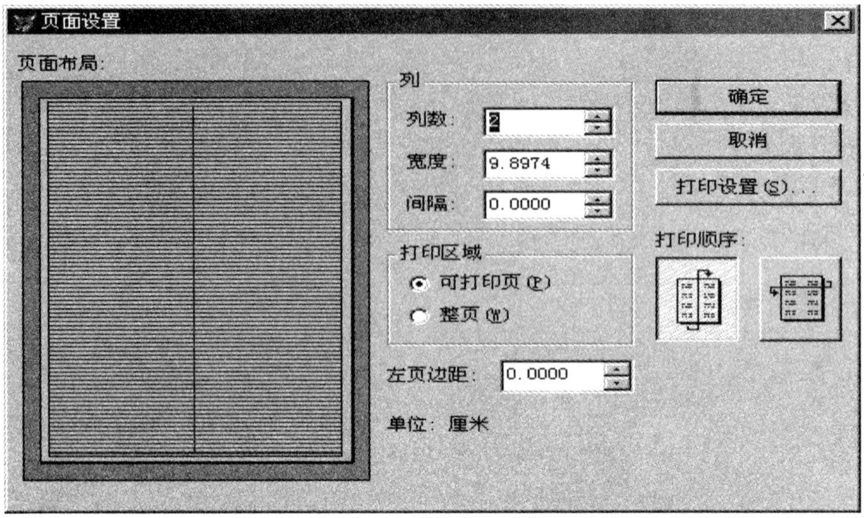

图 9-21 “页面设置”对话框

③ 设置“组标头”或“组注脚”带区，只有对表的索引字段设置分组才能够得到预想的分组效果，表中索引关键字相同值的记录集中在一起的数据才能组织到一起。

④ “报表”菜单中选择“数据分组”，或者单击“报表设计器”工具栏上的“数据分组”按钮，弹出如图 9-22 所示的“数据分组”对话框。单击对话框中的省略号按钮，弹出“表达式生成器”，如图 9-23 所示。从中选择分组表达式，例如“学生表.姓名”。在报表设计器中将添加一个或多个“组标头”和“组注脚”带区。带区的数目取决于分组表达式的数目。关于报表的数据分组，将在后续单元中详述。

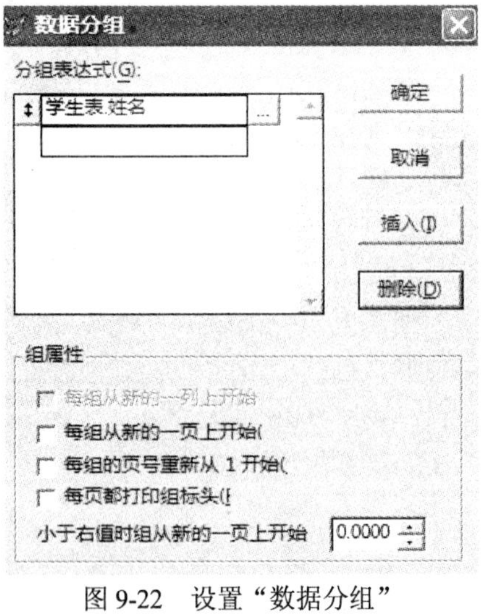

图 9-22 设置“数据分组”

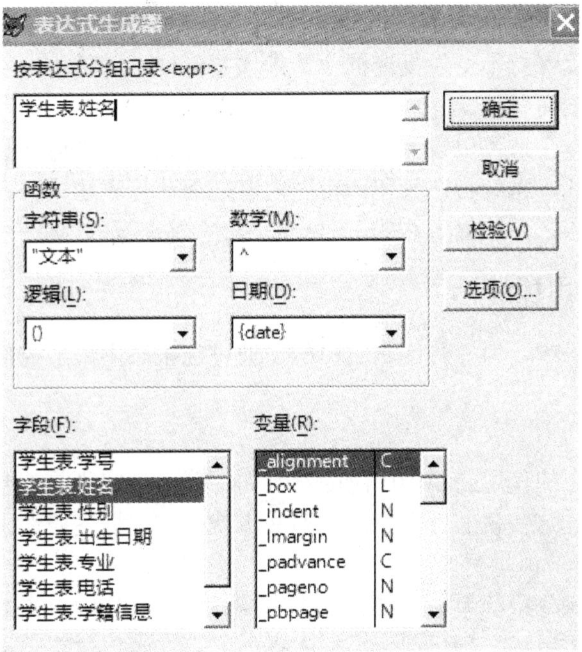

图 9-23 “表达式生成器”窗口

3. 调整带区的高度

添加了所需的带区以后，就可以在带区中添加需要的控件。如果新添加的带区高度不够，可以在“报表设计器”中调整带区的高度以放置需要的控件。可以使用左侧标尺作为指导，标尺量度仅指带区高度，不包含页边距。

注意：不能使带区高度小于布局中控件的高度。可以把控件移进带区内，然后减少其高度。

调整带区高度的一种方法是用鼠标选中一带区标识栏，然后上下拖曳该带区，直至得到满意的高度为止。另一种方法是双击需要调整高度的带区的标识栏，系统将显示一个对话框。例如，双击“标题”带区或“页标头”带区的标识栏，系统将显示相应的对话框，如图 9 -24 和图 9-25 所示。

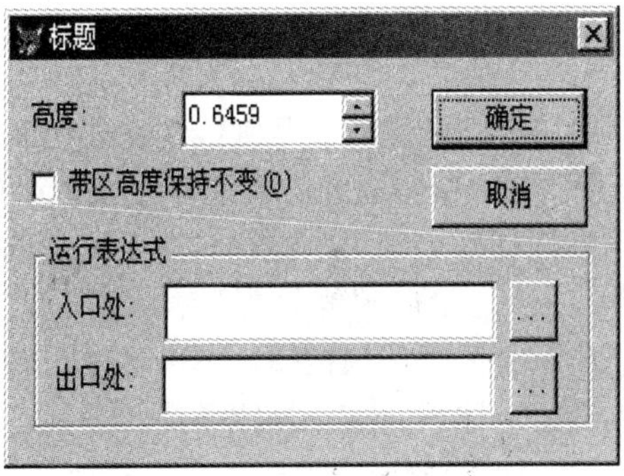

图 9-24 “标题”带区设置对话框

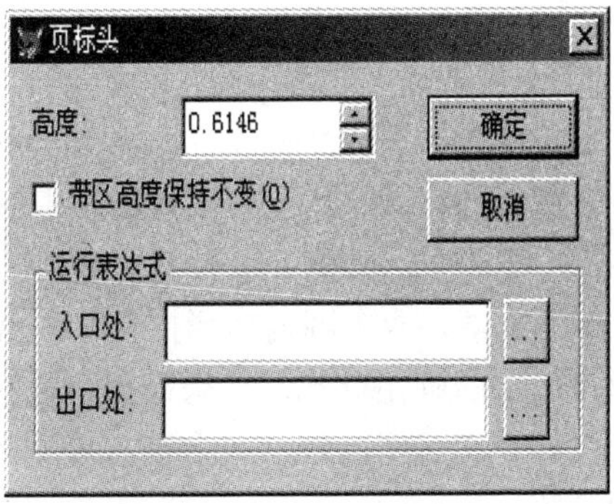

图 9-25 “页标头”设置对话框

在该对话框中，直接输入所需高度的价值，或者调整“高度”微调器中的数值均可。微调器下面有“带区高度保持不变”复选框，选中该复选框可以防止报表带区因为容纳过长的数据或从其中移去数据而移动。

在各个带区对话框中还可以设置两个表达式：入口处运行表达式和出口处运行表达式。若设置入口处有表达式，系统将在打印该带区内容之前计算表达式；若设置出口处表达式，系统将在打印该带内容之后计算表达式。

9.2.2 在报表中使用控件

在“报表设计器”中，所有带区是空白的，通过在报表中添加控件，可以安排所要打印的内容。

1. 标签控件

标签控件在报表中的使用是相当广泛的。例如，每一个字段前都要有一段说明性文字，报表一般都有标题等。这些说明性文字或标题文本就是使用标签控件来完成的。

（1）添加标签

插入标签控件的操作很简单，只要在“报表控件”工具栏中单击“标签”按钮，然后在报表的指定位置上单击鼠标，便出现一个插入点，即可在当前位置上输入文本。

（2）更改字体

可以更改每个域控件或标签控件中文本的字体和大小，也可以更改报表的默认字体。选定要更改的控件，从“格式”菜单中选定“字体”，此时显示“字体”对话框。选定适当的字体和大小，然后选择“确定”按钮。若要更改标签控件的默认字体，应从“报表”菜单中选择“默认字体”。在“字体”对话框内，选择想要的字体和大小作为默认值，然后选择“确定”按钮。只有改变默认字体之后，新插入的控件才会反映出新设置的字体。

2. 线条、矩形和圆角矩形

报表仅仅包含数据是不够美观的，除了使用标签增加一定的修饰外，还可以使用“报表控件”工具栏中所提供的线条、矩形或圆角矩形按钮，在报表适当的位置上添加相应的图形线条控件使其效果更好。例如，常需要在报表内的详细内容和报表的页眉和页脚之间画线。

（1）添加控件

在“报表控件”工具栏上单击“线条”按钮、“矩形”按钮或“圆角矩形”按钮，然后在报表的一个带区中拖曳光标将分别生成线条、矩形或圆角矩形。

（2）更改样式

可以更改垂直、水平线条，矩形和圆角矩形所用线条的粗细，从细线到 6 磅粗的线，也可以更改线条的样式，从点心到点线和虚线的组合。选定希望更改的直线、矩形或圆角矩形，从“格式”菜单中，选择“绘图笔”，再从子菜单中选择适当的大小或样式。还可以设置圆角矩形的圆角样式，双击圆角矩形控件，弹出如图 9-26 所示的“圆角矩形”对话框。在“样式”区域选择想要的圆角样式。如果需要，还可以单击对象位置选项按钮。单击“打印条件”按钮，可以打开“打印条件”对话框。最后单击“确定”按钮。关于打印条件的设置，将在后面详细介绍。

（3）调整控件

要调整控件大小，可以选定控件，然后拖动控件四周的某个控点改变控件的宽度和高度。此方法可以调整除标签之外任何报表控件的大小，而标签的大小由字形、字体及大小决定。也可以用 Shift 键加键盘上的方向键调整控件大小。如果要制作完全相同的控件，例如画双线，最方便的方法是复制控件。先选定控件，接着单击工具栏上的“复制”按钮，再单击“粘贴”按钮即可。也可以选择“编辑”菜单中“复制”、“粘贴”选项。对于不需要的控件，选定后按 Del 键，或者单击工具栏上的“剪切”按钮，选择“编辑”菜单中的“剪切”命令也可删除控件。

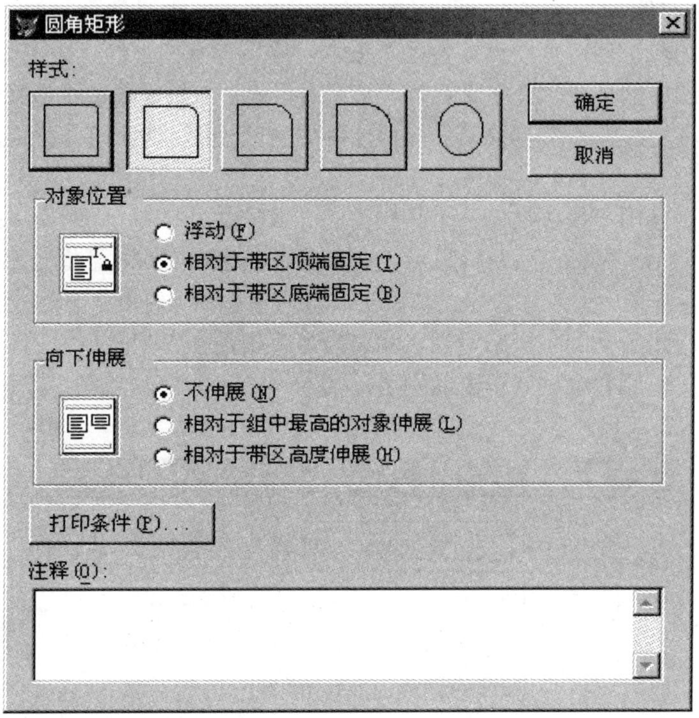

图 9-26　“圆角矩形”对话框

（4）选择多个控件

有两个方法可以同时选定多个控件，其一是选定一个控件后，按住 Shift 键再选定其他控件；其二是圈选，即在控件周围拖动鼠标以画出选择框，这种反复法对于选定相邻的控件很方便。同时选定的多个控件选择的控点显示在每个控件周围，它们可以作为一组内容来移动、复制、设置或删除。例如，将标签控件和域控件彼此关联在一起，这样不用分别选择便可移动它们。当已经设置格式并且对齐控件后，这个功能可以保存控件彼此之间的位置。

（5）设置控件布局

报表设计布局工具栏如图 9-27 所示，利用“布局”工具栏中的按钮可以方便地调整报表设计器中被选控件的相对大小或位置。“布局”工具栏可以通过单击报表设计器工具栏按钮，或选择“显示”菜单中的“布局工具栏”命令打开或关闭。使用方法和在表单设计器中使用一样，在此不再复述。

图 9-27　布局工具栏

3. 域控件

域控件是报表设计所使用的核心控件，用于打印表或视图中的字段、变量和表达式的计算结果。

（1）添加域控件

向报表中添加域控件，可以直接使用“报表控件”工具栏中的“域控件”按钮。要在报表中添加表或视图中的字段，最方便的做法是右击报表，从快捷菜单中选择“数据环境”，打开报表的“数据环境设计器”窗口，选择要使用的表或视图，然后把相应的字段拖放到报表指定的带区中即可。

另一个方法是使用“报表控件”工具栏中的“域控件”按钮。单击该按钮，然后在报表带区的指定位置上单击鼠标，系统将显示一个“报表表达式”的对话框，如图 9-28 所示。可以在“表达式”文本框中输入字段名，或单击右侧对话按钮，打开“表达式生成器”对话框。在“字段”框中双击所需的字段名。表名和字段名将出现在“报表字段的表达式”内。如果没有特别需要，可以删除表达式中表的别名。

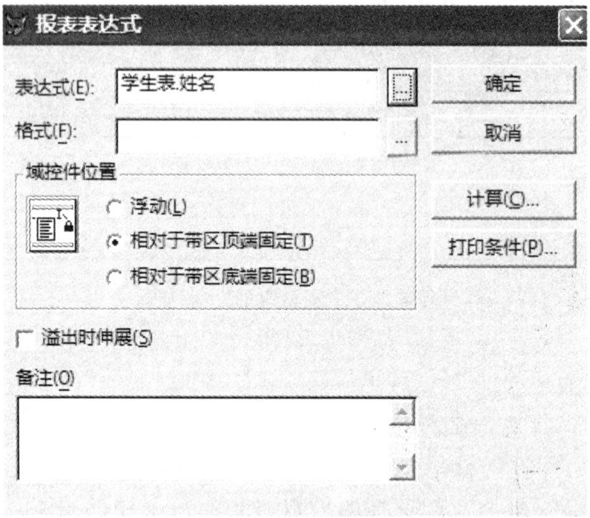

图 9-28　“报表表达式”对话框

如果“表达式生成器”对话框的“字段”框为空，说明没有设置数据源，应该向数据环境添加表或视图。

如果添加的是可计算字段，可以单击“计算”按钮，打开“计算字段”对话框，如图 9-29 所示，可以选择一个表达式通过计算来创建一个域控件。

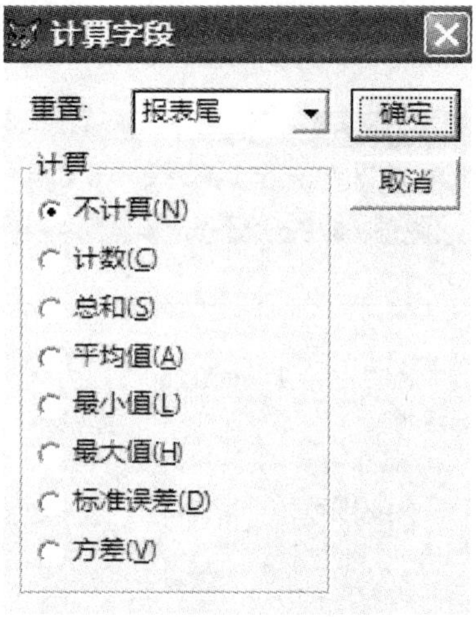

图 9-29 “报表表达式”对话框

“计算字段”对话框用于创建一个计算结果。在“重置”列表框中有三个选项：报表尾、页尾和列尾。该值为表达式重置的初始值。若使用“数据分组”对话框在报表中创建分组，该列表框为报表中的每一组显示一个重置项。在“计算字段”对话框的“计算”区域中，设置有八个单选项。这些单选项指定在报表表达式中执行的计算。

在“报表表达式”对话框中有“域控件位置”区域，该区域中有三个单选项。“浮动”单选项指定域控件相对于周围域控件的大小浮动：“相对于带区顶端固定”单选项可使域控件在“报表设计器”中保持固定的位置，并维持其相对于带区顶端的位置：“相对于带区底端固定”单选项可使字段在“报表设计器”中保持固定的位置，并维持其相对于带区底端的位置。有些域控件，例如字段的内容较长，可选择“溢出时伸展”复选框，使字段显示到报表的底部，这样就可以显示字段的全部内容。

“备注”编辑框可以输入备注文本，文本内容添加到.frx 文件中，并不出现在当前报表中。在“报表表达式”对话框中单击“确定”按钮，即可在报表中添加一个域控件。

（2）定义域控件的格式

插入“域控件”后，可以更改该控件的数据类型和打印格式。数据类型可以是字符型、数值型或日期型。每一种数据类型都有自己的格式选项。例如，可以把所有的字母输出转换成大写，在数值型输出中插入逗号或小数点，用货币格式显示数值型输出或者将一种日期型转换成另一种。格式决定了打印报表时域控件如何显示，并不改变字段在表中的数据类型。

双击域控件，可随时打开该域控件的“报表表达式”对话框。在“报表表达式”对话框中，可以定义域控件的格式。单击“格式”文本框后面的按钮，系统弹出“格式”对话框，如图 9-30 所示。在“格式”对话框中，首先要选择域控件的类型：字符型、数值型或日期型。选定不同的类型时，“编辑选项”区域的内容将有所变化。在“格式”对话框中选定格式以后，其结果将在“报表表达式”对话框中的“格式”文本框中显示。

（3）设置打印条件

“报表表达式”对话框中有“打印条件”按钮，该按钮的主要功能是精确设置要打印的文本。单击“打印条件”按钮，将显示如图 9-31 所示的“打印条件”对话框。对于不同类型的对象，该对话框显示的内容将有所不同。

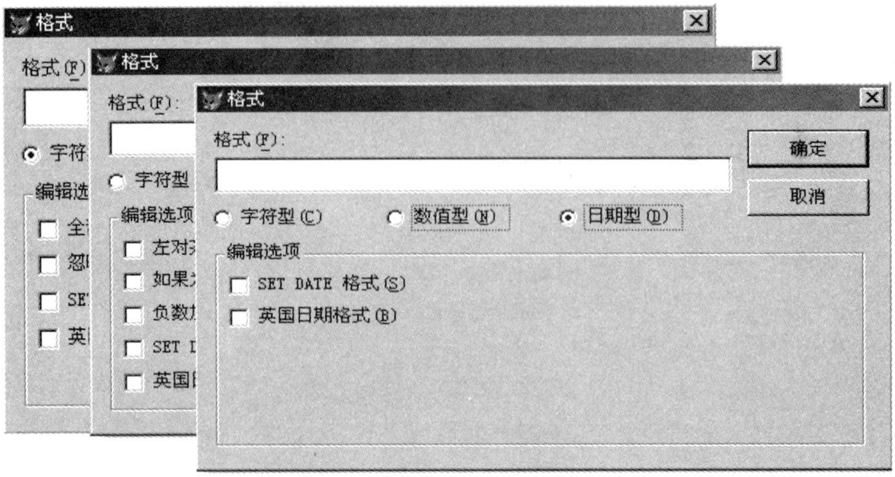

图 9-30 “格式”对话框

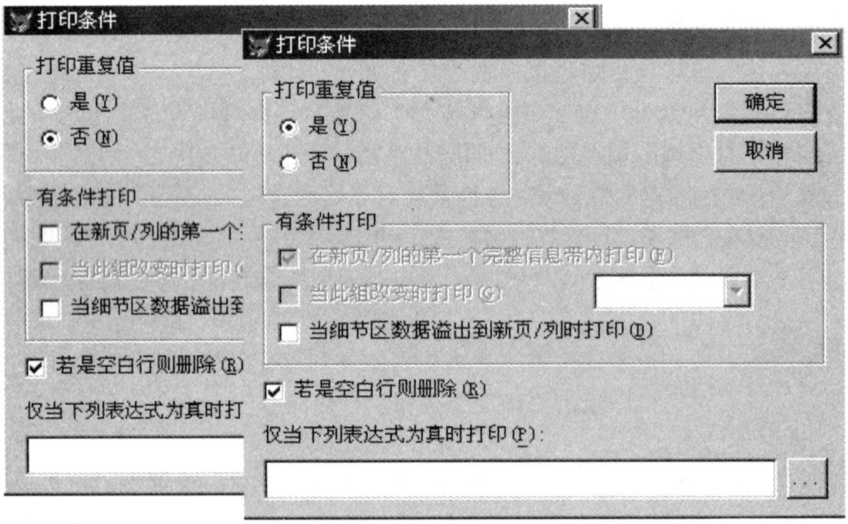

图 9-31 “打印条件”对话框

在表中可能有多条记录在某一个字段取值是相同的。例如，在表中设置有“专业”字段具有相同专业的有多条记录，即“专业”字段的内容相同。在打印报表时，若连续几条记录的某一个字段出现了相同值，而用户又不希望打印相同值，则可在“打印条件”对话框的“打印重复值”区域中选择“否”，报表将只打印一次相同值。

“有条件打印”区域中包括三个复选框，若在“打印重复值”区域中选择“否”则第一个复选框“在新页/列的第一个完整信息带内打印”可用。选中它表示在同一页或同一列中不打印重复值，换页或换列后遇到第一条新记录时打印重复值。若不打印重复值，并且报表已进行数据分组，第二个复选框“当此组改变时打印”可用。选中它表示当某个组发生变化时，需要打印重复值，然后从列出的报表分组中选择一个分组。当细节带区的数据溢出到新页时希望打印，应选择“当细节区数据溢出到新页/新列时打印”复选框。有些记录可能是一个空白记录，缺省情况下报表也给空白记录留一块区域。若希望报表的内容更紧凑，则可以不留这样的区域。在这种情况下，请选择“若是空白行则删除”复选框。

除上述一些选项可以控制打印之外，Visual FoxPro 还允许建立一个打印表达式。此表达式将在打印之前被计算。若要设置打印表达式，应在“仅当下列表达式为真时打印”文本框中输入表达式，或单击该文本框右侧的对话按钮，显示“表达式生成器”对话框，输入或选择打印表达式。值得注意的是，如果输入了一个打印表达式，对话框中除“若是空白行则删除”选项可选之外，其他选项均无效。

4. OLE 对象

在开发应用程序时，常用到对象链接与嵌入（OLE）技术。一个 OLE 对象可以是图片、声音、文档等。在这里主要讨论如何在报表中添加图片。例如，员工的照片、单位的徽标等，都可以以图片的形式添加到报表中去。

（1）添加图片

在“报表控件”工具栏中单击“图片/ActiveX 绑定控件”按钮，在报表的一个带区内单击并拖动鼠标拉出图文框，弹出“报表图片”对话框，如图 9-32 所示。在“报表图片”对话框中，图片来源有文件和字段两种形式。插入图片：可以插入图片作为报表的一部分。例如，可以把公司徽标放到报表的标题带区内。在“图片来源”区域选择“文件”，并输入一个图片文件的位置和名称，或单击按钮来选择一个图片文件，如.jpg、.gif、.bmp 或.ico 文件。一个文件内的图片是静态的，它不随每条记录或每组记录的变化而更改。如果想根据记录更改显示，则应插入通用字段。

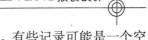

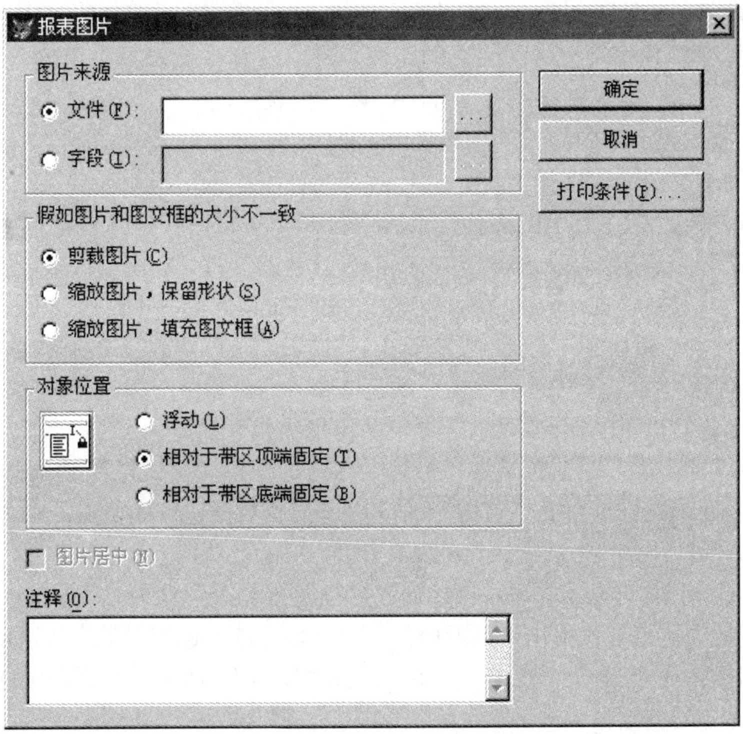

图 9-32 “报表图片”对话框

添加通用字段：可以在报表中插入包含 OLE 对象的通用型字段。在“报表图片”对话框的“图片来源”区域选择“字段”。在“字段”框中，键入字段名，或单击按钮来选取字段。单击“确定”按钮，通用字段的占位符将出现在定义的图文框内。如果图文框较大，图片保持其原始大小。若通用型字段所包含的内容不是图片或图表，则代表此对象的图标将出现在报表上。

（2）调整图片

添加到报表中的图片尺寸可能不适合报表设定的图文框。当图文框的大小不一致时，需要在“报表图片”对话框中选择相应的选项调整图片。

裁剪图片：系统默认“裁剪图片”单选项，图片将按图文框的大小显示图片，在这种情况下，可能因为图文框太小而只显示图片部分内容。

缩放图片，保留形状：若要在图文框中放置一个完整、不变形的图片，则应选择“缩放图片，保留形状”单选项。但是在这种情况下，图片可能无法填满整个图文框。

缩放图片，填充图文框：若要使图片填满整个图文框，应选择“缩放图片，填充图文框”单选项。但是在这种情况下，图片比例可能会改变（失真）。

对于通用型字段中的图片，若要以居中位置放置，可在“报表图片”对话框中选中“图片居中”复选框，这样可以保证比图文框小的图片能够在控件的正中位置显示。若图片来源是“文件”，则该复选框不可用，因为存储在文件中的图片形状尺寸都是固定的，无须居中放置。

（3）对象位置

与其他控件一样，图片的位置有三种选择。若选择“浮动”，则表示图片相对于周围控件的大小浮动：若选择“相对于带区顶端固定”，则可使图片保持在报表中指定的位置上，并保持其相对于带区顶端的距离；若选择“相对于带区底端固定”，则可使图片保持在报表中指定的位置上，并保持其相对于带区底端的距离。在“注释”编辑框中可输入对图片或 OLE 对象的注释文本，这些文本仅供参考，并不出现在报表中。

例 9-4　在报表设计器中修改学生报表.frx 文件。

操作步骤如下：

① 首先打开报表文件：单击工具栏上的“打开”按钮，在打开对话框下面的“文件类型”中选择报表，双击学生报表.frx 文件，在报表设计器中打开。由于该报表是在例 9-2 中创建的快速报表，只包括“页标头”、“细节”和“页注脚”三个基本带区。

② 添加“标题”带区和“总结”带区：从“报表”菜单中选择“标题/总结”，在弹出的“标题/总结”对话框中选择“标题带区”复选框和“总结带区”复选框，按“确定”按钮。“标题”带区出现在报表的顶部，“总结”带区出现在报表的尾部。

③ 调整带区的高度：用鼠标选中“标题”带区标识栏（标识栏变黑），向下拖曳来扩展“标题”带区空间。同样调整其他带区，改变快速报表数据过密的格局。

④ 输入标题：单击“报表控件”工具栏中的“标签”按钮，在报表的“标题”带区上单击鼠标，出现一个闪动的文本插入点，输入“学生一览表”作为标题。

⑤ 设定标题文字格式：单击“报表控件”工具栏上的“选定对象”按钮，选定标题“标签”控件。在主菜单栏上单击“格式”菜单，选择“字体”。从字体对话框中选择合适的字形字号，本例选择一号粗楷体。

⑥ 移动控件：单击报表设计器工具栏上的“布局工具栏”按钮，打开“布局”工具栏。

选定标题“标签”控件，然后单击“布局”工具栏上的“水平居中”和“垂直居中”按钮，使其位于“标题”带区的中央位置。在“页标头”带区中选定最左侧的“标签”控件“总编号”，在按住 Shift 键的同时选定同一带区的其他几个“标签”控件，使它们处于同时被选定的状态，将它们统一设置为五号宋体字，同时向左拖曳到适当位置，扩大页边距。用同样方法拖曳“细节”带区中的所有“域控件”并修改字体。

⑦ 添加线条：单击“报表控件”工具栏上的“线条”按钮，横贯“标题”带区下沿画两条水平线。在“标题头”带区的字段名标签控件下画一条水平线。同时选定这三条线，单击“布局”工具栏上的“相同宽度”按钮，使它们整齐划一。选定第二条线，从“格式”菜单下选择“绘图笔”，从子菜单中选择“4 磅”。

⑧ 添加图片：在“报表控件”工具栏中单击“图片/ActiveX 绑定控件”按钮，在报表的标题带区左端单击并拖动鼠标拉出图文框。在“报表图片”对话框的“图片来源”区域选择“文件”，单击对话按钮选定一个图片文件 village.gif。为保持图片完整并不变形，选择“缩放图片，保留形状”单选项。对象位置选择“相对于带区底端固定”。单击“确定”按钮，关闭“报表图片”对话框。

⑨ 单击“常用”工具栏上的“打印预览”按钮，预览效果。

⑩ 单击“常用”工具栏上的“保存”按钮，保存对学生报表.frx 文件的修改。

9.3 数据分组和多栏报表

在实际应用当中，常需要把具有某种相同性质或特点的数据打印在一起，使报表更易于阅读。分组可以明显地分隔每组记录，为组添加介绍和总结性数据。例如，要将学生表中具有相同性别，或同一专业的学生信息打印在一起，就应当根据性别字段或专业字段对数据分组。

9.3.1 设计分组报表

一个报表可以设置一个或多个数据分组，组的分隔基于分组表达式。这个表达式通常由一个字段，或由一个以上的字段组成。对报表进行数据分组时，报表会自动增加“组标头”和“组注脚”带区。这里仅讨论一级分组报表。

1. 设置报表的记录顺序

如果数据源是表，记录的物理顺序可能不适合于分组。报表布局实际上并不排序数据，它只是按它们在数据源中存在的原始顺序处理数据。例如，如果一个组以“专业”字段分隔，每次报表处理一个不同的专业值，就产生一个组。报表本身不会从头到尾以“专业”字段为依据对组中的记录进行排序处理。为了使数据源适合于分组处理记录，必须对数据源进行适当的索引或排序。通过为表设置索引，或者在数据环境中使用视图、查询作为数据源才能达到合理分组显示记录的目的。事先可以在表设计器中对表建立索引，一个表可以有多个索引。可以在数据环境之外设置当前索引，例如在命令窗口执行 SET ORDER TO <索引关键字>命令。在数据环境设计器中也可以指定当前索引。为数据环境设置索引的方法如下：

① 从“显示”菜单中选择“数据环境”，或单击“报表设计器”工具栏上的“数据环境”按钮，也可以右击报表设计器，从弹出的快捷菜单上选择“数据环境”。系统将打开数据环境

设计器。

② 在数据环境设计器中右击鼠标，从快捷菜单中选择“属性”，打开“属性”窗口。

③ 在“属性”窗口中选择对象框中的“Cursor1”。

④ 选择“数据”选项卡，选定“Order”属性输入索引名，或者在索引列表中选定一个索引，如图 9-33 和图 9-34 所示。

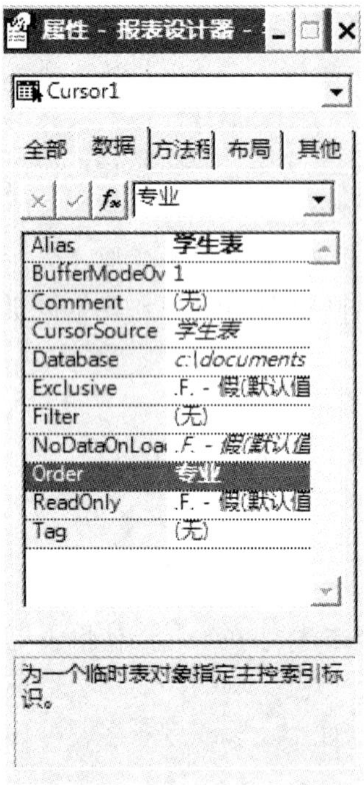

图 9-33　数据源“属性”窗口

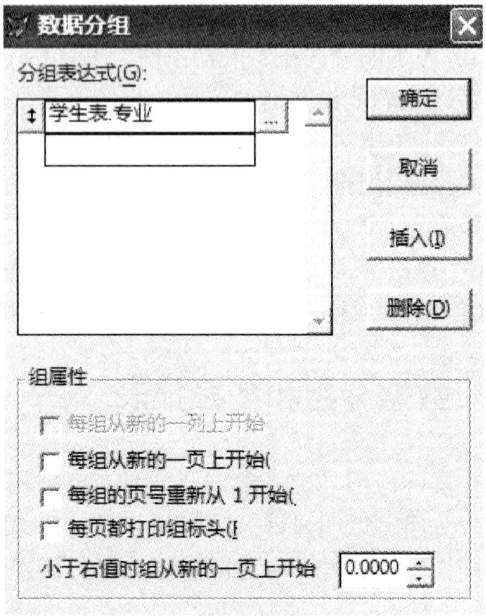

图 9-34　“数据分组”对话框

2. 设计单级分组报表

一个单级分组报表可以基于选择的表达式进行一级数据分组。例如，可以把组设在“专业”字段上，相同专业的记录在一起打印输出。当然数据源必须按专业字段索引或排序。分组的操作方法如下：

① 从“报表”菜单中选择“数据分组”，或者单击“报表设计器”工具栏上的“数据分组”按钮，也可以右击报表设计器，从弹出的快捷菜单上选择“数据分组”。系统将显示如图 9-34 所示的“数据分组”对话框。

② 在第一个“分组表达式”框内键入分组表达式，或者选择对话按钮，在“表达式生成器”对话框中创建表达式。

③ 在“组属性”区域选定想要的属性。

④ 选择“确定”按钮。

分组之后，报表布局就有了组标头和组注脚带区，可以向其中放置任意需要的控件。通常，把分组所用的域控件从“细节”带区复制或移动到“组标头”带区。也可以添加线条、矩形、圆角矩形等希望出现在组内第一条记录之前的任何标签。组注脚通常包含组总计和其他组总结性信息。

例 9-5 将学生报表.frx 文件修改成按“专业”分组的报表。为了正确处理分组数据，必须事先对报表文件学生报表.frx 的数据源学生表.dbf 建立以“专业”字段为索引关键字的索引。

① 打开报表文件：单击工具栏上的“打开”按钮，在“文件类型”中选择报表，双击学生报表.frx 文件，在报表设计器中打开。该报表曾在例 9-4 中修改过。

② 添加数据分组：右击报表设计器，从弹出的快捷菜单上选择“数据分组”，打开“数据分组”对话框。单击第一个“分组表达式”框右侧的对话按钮，在“表达式生成器”对话框中选择“专业”作为分组依据。按“确定”按钮，报表设计器中添加了“组标头：专业”和“组注脚：专业”两个带区。

③ 添加控件：把“专业”字段域控件从“细节”带区拖放到“组标头”带区的最左面，把“页标头”带区的“专业”字段名标签控件移到本带区的最左面。相应地向右移动页标头带区的其他标签控件和细节带区的其他域控件，使它们分别上下对齐，并具有相同高度。不在“组注脚：专业”带区中放置任何内容，将它向上移动到靠近“细节”带区，避免占用页面空间。把“标题头”带区的细线条复制两条到“组标头”带区，一条靠近“组标头”带区顶，另一条靠近“组标头”带区底。选定第二条线，从“格式”菜单下选择“绘图笔”，从子菜单中选择“虚线”。

④ 设置当前索引：单击“报表设计器”工具栏上的“数据环境”按钮，打开数据环境设计器。右击鼠标，从快捷菜单中选择“属性”，打开“属性”窗口。确定对象框中为“Cursorl”，在“数据”选项卡中选定“Order”属性，从索引列表中选定“专业”。

⑤ 单击常用工具栏上的“打印预览”按钮，预览效果。

⑥ 单击“常用”工具栏上的“保存”按钮，保存对学生报表.frx 文件所做的修改。

9.3.2 设计多栏报表

多栏报表是一种分为多个栏目打印输出的报表。如果打印的列数目较少，横向只占用左边部分页面，右边大部分是空白时，设计成多栏报表比较合适。多栏报表是在页面设置中完成的。

1. 设置“列标头”和“列注脚”带区

从“文件”菜单中选择“页面设置”命令，弹出如图 9-35 所示的“页面设置”对话框。在“列”区域，把“列数”微调器的值调整为栏目数，例如 2，则将整个页面平均分成两部分；设置为 3，则将整个页面平均分成三部分。在报表设计器中将添加一个“列标头”带区和一个“列注脚”带区，同时“细节”带区也相应缩短，如图 9-36 所示。

在这里，“列”一词指的是页面横向打印的记录的数目，不是单条记录的字段数目。“报表设计器”没有显示这种设置。它仅显示了页边距内的区域，在默认的页面中，整条记录为一列。因此，如果报表中有多列，可以调整列的宽度和间隔。当更改左边距时，列宽将自动更改以显示出新的页边距。

2. 添加控件

在向多栏报表添加控件时，应注意不要超过报表设计器中带区的宽度，否则可能使打印的内容重叠。

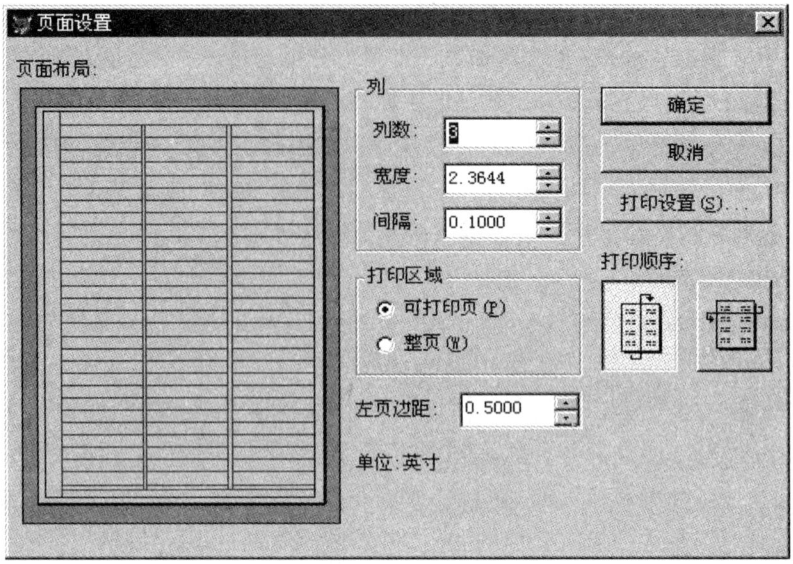

图 9-35　页面设置多栏报表

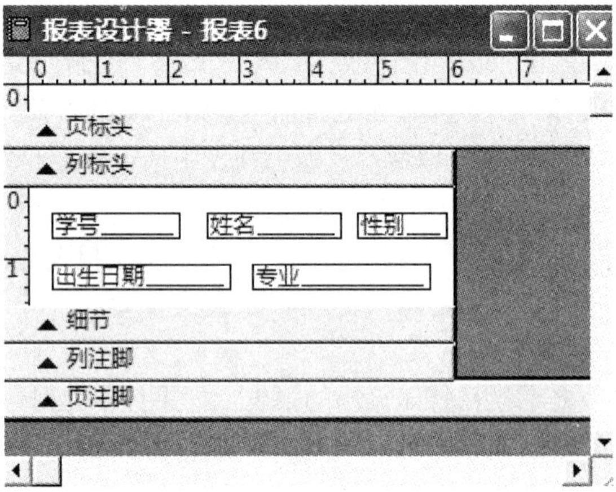

图 9-36　设计多栏报表

3. 设置页面

在打印报表时，对“细节”带区中的内容系统默认为“自上向下”的打印顺序。这适合于除多栏报表以外的其他报表。对于多栏报表而言，这种打印顺序只能靠左边距打印一个栏目，页面上其他栏目空白。为了在页面上真正打印出多个栏目来，需要把打印顺序设置为“自左向右”打印。在“页面设置”对话框中单击右面的“自左向右”打印顺序按钮即可，参见图 9-35。

例 9-6　以学生表.dbf 为数据源，设计一个多栏报表。

① 生成空白报表：在“常用”工具栏上单击“新建”按钮，选择“报表”文件类型，单击“新建文件”，或者直接在命令窗口执行 CREATE REPORT 命令，生成一个空白报表，在“报表设计器”中打开。

② 设置多栏报表：从“文件”菜单中选择“页面设置”对话框中把“列数”微调器的值设置为3。在报表设计器中将添加占页面1/3的一对“列标头”带区和“列注脚”带区。

③ 设置左边距和打印顺序：在“页面设置”对话框的“左页边距”框中输入 2 厘米边距数值，页面布局将按新的页边距显示。单击“自左向右”打印顺序按钮，单击“页面设置”对话框的“确定”按钮，关闭对话框。

④ 设置数据源：在“报表设计器”工具栏上单击“数据环境”按钮，打开“数据环境设计器”窗口。右击鼠标，从快捷菜单中选择“添加”，添加学生表.dbf作为数据源。

⑤ 添加控件：在“数据环境设计器”中分别选择学生表.dbf表中的学号、姓名、性别、出生日期和专业五个字段，将它们拖曳到报表设计器的“细节”带区，自动生成字段域控件。调整它们的位置，使之分两行排列，注意不要超过带区宽度。

单击“报表控件”工具栏上的“线条”按钮，在“细节”带区底部画一条线，从“格式”菜单下选择“绘图笔”，从子菜单中选择“点线”。

单击“报表控件”工具栏上的“标签”按钮，在“页标头”带区添加“图书目录”标签。单击“格式”菜单下的“字体”，选择楷体二号字，并设置为水平居中和垂直居中。

单击“报表控件”工具栏上的“线条”按钮，在“页标头”带区底部画两条线，长度距离右边界2厘米左右。选定第二条线，从“格式”菜单下选择“绘图笔”，从子菜单中选择“4磅”。同时选定这两条线，单击“布局”工具栏上的“相同宽度”按钮，使它们一般齐。

⑥ 预览效果：单击“常用”工具栏上的“打印预览”按钮。

⑦ 保存：单击“常用”工具栏上的“保存”按钮，保存为多栏报表.frx文件。

9.3.3 报表输出

设计报表的最终目的是要按照一定的格式输出符合要求的数据。报表文件的扩展名为.frx，该文件存储报表设计的详细说明。每个报表文件还带有文件扩展名为.frt的备注文件。报表文件不存储每个数据字段的值，只存储数据源的位置和格式信息。

1. 设置报表的页面

打印报表之前，应考虑页面的外观，例如页边距、纸张类型和所需的布局等。如果更改了纸张的大小和方向设置，应确认该方向适用于所选的纸张大小。例如，若纸张定为信封，则方向必须设置为横向。

（1）设置左边距

从“文件”菜单中选择“页面设置”，打开“页面设置”对话框，在“左页边距”框中输入边距数值。页面布局将按新的页边距显示。

（2）选择纸张大小和方向

在“页面设置”对话框中，单击“打印设置”按钮，打开“打印设置”对话框。可以从“大小”列表中选定纸张大小。默认的打印方向为纵向，若要改变纸张方向，可从“方向”区选择横向，再单击“确定”按钮。

2. 预览报表

报表按数据源中记录出现的内容和顺序处理记录。如果报表文件的数据源内容已经更新，每次打印输出报表时，报表中的数据是数据源的当前值。如果数据源的表结构被修改过，报表所需要的域控件已经被删除，运行报表时将出现出错信息。

当打印数据分组报表时，如果直接使用表内的数据，数据可能不会在布局内按组排序。在打印一个报表文件之前，应该确认数据源中已对数据进行了正确的索引和排序。

为确保报表正确输出，使用“预览”功能在屏幕上查看最终的页面设计是否符合设计要求。在“报表设计器”中，任何时候都可以使用“预览”功能查看打印效果。报表“预览”操作十分便利，可以从“显示”菜单中选择“预览”命令，或在“报表设计器”中单击鼠标右键并从弹出的快捷菜单中选择“预览”命令，也可以直接单击“常用”工具栏中的“打印预览”按钮。在打印预览工具栏中，选择“上一页”或“前一页”可以切换页面。若要更改报表图像的大小，选择“缩放”列表。想要返回到设计状态，单击“关闭预览”按钮，或者直接关闭预览窗口。

如果报表已经符合要求，便可以在指定的打印机上打印报表了。单击打印预览工具栏中的“打印报表”按钮，将报表直接送往 Windows 的打印管理器。

3. 打印输出报表

打印报表，通常先打开要打印的报表，单击“常用”工具栏上的“运行”按钮，或者从“文件”菜单中选择“打印”命令，或在“报表设计器”中单击鼠标右键并从弹出的快捷菜单中选择“打印”，系统将弹出“打印”对话框。“打印”对话框与 Word 等软件的“打印”对话框相似，“打印机名”组合框列出了当前系统已经安装的打印机。可以从组合框中选择要使用的打印机。“属性”按钮主要用于设置打印纸张的尺寸、打印精度等选项。“打印范围”区域中的单选项用于设置要打印的数据范围。若选择了“Áll”单选项，那么将打印报表的全部内容：若选择了“页码”单选项，将打印在其后指定的页数。“打印的份数”微调器可以设置需要打印的报表份数。

如果直接单击“常用”工具栏中的“打印”按钮，不弹出“打印”对话框，直接送往 Windows 的打印管理器。在命令窗口或程序中使用 REPORT FORM ＜报表文件名＞ [TO PRINT] [PREVIEW]命令也可以打印或预览指定的报表。

习　题

一、填空题

1．报表的数据源可以是__________________。

2．在“报表设计器”中使用的控件是__________________。

3．报表的设计包括__________________。

4．使用“项目管理器”的是__________________管理报表。

5．为了在报表中加入一个文字说明，应该插入一个________________。

二、选择题

1．不能作为报表数据源的是（　　）。

A．数据库表　　B．视图　　C．查询　　D．自由表

2．建立报表，打开报表设计器的命令是（　　）。

A．CREATE REPORT　　B．NEW REPORT

C．REPORT FROM　　D．START REPORT

3．在报表设计器中，可以使用的控件是（　）。

A．标签、文本框和线条　　B．标签、域控件和列表框

C．标签、域控件和线条　　D．布局和数据源

4．使用报表向导定义报表时，定义报表布局的选项是（　）。

A．列数、方向、字段布局　　B．列数、行数、字段布局

C．行数、方向、字段布局　　D．列数、行数、方向

5．Visual FoxPro的报表文件.frx中保存的是（　）。

A．打印报表的预览格式　　B．已经生成的完整报表

C．报表格式和数据　　D．报表设计格式的定义

6．下列创建报表的方法，正确的是（　）。

A．使用报表设计器创建自定义报表　　B．使用报表向导创建报表

C．使用快速报表创建简单规范的报表　　D．以上三种

7．报表以视图或查询为数据源是为了对输出的记录进行（　）。

A．分组　B．排序　C．筛选　D．以上三种均对

8．报表是按照（　）来处理数据的。

A．数据源中记录的先后顺序　　B．主索引

C．任意顺序　　D．逻辑顺序

9．默认情况下，报表设计器不包含的基本带区为（　）。

A．页标头　B．页注脚　C．标题　D．细节

10．对报表进行分组后，报表会自动包含的带区是（　）。

A．细节　　B．细节、组标头和组注脚

C．组标头和组注脚　　D．标题、细节、组标头和组注脚

11．在Visual FoxPro 中，可以用DO命令执行的文件不包括（　）。

A．PRG文件　　B．MPR文件

C．FRX文件　　D．QPR文件

12．在Visual FoxPro中，在屏幕上预览报表的命令是（　）。

A．PREVIEW REPORT　　B．REPORT FORM…PREVIEW

C．DO REPORT…PREVIEW　　D．RUN REPORT…PREVIEW

13．报表的标题要通过（　）控件来定义。

A．列表框　B．标签　C．文本框　D．编辑框

三、简答题

1．Visual FoxPro提供了哪三种创建报表的方法？

2．报表包含了哪些常用的带区？

3．自定义一个“学生表”，以该表为数据源，设计一个报表。要求以出生年份分组，每组的开始显示“××××年出生的同学”字样。

4．自定义一个“学生表”，以该表为数据源，设计一个报表。要求不仅显示学生信息，还要能显示总人数、平均年龄、最大年龄、最小年龄。

第10章 系统开发实例

10.1 图书馆管理系统

一、需求分析

几年前，大多数学校图书馆都是封闭式管理，通过卡片登记借阅信息，只能实现有限的流通，有的甚至不能正常对学生开放，使得图书馆不能发挥应有的作用；即使实现了正常流通，也不能提供管理上需要的各种信息，如本馆各种资料分布及借阅（流通）情况等。

目前，图书馆办馆的要求及领先标志就是藏书全部开放，师生共享、开架借阅。这种借阅方式是当前适合我国国情的发挥图书馆应有作用的最佳方式，也是素质教育的最好体现。它充分发挥了图书馆的功效，最大限度地为读者服务，这也是图书馆自动化管理的最终目标。为了实现这一目标，必须辅以现代化的管理手段和管理体制。为此，各图书馆纷纷采用图书馆管理系统，从而实现人工管理做不到的一些功能并发挥了图书馆的最大效益。而随着越来越多的学校采用了现代化的管理软件进行管理，也进一步提升了学校管理的现代化水平，从而在竞争中处于有利位置，也对其他兄弟学校起到了示范和促进作用。自身发展的需要和上级部门的要求以及竞争的需要决定采用图书馆管理系统的必要性。

二、系统功能与模块结构

本系统可以完成一般图书馆关于图书借阅及书库管理的主要功能。本系统有五大部分，14个完整的功能模块。系统结构如图10-1所示。 其中：

- 借书登记时可查询与打印读者借书情况；
- 还书登记时可查询与打印某种图书被借情况；
- 借阅统计功能可按读者、图书分类统计借阅数、超期数；
- 办借书证可以增加、删除、修改读者信息、可以打印借书证；
- 读者查询可查询某个读者的具体情况；
- 读者统计是按部门、职称、年龄统计读者数量；
- 新书入库是增加、修改、删除图书信息；
- 书库统计是分类统计各种图书的数量及其所占的比重；
- 数据备份是将本系统的数据按日期备份；
- 密码修改是修改当前用户的密码；
- 罚款管理可按时间统计罚款数额，查阅罚款明细账；
- 用户管理可增加、删除、修改用户信息；
- 帮助可浏览本软件的使用文档；

- 关于本软件版本及开发者信息。

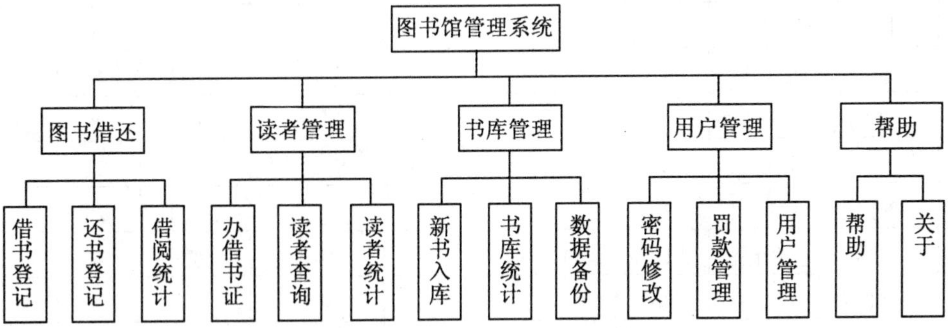

图 10-1　图书馆管理系统结构图

系统要设置权限限制，针对不同类别的用户可以完成的功能如下所述。

普通读者：可运行借阅统计、读者查询、读者统计、书库统计功能；

图书管理员：可运行普通读者的功能外，还可以运行借书登记、还书登记、密码修改、罚款账、罚款统计功能；

图书采编员：可完成图书管理员的所有功能外，还可运行办借书证、新书入库功能；

图书馆馆长：具有运行所有功能的权限。

该系统还必须具有下列功能：

每个人只能最多借 5 本书，每本书最多借 60 天；

超期还书的读者每本每超一天罚款 0.05 元；

普通读者只需输入合法的借书证号便可进入系统运行相应的功能。

三、运行环境要求

本系统运行的硬件和软件环境要求较低，对计算机的要求是：

处理器：486DX/66 以上；

内存：16MB 以上；

硬盘：10MB 硬盘空余；

操作系统：Windows95/98/XP/2000。

四、主要功能详细设计

1. 表的设计

要完成以上功能，必须有读者表、书库表、借阅表、人员表、罚款表，各表结构分别如表 10-1 至表 10-5 所示。

2. 目录设计

建立“图书馆管理系统”文件夹，在文件夹内建立 form、database、images、report、class、menu、bak、help 子文件夹，分别用于存放表单、数据、图像、报表、类、菜单、备份、帮助文件。

表 10-1 读者表

字段	字段名	类型	宽度	小数位
1	借书证号	字符型	8	
2	姓名	字符型	8	
3	性别	字符型	2	
4	出生日期	日期型	8	
5	部门	字符型	20	
6	职称	字符型	10	
7	异常说明	字符型	30	
8	照片	备注型	4	

表 10-2 图书表

字段	字段名	类型	宽度	小数位
1	书号	字符型	8	
2	书名	字符型	40	
3	作者	字符型	8	
4	出版社	字符型	20	
5	类别	字符型	20	
6	单价	数值型	7	2
7	数量	整型	4	
8	借出数量	整型	4	

表 10-3 借阅表

字段	字段名	类型	宽	小数位
1	借书证号	字符型	8	
2	书号	字符型	8	
3	借出日期	日期时间型	8	
4	还书日期	日期时间型	8	
5	异常说明	字符型	30	

表 10-4 人员表

字段	字段名	类型	宽度	小数位
1	编号	字符型	3	
2	用户名	字符型	10	
3	密码	字符型	10	
4	级别	字符型	1	
5	类别	字符型	10	

表 10-5 罚款表

字段	字段名	类型	宽度	小数位
1	事由	字符型	20	
2	罚款数量	数值型	7	2
3	交费日期	日期时间型	8	
4	异常说明	字符型	30	

3. 设计“系统登录”表单

实现目标：这是程序启动的第一个画面，设计的功能要求是：选择用户的类别、输入用户名和用户密码、当用户名和密码均正确后才能进入功能界面，用户输入错误有提示信息，系统在三次错误提示后会自动退出。

实现过程：建立表单，添加控件，将表单以“系统登录”为名存入 form 文件夹下，设计界面如图 10-2 所示。

设置 Text2 的 PassWordChar 属值为“*”，将 Combo1 的 Rowsourcetype 属性设为 1，Rowsource 属性值设为：馆长，采编员，图书管理员，读者。

图 10-2　系统登录界面

设定 Combo1 的 Valid 事件代码为：

```
if  this.value="读者"
  thisform.label3.caption="借书证号"
else
  thisform.label3.caption="用户名"
endif
```

设置表单的 Init 事件代码为：

```
application.visible=.f.
close all
```

设置表单的 Load 事件代码为：

```
public cn
cn=0
```

设置命令按钮"确定"的 Click 事件代码为：

```
if empty(thisform.combo1.value)
messagebox("请选择类别",48,"友好提示")
thisform.combo1.setfocus
else
public manager1,clb,cname                &&定义全局变量
manager1=alltrim(thisform.combo1.value)
if manager1="读者"
use database\读者表
cname=alltrim(thisform.text1.value)
loca for  借书证号=cname
if found()
_screen.application.visible=.t.
do menu\menu.mpr
do form form\工具栏
```

```
thisform.release
else
messagebox("没有这个读者，请重新输入!",4+32,"系统登录")
thisform.text1.value=""
thisform.text1.setfocus
endif
else
use database\人员表                    &&打开数据表
clb=alltrim(thisform.Combo1.value)
cname=alltrim(thisform.text1.value)
ppassword=alltrim(thisform.text2.value)
loca for  类别=clb and  用户名=cname
&&查询用户
set exact on                          &&字符精确比较
*判断操作员是否正确
if !(类别=clb and  用户名=cname)
cn=cn+1
nanswer=messagebox("操作员错误,请重新输入!",4+32,"系统登录")
if nanswer=6                      &&选择'是'时的操作
thisform.text1.value="
thisform.text1.setfocus
else
thisform.release                  &&释放表单
endif
if cn=3
thisform.release
endif
else
*判断密码是否正确
if alltrim(人员表.密码)!=ppassword
cn=cn+1
nanswer=messagebox("密码错误，请重新输入!",4+32,"系统登录")
if nanswer=6
thisform.text2.value="
thisform.text2.setfocus
else
thisform.release
```

```
endif
if cn=3
thisform.release
endif
else
_screen.application.visible=.t.
do menu\menu.mpr
do form form\工具栏
thisform.release
endif
endif
endif
endif
set exact off     &&字符非精确比较
do case
case manager1="读者"
manager=1
case manager1="图书管理员"
manager=2
case manager1="采编员"
manager=3
case manager1="馆长"
manager=4
endcase
```

设置命令按钮“退出”的 Click 事件代码为：

```
thisform.release
```

4. 菜单的设计

实现目标：设计具有根据不同权限不同可用菜单的菜单格式文件和程序文件。

实现过程：进入菜单设计器，分别设计各菜单栏、菜单项，将设计好的菜单格式文件存到 menu 文件夹下，文件名为：menu.mnx。注意设计各菜单项时，单击各行后“选项”按钮，设置“跳过”条件，如设置“借书登记”菜单项的“跳过”条件如图 10-3 所示。设计完后，单击“菜单”菜单下的“生成”菜单项，将该菜单格式文件生成为菜单程序文件，文件名为：menu.mpr。

5. 设计“借书登记”表单

实现目标：根据用户输入的借书证号和书号办理登记手续，输入的借书证号和书号都要有检验功能，看是否为合法的号码，表单提供用列表框浏览并选择借书证号和书号的功能，也提供当前借书证号已借书的情况和当前书号的书被借的情况。

实现过程：新建表单，在表单上添加控件，以“借书登记”文为名存入到 form 子文件夹下，设计界面如图 10-4 所示。相关代码如下：

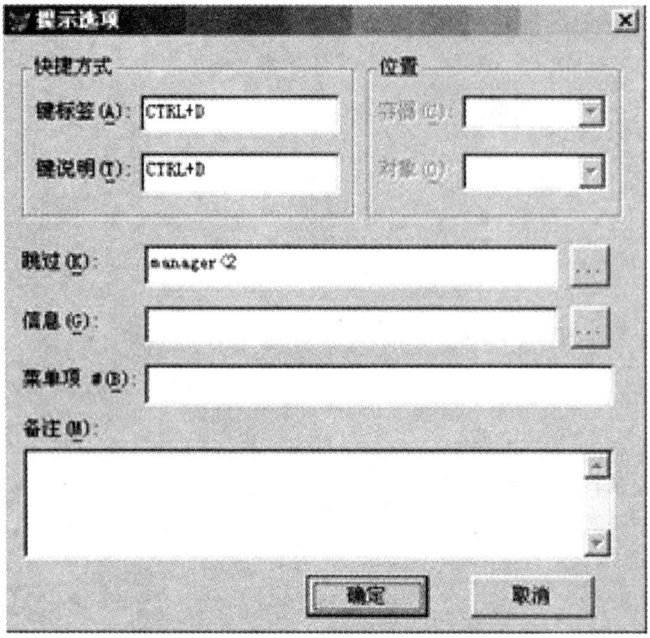

图 10-3 设置“借书登记”的“跳过”条件窗口

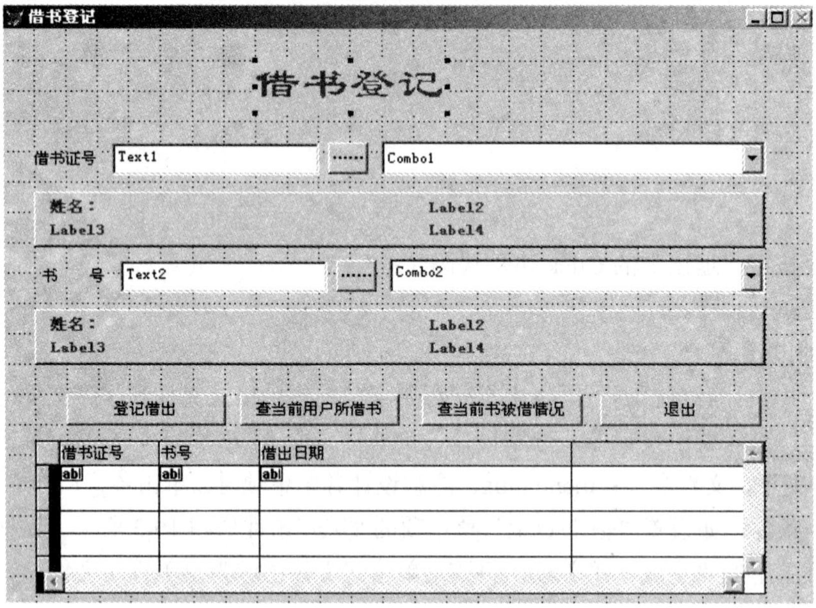

图 10-4 “借书登记”设计界面

表单的 Init 事件代码为：

```
thisform.combo1.visible=.f.
thisform.combo2.visible=.f.
```

```
thisform.grid1.visible=.f.
thisform.container1.label1.caption="姓名："
thisform.container1.label2.caption="性别："
thisform.container1.label3.caption="部门："
thisform.container1.label4.caption="职称："
thisform.container2.label1.caption="书名："
thisform.container2.label2.caption="作者："
thisform.container2.label3.caption="出版社："
thisform.container2.label4.caption="类别："
```

文本框 Text1 的 Valid 事件代码为：

```
if !empty(this.value)
sele 读者表
loca for 借书证号=alltrim(thisform.text1.value)
if found()
thisform.container1.label1.caption="姓名："+姓名
thisform.container1.label2.caption="性别："+性别
thisform.container1.label3.caption="部门："+部门
thisform.container1.label4.caption="职称："+职称
else
messagebox("没有这个借书证号，请重新输入！",48,"重要提示")
thisform.init
thisform.text1.value=""
return 0
endif
else
thisform.init
endif
```

文本框 Text1 后的“……”命令按钮的 Click 事件代码为：

```
thisform.combo1.visible=.t.
thisform.combo1.rowsourcetype=3
thisform.combo1.rowsource="sele dist 借书证号,姓名,性别,部门 from 读者表;
order by 借书证号 into cursor combo1"
```

组合框 Combo1 的 InterActiveChange 事件代码为：

```
thisform.text1.value=alltrim(this.value)
sele 读者表
loca for 借书证号=alltrim(thisform.text1.value)
thisform.container1.label1.caption="姓名："+姓名
thisform.container1.label2.caption="性别："+性别
thisform.container1.label3.caption="部门："+部门
thisform.container1.label4.caption="职称："+职称
```

文本框 Text2 的 Valid 事件代码为：

```
if !empty(this.value)
sele 图书表
loca for 书号=alltrim(thisform.text2.value)
if found()
thisform.container2.label1.caption="书名："+书名
thisform.container2.label2.caption="作者："+作者
thisform.container2.label3.caption="出版社："+出版社
thisform.container2.label4.caption="类别："+类别
else
messagebox("没有这个书号，请重新输入！",48,"重要提示")
thisform.init
thisform.text2.value=""
return 0
endif
else
thisform.init
endif
```

文本框 Text2 后的“……”命令按钮的 Click 事件代码为：

```
thisform.combo2.visible=.t.
thisform.combo2.rowsourcetype=3
thisform.combo2.rowsource="sele dist 书号,书名,作者,出版社 from 图书表;
order by 书号 into cursor combo2"
```

组合框 Combo1 的 InterActiveChange 事件代码为：

```
thisform.text2.value=this.value
sele 图书表
loca for 书号=alltrim(thisform.text2.value)
thisform.container2.label1.caption="书名："+书名
thisform.container2.label2.caption="作者："+作者
thisform.container2.label3.caption="出版社："+出版社
thisform.container2.label4.caption="类别："+类别
```

命令按钮“借出登记”的 Click 事件代码为：

```
sele 借阅表
loca for 借书证号=alltrim(thisform.text1.value) and 书号=alltrim(thisform.text2.value)
if found()
aa=messagebox("该同志已借此书,还要借吗",36,"友好提示")
if aa=6
sele 借阅表
count for 借书证号=alltrim(thisform.text1.value) to k
if k>=5
```

```
messagebox("该借书证号借书指标已满,不能再借",48,"友好提示")
else
sele 图书表
loca for 书号=alltrim(thisform.text2.value)
if 数量-借出数量<0
messagebox("该书已借完,不能再借!"+chr(13)+"库存"+alltrim(str(数量))+"本，已借出";
+alltrim(str(借出数量))+"本",48,"友好提示")
else
update 图书表 set 借出数量=借出数量+1 where 书号=alltrim(thisform.text2.value)
insert into 借阅表(借书证号,书号,借出日期) value(alltrim(thisform.text1.value), ;
alltrim(thisform.text2.value),datetime())
messagebox("借书登记完毕！",48,"友好提示")
endif
endif
endif
else
sele 借阅表
count for 借书证号=alltrim(thisform.text1.value)  to k
if k>=5
messagebox("该借书证号借书指标已满,不能再借",48,"友好提示")
else
sele 图书表
loca for 书号=alltrim(thisform.text2.value)
if 数量-借出数量<0
messagebox("该书已借完,不能再借!"+chr(13)+"库存"+alltrim(str(数量))+"本，已借出";
+alltrim(str(借出数量))+"本",48,"友好提示")
else
update 图书表 set 借出数量=借出数量+1 where 书号=alltrim(thisform.text2.value)
insert into 借阅表 (借书证号,书号,借出日期) value (alltrim(thisform.text1.value), ;
alltrim(thisform.text2.value),datetime())
messagebox("借书登记完毕！",48,"友好提示")
endif
endif
endif
```

命令按钮“查当前用户所借书”的 Click 事件代码为：

```
if empty(thisform.text1.value)
messagebox("借书证号不能为空",48,"重要提示")
else
thisform.grid1.visible=.t.
thisform.grid1.recordsourcetype=4
```

```
thisform.grid1.recordsource="sele 借书证号,书号,借出日期 from 借阅表;
where 借书证号=alltrim(thisform.text1.value) into curs g1"
endif
```

命令按钮“查当前书被借情况”的 Click 事件代码为：

```
if empty(thisform.text2.value)
messagebox("书号不能为空",48,"重要提示")
else
thisform.grid1.visible=.t.
thisform.grid1.recordsourcetype=4
thisform.grid1.recordsource="sele 借书证号,书号,借出日期 from 借阅表;
where 书号=alltrim(thisform.text2.value) into curs g2"
endif
```

命令按钮“退出”的 Click 事件代码为：

```
thisform.release
```

6. 设计“还书登记”表单

实现目标：根据用户输入的借书证号和书号办理还书登记手续，输入的借书证号和书号后要有检验功能，看是否为合法的号码，表单提供用列表框浏览并选择借书证号和书号的功能，也提供当前借书证号已借书的情况和当前书号的书被借的情况。本表单还可对还书的借期进行检查，超期提示罚款，交款可自动登记到罚款表中。

实现过程：新建表单，在表单上添加控件，以“还书登记”为名存入到 form 子文件夹下，设计界面如图 10-5 所示。

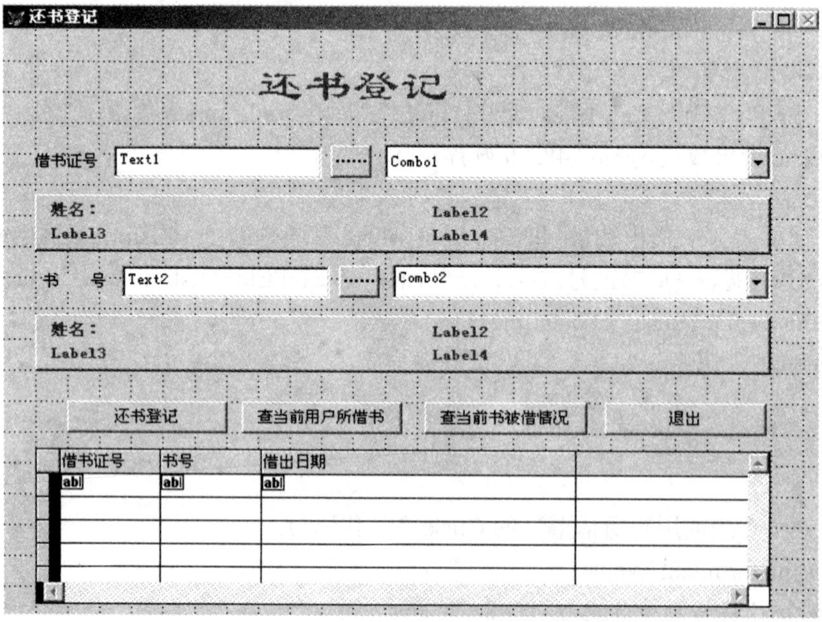

图 10-5 “还书登记”设计界面

本表单除“还书登记”的 Click 事件代码不同外，其余均与“借书登记”表单类似，“还书登记”的 Click 事件代码为：

```
sele 借阅表
loca for 借书证号=alltrim(thisform.text1.value) and 书号=alltrim(thisform.text2.value)
if !found()
messagebox("该同志没有借此书!",48,"友好提示")
return
else
ts=int((datetime()-借出日期)/3600/24)
if ts>60
aa=messagebox("您借的这本书已超期"+alltrim(STR(ts-1))+"天，按规定要罚款";
+alltrim(str((ts-60)*0.05,10,2))+"元"+chr(13)+"您交了罚款吗？",36,"重要提示")
if aa=7
messagebox("对不起，不能办理还书手续！",48,"友好提示")
return
else
insert into 罚款表 value (allt(thisform.text1.value)+"的"+alltrim(thisform.text2.value)+; "
书交罚款",(ts-60)*0.05,datetime(),"")
messagebox("费用已交入库!",48,"友好提示")
dele from 借阅表 where 借书证号=alltrim(thisform.text1.value) and 书号;
=alltrim(thisform.text2.value)
set dele on
messagebox("已办理了还书手续！",48,"友好提示")
endif
else
dele from 借阅表 where 借书证号=alltrim(thisform.text1.value) and 书号;
=alltrim (thisform.text2.value)
messagebox("已办理了还书手续！",48,"友好提示")
set dele on
endif
endif
```

7. 设计“借阅统计”表单

实现目标：按读者、部门、职称统计借书数，统计各本书、各类书借书数，统计借书超期情况。

实现过程：新建表单，添加控件，将表单以“借阅统计”为名存入到 form 子文件夹中，设计的界面如图 10-6 所示。

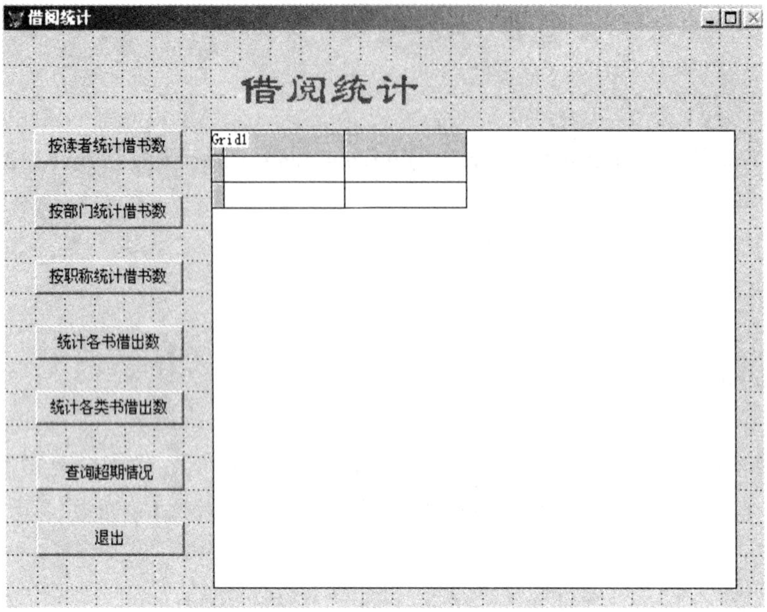

图 10-6 “借阅统计”设计界面

命令按钮“按读者统计借出数”的 Click 事件代码为：

```
thisform.grid1.recordsourcetype=4
thisform.grid1.recordsource="sele 借阅表.借书证号,姓名,部门,职称, count(*) as 借出数;
from 读者表,借阅表 where 读者表.借书证号=借阅表.借书证号;
group by 借阅表.借书证号 order by 借阅表.借书证号 into curs g1"
```

命令按钮“按部门借出数”的 Click 事件代码为：

```
thisform.grid1.recordsourcetype=4
thisform.grid1.recordsource="sele 部门,count(*) as 借出数 from 读者表,借阅表;
where 读者表.借书证号=借阅表.借书证号 group by 部门 into curs g2"
```

命令按钮“按职称借出数”的 Click 事件代码为：

```
thisform.grid1.recordsourcetype=4
thisform.grid1.recordsource="sele 职称,count(*) as 借出数 from 读者表,借阅表;
where 读者表.借书证号=借阅表.借书证号 group by 职称 into curs g3"
```

命令按钮“统计各书”的 Click 事件代码为：

```
thisform.grid1.recordsourcetype=4
thisform.grid1.recordsource="sele 图书表.书号,书名,数量, count(*) as 借出数;
from 图书表,借阅表 where 图书表.书号=借阅表.书号 group by 图书表.书号;
order by 图书表.书号 into curs g4"
```

命令按钮“统计各类借出数”的 Click 事件代码为：

```
thisform.grid1.recordsourcetype=4
thisform.grid1.recordsource="sele 类别,count(*) as 借出数 from 图书表,借阅表;
where 图书表.书号=借阅表.书号 group by 图书表.类别 into curs g5"
```

命令按钮“查询超期情况”的 Click 事件代码为：

```
thisform.grid1.recordsourcetype=4
thisform.grid1.recordsource="sele 图书表.书号,书名,读者表.借书证号,姓名;
int((datetime()-借出日期)/3600/24)-60 as 超出天数 from 图书表,借阅表,读者表;
where 图书表.书号=借阅表.书号 and 借阅表.借书证号=读者表.借书证号 and;
int((datetime()-借出日期)/3600/24)-1>0 into curs g6"
```

命令按钮“退出”的 Click 事件代码为：

```
thisform.release
```

8. 设计“办借书证”表单

实现目标：对读者办理借书证，具有新增、修改、删除和打印借书证功能。

实现过程：新建表单集，添加两个表单，分别在两个表单上添加控件，以“办借书证”为文件名存入到 form 子文件夹中，设计的界面如图 10-7 所示。

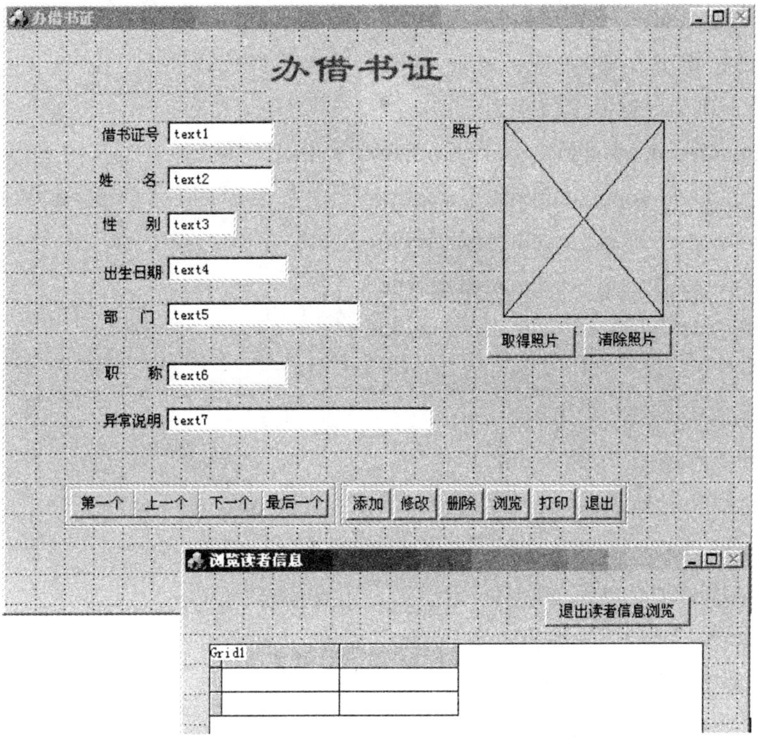

图 10-7 “办借书证”设计界面

“办借书证”表单（表单名为 form1）的 Init 事件代码为：

```
store 1 to thisform.text1.enabled,thisform.text2.enabled,thisform.text3.enabled,;
thisform.text4.enabled,thisform.text5.enabled,thisform.text6.enabled,;
thisform.text7.enabled,thisform.command1.enabled,thisform.command2.enabled
*设置控件是否有效
```

表单 form1 的 Activate 事件代码为：

```
thisform.text1.value=读者表.借书证号  &&赋值给 Text1
```

```
thisform.text2.value=读者表.姓名
thisform.text3.value=读者表.性别
thisform.text4.value=读者表.出生日期
thisform.text5.value=读者表.部门
thisform.text6.value=读者表.职称
thisform.text7.value=读者表.异常说明
thisform.image1.picture=读者表.照片
thisform.refresh
```

表单 form1 的 Load 事件代码为：

```
public l  &&定义全局变量
l=.f.
```

第一个命令按钮组（名为 commandgroup1）的各事件代码略。

第二个命令按钮组（名为 commandgroup1）的各事件代码如下：

“添加”按钮的 Click 事件代码为：

```
if alltrim(thisform.commandgroup1.command1.caption)='添加'
thisform.commandgroup1.command1.caption='保存'  &&赋值给 Command1 的标题文本
thisform.commandgroup1.command2.caption='取消'
thisform.commandgroup1.command3.enabled=.f.
thisform.commandgroup1.command4.enabled=.f.
*设置控件有效
l=.t.
thisform.init  &&执行表单的 Init 事件
store '' to thisform.text1.value,thisform.text2.value,thisform.text3.value,;
thisform.text5.value,thisform.text6.value,thisform.text7.value
store {//} to thisform.text4.value
thisform.image1.picture=sys(5)+sys(2003)+'\images\emptyimage.jpg'
thisform.text1.setfocus
else
thisform.commandgroup1.command1.caption='添加'  &&赋值给 Command1 的标题文本
thisform.commandgroup1.command2.caption='修改'
thisform.commandgroup1.command3.enabled=.t.
thisform.commandgroup1.command4.enabled=.t.
*获取输入信息
a1=alltrim(thisform.text1.value)
a2=alltrim(thisform.text2.value)
a4=thisform.text4.value
a3=alltrim(thisform.text3.value)
```

```
a5=thisform.text5.value
a6=thisform.text6.value
a7=thisform.text7.value
cpicture=thisform.image1.picture
select * from 读者表 where 借书证号==a1 order by 借书证号 into cursor tt1
if reccount()=0
insert into 读者表 values(a1,a2,a3,a4,a5,a6,a7,cpicture) &&追加新记录
messagebox('数据保存完毕！',48,'操作成功！')
else
nAnswer=messagebox('信息已修改，确定要保存吗？',4+32,"重要提示")
do case
case nAnswer=6
update 读者表 set 借书证号=a1,姓名=a2,性别=a3,出生日期=a4,部门=a5,职称=a6,;
异常说明=a7,照片=cpicture where 借书证号= =a1     &&更新数据表
messagebox('数据保存完毕！',48,'操作成功！')
endcase
endif
select 读者表
l=.f.
thisform.init  &&执行表单的 Init 事件
thisform.activate  &&执行表单的 Activate 事件
endif
```

“修改”按钮的 Click 事件代码为：

```
if alltrim(thisform.commandgroup1.command2.caption)='修改'
thisform.commandgroup1.command1.caption='保存'  &&赋值给 Command1 的标题文本
thisform.commandgroup1.command2.caption='取消'
thisform.commandgroup1.command3.enabled=.f.
thisform.commandgroup1.command4.enabled=.f.
l=.t.
thisform.init  &&执行表单的 Init 事件
thisform.text1.enabled=.f.
thisform.text1.setfocus
else
thisform.commandgroup1.command1.caption='添加'  &&赋值给 Command1 的标题文本
thisform.commandgroup1.command2.caption='修改'
thisform.commandgroup1.command3.enabled=.t.
thisform.commandgroup1.command4.enabled=.t.
```

```
thisform.activate   &&执行表单的 Activate 事件
l=.f.
thisform.init  &&执行表单的 Init 事件
endif
```

“删除”按钮的 Click 事件代码为：

```
a1=alltrim(thisform.text1.value)
nAnswer=messagebox('确定要删除吗？',4+32,"重要提示")
if nAnswer=6
select 读者表
use
use database/读者表 exclusive          &&以独占方式打开数据表
dele from 读者表 where 借书证号=a1     &&逻辑删除记录
dele from 读者表 where empty(借书证号)
pack                                   &&物理删除
thisform.activate  &&执行表单的 Activate 事件
messagebox('删除完毕',48,'操作成功！')
use database\读者表
thisform.refresh
endif
```

“删除”按钮的 Click 事件代码为：

```
a1=alltrim(thisform.text1.value)
nAnswer=messagebox('确定要删除吗？',4+32,"重要提示")
if nAnswer=6
select 读者表
use
use database/读者表 exclusive          &&以独占方式打开数据表
dele from 读者表 where 借书证号=a1     &&逻辑删除记录
dele from 读者表 where empty(借书证号)
pack                                   &&物理删除
thisform.activate  &&执行表单的 Activate 事件
messagebox('删除完毕',48,'操作成功！')
use database\读者表
thisform.refresh
endif
```


“浏览”按钮的 Click 事件代码为：

```
thisform.parent.form2.grid1.recordsource='读者表'     &&赋数据源
thisform.parent.form2.visible=.t.                    &&显示表单
```

"打印"按钮的Click事件代码为：

report form report\借书证 next 1 preview

其中报表"借书证.rep"的设计界面如图10-8所示。

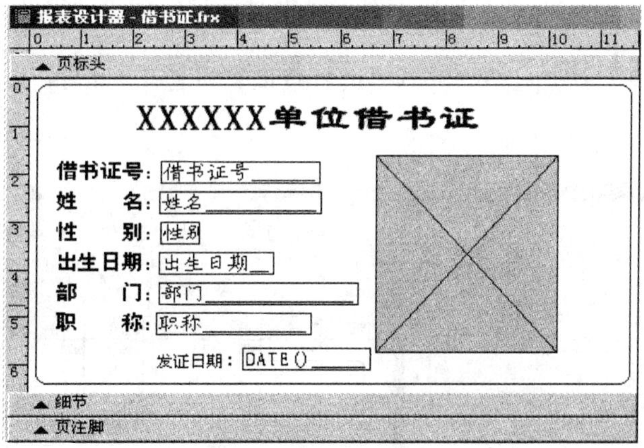

图10-8　报表"借书证"设计界面

图片控件的图片来源与打印条件如图10-9所示。

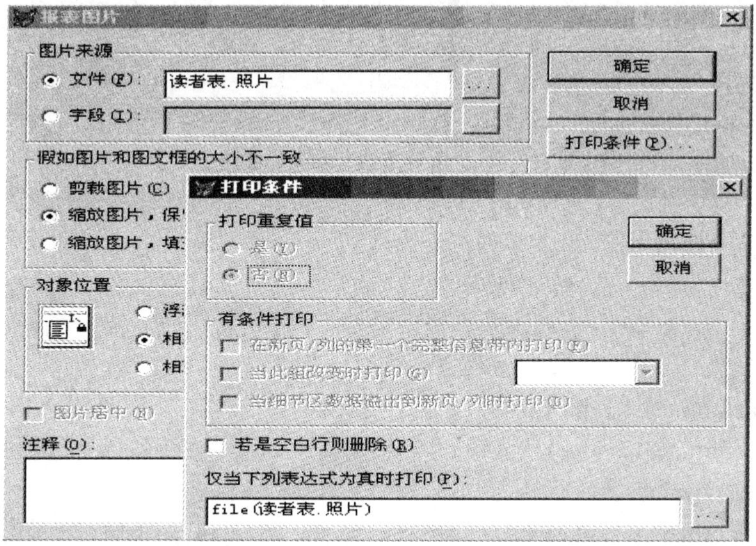

图10-9　"报表图片"窗口和"打印条件"窗口

表单form1中"取得图片"的Click事件代码为：

thisform.image1.picture=getfile("jpg,bmp")

表单form1中"清除图片"的Click事件代码为：

thisform.image1.picture=sys(5)+sys(2003)+'\images\emptyimage.jpg'

表单form1中"退出"的Click事件代码为：

thisformset.release

表单 form2 中“退出读者信息浏览”的 Click 事件代码为：

thisform.visible=.f.　&&隐藏表单

9. 设计“读者查询”表单

实现目标：能按用户输入的姓名、性别等条件进行查询，如果某条件为空表示不考虑此条件。

实现过程：新建表单，添加控件，并以“读者查询”为名存入 form 子目录下。设计的界面如图 10-10 所示。

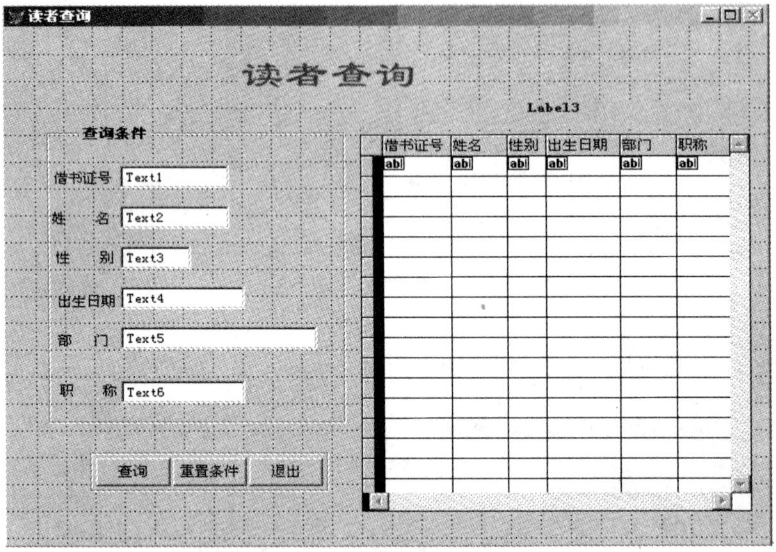

图 10-10　“读者查询”设计界面

其中表单上命令按钮组的 Click 事件代码为：

```
n=this.value
do case
case n=1
a1=alltrim(thisform.text1.value)
a2=alltrim(thisform.text2.value)
a4=thisform.text4.value
a3=alltrim(thisform.text3.value)
a5=thisform.text5.value
a6=thisform.text6.value
if empty(thisform.text1.value)
x1=".t."
else
x1="借书证号=a1"
endif
if empty(thisform.text2.value)
```

```
x2=".t."
else
x2="姓名=a2"
endif
if empty(thisform.text3.value)
x3=".t."
else
x3="性别=a3"
endif
if empty(thisform.text4.value)
x4=".t."
else
x4="出生日期=a4"
endif
if empty(thisform.text5.value)
x5=".t."
else
x5="部门=a5"
endif
if empty(thisform.text6.value)
x6=".t."
else
x6="职称=a6"
endif
sele 读者表
count to kk for  &x1. and &x2. and &x3. and &x4. and &x5. and &x6.
if kk=0
messagebox("没有符合条件的读者!",48,"友好提示")
else
thisform.label3.visible=.t.
thisform.label3.caption="符合条件的共有"+alltrim(str(kk))+"人"
thisform.grid1.recordsourcetype=4
thisform.grid1.recordsource="sele 借书证号,姓名,性别,出生日期,部门,职称 from 读者表;
where &x1. and &x2. and &x3. and &x4. and &x5. and &x6. into curs cx2"
endif
case n=2
thisform.init
thisform.text1.setfocus
case n=3
thisform.release
```

endcase

10. 设计“读者统计”表单

实现目标：实现按部门、职称、性别、年龄统计读者的人数。

实现过程：新建表单，添加控件，以“读者统计”为名存入 form 子文件夹下。设计界面如图 10-11 所示。

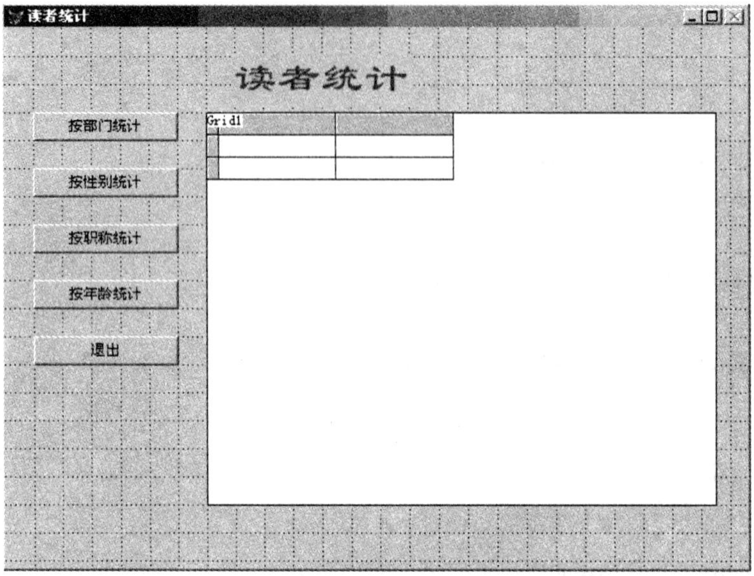

图 10-11　“读者统计”设计界面

设计“按部门统计”的 Click 事件代码为：

```
thisform.grid1.recordsourcetype=4
thisform.grid1.recordsource="sele 部门,count(*) as 人数  from 读者表 group by 部门;
into curs p1"
```

设计“按性别统计”的 Click 事件代码为：

```
thisform.grid1.recordsourcetype=4
thisform.grid1.recordsource="sele 性别,count(*) as 人数 from 读者表 group by 性别 ;
into curs p2"
```

设计“按职称统计”的 Click 事件代码为：

```
thisform.grid1.recordsourcetype=4
thisform.grid1.recordsource="sele 职称,count(*) as 人数 from 读者表 group by 职称;
into curs p3"
```

设计“按年龄统计”的 Click 事件代码为：

```
thisform.grid1.recordsourcetype=4
sele year(date())-year(出生日期) as 年龄 from 读者表 into curs tmp
thisform.grid1.recordsource="sele 年龄, count(*) as 人数  from tmp  group by 年龄;
order by 年龄 into curs p4"
```

设计“退出”的 Click 事件代码为：

```
thisform.release
```

11. 设计“新书入库”表单

实现目标：对书库的书进行增加、修改、删除、打印索引卡等操作，也可以浏览图书表。

实现过程：新建表单集，添加控件，以“新书入库”为名存入到 form 子目录下。

为表单集的 Init 事件写入代码：

```
thisformset.form1.visible=.t.
thisformset.form2.visible=.f.
```

为表单 form1 的 Init 事件写入代码：

```
store l  to thisform.text1.enabled,thisform.text2.enabled,thisform.text3.enabled,;
thisform.text4.enabled,thisform.text5.enabled,thisform.text6.enabled,;
thisform.text7.enabled &&设置控件是否有效
```

为表单 form1 的 Load 事件写入代码：

```
public l  &&定义全局变量
l=.f.
```

表单 form1 中的浏览命令按钮组的 Click 事件代码略。

表单 form1 中的命令按钮组中的“添加”命令按钮的 Click 事件代码为：

```
if alltrim(thisform.commandgroup1.command1.caption)='添加'
thisform.commandgroup1.command1.caption='保存'    &&赋值给 Command1 的标题文本
thisform.commandgroup1.command2.caption='取消'
thisform.commandgroup1.command3.enabled=.f.
thisform.commandgroup1.command4.enabled=.f.
*设置控件有效
l=.t.
thisform.init  &&执行表单的 Init 事件
store ' ' to thisform.text1.value,thisform.text2.value,thisform.text3.value,;
thisform.text4.value,thisform.text5.value
store 0 to thisform.text6.value,thisform.text7.value
thisform.text1.setfocus
else
thisform.commandgroup1.command1.caption='添加'  &&赋值给 Command1 的标题文本
thisform.commandgroup1.command2.caption='修改'
thisform.commandgroup1.command3.enabled=.t.
thisform.commandgroup1.command4.enabled=.t.
*获取输入信息
a1=alltrim(thisform.text1.value)
a2=alltrim(thisform.text2.value)
a4=alltrim(thisform.text4.value)
a3=alltrim(thisform.text3.value)
```

```
a5=alltrim(thisform.text5.value)
a6=thisform.text6.value
a7=thisform.text7.value
select * from 图书表 where 书号= =a1 order by 书号 into cursor tt1
if reccount()=0
insert into 图书表 values(a1,a2,a3,a4,a5,a6,a7,0) &&追加新记录
messagebox('数据保存完毕！',48,'操作成功！')
else
nAnswer=messagebox('信息已修改，确定要保存吗？',4+32,"重要提示")
do case
case nAnswer=6
update 图书表 set 书号=a1,书名=a2,作者=a3, 出版社=a4,类别=a5,单价=a6,数量=a7;
where 书号= =a1    &&更新数据表
messagebox('数据保存完毕！',48,'操作成功！')
endcase
endif
select 图书表
l=.f.
thisform.init &&执行表单的 Init 事件
thisform.activate &&执行表单的 Activate 事件
endif
```

表单 form1 中的命令按钮组中的“修改”命令按钮的 Click 事件代码为：

```
if alltrim(thisform.commandgroup1.command2.caption)='修改'
thisform.commandgroup1.command1.caption='保存'  &&赋值给 Command1 的标题文本
thisform.commandgroup1.command2.caption='取消'
thisform.commandgroup1.command3.enabled=.f.
thisform.commandgroup1.command4.enabled=.f.
l=.t.
thisform.init &&执行表单的 Init 事件
thisform.text1.enabled=.f.
thisform.text1.setfocus
else
thisform.commandgroup1.command1.caption='添加'  &&赋值给 Command1 的标题文本
thisform.commandgroup1.command2.caption='修改'
thisform.commandgroup1.command3.enabled=.t.
thisform.commandgroup1.command4.enabled=.t.
thisform.activate  &&执行表单的 Activate 事件
l=.f.
thisform.init &&执行表单的 Init 事件
endif
```

表单 form1 中的命令按钮组中的“删除”命令按钮的 Click 事件代码为：

```
a1=alltrim(thisform.text1.value)
nAnswer=messagebox('确定要删除吗？',4+32,"重要提示")
if nAnswer=6
select  图书表
use
use database\图书表  exclusive                    &&以独占方式打开数据表
dele from  图书表  where  书号=a1                 &&逻辑删除记录
dele from  图书表  where empty(书号)
pack                                             &&物理删除
thisform.activate   &&执行表单的 Activate 事件
messagebox('删除完毕',48,'操作成功！')
use database\图书表
thisform.refresh
endif
```

表单 form1 中的命令按钮组中的“浏览”命令按钮的 Click 事件代码为：

```
thisform.parent.form2.grid1.recordsource='图书表'      &&赋数据源
thisform.parent.form2.visible=.t.                     &&显示表单
```

表单 form1 中的命令按钮组中的“打印”命令按钮的 Click 事件代码为：

```
report form report\索引卡  next 1 preview
```

表单 form1 中的命令按钮组中的“退出”命令按钮的 Click 事件代码为：

```
thisform.release   &&释放表单
thisform.parent.form2.release
```

其中“索引卡”设计界面如图 10-12 所示。

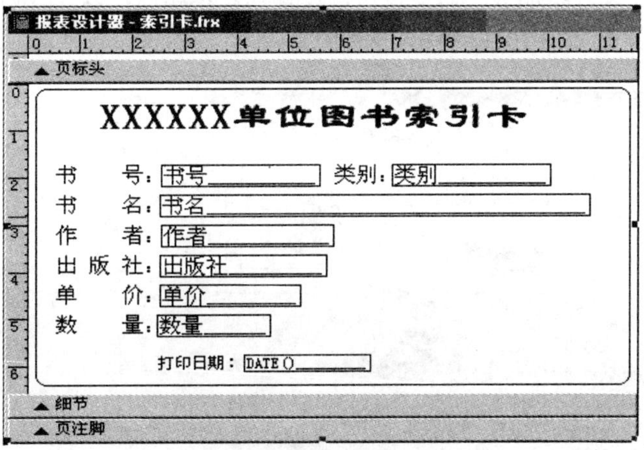

图 10-12 “索引卡”设计界面

表单 form2 中命令按钮的 Click 事件代码为：

```
thisform.visible=.f.   &&隐藏表单
```

12. 设计“书库统计”表单

实现目标：按书的类别、作者、出版社、数量分类统计书的册数。

实现方法：建立表单，添加控件，以“书库统计”为名存入到 form 子表单下。设计界面如图 10-13 所示。

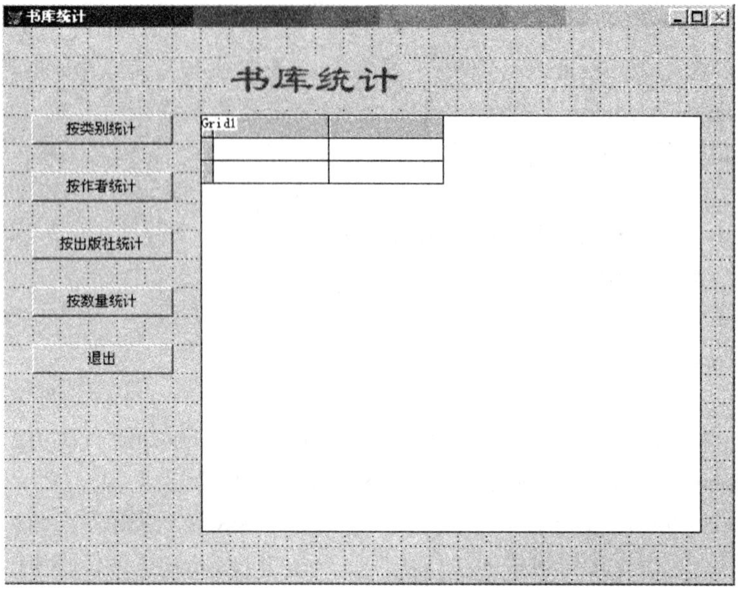

图 10-13 “书库统计”设计界面

此处代码比较简单，从略。

13. 设计“数据备份”表单

实现目标：将读者表、图书表、借阅表等进行备份，备份文件名中应含有系统日期。

实现方法：建立表单，添加五个命令按钮，设置其基本属性，以“数据备份”为名存入 form 子目录下，设计界面如图 10-14 所示。

图 10-14 “书库统计”设计界面

设计“图书备份”按钮的 Click 事件代码为：

```
dat=right(dtoc(date()),2)+left(dtoc(date()),2)+substr(dtoc(date()),4,2)
sele 图书表
copy to bak\图书&dat
messagebox("备份完毕！",48,"友好提示")
```

其他按钮类似，在此略。

14. 设计“密码修改”表单

实现目标：可以修改当前用户的密码。

实现方法：建立表单，在表单上添加属性 num，设置该属性的初始值为 0，添加控件，其中 Text2、Text3、Text4 的 PassWordChar 属性为“*”，以“密码修改”为名存入到 form 子文件夹中。

设计表单的 Init 事件代码为：

```
thisform.text1.value=cname
```

设计命令按钮“确定”的 Click 事件代码为：

```
pass1=alltrim(thisform.text2.value)
sele 人员表
loca for 用户名=cname and 类别=clb
if 密码<>pass1
thisform.num=thisform.num+1
messagebox("您输入的原密码不对，请重新输入",48,"友好提示")
thisform.text2.value=""
thisform.text2.setfocus
else
p1=alltrim(thisform.text3.value)
p2=alltrim(thisform.text4.value)
if p1<>p2
messagebox("您两次输入的原密码不一致，请重新输入",48,"友好提示")
thisform.text3.value=""
thisform.text4.value=""
thisform.text3.setfocus
else
update 人员表 set 密码=p1 where 用户名=cname and 类别=clb
messagebox("密码修改成功!",48,"友好提示")
endif
endif
```

设计命令按钮“退出”的 Click 事件代码为：

```
thisform.release
```

15. 设计“用户管理”表单

实现目标：能够增加、删除、修改用户信息。

实现过程：建立表单、添加控件，以“用户管理”为名存入到 form 子目录下。设计界面如图 10-15 所示。

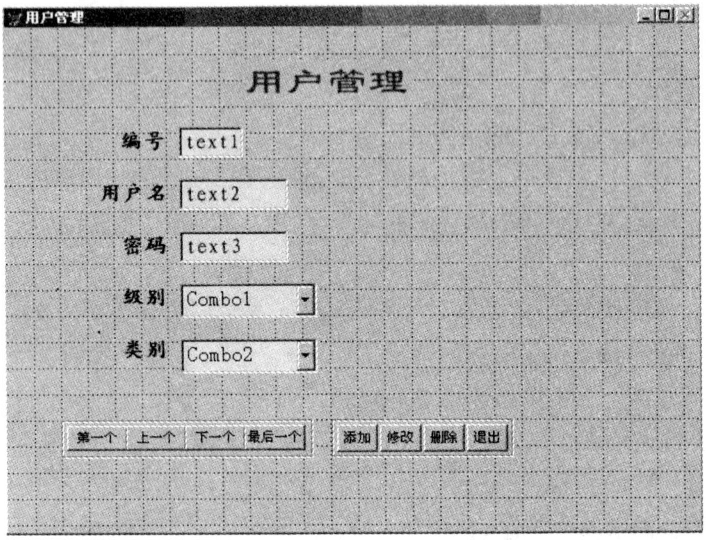

图 10-15　“用户管理”设计界面

设计表单的 Activate 事件代码为：

```
thisform.text1.value=编号
thisform.text2.value=用户名
thisform.text3.value=密码
thisform.combo1.value=级别
thisform.combo2.value=类别
```

设计“添加”按钮的 Click 事件代码为：

```
if this.caption="添加"
this.caption="保存"
store "" to thisform.text1.value
store "" to thisform.text2.value
store "" to thisform.text3.value
store "" to thisform.combo1.value
store "" to thisform.combo2.value
thisform.text1.setfocus
else
this.caption="添加"
a1=alltrim(thisform.text1.value)
a2=alltrim(thisform.text2.value)
```

```
a3=alltrim(thisform.text3.value)
a4=alltrim(thisform.combo1.value)
a5=alltrim(thisform.combo2.value)
if empty(a1) or empty(a2) or empty(a3) or empty(a4) or empty(a5)
messagebox("数据项输入不能为空，请重新输入!",48,"友好提示")
thisform.text1.setfocus
else
loca for 用户名=a2 and 类别=a5
if found()
messagebox("该用户已存在，不能添加!",48,"友好提示")
else
insert into 人员表 values (a1,a2,a3,a4,a5)
messagebox("已经保存!",48,"友好提示")
endif
endif
endif
```

设计“修改”按钮的 Click 事件代码为：

```
if this.caption='修改'
this.caption='保存'
thisform.activate
thisform.text1.setfocus
else
this.caption="修改
a1=alltrim(thisform.text1.value)
a2=alltrim(thisform.text2.value)
a3=alltrim(thisform.text3.value)
a4=alltrim(thisform.combo1.value)
a5=alltrim(thisform.combo2.value)
update 人员表 set 编号=a1,用户名=a2, 密码=a3, 级别=a4,类别=a5
messagebox("保存完毕！ ",48,"友好提示")
endif
```

设计“删除”按钮的 Click 事件代码为：

```
a2=alltrim(thisform.text2.value)
a5=alltrim(thisform.combo2.value)
nAnswer=messagebox('确定要删除吗？',4+32,"重要提示")
if nAnswer=6
select 人员表
use
use database/人员表 exclusive          &&以独占方式打开数据表
dele from 人员表 where 用户名=a2 and 类别=a5    &&逻辑删除记录
```

```
dele from 人员表 where empty(用户名)
pack                &&物理删除
thisform.activate&        &执行表单的 Activate 事件
messagebox('删除完毕',48,'操作成功！ ')
use database\人员表
thisform.refresh
endif
```

16. 设计“罚款管理”表单

实现目标：实现显示明细账、统计罚款数额功能。

实现过程：新建表单，添加控件，以“罚款管理”为名存入 form 子文件夹下。设计界面如图 10-16 所示。

设计“明细账”按钮的 Click 事件代码为：

```
thisform.grid1.recordsourcetype=4
thisform.grid1.recordsource="sele * from 罚款表 into curs gg1"
```

设计“统计值”按钮的 Click 事件代码为：

```
thisform.grid1.recordsourcetype=4
thisform.grid1.recordsource=[sele "总和" as 项目, sum(罚款数量) as 数量 from 罚款表;
union sele "笔数" as 项目, count(*) as 数量 from 罚款表 union sele "最大值" as 项目, ;
max(罚款数量) as 数量 from 罚款表 union ;
sele "最小值" as 项目, min(罚款数量) as 数量 from 罚款表 into tabl ttss]
```

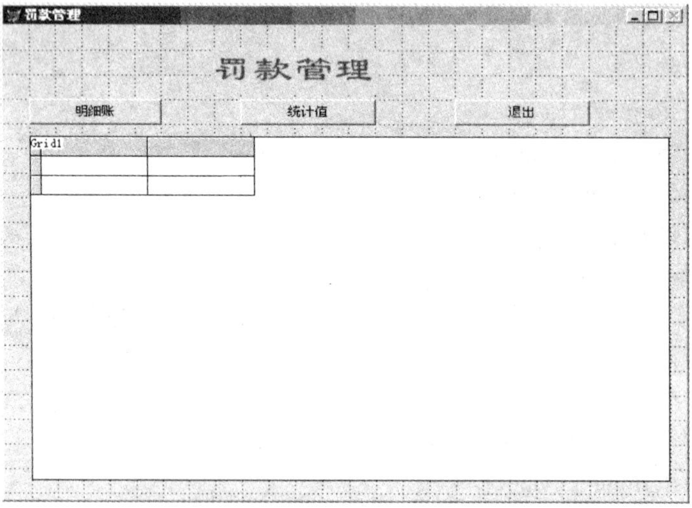

图 10-16 “罚款管理”设计界面

17. 设计“工具栏”

实现目的：设计系统工具栏，通过单击工具栏中的命令按钮可进入表单。

实现过程：新建类，在派生于中选择“ToolBar”，在类设计器中，添加命令按钮的图像控件，以“工具栏”为类文件名存入 class 子文件夹下。设计界面如图 10-17 所示。

图 10-17　“工具栏”设计界面

分别设计各命令按钮代码。

新建表单，表单名为工具栏，将设计的类加入其中。不同的用户可使用不同的工具按钮，在该表单的 Init 事件中加入代码：

```
do case
case manager=1
thisform.command1.enabled=.f.
thisform.command2.enabled=.f.
thisform.command3.enabled=.t.
thisform.command4.enabled=.f.
thisform.command5.enabled=.t.
thisform.command6.enabled=.t.
thisform.command7.enabled=.f.
thisform.command8.enabled=.t.
thisform.command9.enabled=.f.
thisform.command10.enabled=.f.
thisform.command11.enabled=.f.
thisform.command12.enabled=.f.
case manager=2
thisform.command1.enabled=.t.
thisform.command2.enabled=.t.
thisform.command3.enabled=.t.
thisform.command4.enabled=.f.
thisform.command5.enabled=.t.
thisform.command6.enabled=.t.
thisform.command7.enabled=.f.
thisform.command8.enabled=.t.
thisform.command9.enabled=.f.
thisform.command10.enabled=.t.
thisform.command11.enabled=.f.
thisform.command12.enabled=.t.
case manager=3
thisform.command1.enabled=.t.
thisform.command2.enabled=.t.
```

```
thisform.command3.enabled=.t.
thisform.command4.enabled=.f.
thisform.command5.enabled=.t.
thisform.command6.enabled=.t.
thisform.command7.enabled=.t.
thisform.command8.enabled=.t.
thisform.command9.enabled=.f.
thisform.command10.enabled=.t.
thisform.command11.enabled=.f.
thisform.command12.enabled=.t.
case manager=4
thisform.command1.enabled=.t.
thisform.command2.enabled=.t.
thisform.command3.enabled=.t.
thisform.command4.enabled=.t.
thisform.command5.enabled=.t.
thisform.command6.enabled=.t.
thisform.command7.enabled=.t.
thisform.command8.enabled=.t.
thisform.command9.enabled=.t.
thisform.command10.enabled=.t.
thisform.command11.enabled=.t.
thisform.command12.enabled=.t.
endcase
```

添加“计时器”控件，设置其 Interval 属性值为 200，设计其 timer 事件代码为：

```
thisform.init
```

18. 设计设置程序、恢复设置程序、关闭系统程序和主程序

设计系统设置程序，程序名的 setting.prg，内容为：

```
set sysmenu off        &&将系统菜单关闭
set sysmenu to
set status bar off      &&不显示图形状态框
set talk off &&指定在 Visual FoxPro 主窗口、系统信息窗口、图形状态栏或用户自定义窗口中不显示命令结果
set notify off
set clock status &&将时钟在指定的位置显示，而不放在图形状态栏中
set palette off &&用于确定是否使用 Visual FoxPro 的缺省调节器色板
set bell on &&打开计算机喇叭，使计算机在指定的时候发声
set safety off &&指定在覆盖已经存在的文件时，不显示对话框
set escape on &&指定按 ESC 键后，中断程序和命令的运行
```

```
set keycomp to Windows
set carry on &&指定在创建新记录时，将当前记录所有字段的数据复制到新记录中
set confirm on
set exact on &&设置字符精确比较
set near on
set ansi off
set lock on&指定在执行某些需要只读访问一个表的命令时，具有自动锁定表的功能
set exclusive off
set multilocks on
set deleted on? &&表示在命令中使用范围参数处理记录时，不访问标有删除标记的记录
set optimize on&&指定可以使用 Rushmore 优化技术
set refresh to 0,5 &&设定网络中表的刷新时间
set collate to 'stroke' &&设定字符型字段的排列顺序
set default to sys(5)+curdir() &&设置默认文件目录
set path to sys(5)+curdir() &&设置查找文件目录
set sysformats off &&指定当修改 Windows 系统设置时，不更新 Visual FoxPro 系统设置
set seconds on
set century off
set currency to 'nt$'
set hours to 12
set date to USA
set decimals to 2
set fdow to 1
set fweek to 1
set mark to '.'
set separator to ','
set point to '.'
```

设计恢复设置程序，程序名为：reset.prg，内容为：

```
set sysmenu to default
set sysmenu on
set talk on
set notify on set exclusive on
set safety on
modify window screen
clear events
```

设计关闭系统程序，程序名为：myquit.prg，内容为：

```
CLEAR Event
```

```
IF _SCREEN.FormCount>0
h=_screen.formcount
DIME TmpForm(h)
FOR i=1 TO h
TmpForm(i)=_SCREEN.Forms(i)
ENDFOR
FOR i=1 TO h
TmpForm(i).Release
ENDFOR
ENDIF
QUIT
```

设计主程序，进入系统，调用其他程序，程序名为：main.prg，内容为：

```
clear screen
public manager
manager=1
local lcsys16,lcprogram &&定义局部变量
lcsys16=sys(16)&& sys(16)返回当前正在运行的程序名（包括路径）
lcprogram=substr(lcsys16,at(":",lcsys16)-1)
cd left(lcprogram,rat("\",lcprogram)) &&用 CD 命令进入系统所在目录
deactivate window "project manager" &&关闭项目管理器
do setting &&设置系统环境配置
_screen.left=-10000 &&程序运行时去掉 Visual FoxPro 的主窗口
do form form\系统登录
zoom windows screen max &&最大化窗口
_screen.caption='图书馆管理系统' &&设置主窗口标题
_SCREEN.ICON="images\tubiao.ico"
On Shutdown do myquit
read events &&准备接收事件响应
do reset
```

19. 帮助文件的制作

实现目标：制作一个 chm 文件供系统调用。

实现过程：利用软件 Quick CHM 制作。

20. 设计“项目管理器”，进行编译

实现目标：通过项目管理器管理本系统各类文件，编译成 EXE 文件。

实现过程：新建项目管理器，项目文件名为：“图书馆管理系统”，将各类文件加入其中，设置好主文件为“main.prg”，通过“项目”菜单的“项目信息”功能设置好项目信息，单击项目管理器中“连编”按钮，将该系统连编成可执行文件。

21. 制作安装盘

使用“工具”菜单中“向导”下的“安装”菜单，进入安装向导，按提示操作便可制作本系统的安装发布盘。

五、用户使用说明

本系统初次只有“馆长”才能进入，用户名为：SYSTEM，密码为：SYSTEM。

六、测试结果

本系统经安装后，可以脱离 VFP 环境运行，运行比较稳定。但本系统还可以在下列方面得到改进：

（1）进一步丰富各界面；

（2）菜单中应有显示与关闭工具栏功能；

（3）提供按日期查询和统计的功能。

10.2 通讯录管理系统

通过对一个 Visual FoxPro 编制应用程序“通讯录管理系统”开发案例的具体分析，全面巩固和熟练数据库系统知识。重点以“通讯录管理系统”为例，了解应用系统的开发步骤与方法，熟悉应用系统的具体设计和实现过程，掌握应用系统的集成、编译与发布过程。

一、需求分析

随着信息社会的高速发展，人与人之间的联系越来越频繁，通信方式越来越多样化，如何保证与朋友、同学、同事、领导、亲戚等之间的联系，并能方便快捷地查找、记录、修改其相关通信信息呢？仅靠以前单独的手工记录已远远不能满足当前的需要！

开发一个通讯录管理系统，借助计算机可以方便、快捷、灵活地管理个人的朋友及相关人员的通信信息，了解友人相关信息，帮助与友人保持联络。

用户提出开发应用系统的要求后，软件开发者应通过调查研究归纳出目标系统的数据需求和功能需求。

1. 数据需求

通过调查，总结出用户对数据的需求如下：

个人档案表：包括通信联络个人的基本情况。

通信信息表：包括个人的通信联络内容信息。

个人特长表：包括通信联络个人的专业特长信息。

用户表：包括用户名与密码信息。

2. 功能需求

功能分析的任务是了解用户对数据的处理方法和输出格式。

（1）基础数据录入

基础数据包括个人档案、通讯录、专业特长数据等。要求系统能录入这些数据，并且能够进行修改。注意在数据录入和修改的过程中应保持数据的参照完整性。

（2）查询

能够按编号、字段值、分组和信息选择分类查询出数据等。

（3）维护

要求能够维护个人档案、通讯录、专业特长数据信息。

（4）打印输出

能打印个人通讯录信息，能打印按分类查询结果。

二、总体设计

根据对目前通讯录手工操作方式的调查分析，通讯录管理系统应该包括如下功能，其总体功能结构图如图 10-18 所示，数据维护、数据浏览、数据查询和报表打印功能结构图分别如图 10-19、图 10-20、图 10-21 和图 10-22 所示。

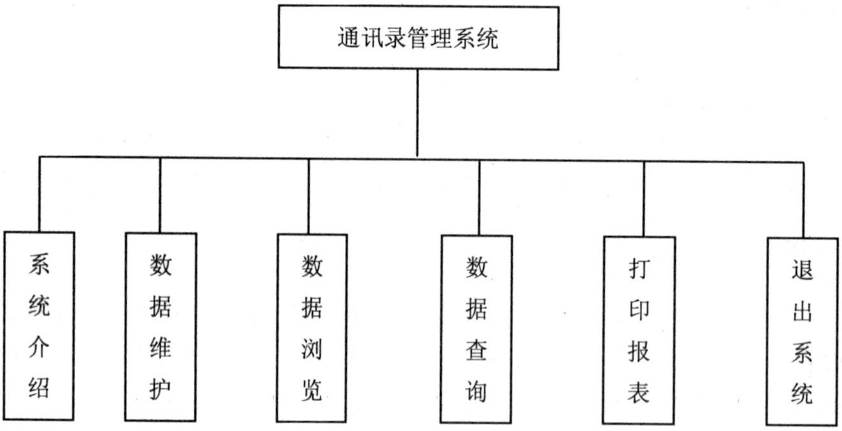

图 10-18　通讯录管理系统总体功能结构图

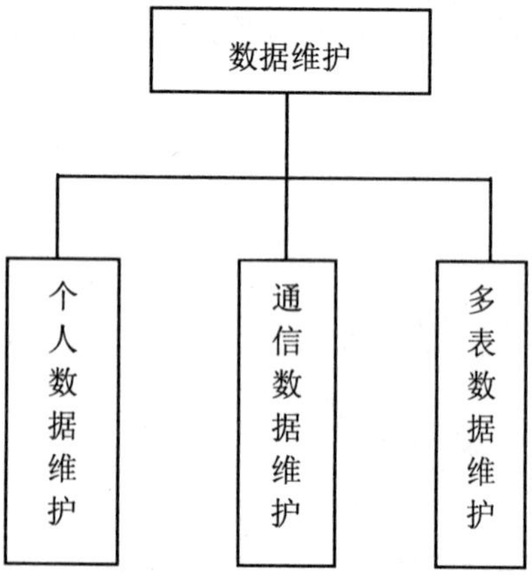

图 10-19　数据维护结构图

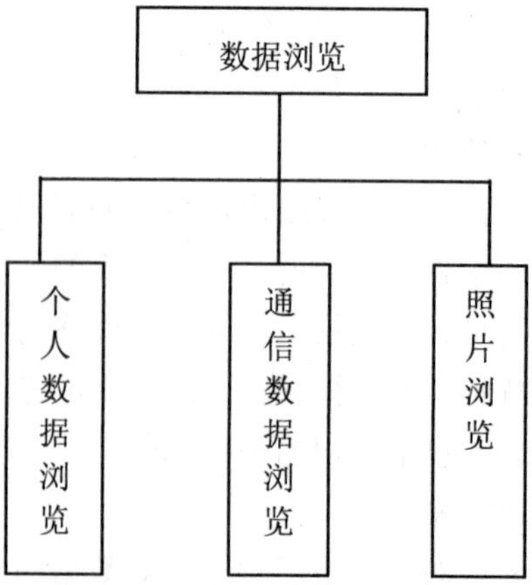

图 10-20　数据浏览结构图

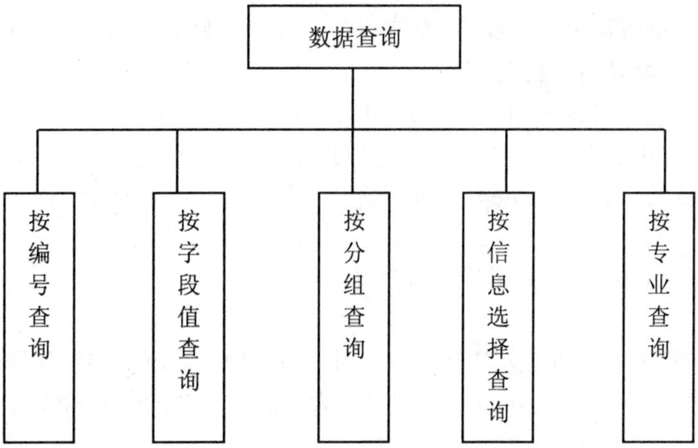

图 10-21 数据查询结构图

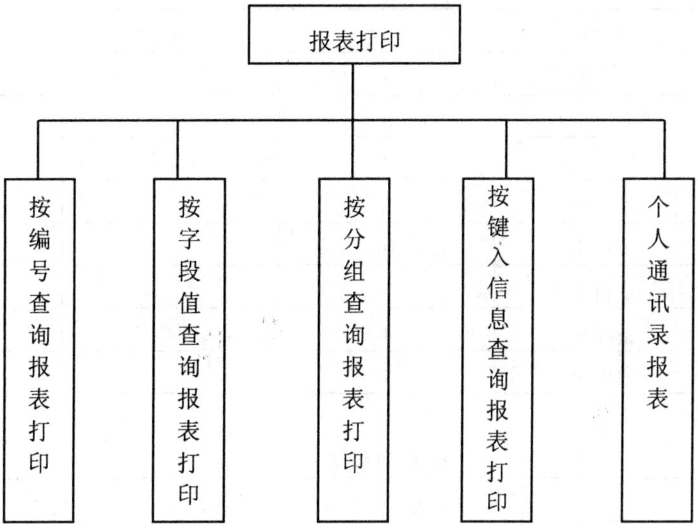

图 10-22 报表打印结构图

三、详细设计

1. 数据库的设计

数据库设计的任务是确定系统所需的数据库。数据库是表的集合，通常一个系统只需一个数据库。数据库的设计一般可分为逻辑设计和物理设计两步。逻辑设计的任务是根据需求分析，确定数据库所包含的表及字段、表间的关系，物理设计就是具体确定表的结构，包括字段名、字段类型、宽度及需要的索引等。

（1）逻辑设计

根据对需求得到的数据结构进行分析，按数据输入输出的要求，确定表和表间的关系，并进行验证、调整、修改、完善，使其能够实现用户对数据和功能的要求。本例根据分析确定系统要设置如下一些表：

① 通讯录个人情况资料表（grda），包括字段：编号，姓名，性别，出生日期，民族，党员否，简历，照片。编号为主索引。

② 通讯录联络情况资料表（txl），包括字段：编号，家庭电话，单位电话，移动电话，电子邮件，个人主页，传真电话，QQ 号码，家庭地址，单位地址。编号为主索引。

③ 通讯录个人特长信息表（zytc），包括编号，专业，专业年限，职称，英语水平。编号为主索引。

④ 用户表（password），包括用户名与密码信息。

（2）物理设计

下面列出通讯录管理系统所有表的结构和索引，为了便于理解，将部分数据列出。

① 通讯录个人情况资料表（grda）：通讯录个人情况资料表的结构和数据分别如表 10-6 和表 10-7 所示。

表 10-6 **grda 表结构**

字段名	类型	宽度	小数位数	索引
编号	字符型	7		主索引
姓名	字符型	8		
性别	字符型	2		
出生日期	日期型	8		
民族	字符型	10		
党员否	逻辑型	1		
简历	备注型	4		
照片	通用型	4		

表 10-7 **grda 表数据**

编号	姓名	性别	出生日期	民族	党员否	简历	照片
bj10001	刘伟箭	男	1980.08.23	汉族	.T.	Memo	Gen
bj11002	刘简捷	男	1978.12.31	汉族	.T.	Memo	Gen
gz05001	藤梅海	女	1976.04.14	壮族	.F.	Memo	Gen
gz05002	杨虹东	女	1979.03.30	回族	.T.	Memo	Gen
j104001	林慧繁	女	1979.02.03	汉族	.T.	Memo	Gen
j104010	黄晓远	男	1980.08.12	汉族	.T.	Memo	Gen
sy02030	李鹏程	男	1986.02.08	维吾尔族	.F.	memo	Gen
sy02035	王国民	男	1985.05.20	壮族	.F.	Memo	Gen
sb01001	金银桥	女	1979.01.24	汉族	.F.	memo	Gen
sb01002	林立荞	女	1984.08.16	汉族	.T.	Memo	Gen

② 通讯录联络情况资料表（txl）：通讯录联络情况资料表的结构和数据分别如表 10-8 和表 10-9 所示。

表 10-8　　txl 表结构

字段名	类型	宽度	小数位数	索引
编号	字符型	7		主索引
家庭电话	字符型	16		
单位电话	字符型	16		
移动电话	字符型	14		
电子邮件	字符型	20		
个人主页	字符型	30		
传真电话	字符型	16		
QQ 号码	字符型	12		
家庭地址	字符型	20		
单位地址	字符型	20		

表 10-9　　txl 表

编号	家庭电话	单位电话	移动电话	电子邮件	个人主页	传真电话	QQ 号码	家庭地址	单位地址
bj10001	0713-8345786	0713-8976543	13019872428	liuweijian@sina.com	http://www.hgzyjsj.com	0713-8344567	117609137	黄冈职业技术学院	黄冈职院计科系
bj11002	027-87545961	027-87546568	13819982826	11002@163.com	http://www.hust.edu.cn	027-87543468	235978123	华中科技大学	华中科技大学软件学院
gz05001	027-87546596	027-87654568	13819004322	sfmc123@163.com	http://www.whut.edu.cn	027-85467832	117609123	湖北工学院	湖北工学院
gz05002	0713-8387517	0713-8545112	13019871299	rdstdx@163.com	http://www.hao123.com	0713-8993215	2134567	黄冈师范学院	黄冈师范学院
j104001	0714-8546789	0714-8456123	13013459871	mimosa2005@263.net	http://www.4tb.net	0714-8976124	8765112	黄石理工学院	黄石理工学院
j104010	0713-8345231	0713-8921456	13819881234	adfwqeg@263.net	http://www.tonepop.net	0713-8934102	3541116	黄冈职业技术学院	黄冈职业技术学院
sy02030	027-87451235	027-89231567	13819994356	qi123@sina.com	http://www.cn.see.com	027-89761234	5346778	武汉大学	武汉大学
sy02035	0713-8456923	0713-8945670	13819894532	yuqpew@163.com	http://www.3345.com	0713-9484934	45436786	黄冈中学	黄冈中学
sb01001	0713-8956817	0713-8546712	13019881288	ya2005@263.net	http://www.th123.com	0713-842560	56789	黄冈职业技术学院	黄冈职业技术学院

③ 通讯录个人特长信息表（zytc）：通讯录个人特长信息表的结构和数据分别如表 10-10 和表 10-11 所示。

表 10-10　　zytc 表结构

字段名	类型	宽度	小数位数	索引
编号	字符型	7		主索引
专业	字符型	20		
专业年限	字符型	2		
职称	字符型	10		
英语水平	字符型	10		

表 10-11　　zytc 表

编号	专业	专业年限	职称	英语水平
bj10001	计算机应用	3	助讲	精通
bj11002	环境工程	5	讲师	精通
gz05001	生物工程	4	助讲	精通
gz05002	统计学	3	统计员	一般阅读
j104001	财政税收	3	税收员	精通
j104010	计算机应用	4	软件设计师	一般阅读
sy02030	城市规划	2	规划员	精通
sy02035	财政金融	1	会计师	精通
sb01001	建筑设计	2	建筑设计师	一般阅读
sb01002	计算机应用	3	网络管理员	一般阅读
sh01011	计算机应用	5	系统分析员	精通

④ 用户表（password）：用户表的结构和数据分别如表 10-12 和表 10-13 所示。

表 10-12　　password 表结构

字段名	类型	宽度	小数位数	索引
用户	字符型	10		
密码	字符型	6		

表 10-13　　password 表

用户	密码
系统	123456
用户	111111

2. 目录设计

建立“通讯录管理系统”文件夹，在文件夹内建立 forms、data、pictures、reports、libs、menus、databack、help、progs 子文件夹，分别用于存放表单、数据、图像、报表、类、菜单、备份、帮助、程序文件。

3. 应用程序设计

（1）系统登录表单

实现功能：输入用户名和密码，登录通讯录管理系统。

实现过程：设计表单，添加控件，以“系统登录”为名存入 forms 子文件夹下。

设计界面如图 10-23 所示。

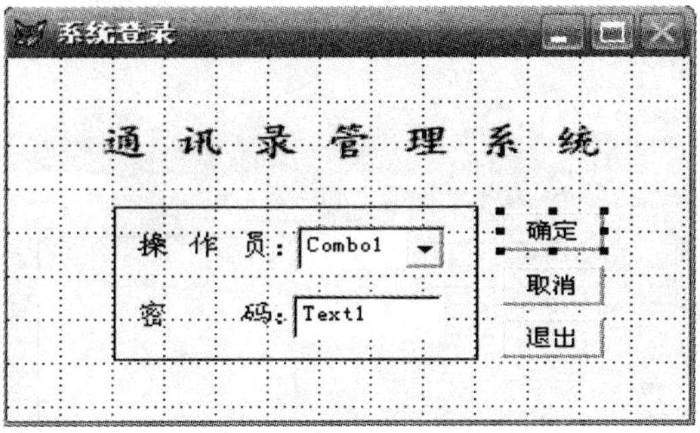

图 10-23　系统登录界面

设置 Text1 的 PassWordChar 属性值为“*”，将 Combo1 的 RowSourceType 属性设为 6-Fields，Rowsource 属性值设为：password.用户。

设计表单 Load 事件代码：

```
public i as int
i=0
```

设计表单确定按钮 click 事件代码：

```
i=i+1
select password
locate for 用户=alltrim(thisform.combo1.value)
if found() .and. 密码=alltrim(thisform.text1.value)
do menus\txl_main.mpr
do progs\工具
release thisform
else
if i<3
=messagebox("操作员密码错！"+chr(13)+"再试一次！",48,"警告")
thisform.text1.setfocus
else
=messagebox("对不起，您错了三次了！"+chr(13)+"非法用户，请您退出系统。",48,"严重警告")
release thisform
endif
endif
```

设计表单取消按钮 click 事件代码：

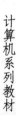

```
thisform.release
```

设计表单退出按钮 click 事件代码：

```
release thisform
close all
quit
```

（2）个人信息数据维护表单

实现功能：添加、修改、删除、查看个人信息数据。

实现过程：设计表单，添加控件，以“数据维护_1”为名存入 forms 子文件夹下。设计界面如图 10-24 所示。

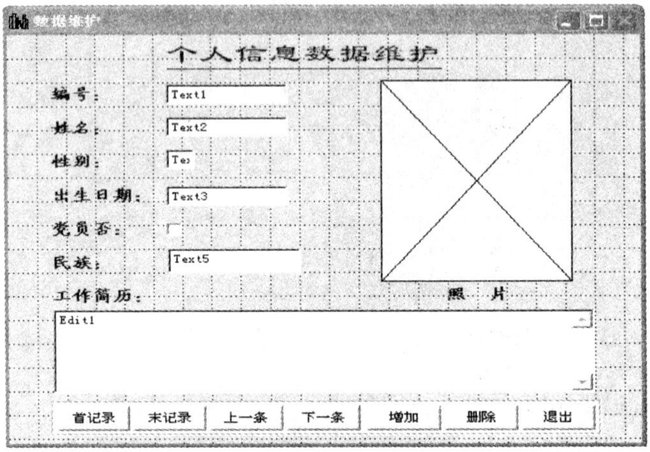

图 10-24　数据维护_1 表单界面

表单设置数据环境：添加 grda 表，如图 10-25 所示。表单是每一控件分别与对应的表中字段相绑定。如：Text1 的 ControlSource 属性值为 grda.编号。

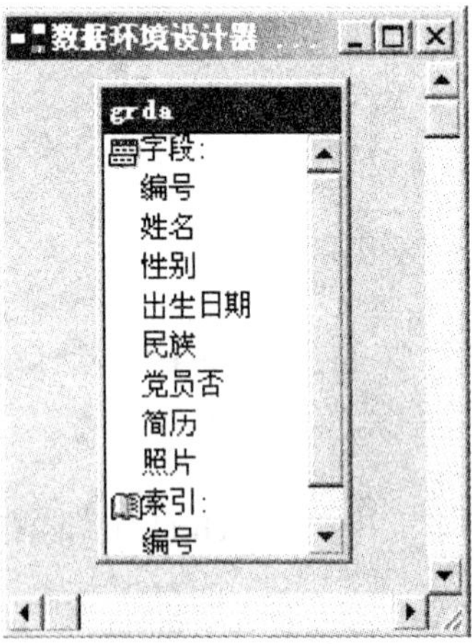

图 10-25　数据维护_1 表单数据环境设置

首记录按钮代码设计如下：

```
go top
```

```
thisform.Commandgroup1.command2.enabled=.t.
thisform.Commandgroup1.command3.enabled=.f.
thisform.Commandgroup1.command4.enabled=.t.
thisform.refresh
```

末记录按钮代码设计如下：

```
go bottom
this.enabled=.f.
thisform.Commandgroup1.command1.enabled=.t.
thisform.Commandgroup1.command3.enabled=.t.
thisform.Commandgroup1.command4.enabled=.f.
thisform.refresh
```

上一条记录按钮代码设计如下：

```
skip -1
if bof()
this.enabled=.f.
thisform.Commandgroup1.command1.enabled=.f.
thisform.Commandgroup1.command2.enabled=.t.
thisform.Commandgroup1.command4.enabled=.t.
else
this.enabled=.t.
thisform.Commandgroup1.command1.enabled=.t.
thisform.Commandgroup1.command2.enabled=.t.
thisform.Commandgroup1.command4.enabled=.t.
endif
thisform.refresh
```

下一条记录按钮代码设计如下：

```
skip 1
if eof()
this.enabled=.f.
thisform.Commandgroup1.command2.enabled=.f.
thisform.Commandgroup1.command1.enabled=.t.
thisform.Commandgroup1.command3.enabled=.t.
else
thisform.Commandgroup1.command1.enabled=.t.
thisform.Commandgroup1.command2.enabled=.t.
thisform.Commandgroup1.command3.enabled=.t.
thisform.Commandgroup1.command4.enabled=.t.
endif
thisform.refresh
```

增加记录按钮代码设计如下：

```
use
set exclusive on
```

```
use data\grda
append blank
thisform.refresh
```

删除记录按钮代码设计如下：

```
a1=alltrim(thisform.text1.value)
nAnswer=messagebox('确定要删除吗？',4+32,"重要提示")
if nAnswer=6
select grda
use
use data\grda exclusive                     && 以独占方式打开数据表
dele from grda where 编号= a1                && 逻辑删除记录
dele from grda where empty(编号)
pack                                        && 物理删除
thisform.activate                           && 执行表单的 Activate 事件
messagebox('删除完毕',48,'操作成功！')
use data\grda
thisform.refresh
endif
```

退出按钮代码设计如下：

```
release thisform
```

（3）通讯录数据维护表单

实现功能：修改、保存、查看个人通讯信息。

实现过程：设计表单，添加控件，以“数据维护_2”为名存入 forms 子文件夹下。设计界面如图 10-26 所示。

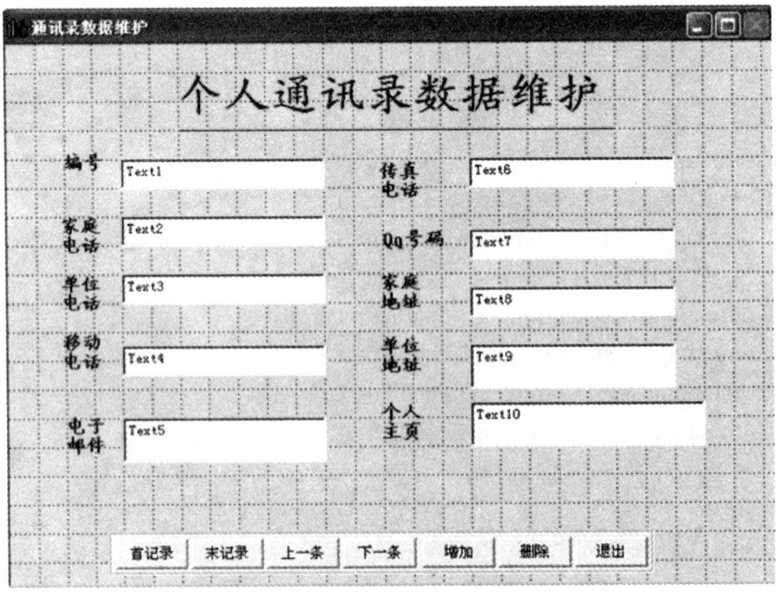

图 10-26　数据维护_2 表单界面

表单设置数据环境：添加 txl 表，如图 10-27 所示。表单是每一控件分别与对应的表中字段相绑定，如：Text1 的 ControlSource 属性值为 txl.编号。

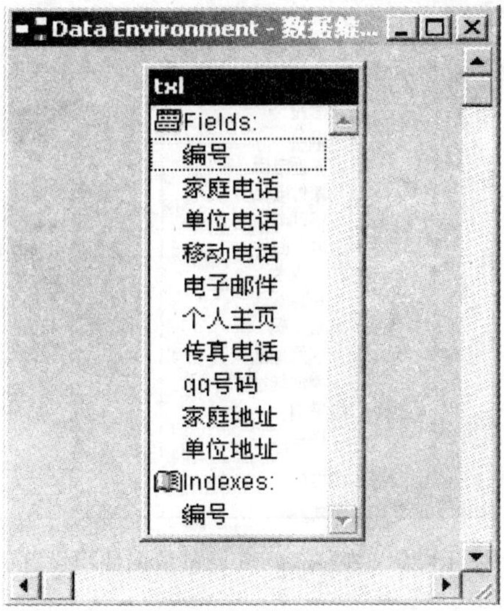

图 10-27　数据维护_2 表单数据环境设置

首记录按钮代码，末记录按钮代码，上一条记录按钮代码，下一条记录按钮代码，增加记录按钮代码，删除记录按钮代码，退出按钮代码设计代码同上。

（4）多表数据维护表单

实现功能：修改、保存、查看个人信息，通信信息，专业特长数据信息。

实现过程：设计表单，添加控件，以“数据维护_3”为名存入 forms 子文件夹下。

设计界面如图 10-28 所示。

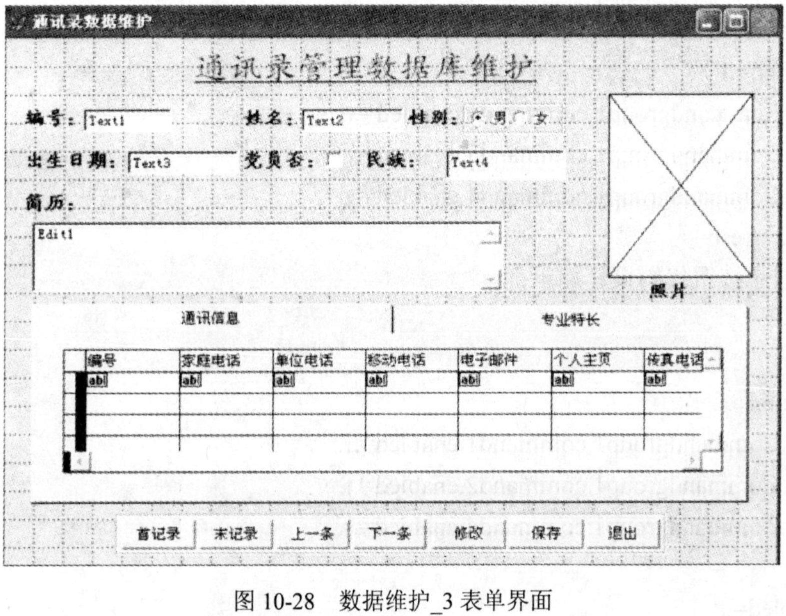

图 10-28　数据维护_3 表单界面

表单设置数据环境：添加 grda，txl，zytc 表，如图 10-29 所示。

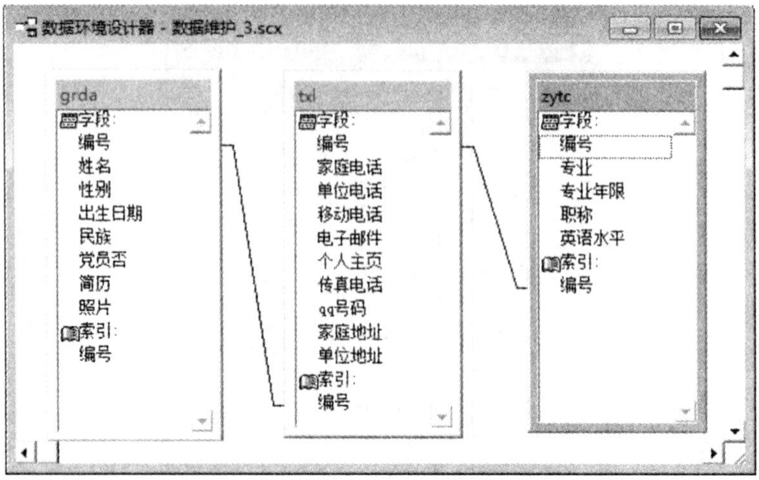

图 10-29　数据维护_3 表单数据环境设置

首记录按钮代码，末记录按钮代码，上一条记录按钮代码，下一条记录按钮代码，退出按钮代码设计代码同上。

首记录按钮代码设计如下：

```
go top
thisform.Commandgroup1.command2.enabled=.t.
thisform.Commandgroup1.command3.enabled=.f.
thisform.Commandgroup1.command4.enabled=.t.
thisform.refresh
```

末记录按钮代码设计如下：

```
go bottom
this.enabled=.f.
thisform.Commandgroup1.command1.enabled=.t.
thisform.Commandgroup1.command3.enabled=.t.
thisform.Commandgroup1.command4.enabled=.f.
thisform.refresh
```

上一条记录按钮代码设计如下：

```
skip -1
if bof()
this.enabled=.f.
thisform.Commandgroup1.command1.enabled=.f.
thisform.Commandgroup1.command2.enabled=.t.
thisform.Commandgroup1.command4.enabled=.t.
else
this.enabled=.t.
```

```
thisform.Commandgroup1.command1.enabled=.t.
thisform.Commandgroup1.command2.enabled=.t.
thisform.Commandgroup1.command4.enabled=.t.
endif
thisform.refresh
```

下一条记录按钮代码设计如下：

```
skip 1
if eof()
this.enabled=.f.
thisform.Commandgroup1.command2.enabled=.f.
thisform.Commandgroup1.command1.enabled=.t.
thisform.Commandgroup1.command3.enabled=.t.
else
thisform.Commandgroup1.command1.enabled=.t.
thisform.Commandgroup1.command2.enabled=.t.
thisform.Commandgroup1.command3.enabled=.t.
thisform.Commandgroup1.command4.enabled=.t.
endif
thisform.refresh
```

修改记录按钮代码设计如下：

```
thisform.text1.readonly=.f.
thisform.text2.readonly=.f.
thisform.text3.readonly=.f.
thisform.text4.readonly=.f.
thisform.edit1.readonly=.f.
thisform.check1.readonly=.f.
thisform.pageframe1.page1.grdtxl.readonly=.f.
thisform.pageframe1.page2.grdzytc.readonly=.f.
```

保存记录按钮代码设计如下：

```
thisform.text1.readonly=.t.
thisform.text2.readonly=.t.
thisform.text3.readonly=.t.
thisform.text4.readonly=.t.
thisform.edit1.readonly=.t.
thisform.check1.readonly=.t.
thisform.pageframe1.page1.grdtxl.readonly=.t.
thisform.pageframe1.page2.grdzytc.readonly=.t.
```

（5）数据浏览表单

实现功能：浏览个人信息，通讯信息，专业特长数据信息。

实现过程：设计表单，添加控件，以“数据浏览_1”为名存入 forms 子文件夹下。

设计界面如图 10-30 所示。

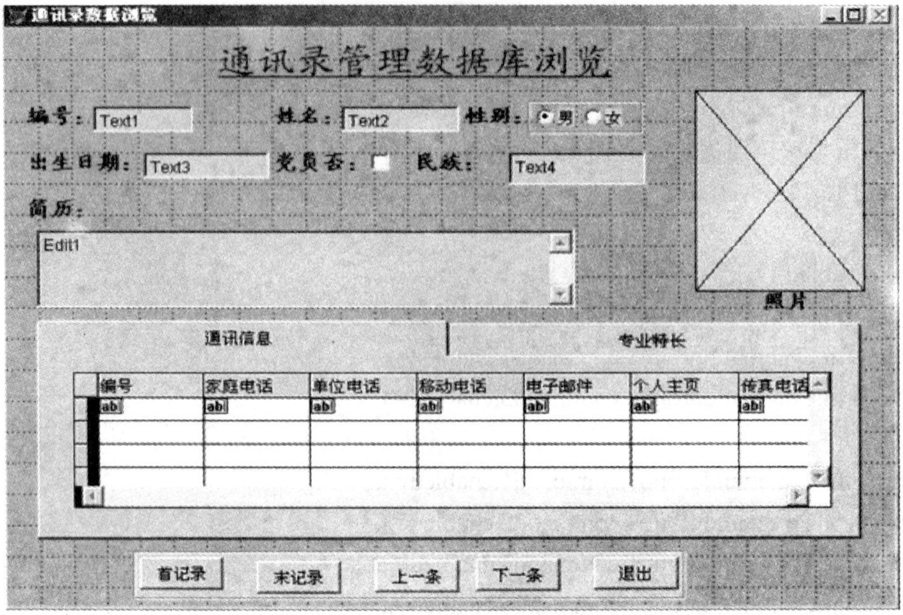

图 10-30　数据浏览_1 表单界面

表单设置数据环境：添加 grda，txl，zytc 表，如图 10-31 所示。

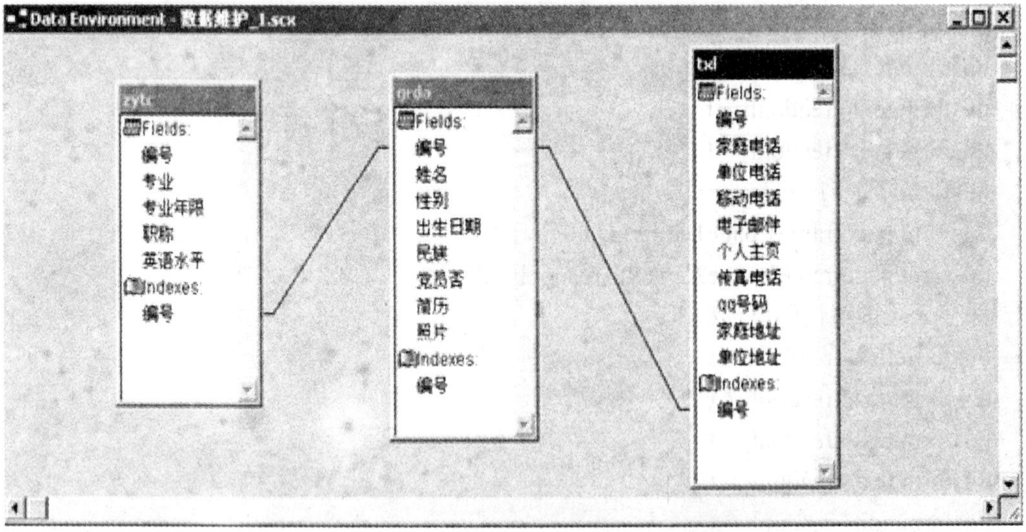

图 10-31　数据浏览_1 表单数据环境设置

首记录按钮代码设计如下：

```
go top
thisform.Commandgroup1.command2.enabled=.t.
thisform.Commandgroup1.command3.enabled=.f.
```

```
thisform.Commandgroup1.command4.enabled=.t.
thisform.refresh
```

末记录按钮代码设计如下：

```
go bottom
this.enabled=.f.
thisform.Commandgroup1.command1.enabled=.t.
thisform.Commandgroup1.command3.enabled=.t.
thisform.Commandgroup1.command4.enabled=.f.
thisform.refresh
```

上一条记录按钮代码设计如下：

```
skip -1
if bof()
this.enabled=.f.
thisform.Commandgroup1.command1.enabled=.f.
thisform.Commandgroup1.command2.enabled=.t.
thisform.Commandgroup1.command4.enabled=.t.
else
this.enabled=.t.
thisform.Commandgroup1.command1.enabled=.t.
thisform.Commandgroup1.command2.enabled=.t.
thisform.Commandgroup1.command4.enabled=.t.
endif
thisform.refresh
```

下一条记录按钮代码设计如下：

```
skip 1
if eof()
this.enabled=.f.
thisform.Commandgroup1.command2.enabled=.f.
thisform.Commandgroup1.command1.enabled=.t.
thisform.Commandgroup1.command3.enabled=.t.
else
thisform.Commandgroup1.command1.enabled=.t.
thisform.Commandgroup1.command2.enabled=.t.
thisform.Commandgroup1.command3.enabled=.t.
thisform.Commandgroup1.command4.enabled=.t.
endif
thisform.refresh
```

退出按钮代码设计如下：

```
release thisform
```

（6）通讯录数据浏览表单

实现功能：浏览通讯信息数据信息。

实现过程：设计表单，添加控件，以“数据浏览_2”为名存入 forms 子文件夹下。

设计界面如图 10-32 所示。

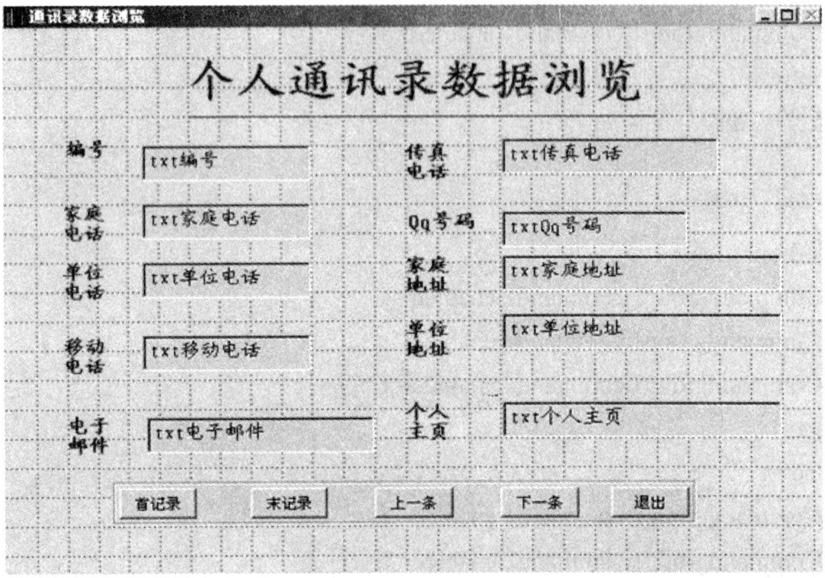

图 10-32　数据浏览_2 表单界面

表单设置数据环境：添加 txl 表，如图 10-33 所示。表单是每一控件分别与对应的表中字段相绑定。如：txt 编号的 ControlSource 属性值为 txl.编号。

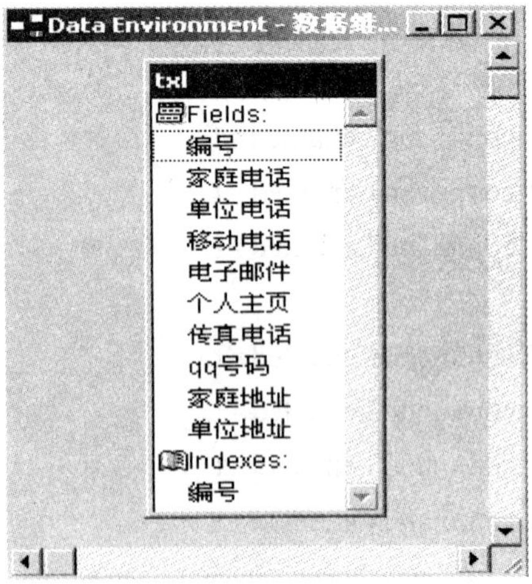

图 10-33　数据浏览_2 表单数据环境设置

首记录按钮代码设计如下：

```
go top
thisform.Commandgroup1.command2.enabled=.t.
thisform.Commandgroup1.command3.enabled=.f.
thisform.Commandgroup1.command4.enabled=.t.
thisform.refresh
```

末记录按钮代码设计如下：

```
go bottom
this.enabled=.f.
thisform.Commandgroup1.command1.enabled=.t.
thisform.Commandgroup1.command3.enabled=.t.
thisform.Commandgroup1.command4.enabled=.f.
thisform.refresh
```

上一条记录按钮代码设计如下：

```
skip -1
if bof()
this.enabled=.f.
thisform.Commandgroup1.command1.enabled=.f.
thisform.Commandgroup1.command2.enabled=.t.
thisform.Commandgroup1.command4.enabled=.t.
else
this.enabled=.t.
thisform.Commandgroup1.command1.enabled=.t.
thisform.Commandgroup1.command2.enabled=.t.
thisform.Commandgroup1.command4.enabled=.t.
endif
thisform.refresh
```

下一条记录按钮代码设计如下：

```
skip 1
if eof()
this.enabled=.f.
thisform.Commandgroup1.command2.enabled=.f.
thisform.Commandgroup1.command1.enabled=.t.
thisform.Commandgroup1.command3.enabled=.t.
else
thisform.Commandgroup1.command1.enabled=.t.
```

```
thisform.Commandgroup1.command2.enabled=.t.
thisform.Commandgroup1.command3.enabled=.t.
thisform.Commandgroup1.command4.enabled=.t.
endif
thisform.refresh
```

退出按钮代码设计如下：

```
release thisform
```

（7）照片浏览表单

实现功能：浏览照片数据信息。

实现过程：设计表单，添加控件，以“数据浏览_3”为名存入 forms 子文件夹下。

设计界面如图 10-34 所示。

表单设置数据环境：添加 grda 表，如图 10-35 所示。表单是每一控件分别与对应的表中字段相绑定。如：txt 编号的 ControlSource 属性值为 grda.编号。

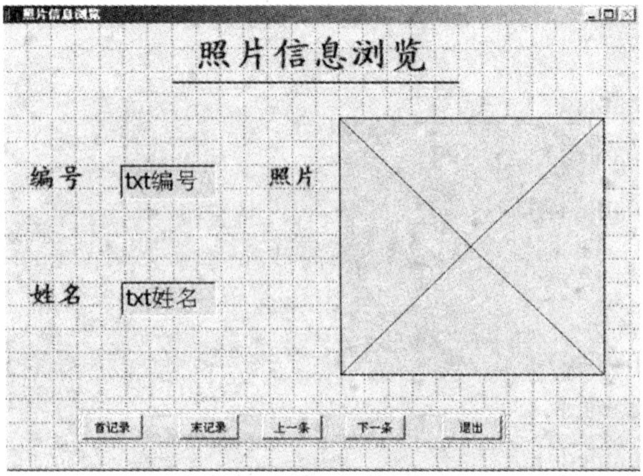

图 10-34 数据浏览-3 表单界面

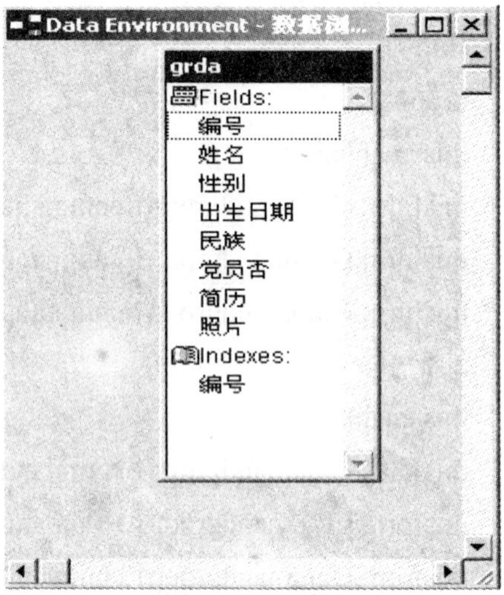

图 10-35 数据浏览-3 表单数据环境设置

按钮代码同上。

（8）个人信息数据查询表单

实现功能：按编号查询个人信息数据。

实现过程：设计表单，添加控件，以“数据查询_1”为名存入 forms 子文件夹下。

设计界面如图 10-36 所示。

表单设置数据环境：添加 grda 表，如图 10-37 所示。Combo1 的 ControlSource 属性值为 grda.编号。

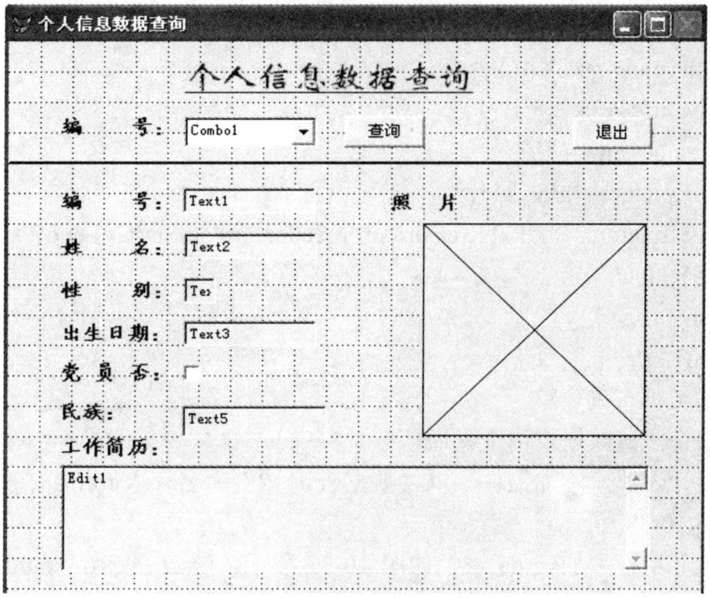

图 10-36　数据查询_1 表单界面

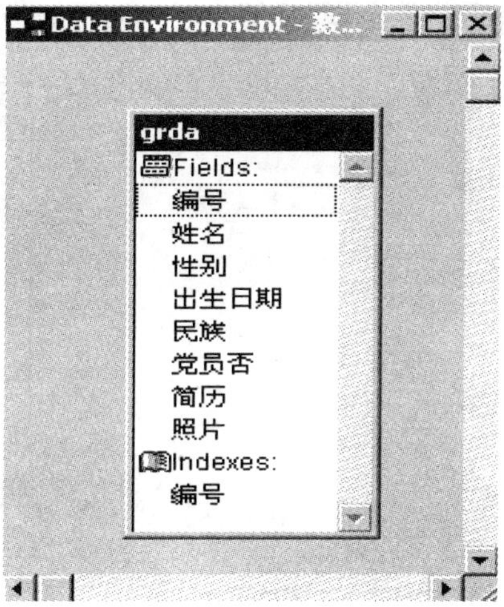

图 10-37　数据查询_1 表单数据环境设置

按编号查询记录按钮代码设计如下：

```
cCurrentProcedure = SYS(16,1)
nPathStart = AT(":",cCurrentProcedure)- 1
nLenOfPath = RAT("\", cCurrentProcedure)- (nPathStart)
thisform.combo1.setfocus
locate all for thisform.combo1.value=grda.编号
thisform.text1.value=grda.编号
thisform.text2.value=grda.姓名
thisform.text3.value=grda.出生日期
```

```
thisform.text4.value=grda.性别
thisform.check1.value=grda.党员否
thisform.text5.value=grda.民族
thisform.edit1.value=grda.简历
thisform.image1.picture="grda.照片"
*thisform.image1.picture=SUBSTR(cCurrentProcedure, nPathStart, nLenofPath) +'\pictures\';
+allt(grda.姓名)+'.jpg'
thisform.refresh
thisform.combo1.refresh
```

（9）按字段值数据查询表单

实现功能：按字段值数据查询个人通信信息。

实现过程：设计表单，添加控件，以“数据查询_2”为名存入 forms 子文件夹下。

设计界面如图 10-38 所示。

表单设置数据环境：添加 grda 表，如图 10-39 所示。List2 的 Rowsourcetype 属性值为 6-字段。

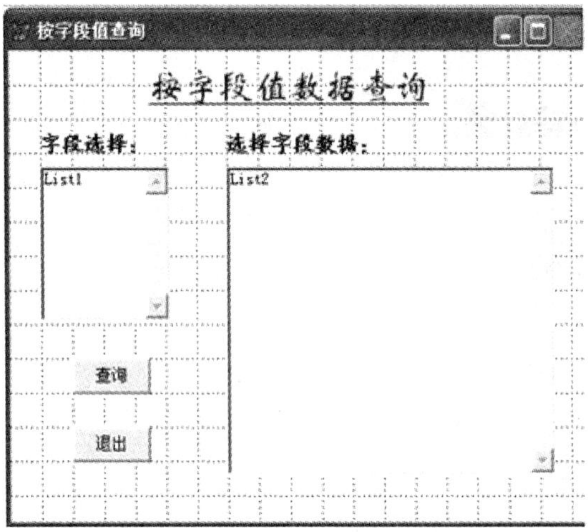

图 10-38　数据查询_2 表单界面

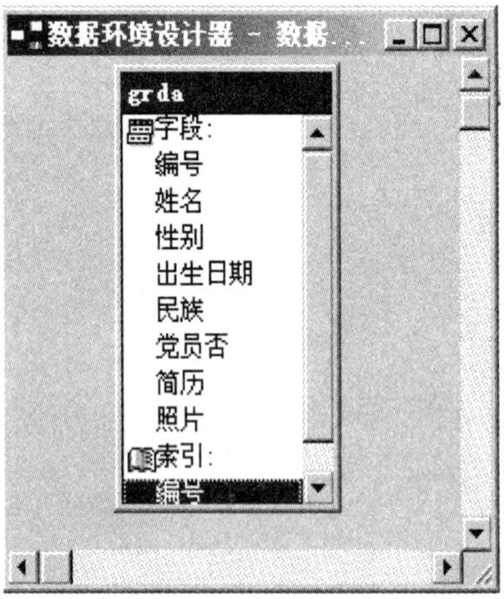

图 10-39　数据查询_2 表单数据环境设置

Form1 对象 Init 事件代码如下：

```
this.list1.additem("编号")
this.list1.additem("姓名")
this.list1.additem("出生日期")
```

List1 对象 click 事件代码如下：

```
select grda
do case
case thisform.list1.value="编号"
thisform.list2.rowsource="grda.编号"
case thisform.list1.value="姓名"
```

```
thisform.list2.rowsource="grda.姓名"
case thisform.list1.value="出生日期"
thisform.list2.rowsource="grda.出生日期"
endcase
thisform.list2.refresh
```

查询按钮代码设计如下：

```
select grda
do case
case thisform.list1.value="编号"
locate all for grda.编号=thisform.list2.value
case thisform.list1.value="姓名"
locate all for grda.姓名=thisform.list2.value
case thisform.list1.value="出生日期"
locate all for dtoc(grda.出生日期)=thisform.list2.value
endcase
findrec=recno()
thisform.refresh
do form forms\数据浏览_2.scx
```

（10）按分组查询表单

实现功能：按地区编号分组查询个人通信信息。

实现过程：设计表单，添加控件，以“数据查询_3”为名存入 forms 子文件夹下。设计界面如图 10-40 所示。

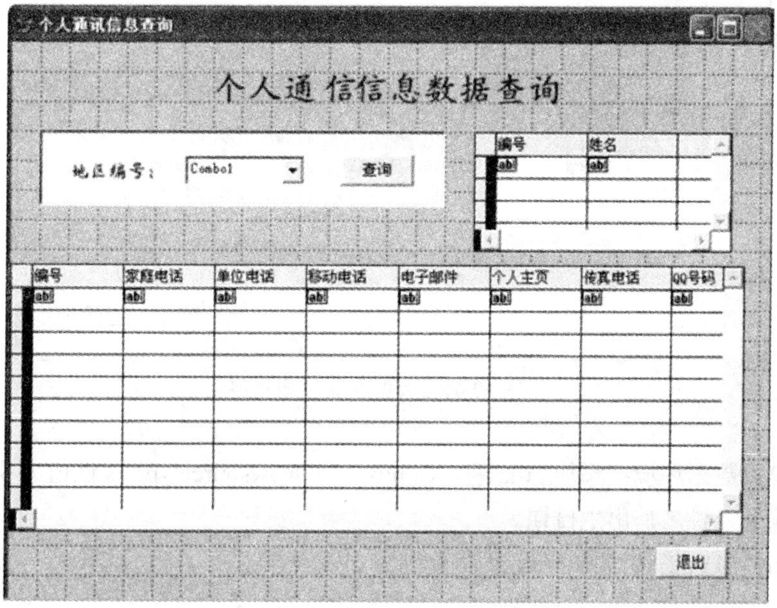

图 10-40 数据查询_3 表单界面

表单设置数据环境：添加 grda 表和 txl 表。

Combo1 对象的 Init 事件代码如下：

```
this.rowsourcetype=3
this.rowsource="select distinct substr(编号,1,2) from grda "
```

按地区编号查询记录按钮代码设计如下：

```
thisform.grid2.recordsourcetype=4
thisform.grid2.recordsource="select  编号,姓名  from grda where substr(编号,1,2)=;
allt(thisform.combo1.value) into cursor temp2"
thisform.grid1.recordsourcetype=4
thisform.grid1.recordSource="Select * from txl where substr(编号,1,2)=;
allt(thisform.combo1.value) into cursor temp1"
thisform.grid1.refresh
thisform.refresh
```

（11）按信息选择查询表单

实现功能：按查询方式，查询内容选择来查询个人通信信息。

实现过程：设计表单，添加控件，以“数据查询_4”为名存入 form 子文件夹下。

设计界面如图 10-41 所示。

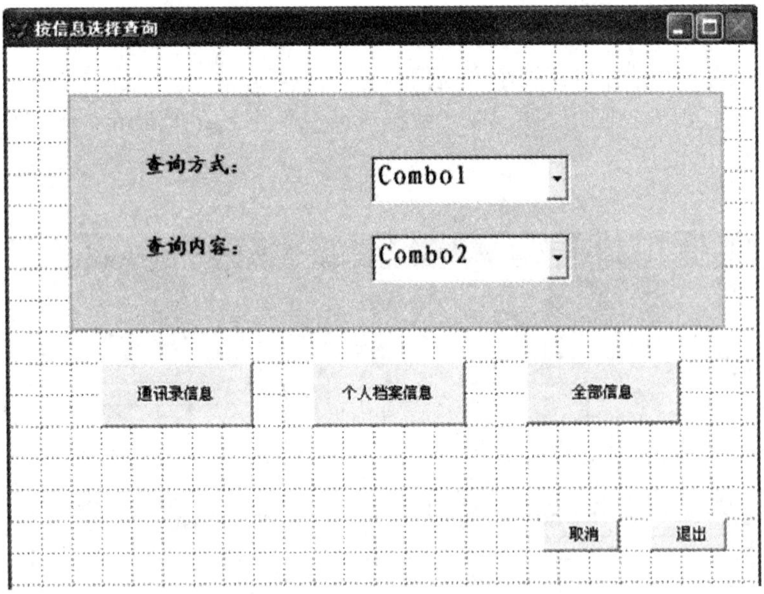

图 10-41　数据查询_4 表单界面

表单设置数据环境：添加 grda 表。Combo1 的 Rowsourcetype 属性值为 1-值，rowsource 属性值为编号，姓名，出生日期。

Combo1 的 Valid 事件代码设计如下：

```
aa=this.value
thisform.combo2.rowsourcetype=3
```

```
thisform.combo2.rowsource="select dist &aa from grda order by 编号 into cursor temp"
thisform.combo2.requery
```

通讯录信息按钮代码设计如下：

```
select grda
do case
case thisform.combo1.value="编号"
findstr="grda.编号='"+allt(thisform.combo2.value)+"'"
case thisform.combo1.value="姓名"
findstr="grda.姓名='"+allt(thisform.combo2.value)+"'"
case thisform.combo1.value="出生日期"
findstr="grda.出生日期=ctod(thisform.combo2.value)"
endcase
locate all for &findstr
findrec=recno()
if found()
do form forms\数据浏览_2.scx
else
=messagebox("没找到！",16,"提示")
Endif
```

个人档案信息按钮代码设计如下：

```
select grda
do case
case thisform.combo1.value="编号"
findstr="grda.编号='"+allt(thisform.combo2.value)+"'"
case thisform.combo1.value="姓名"
findstr="grda.姓名='"+allt(thisform.combo2.value)+"'"
case thisform.combo1.value="出生日期"
findstr="grda.出生日期=ctod(thisform.combo2.value)"
endcase
locate all for &findstr
findrec=recno()
if found()
do form forms\数据浏览_3.scx
else
=messagebox("没找到！",16,"提示")
Endif
```

全部信息按钮代码设计如下：

```
select grda
do case
case thisform.combo1.value="编号"
findstr="grda.编号='"+allt(thisform.combo2.value)+"'"
case thisform.combo1.value="姓名"
findstr="grda.姓名='"+allt(thisform.combo2.value)+"'"
case thisform.combo1.value="出生日期"
findstr="grda.出生日期=ctod(thisform.combo2.value)"
endcase
locate all for &findstr
findrec=recno()
if found()
do form forms\数据浏览_1.scx
else
=messagebox("没找到！",16,"提示")
Endif
```

（12）按专业查询表单

实现功能：按专业查询个人通信信息。

实现过程：设计表单，添加控件，以“数据查询_5”为名存入 forms 子文件夹下。设计界面如图 10-42 所示。

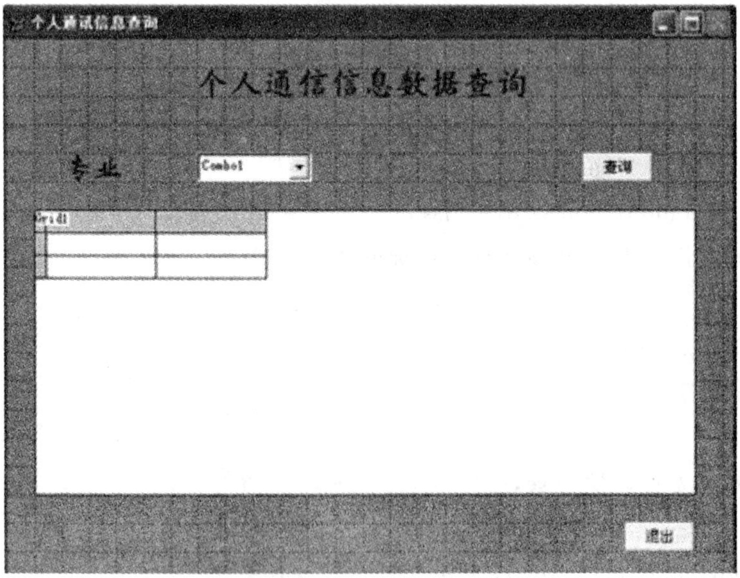

图 10-42　数据查询_5 表单界面

表单设置数据环境：添加 gada，txl，zytc 表。

Combo1 对象 Init 事件代码如下：

```
this.rowsourcetype=3
this.rowsource="select dist 专业 from zytc into cursor temp"
```

按专业查询记录按钮代码设计如下：

```
thisform.grid1.visible=.t.
thisform.grid1.recordsourcetype=4
thisform.grid1.recordSource="Select grda.姓名, txl. * from txl,zytc,grda where 专业=;
allt(thisform.combo1.value) and txl.编号=zytc.编号 and grda.编号=txl.编号 into cursor;
temp1"
thisform.grid1.refresh
thisform.refresh
```

（13）按编号查询生成报表表单

实现功能：按选择编号内容来查询生成个人信息报表和通信信息报表及打印。

实现过程：设计表单，添加控件，以“生成报表_1”为名存入 forms 子文件夹下。

设计界面如图 10-43 所示。

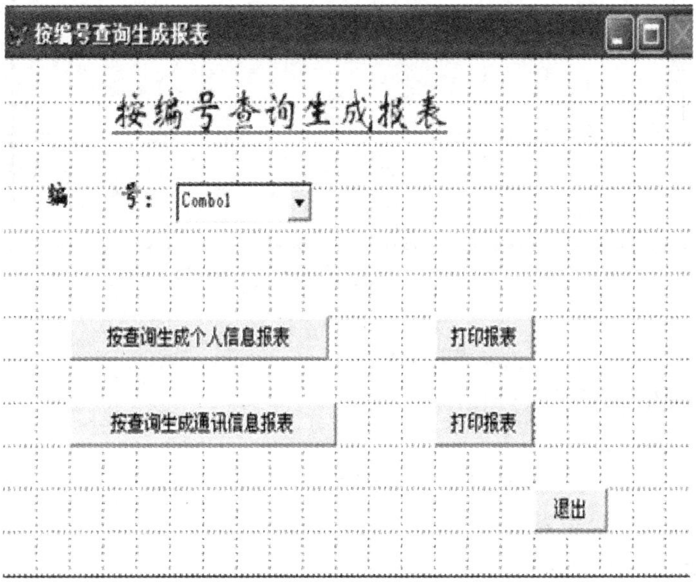

图 10-43 生成报表_1 表单界面

表单设置数据环境：添加 grda 表和 txl 表。

按查询生成个人信息报表代码如下：

```
thisform.combo1.setfocus
select grda.编号,grda.姓名,grda.性别,grda.出生日期,grda.党员否,grda.民族,grda.简历;
from grda where grda.编号=allt(thisform.combo1.value) into cursor grda1
report form reports\查询结果报表.frx preview
```

按查询生成通信信息报表代码如下：

```
thisform.combo1.setfocus
select dist * from data\txl where 编号=allt(thisform.combo1.value) into cursor grtxl1
report form reports\查询通讯录信息报表.frx preview
```

打印报表代码如下：

```
report form reports\查询通讯录信息报表.frx to printer
```

（14）按分组查询生成报表表单

实现功能：按选择地区编号内容来查询生成个人信息报表和通信信息报表及打印。

实现过程：设计表单，添加控件，以“生成报表_2”为名存入 forms 子文件夹下。设计界面如图 10-44 所示。

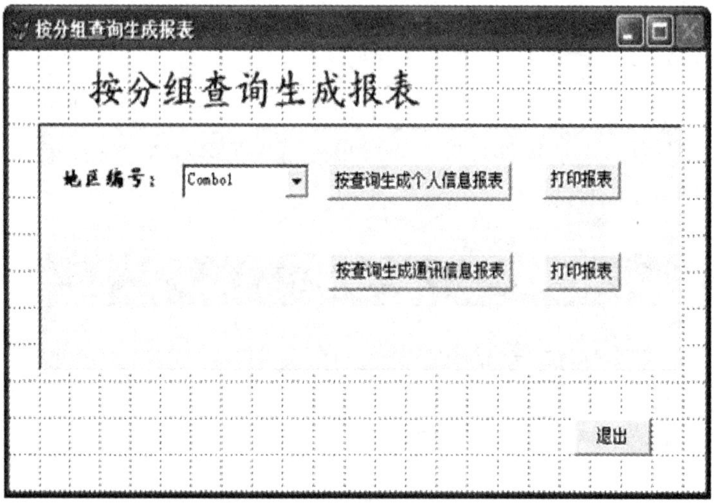

图 10-44 生成报表_2 表单界面

表单设置数据环境：添加 grda 表和 txl 表。

Form1 对象的 Init 事件代码如下：

```
this.combo1.rowsourcetype=3
this.combo1.rowsource="select dist substr(编号,1,2) from grda into cursor temp"
```

按查询生成个人信息报表代码如下：

```
thisform.combo1.setfocus
select grda.编号,grda.姓名,grda.性别,grda.出生日期,grda.党员否,grda.民族,grda.简历;
from data\grda where substr(grda.编号,1,2) like allt(thisform.combo1.value) order by 编号;
into cursor grda1
report form reports\查询结果报表.frx preview
```

按查询生成通信信息报表代码如下：

```
thisform.combo1.setfocus
select dist * from data\txl where substr(编号,1,2) like allt(thisform.combo1.value) order;
by 编号 into cursor grtxl1
report form reports\查询通讯录信息报表.frx preview
```

（15）按输入信息查询生成报表表单

实现功能：按选择查询方式，输入查询内容来查询生成个人信息报表和通信信息报表及打印。

实现过程：设计表单，添加控件，以“生成报表_3”为名存入 forms 子文件夹下。

设计界面如图 10-45 所示。

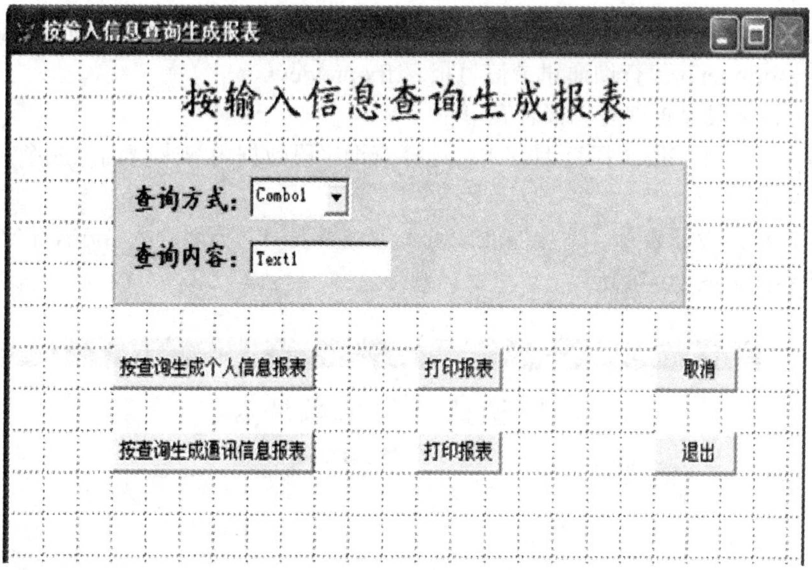

图 10-45　生成报表_3 表单界面

表单设置数据环境：添加 grda 表和 txl 表。

按查询生成个人信息报表代码如下：

```
thisform.combo1.setfocus
do case
case thisform.combo1.value="编号"
findstr="grda.编号='"+allt(thisform.text1.value)+"'"
case thisform.combo1.value="姓名"
findstr="grda.姓名='"+allt(thisform.text1.value)+"'"
case thisform.combo1.value="性别"
findstr="grda.性别='"+allt(thisform.text1.value)+"'"
endcase
select grda.编号,grda.姓名,grda.性别,grda.出生日期,grda.党员否,grda.民族,grda.简历;
from data\grda where &findstr into cursor grda1
report form reports\查询结果报表.frx preview
```

按查询生成通信信息报表代码如下：

```
thisform.combo1.setfocus
do case
case thisform.combo1.value="编号"
```

```
findstr="grda.编号='"+allt(thisform.text1.value)+"'"
case thisform.combo1.value="姓名"
findstr="grda.姓名='"+allt(thisform.text1.value)+"'"
case thisform.combo1.value="性别"
findstr="grda.性别='"+allt(thisform.text1.value)+"'"
endcase
select dist txl.* from txl,grda where &findstr and grda.编号=txl.编号  into cursor grtxl1
report form reports\查询通讯录信息报表.frx preview
```

（16）按字段值查询生成报表表单

实现功能：按字段选择查询方式，选择查询字段数据内容来查询生成个人信息报表和通信信息报表及打印。

实现过程：设计表单，添加控件，以“生成报表_4”为名存入 forms 子文件夹下。

设计界面如图 10-46 所示。

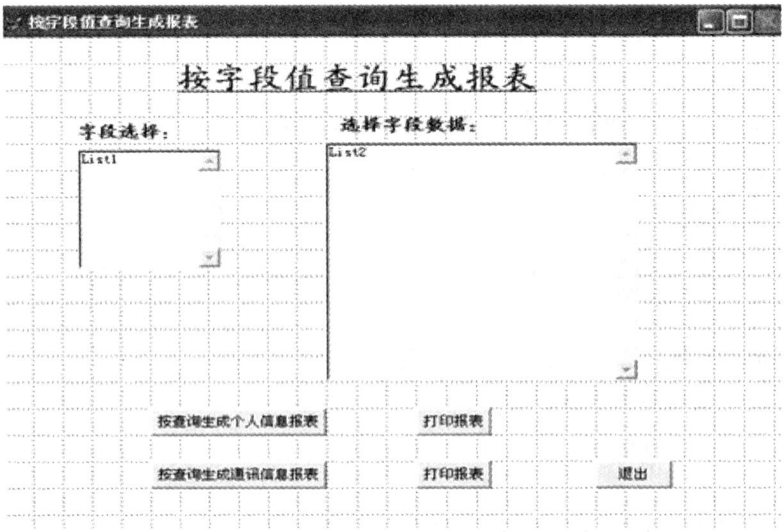

图 10-46　生成报表_4 表单界面

表单设置数据环境：添加 grda 表和 txl 表。

List1 对象 click 事件代码如下：

```
select grda
do case
case thisform.list1.value="编号"
thisform.list2.rowsource="grda.编号"
case thisform.list1.value="姓名"
thisform.list2.rowsource="grda.姓名"
case thisform.list1.value="出生日期"
thisform.list2.rowsource="grda.出生日期"
endcase
```

```
thisform.list2.refresh
```

按查询生成个人信息报表代码如下：

```
select grda
go top
do case
case thisform.list1.value="编号"
findstr="grda.编号='"+allt(thisform.list2.value)+"'"
case thisform.list1.value="姓名"
findstr="grda.姓名='"+allt(thisform.list2.value)+"'"
case thisform.list1.value="出生日期"
findstr="grda.出生日期={^"+thisform.list2.value+"}"
endcase
select grda.编号,grda.姓名,grda.性别,grda.出生日期,grda.党员否,grda.民族,grda.简历;
from grda where &findstr into cursor grda1
report form reports\查询结果报表.frx preview
```

按查询生成通信信息报表代码如下：

```
select grda
go top
do case
case thisform.list1.value="编号"
findstr="grda.编号='"+allt(thisform.list2.value)+"'"
case thisform.list1.value="姓名"
findstr="grda.姓名='"+allt(thisform.list2.value)+"'"
case thisform.list1.value="出生日期"
findstr="grda.出生日期={^"+thisform.list2.value+"}"
case thisform.list1.value="性别"
findstr="grda.性别="+allt(thisform.list2.value)
endcase
select dist grtxl.* from data\txl,data\grda where &findstr and grda.编号=txl.编号;
into cursor grtxl1
report form reports\查询通讯录信息报表.frx preview
```

（17）个人通讯录报表

实现功能：直接生成个人通讯录报表。

报表界面如图 10-47 所示。

（18）设计工具栏

实现功能：设计系统工具栏，通过单击工具栏中的命令按钮可进入表单。

实现过程：新建类，在派生于中选择“ToolBar”，在类设计器中，添加命令按钮的图像控件，以“工具栏”为类文件名存入 libs 子文件夹下。

设计界面如图 10-48 所示。

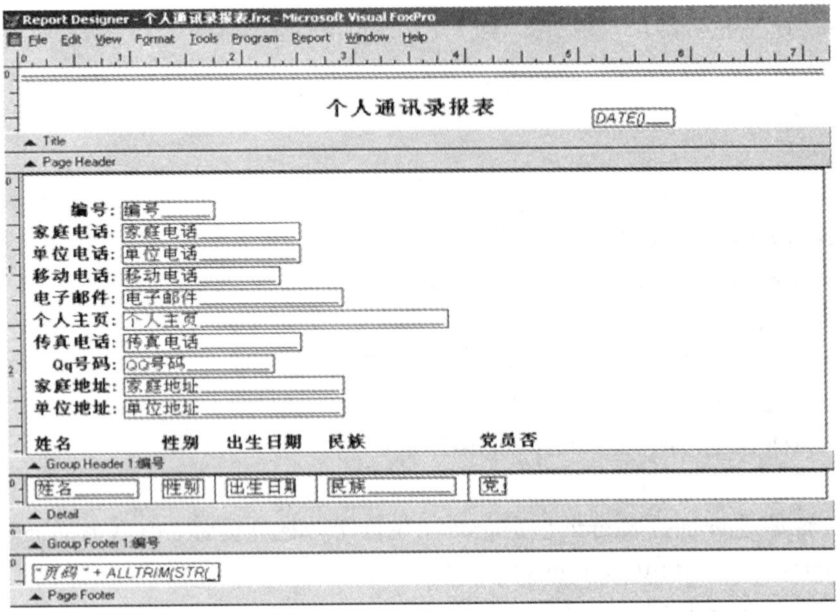

图 10-47　个人通讯录报表设计界面

图 10-48　系统工具栏设计界面

第一个工具按钮代码：

```
do form forms\数据浏览.scx
```

第二个工具按钮代码：

```
set help on
set help to help\help.chm
help
```

第三个工具按钮代码：

```
report form reports\个人通讯录报表.frx preview
```

第四个工具按钮代码：

```
do form forms\退出系统.scx
```

（19）设计设置程序、恢复设置程序、关闭系统程序和主程序

设计系统设置程序，程序名为：setting.prg，内容为：

```
set sysmenu off                  && 将系统菜单关闭
set sysmenu to
set status bar off                && 不显示图形状态框
set talk off
*指定在 Visual FoxPro 主窗口、系统信息窗口、图形状态栏或用户自定义窗口中不显示命令结果
set notify off
```

```
set clock status                    && 将时钟在指定的位置显示，而不放在图形状态栏中
set palette off                     && 用于确定是否使用 Visual FoxPro 的缺省调节器色板
set bell on                         && 打开计算机喇叭，使计算机在指定的时候发声
set safety off                      && 指定在覆盖已经存在的文件时，不显示对话框
set escape on                       && 指定按 Esc 键后，中断程序和命令的运行
set keycomp to windows
set carry on
&& 指定在创建新记录时，将当前记录所有字段的数据复制到新记录中
set confirm on
set exact on                        && 设置字符精确比较
set near on
set ansi off
set lock on
&& 指定在执行某些需要只读访问一个表的命令时，具有自动锁定表的功能
set exclusive on
set delete off
set multilocks on
set deleted on
&& 表示在命令中使用范围参数处理记录时，不访问标有删除标记的记录
set optimize on                     && 指定可以使用 Rushmore 优化技术
set refresh to 0,5                  && 设定网络中表的刷新时间
set collate to 'stroke'             && 设定字符型字段的排列顺序
set default to sys(5)+curdir()      && 设置默认文件目录
set path to sys(5)+curdir()         && 设置查找文件目录
set path to forms,menus,data,help,libs,reports,pictures
set sysformats off
&&指定当修改 Windows 系统设置时，不更新 Visual FoxPro 系统设置
set seconds on
set help on
set help to help\help.chm
set century off
set currency to 'nt$'
set hours to 12
set date to ymd
set decimals to 2
set fdow to 1
set fweek to 1
set mark to '/'
set separator to ','
set point to '.'
```

设计恢复设置程序，程序名为 reset.prg，内容为：

```
set sysmenu to default
set sysmenu on
set talk on
set notify on
set exclusive on
set safety on
modify window screen
clear events
```

设计关闭系统程序，程序名为：myquit.prg，内容为：

```
CLEAR Event
IF _SCREEN.FormCount>0
h=_screen.formcount
DIME TmpForm(h)
FOR i=1 TO h
TmpForm(i)=_SCREEN.Forms(i)
ENDFOR
FOR i=1 TO h
TmpForm(i).Release
ENDFOR
ENDIF
QUIT
```

设计工具程序，程序名为“工具.prg”，内容为：

```
*将类定义成对象的程序
set classlib to libs\myclass      &&调用类文件
_screen.addobject("systoolbar1","systoolbar")      && 类的实体化……工具栏对象
_screen.systoolbar1.left=0                 && 以下为加载系统工具栏属性的定义
_screen.systoolbar1.top=-4
_screen.systoolbar1.visible=.t.
_screen.systoolbar1.enabled=.t.
```

设计主程序，进入系统，调用其他程序，程序名为 main.prg，内容为：

```
clear screen
local lcsys16,lcprogram                  && 定义局部变量
lcsys16=sys(16)                  &&   sys(16)返回当前正在运行的程序名（包括路径）
lcprogram=substr(lcsys16,at(":",lcsys16)-1)
cd left(lcprogram,rat("\",lcprogram))       && 用 CD 命令进入系统所在目录
deactivate window "project manager"         && 关闭项目管理器
do progs\setting                            && 设置系统环境配置
_screen.left=-10000                         && 程序运行时去掉 Visual FoxPro 的主窗口
do form forms\系统登录
```

```
zoom windows screen max                      && 最大化窗口
_screen.caption='通讯录管理系统'              && 设置主窗口标题
_SCREEN.ICON="pictures\books03.ico"
_screen.picture="pictures\01.jpg"
On Shutdown do progs\myquit read events                && 准备接收事件响应
do reset
```

4. 项目设计

（1）建立“通讯录管理系统”项目

实现目标：通过项目管理器管理本系统各类文件，编译成 EXE 文件。

实现过程：新建项目管理器，项目文件名为：“通讯录管理系统”，将各类文件加入其中，设置好主文件为“main.prg”，通过“项目”菜单的“项目信息”功能设置好项目信息，单击项目管理器中“连编”按钮，将该系统连编成可执行文件。

（2）设置主文件

单击通讯录管理系统项目管理器的“全部”选项卡，展开“代码”选项，选择“程序”，然后右击 main.prg 文件名，弹出一个快捷菜单，如图 10-49 所示。选择快捷菜单中的“设置主文件”命令，将该文件设置为项目的主文件。此时，该文件的文件名会变成黑体字，这样编译之后，当运行这个应用程序时就将首先运行该程序。

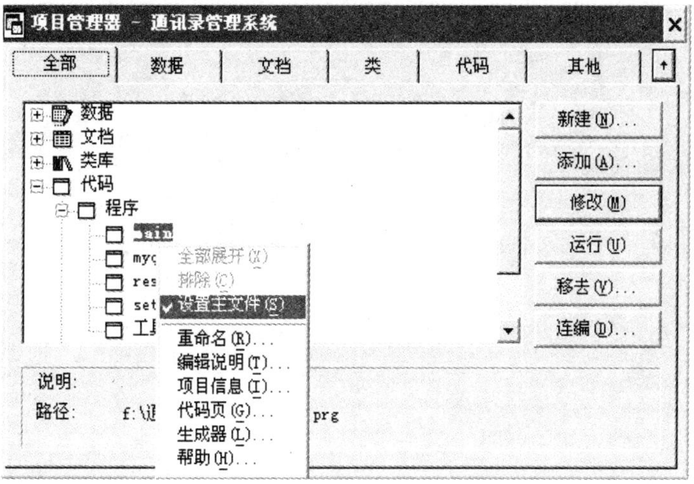

图 10-49　main 程序文件的快捷菜单

5. 制作安装盘

使用“工具”菜单中“向导”下的“安装”菜单，进入安装向导，按提示操作便可制作本系统。

参考文献

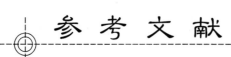

[1] 匡松. Visual FoxPro 数据库技术及应用. 北京：人民邮电出版社，2007.
[2] 曾庆森，王宇. Visual FoxPro 程序设计基础. 北京：北京邮电大学出版社，2008.
[3] 李英杰，刘立军. Visual FoxPro 数据库与程序设计. 北京：北京工业大学出版社，2006.
[4] 臧博，张敬斋. Visual FoxPro 程序设计基础. 南京：东南大学出版社，2008.
[5] 王永梅. Visual FoxPro 程序设计. 北京：高等教育出版社，2006.
[6] 熊发涯. Visual FoxPro 课程设计指导. 湖北：华中科技大学出版社，2004.
[7] 熊发涯. Visual FoxPro 程序设计. 北京：中国铁道出版社，2005.
[8] 徐红波. Visual FoxPro 程序设计.http://www.verycd.com/files/6cdc33e80646d93f76622ebcc086490637479288.
[9] 史济民. Visual FoxPro 及其应用系统开发. 北京：清华大学出版社，2007.